高等职业教育“十四五”规划教材

现代蔬菜绿色生产技术

杜红卫　张　薇　刘　影　主编

中国农业大学出版社
· 北京 ·

内 容 简 介

遵照湖北省“一村多名大学生计划”培养要求，根据教学大纲，我们组织编写了《现代蔬菜绿色生产技术》。本书秉持“理论够用，突出技能”的理念，在介绍蔬菜生产、基本技术相关理论知识的基础上，重点介绍大宗蔬菜生产技术、地方特色蔬菜生产技术，最后介绍了蔬菜生产新技术、新模式。该书在每个模块后精心设计了具有针对性的思考题，为学员进一步学习提供了拓展空间。书中内容深入浅出、简洁明了，可操作性强，克服了传统蔬菜生产技术相关手册中理论知识欠缺及专业教材注重理论、实践技术欠缺的弊端，适宜“一村多名大学生计划”学员、涉农高等职业教育院校学生、新型职业农民及有关科技推广人员使用。

图书在版编目(CIP)数据

现代蔬菜绿色生产技术 / 杜红卫，张薇，刘影主编. -- 北京：中国农业大学出版社，2023.3

ISBN 978-7-5655-2957-3

Ⅰ.①现… Ⅱ.①杜… ②张… ③刘… Ⅲ.①蔬菜园艺－无污染技术 Ⅳ.①S63

中国国家版本馆 CIP 数据核字(2023)第 036404 号

书　名	现代蔬菜绿色生产技术		
作　者	杜红卫　张　薇　刘　影　主编		
策划编辑	张　玉	**责任编辑**	张　玉　贺晓丽
封面设计	郑　川		
出版发行	中国农业大学出版社		
社　址	北京市海淀区圆明园西路 2 号	**邮政编码**	100193
电　话	发行部 010-62733489，1190	读者服务部	010-62732336
	编辑部 010-62732617，2618	出　版　部	010-62733440
网　址	http://www.caupress.cn	**E-mail**	cbsszs@cau.edu.cn
经　销	新华书店		
印　刷	运河(唐山)印务有限公司		
版　次	2023 年 4 月第 1 版　2023 年 4 月第 1 次印刷		
规　格	170 mm×240 mm　16 开本　19.75 印张　340 千字		
定　价	57.00 元		

图书如有质量问题本社发行部负责调换

编 写 人 员

主　编　杜红卫（十堰市科技学校）

张　薇（湖北生物科技职业学院）

刘　影（十堰市科技学校）

副主编　孙红绪（湖北三峡职业技术学院）

陈　平（十堰市科技学校）

王海萍（湖北生物科技职业学院）

参　编（以姓氏汉语拼音排序）：

程朝阳（枣阳市种子管理局）

崔　姗（湖北省现代农业展示中心）

戴志红（十堰市蔬菜种子服务中心）

胡燕平（十堰市蔬菜科学研究所）

黄　玲（湖北生物科技职业学院）

贾　铭（十堰市蔬菜种子服务中心）

李松发（石首市蔬菜产业发展中心）

梁　双（十堰市科技学校）

梅光和（郧西县坎子山富硒蔬菜种植专业合作社）

闵　丽（十堰市科技学校）

石伟平（湖北三峡职业技术学院）

孙世顺（十堰市科技学校）

韦福金（十堰市科技学校）

温毅华（十堰市蔬菜科学研究所）

熊孟学（丹江口市蔬菜科学研究所）

张玲玲（长江大学）

赵　菲（十堰市科技学校）

郑先凯（石首市农业技术培训学校）

序

2020年，我国经济与园艺作物种植面积约6.6亿亩，总产值达4.09万亿元，占种植业总产值的79.9%，其中，蔬菜产业总产值超过2万亿元，居种植业之首。蔬菜为人们提供了丰富的膳食营养以及保障健康的各种生物活性物质，优质蔬菜在保障人们生命与大健康中发挥着不可替代的作用，“无粮不稳，无蔬不康”。蔬菜种植因收益水平相对较高，见效快，成为许多贫困地区脱贫致富的首选产业，曾带动大批贫困地区农民脱贫致富。蔬菜产业将在农业提质增效、农民增收、巩固脱贫攻坚成果、促进乡村振兴和农业可持续发展中继续发挥更大作用。

全面推进乡村振兴、加快农业农村现代化建设需要大批扎根基层、知农爱农、懂技术，能够引领美丽乡村建设与发展的高水平农业农村人才。为了培养扎根农村的技术人才，教材编写组的老师们在“一村多名大学生”蔬菜生产多年培养实践的基础上，通过对农村蔬菜生产实践现状的调查研究，编写了职业教育实习、实训急需的配套教材《现代蔬菜绿色生产技术》。该教材克服了传统蔬菜生产技术相关手册中理论知识欠缺及专业教材注重理论、但实践技术欠缺的弊端，在介绍蔬菜生产、基本技术相关理论知识的基础上，重点介绍大宗蔬菜生产技术、地方特色蔬菜生产技术，最后介绍了蔬菜生产新技术、新模式。

《现代蔬菜绿色生产技术》教材编写瞄准乡村振兴战略需求，对接国家重要农产品保障战略，体现了编者坚持服务“三农”，积极推进新时代基层农业农村人才培养的新探索、新实践理念。该教材在保证基本理论和技术教学的前提下，突出蔬菜生产技术的实践性和实用性，教、学、做相结合，实验、实训、企业实习等教学环节紧密衔接，注重培养学生实践操作能力、创新创业能力，学成即能“上手”，运用所学知识和生产技能进行优良蔬菜品种选用、引进、生产、加工贮藏以及经营管理，适应职业岗位的实践需求。该教材实习、实训特色鲜明，紧贴蔬菜生产实际，是适合高等职业教育教学和广大蔬菜生产者了解和学习蔬菜生产技术的参考书和工具书，该教材将为乡村振兴和美丽乡村建设培养高水平农业农村人才发挥有力的支撑作用。

田振东
华中农业大学园艺林学学院
2022 年 9 月

前　言

蔬菜产业是现代农业的重要组成部分。2020 年，我国经济与园艺作物种植面积约 6.6 亿亩，总产值达 4.09 万亿元，占种植业总产值的 79.9 %，其中，蔬菜产业总产值超过 2 万亿元，居种植业之首。蔬菜生产从昔日的"家庭菜园"逐步发展成为主产区农业农村经济发展的支柱产业，保供、增收、促就业的地位日益突出。蔬菜作为人类的基本食物来源之一，含有丰富的维生素、矿物质、碳水化合物及大量膳食纤维，具有营养含量丰富、低热量等特点，在我国城乡居民膳食结构中具有特殊重要的地位。蔬菜是我国"菜篮子工程"的重要组成部分，商品率高，比较效益高，是农民收入的重要来源之一。蔬菜产业属于劳动密集型产业，在种植、加工、贮运、保鲜和销售等相关蔬菜产业环节中转化了数量众多的劳动力，促进了城乡居民就业。我国蔬菜出口增长势头强劲，蔬菜产业是具有较强国际竞争力的优势产业，在平衡农产品国际贸易方面发挥着重要作用。据统计，2020 年，我国蔬菜出口额 149.3 亿美元，贸易顺差 138.9 亿美元，居农产品之首，而同期农产品贸易逆差达 503.3 亿美元。

"无粮不稳，无蔬不康。"优质蔬菜在保障人们的生命与大健康中发挥着不可替代的作用。党的二十大报告指出，加快建设农业强国，扎实推动乡村产业、人才、文化、生态、组织振兴。树立大食物观，发展设施农业，构建多元化食物供给体系。发展乡村特色产业，拓宽农民增收致富渠道。全面推进乡村振兴、加快农业农村现代化需要大批扎根基层、知农爱农、懂技术，能够引领美丽乡村建设与发展的高水平农业农村人才。党和政府十分重视农民的科技培训，制定了《国家中长期人才发展规划纲要(2010—2020)》，自 2012 年起，在全国开展了新型职业农民的培育工作，培养了一大批"懂农业、会经营、善管理"的家庭农场主、农民合作社社员等。湖北省委省政府出台了《湖北省现代农业人才支撑计划》。湖北省委组织部、农业农村厅、财政厅、教育厅、人社厅、卫生计生委、扶贫办等部门，联合组织开展了"一村多名大学生计划"，面向全省选拔 1 万名优秀青年农民，重点是村"两委"班子成员、后备干部、入党积极分子、村级产业发展带头人等，接受全日制普通专科学历教育。通过“一村多名大学生”计划为农村培养了一支回得去、留得住、用得上、有文化、懂技术、会经营，能够示范带动地方特色产业发展，带领群众脱贫致富的农村实用人才队伍。

遵照湖北省“一村多名大学生计划”培养要求，根据教学大纲，我们组织编写了《现代蔬菜绿色生产技术》。本书秉持“理论够用，突出技能”的理念，在介绍蔬菜生产、基本技术相关理论知识的基础上，重点介绍大宗蔬菜生产技术、地方特色蔬菜生产技术，最后介绍了蔬菜生产新技术、新模式。该书在每个模块后精心设计了具有针对性的思考题，为学员进一步学习提供了拓展空间。书中内容深入浅出、简洁明了，可操作性强，克服了传统蔬菜生产技术相关手册中理论知识欠缺及专业教材注重理论、实践技术欠缺的弊端，适宜“一村多名大学生计划”学员、涉农高等职业教育院校学生、新型职业农民及有关科技推广人员使用。

参加本书编写的有：十堰市科技学校杜红卫、刘影、陈平、闵丽、孙世顺、韦福金、赵菲、梁双（前言，模块一，模块二，模块三，模块四之项目一、二、四、五和项目六之马铃薯、山药、魔芋，模块五之项目三、四及模块六之项目一、二、四）；湖北生物科技职业学院张薇、王海萍（模块四之项目三、七、八及模块五之项目二）；湖北三峡职业技术学院孙红绪、石伟平（模块五之项目一、模块六之项目三）；长江大学张玲玲（模块四之项目六之生姜）；提供田间生产数据的有湖北省现代农业展示中心崔姗、十堰市蔬菜种子服务中心戴志红和贾铭、十堰市蔬菜科学研究所温毅华和胡燕平、丹江口市蔬菜科学研究所熊孟学、石首市蔬菜产业发展中心李松发、石首市农业技术培训学校郑先凯、郧西县坎子山富硒蔬菜种植专业合作社梅光和。初稿完成后，主编统一修改定稿，并由华中农业大学田振东教授审阅写序。

教材编写过程中引用了国内外教材、专著和科技期刊的相关内容，在此深表感谢。

由于编者水平有限，时间仓促，书中难免有错漏之处，敬请各位专家及广大读者批评指正。

本书编写组

2023 年 2 月

目 录

模块一　蔬菜生产概述

蔬菜是高产高效的经济作物，其栽培普遍，适应性强且营养丰富，是人们日常生活中不可缺少的副食品，有的蔬菜还具有医疗保健价值，是当前我国农业产业结构调整中重要的发展对象。发展蔬菜产业正符合党的二十大报告中要求的“全面推进乡村振兴，树立大食物观，发展设施农业，构建多元化食物供给体系”的发展方向。本模块要求学生了解当前蔬菜产业发展现状、存在的问题及发展目标，熟悉蔬菜的定义与生产特点，了解蔬菜产业构成要素，能熟练运用于当地蔬菜产业发展中，培养分析问题、解决问题的能力及热爱农业的专业情感和全局整体观念。

项目一

蔬菜的定义及生产特点

学习目标

熟悉蔬菜的定义与生产特点，了解蔬菜产业的构成要素，能熟练运用于当地蔬菜产业发展中，培养学生热爱蔬菜的专业情感和全局整体观念。

★知识准备

一、蔬菜的定义与特点

蔬菜是一切可供佐餐的植物总称，包括一年生或二年生及多年生草本植物、少数木本植物以及食用菌、藻类、蕨类和某些调味品等。蔬菜种类繁多，据不完全统计，世界上的蔬菜种类有 200 多种，普遍栽培的只有 60 种左右，大部分还属于半栽培和野生种，可供开发利用的资源比较丰富，开发潜力很大。

蔬菜含水量高，易萎蔫和腐烂变质，贮藏运输受到一定的限制。蔬菜产品除以鲜菜供应市场外，还可进行保鲜贮藏和加工。外运远销不仅可以增加蔬菜产值，而且可以延长蔬菜供应期，解决供需矛盾，扩大流通领域。

二、蔬菜生产及其特点

1. 蔬菜生产的含义

蔬菜生产是根据蔬菜作物的生长发育规律和对环境条件的要求，确定合理的栽培制度和管理措施，创造适宜蔬菜作物生长发育的环境条件，以获得高产优质、品种多样并能均衡供应市场的蔬菜产品的过程。

2. 蔬菜生产的主要任务

蔬菜生产是农业生产的重要组成部分，蔬菜在我国是仅次于粮食的重要副食品，是每日餐桌上的必需品，人均日消费量 1.25 kg 左右。因此，蔬菜生产的主要任务是保证蔬菜产品种类多样、数量充足、品质优良和供应均衡。

3. 蔬菜生产的特点

(1)蔬菜生产必须符合国家及地方的有关规定和行业标准　蔬菜是人们的生活必需品，蔬菜中营养物质及其含量与人体健康密切相关。因此，蔬菜生产必须符合国家及地方的有关规定和行业标准，符合生产过程中使用安全生产用水、用地、用药等相关规定。

（2）蔬菜生产季节性强　特别是露地蔬菜生产，产量和质量易受各种不良环境条件的影响，容易形成淡旺季现象，利用多种保护地设施进行各种蔬菜的反季节生产，可以有效地缓解供需之间的矛盾，达到周年均衡供应。

（3）蔬菜生产的技术性较强　由于蔬菜生长快、产量高，又要求产品鲜嫩，无论生产前的农资准备、种子处理、育苗、整地等环节，还是生产过程中的田间管理及采后处理，都要求较高的技术水平。

（4）集约化程度高　除个别蔬菜外，绝大多数蔬菜需要育苗，集中育苗和实行复种是蔬菜集约化生产的特点，能显著提高土地利用率和光能利用率，是实现高产、种类多样、周年均衡供应的有效途径。

（5）蔬菜种类繁多，种植茬口复杂　现今普遍栽培的蔬菜有60余种，每种之内又包含许多变种，每一个变种内又有许多品种，因此种植茬口复杂。一般露地蔬菜生产茬口是三大季：第一季2—4月份种植土豆、瓜类、茄果类、豆类，5—7月份收获；第二季6—8月份种植萝卜、大白菜、青蒜、秋豇豆、秋黄瓜、秋芹菜、秋花菜、秋甘蓝等，9—10月份收获；第三季栽培青菜、菠菜、芹菜、红菜薹、冬莴笋、春花菜、春甘蓝等，11月份至次年3月份收获。

（6）蔬菜生产要具有可持续性　人们对蔬菜的需求是持续不断的，这就要求蔬菜生产周期性不间断持续循环。我们在为蔬菜生产创造适宜环境条件的同时，也必须注意轮作换茬、养分均衡供应等，做到用养结合。

（7）蔬菜生产的限制因素多　蔬菜生产规模大小、生产种类受当地或外销地的消费习惯和消费水平影响，且以鲜菜为产品，含水量高，易萎蔫腐烂，不耐贮运。蔬菜生产抗逆性差，病虫为害多，栽培风险性大。

三、蔬菜产业的形成及重要地位

1. 蔬菜产业的形成

蔬菜产业的形成是由最初的传统蔬菜业即原始农业的一个分支，发展到近代蔬菜业，包括蔬菜种植、销售、种子生产、农资等；再发展到现代的蔬菜业，包括蔬菜生产的产前、产中、产后的各个部门构成的综合生产体系，即蔬菜种植、销售、种子生产、农资产销、贮藏加工、运输、产后处理、包装、技术服务等全产业链体系。

2. 蔬菜产业的重要地位

蔬菜产业已从昔日的“家庭菜园”逐步发展成为主产区农业农村经济发展的支柱产业，蔬菜产业是具有较强国际竞争力的优势产业，保供、增收、促就业的地位日益突出。

（1）满足人类对营养的需求　蔬菜作为人类的基本食物来源之一，含有丰富的维生素、矿物质、碳水化合物及大量膳食纤维，具有营养含量丰富、低热量等特点，在我国城乡居民膳食结构中占有重要地位，需求量大。

（2）增加农民收入　蔬菜商品率高，经济效益高，是农民收入的重要来源之一。

（3）促进城乡居民就业　蔬菜产业属于劳动密集型产业，转化了与蔬菜种植、加工、贮运、保鲜和销售等相关蔬菜产业数量众多的城乡劳动力，促进了城乡居民的就业。

（4）平衡农产品国际贸易　加入世贸组织后，我国蔬菜比较优势逐步显现，出口增长势头强劲，在平衡农产品国际贸易方面发挥了重要作用。据统计，2020 年我国蔬菜出口额 149.3 亿美元，贸易顺差 138.9 亿美元，居农产品之首。

项目二

我国蔬菜产业现状、存在的问题及发展方向

学习目标

了解当前蔬菜产业发展现状，认识到当前蔬菜产业存在的问题，明确蔬菜产业的发展方向。

★知识准备

一、我国蔬菜产业发展现状

1. 种植面积不断扩大，产量持续增加，质量显著提高

我国是世界上最大的蔬菜生产国和消费国，蔬菜产业在世界上占有重要地位。据 FAO 统计，2013 年中国蔬菜收获面积是美国的 22 倍，日本的 60 倍，澳大利亚的 338 倍，欧洲的 6 倍；中国蔬菜产量是美国的 16 倍，日本的 51 倍，澳大利亚的 292 倍，欧洲的 6 倍。蔬菜商品质量明显提高，净菜整理、分级、包装、预冷等商品化处理数量逐年增加。在“全国无公害食品行动计划”中，蔬菜产品农残检测合格率稳定在 95％以上，蔬菜质量总体上是安全的、放心的。

2. 蔬菜年人均占有量不断增加，种类结构不断丰富

2015 年我国蔬菜人均占有量为 574.7 kg，相当于一人一天消耗 1.58 kg 蔬菜。据统计，我国现今拥有的栽培蔬菜作物（含食用菌、西甜瓜）至少有近 300 种，分属 50 个科，其中常年生产的蔬菜达 14 大类 150 多个品种。多品种、全周年、大流通的蔬菜产业格局逐步满足了人们多样化的消费需求。

3. 价格持续上涨，季节波动明显

据对 36 种蔬菜市场批发价的监测显示，随着季节的变化，蔬菜价格呈“U”形波动，分别在每年的 1—3 月份达到最高点，之后开始出现季节性回落，7 月份达到最低点。

4. 布局逐渐优化，安全性逐步提高

由于工业化、城镇化的推进及种植业结构的调整，原先以“近郊为主、远郊为辅、农区补充”的生产格局已逐步向“农区为主，郊区为辅”的生产格局转变；生产基地逐

步向优势区域集中，形成华南与西南热区冬春蔬菜、长江流域冬春蔬菜、黄土高原夏秋蔬菜、云贵高原夏秋蔬菜、北部高纬度夏秋蔬菜、黄淮海与环渤海设施蔬菜六大优势区域，有效缓解了淡季蔬菜供求矛盾，为保障全国蔬菜均衡供应发挥了重要作用。

5. 平衡贸易逆差，出口持续增长

中国加入世贸组织以后，除 2008 年受国际金融危机和 2012 年受我国蔬菜出口退税政策调整影响导致出口略有下降外，我国蔬菜出口基本保持持续、快速、稳定增长。据海关总署公布的数据显示，2021 年我国蔬菜及食用菌出口量为 899 万 t，蔬菜出口额 157.7 亿美元，同比增长 5.6%，成为平衡贸易逆差的第一大农产品。出口的产品主要是鲜冷冻蔬菜、加工保藏蔬菜和干蔬菜。

6. 科技水平不断提高

我国蔬菜品种选育、更新，生产技术创新转化能力不断提高，显著提高了产业科技含量和生产技术水平。全国选育各类蔬菜优良品种 3 000 多个，主要蔬菜良种更新 5～6 次，良种覆盖率达 90%以上；设施蔬菜达 6 000 多万亩（每亩＝667 m^2），日光温室高效节能栽培技术研发成功，蔬菜集约化育苗技术快速发展，年产商品苗达 800 多亿株以上；蔬菜病虫害综合防治、无土栽培、节水灌溉等技术也取得明显进步。

7. 市场流通体系不断完善

自山东寿光建立全国第一家蔬菜批发市场以来，蔬菜市场建设得到快速发展，截至 2021 年，全国亿元以上农产品批发市场有 781 个，经营蔬菜的农产品批发市场达 220 个，覆盖全国城乡的市场体系已基本形成。70%蔬菜经批发市场销售，零售环节中经农贸市场销售的占 80%，大中城市经超市销售的占 15%，并保持快速发展势头。

二、我国蔬菜产业发展中存在的突出问题

1. 人工成本比重逐步增加，比较收益下降

据四川省成本调查监审局调查 18 个市（州）29 个县 520 户蔬菜生产成本显示：亩均人工成本 4 016.56 元，同比上升 9.14%；雇工费用 429.44 元，同比上升 8.75%。成本利润率波动大。近 10 年来，蔬菜生产成本利润率在振荡中总体呈现下滑态势；受粮食政策影响，蔬菜的比较效益也有下降趋势。

2. 基础设施建设滞后

近年来，大量菜地由城郊向农区转移，农区新建菜地水利设施建设跟不上，排灌设施不足，致使露地蔬菜单产不稳；温室、大棚设施建设标准低，抗灾能力弱，容易受雨雪冰冻灾害影响，加剧了市场供需矛盾。在蔬菜的生产、流通环节存在采后处理不及时，田间预冷、冷链设施不健全，贮运设施设备落后、运输距离拉长等问题，难以适应蔬菜新鲜易腐的特点；产销信息体系不完善，给农民造成很大损失。

3. 机械化生产发展缓慢

据《中国农业机械化年鉴》数据统计，我国蔬菜生产中综合机械化水平与小麦、水稻、玉米等大田作物相比不足 20%。制约蔬菜生产机械化水平的因素主要是作物

种类多、差异大，种植制度不规范；蔬菜生产大多分散经营，规模经营由于规划布局不合理，存在路难走、门难进、边难耕、头难掉的现象，导致机械化优势难以发挥；由于对机械化认识不足，关注少、投入小，产业需求大，可用装备技术贮备少。

4. 质量安全存在隐患

我国蔬菜质量总体是安全的、食用是放心的，但局部地区、个别品种农药、化肥残留超标问题时有发生。农药残留超标具体有以下几个方面的原因：

(1)农药产品结构不合理，剂型不配套　在我国生产的所有农药制剂中，乳油、可湿性粉剂等剂型占到60%以上，成为极易影响环境质量和人体健康的潜在因素。

(2)蔬菜登记农药不足　30多种蔬菜100多种病虫害，登记药剂4 800个，甘蓝、番茄、黄瓜占80%。120种蔬菜无登记农药可用，如胡萝卜、绿叶类蔬菜、莲藕等。

(3)菜农安全使用农药的意识薄弱　施用农药后未按规定的安全间隔期采收，往往农药喷施后很快就采收，导致农药残留。科学安全合理地使用农药的知识宣传和技术指导不够，导致菜农对农药残留量超标问题造成的后果认识不足。

(4)菜农农药知识缺乏　大多数菜农对农药安全使用标准和农药合理使用准则，以及农药性质，如高毒、剧毒、内吸等特性缺乏了解，而随意加大使用剂量，甚至超范围使用。一些菜农在经济利益驱动下，违反国家有关规定，随意在蔬菜、水果等作物上使用国家明文禁止使用的高毒、剧毒农药，致使蔬菜中农药残留量严重超标而导致食菜性食物中毒事故时有发生。

化肥残留超标具体有以下几个方面的原因：

(1)供需比例严重失调，肥水利用率低　蔬菜尤其是设施蔬菜肥水量一般超过其需要量的2～4倍，较大地区甚至达到实际需求量的十几倍，供需比例严重失调；据国家大宗蔬菜体系土壤肥料团队研究资料数据表明，氮素超量3～6倍，磷素超量4～15倍，钾肥明显不足，蔬菜需求钾多磷少，实际施用情况明显不符合蔬菜生产需求规律。

(2)肥水标准低，土壤重金属残留超标，蔬菜重金属污染普遍　和国外相比，我国肥料标准较低，对很多元素的要求并不高，菜地土壤重金属污染严重，蔬菜产品中检出重金属超标现象也较为普遍。

(3)中微量元素施用不足，生理病害增多　中微量元素肥料是蔬菜生长必不可少的，蔬菜对微量元素尤其敏感，多则有害，少则生长不良。许多菜农对中微量元素肥重视不够，施用少或不施，致使蔬菜生长养分不平衡性加剧。

5. 组织化程度低

据国家大宗蔬菜产业技术体系产业经济研究室跟踪研究表明，蔬菜种植户以中老年人为主，种植户学历大多初中以下，大部分未经过系统的专业知识学习，即使经常参加技术培训，生产中也会面临诸如品种结构调整、不同气候条件下肥水把握、病虫害防控、成本节省、市场开拓等问题，蔬菜产业普遍缺乏高标准和高质量的管理，从而引起蔬菜产量和品质下降，进而减少了利润，且大多不成规模，多在5～10亩以下，规模化效益较差。

由于农业本身对青年人才吸引力不够，因此返乡进行农业生产的青年人极少，人才无法及时更新换代。目前，已有大学生创业种菜，他们基础不牢固，种植面积不大，无法达到扶持条件，扎根发展较为困难。

6. 科技创新与转化能力不强

由于投入少、研究资源分散、力量薄弱等原因，蔬菜品种研发、技术创新与成果转化能力不强，难以适应生产发展的需要。育种研究基础薄弱，蔬菜种质资源收集、整理、评价及育种方法、技术等基础研究不够；育种目标与生产需求对接不够紧密，在商品品质、复合抗病性、抗逆性等方面的育种水平与国外差距较大，难以适应设施栽培、加工出口、长途贩运蔬菜快速发展的需要；育种成果转化机制不灵活，科研单位与企业衔接合作不够密切，制约了成果的推广应用。

7. 产业发展缺乏品牌支撑

产业发展离不开品牌的支撑，但因蔬菜种类多、品种杂，品牌相对还是比较缺乏。在品牌发展过程中部分品牌处于比较初级的阶段，"新三品"融合不佳，实际效益转化率低。还有一些出现在市场上的新优品种，未及时去布局和打造，因盲目扩种、无科学栽培技术或无品牌支撑，最终失去竞争力而影响农民收入。

三、我国蔬菜产业未来发展方向

1. 建立民生蔬菜保障制度

所谓民生蔬菜，就是百姓小康生活不可缺少的大宗蔬菜。根据各地的蔬菜消费习惯，把占当地消费总量60%～80%的蔬菜种类列入民生蔬菜名录。在华北、东北、西北等地区人口在100万人以上的大城市(含济南、青岛、淄博、郑州、洛阳等)建立和完善冬春蔬菜储备制度；大中城市按照每人每天0.5～0.6 kg菜的需求，测定城市自给率；建立稳定民生蔬菜生产供应的保障机制及基本民生蔬菜生产者成本的补偿机制。

2. 突出生产发展重点

(1)蔬菜品种选育与技术创新　重点培育适合设施栽培的耐低温弱光、抗病、优质的黄瓜、番茄、辣椒、茄子、西甜瓜等品种，适宜春、夏、秋等不同季节露地栽培的白菜、萝卜、结球甘蓝、菠菜等系列品种，适合出口、加工的番茄、胡萝卜、洋葱等系列品种，适应不同市场和饮食文化需求的芥菜、莲藕、食用菌等特色蔬菜品种；支持科研单位与种子企业紧密结合，推进育繁推一体化，重点集成创新标准化生产、连作障碍治理、重大病虫害综合防治、轻简增效等技术。

(2)蔬菜集约化育苗场建设　力争每个蔬菜重点县均建有蔬菜集约化育苗示范场，推动蔬菜育苗向产业化、专业化、商品化方向发展。主要建设育苗日光温室(北方)、钢架大棚(南方)，配套遮阳降温、防寒保温、通风换气、水肥一体、育苗床架、基质装盘、播种、催芽等设施设备，重点推广茄果类、瓜类、甘蓝类等蔬菜穴盘集约化育苗技术，提高蔬菜育苗安全性和标准化水平。

（3）改善菜地基础设施条件　适当规划新建一批高标准、高起点的生产基地，保障市场稳定供应。露地蔬菜产业重点县要加强高标准的生产基地建设，改善蔬菜生产条件；主要完善灌排设施，灌排渠沟网络分设，泵房和田贮水池齐全，根据条件和可能，推进水肥一体化高效节水灌溉设施建设。同时，建设路面硬化的田间主干道和支道，配备生产用电设施，配套农资、农机具库房及田头贮肥（沼液）池或堆肥。设施蔬菜产业重点县要通过建设高效节能日光温室（北方）、钢架大棚（南方），提高蔬菜持续均衡生产能力。灌溉系统尽可能采用管道输水和微灌等高效节水技术，配备田间贮水池和排灌泵房，完善排水系统，有条件的地方采用水肥一体化设施；完善田间道路、供电及其他设施。

（4）加强标准化生产与质量安全监管　大力推进标准化生产，严格农业投入品管理，引导生产者科学施肥用药，推广应用生物防控技术，严禁使用高毒禁限用农药。政府、市场、企业都应建立产品质量安全追溯制度，从生产源头和产品监管两个方面保证蔬菜的食品安全。

（5）加强农机农艺融合、提高产业信息化、自动化、现代化水平　加强蔬菜农机农艺融合，研究、筛选、集成、示范、推广蔬菜机械化高效栽培技术模式，降低菜农劳动强度、提高蔬菜生产效益；加强蔬菜生产整地、育苗、移栽、管理、收获等环节的机械设备、技术规程、农艺配套技术研究；加强设施环境调控、物联网、云端等信息化、自动化技术研究。

（6）提升组织化程度、培养年轻职业菜农　在全国蔬菜优势产区和大中城市郊区，扶持一批农民专业合作社和规模化生产主体，重点建设集约化育苗、统防统治、商品处理等设施，开展统一种苗供应、统一病虫害防控、统一加工、统一销售等方面的服务，逐步解决一家一户生产管理、技术推广、产品销售、质量监管难的问题，提高蔬菜生产的组织化程度和产业化水平。优先在优势区和大中城市发展职业菜农教育，大力推进蔬菜生产职业技能鉴定和蔬菜生产职业资格准入；扶持蔬菜专业协会、专业合作社、专业化生产企业开展农民培训与教育。

3. 兼顾流通发展重点

要在现有基础上，统筹考虑城市人口、蔬菜基地规模、交通区位、物流走向，加快完善以大型销地批发市场为中心，产地蔬菜批发市场为依托的农产品批发市场体系，保障蔬菜供应、稳定市场价格。

★任务实施

根据你所了解的蔬菜产业发展情况，为你所在村（镇、县、市）制定未来 5 年蔬菜产业发展规划。

★能力转化

调查当地蔬菜产业发展情况，并为当地蔬菜产业发展存在的问题提出相应的发展对策。

模块二　蔬菜生产基础知识

民以食为天，蔬菜占半边天。蔬菜对人们生活的重要意义不言而喻，想发展好蔬菜，必须考虑当地适合种什么、什么时候种、怎么能种好的问题。而解决这三个问题的前提是我们必须了解蔬菜生产的基础知识，能熟练识别当地的各类蔬菜及根据所在地理区位选择合适的蔬菜种类；能根据不同种类蔬菜及所处的不同生育期进行合理的水肥管理；能根据生产实际制订全年设施蔬菜和露地蔬菜生产茬口，根据蔬菜种类和复种茬口，完成周年生产方案的制定，并落实到地块；能根据实际情况合理调控设施内的温度、光照、湿度、二氧化碳等环境条件，为蔬菜周年均衡供应提供基础。培养学生理论联系实际、将所学知识应用于实践并能根据实际进行创新的能力及实事求是的进取精神。

党的二十大报告指出：实践没有止境，理论创新也没有止境。紧跟时代步伐，顺应实践发展，以满腔热忱对待一切新事物，不断拓展认识的广度和深度，敢于说前人没有说过的新话，敢于干前人没有干过的事情，以新的理论指导新的实践。

项目一

蔬菜的分类

学习目标

了解蔬菜的常见分类方法，能熟练识别当地的各类蔬菜，能根据所在地理区位选择合适的蔬菜种类，培养热爱科学的严谨工作作风。

★知识准备

随着近年来不断引进蔬菜新类型和对野生种的驯化，蔬菜的种类在不断增加，在同一种类中又出现了许多变种，每一变种中还有许多品种。为了便于学习和应用于生产，需要对蔬菜进行整理和分类。蔬菜的分类方法通常有植物学分类法、食用器官分类法和农业生物学分类法 3 种。

一、植物学分类法

植物学分类法是在明确形态、生理、遗传的亲缘关系基础上，按植物学家提出的对植物的分类依据，根据其形态特征和特性，依界、门、纲、目、科、属、种、亚种、变种等分类单位对蔬菜植物进行的分类，可分为 32 个科，200 多个种，常见的有 60 个种左右，亚种、变种、品种不计其数。

我国经常栽培的蔬菜植物总共有 20 多个科，其中绝大多数属于种子植物，以双子叶植物的十字花科、豆科、茄科、葫芦科、伞形科、菊科和单子叶植物的百合科、禾本科为主。常见的蔬菜植物分类见表 2-1。

植物学分类法的优点是：可以明确不同蔬菜在形态、生理上的关系，以及遗传学、系统进化上的亲缘关系，对于蔬菜的轮作倒茬、病虫害防治、种子繁育和栽培管理等有较好的作用。

植物学分类法的缺点是：有些亲缘关系相近的蔬菜，栽培方法和生物学特性却大不相同。

二、食用器官分类法

这种分类法适用范围只限于种子植物的蔬菜种类，根据蔬菜食用器官的不同可分为根菜类、茎菜类、叶菜类、花菜类、果菜类和种子类。

表 2-1　常见的蔬菜植物分类

所属科	拉丁名	代表蔬菜
藜科	Chenopodiaceae	根甜菜(叶甜菜)、菠菜
落葵科	Basellaceae	红落葵、白落葵(木耳菜)
苋科	Amaranthaceae	苋菜
睡莲科	Nymphaeaceae	莲藕、芡实
十字花科	Cruciferae	萝卜、芜菁、芜菁甘蓝、芥蓝、结球甘蓝、抱子甘蓝、羽衣甘蓝、球茎甘蓝(苤蓝)、花椰菜、青花菜、小白菜、结球白菜、叶用芥菜(辣菜、雪里蕻)、茎用芥菜、芽用芥菜、根用芥菜(大头菜)、籽芥菜、辣根、豆瓣菜(西洋菜)、荠菜、乌塌菜、菜薹
豆科	Leguminosae	豆薯(地瓜)、菜豆、豌豆、蚕豆、豇豆、菜用大豆、扁豆、刀豆、矮刀豆、四棱豆、金花菜
伞形科	Umbelliferae	芹菜、根芹、水芹、芫荽、胡萝卜、小茴香、球茎茴香、美国防风
旋花科	Convolvulaceae	蕹菜(空心菜)、甘薯
唇形科	Labiatae	薄荷、荆芥、罗勒、草石蚕、紫苏
茄科	Solanaceae	马铃薯、茄子、番茄、辣椒、香艳茄、酸浆、枸杞
葫芦科	Cucurbitaceae	黄瓜、甜瓜、南瓜(中国南瓜)、笋瓜(印度南瓜)、西葫芦(美洲南瓜)、西瓜、冬瓜、瓠瓜(葫芦)、普通丝瓜、苦瓜、佛手瓜、蛇瓜、黑籽南瓜、节瓜
菊科	Compositae	莴苣(莴笋、长叶莴苣、皱叶莴苣、结球莴苣、散叶莴苣)、茼蒿、菊芋、苦苣、菊花脑、紫背天葵、牛蒡
锦葵科	Malvaceae	黄秋葵、冬寒菜
楝科	Meliaceae	香椿
番杏科	Aizoaceae	番杏
蓼科	Polygonaceae	食用大黄
菱科	Trapaceae	菱角
木耳科	Auriculariaceae	黑木耳、银耳
伞菌科	Agaricaceae	蘑菇、双孢菇
口蘑科	Tricholomataceae	香菇、平菇、金针菇
光柄菇科	Pluteaceae	草菇
鬼伞科	Coprinaceae	鸡腿菇

1. 根菜类

以肥大的肉质根部为产品的蔬菜,可分为:

(1)直根类(由主根肥大而来)　萝卜、胡萝卜、根芥菜、根甜菜、牛蒡等。

(2)块根类(由侧根肥大而来)　豆薯、甘薯、葛等。

2. 茎菜类

以肥大的茎部为产品的蔬菜，可分为：

(1)地上茎

①嫩茎 以萌发的嫩芽为产品，如竹笋、芦笋、菜薹等。

②肉质茎 以肥大的地上茎为产品，如茎用芥菜、茭白、苤蓝、莴笋等。

(2)地下茎

①块茎 以肥大的地下块茎为产品，如马铃薯、山药、菊芋、草石蚕等。

②根状茎 以肥大的根茎为产品，如生姜、莲藕等。

③球茎 以肥大的球茎为产品，如荸荠、慈姑、芋头、魔芋等。

④鳞茎 以肥大的鳞茎为产品，如洋葱、大蒜、百合等。

3. 叶菜类

以叶片及叶柄为产品的蔬菜，可分为：

(1)普通叶菜 如菠菜、芹菜、小白菜、苋菜、茼蒿、叶用芥菜、落葵等。

(2)结球叶菜 形成叶球的蔬菜，如大白菜、结球甘蓝、结球莴苣、抱子甘蓝等。

(3)香辛叶菜 叶有香辛味的蔬菜，如葱、韭菜、茴香、芫荽、薄荷等。

(4)鳞叶类 由叶鞘肥大而来的蔬菜，如大蒜、洋葱等。

4. 花菜类

以花器或肥嫩的花枝为产品的蔬菜，可分为：

(1)花器类 如金针菜、朝鲜蓟、蘘荷、食用菊花、南瓜花、葛根花等。

(2)花枝类 如花椰菜、菜薹等。

5. 果菜类

以果实为产品的蔬菜，可分为：

(1)瓠果类 如南瓜、黄瓜、冬瓜、丝瓜、苦瓜等。

(2)浆果类 如番茄、茄子、辣椒等。

(3)荚果类 如菜豆、豇豆、扁豆、荷兰豆等。

(4)杂果类 如甜玉米、黄秋葵、菱角等。

6. 种子类

以蔬菜的种子为产品，如毛豆、籽用芥菜、花生、籽粒苋、菜用玉米等。

按照食用器官分类，可以了解蔬菜在形态及生理上的关系。凡食用器官相同的，其生物学特性及栽培方法也大体相同，如肉质根类。当然也有例外，有些蔬菜同属一种食用器官分类，栽培方法却相差甚远，如一些瓜类和豆类蔬菜。而有的蔬菜尽管分属于不同食用器官分类，其栽培方法却非常相似，如甘蓝的几个变种等。

三、农业生物学分类法

以蔬菜的生长、发育、繁殖的有关特点和特性及其对环境条件的要求为依据进行分类，比较适合生产要求，同时综合了植物学分类法和食用器官分类法的优点，可分为13类。

1. 根菜类

包括萝卜、胡萝卜、根用甜菜、根用芥菜、牛蒡等。根菜类蔬菜的生长发育特性为：均以膨大的直根为食用器官，均为二年生植物，种子繁殖，不耐移栽；喜冷凉气候条件；要求低温春化，高温、长日照条件下开花结籽；栽培上要求土质疏松透气、水分充足、氮、磷、钾肥供应均匀，以利于形成良好的肉质根。

2. 白菜类

包括白菜类（大白菜、小白菜、菜薹等）、甘蓝类（结球甘蓝、羽衣甘蓝、抱子甘蓝、球茎甘蓝、花椰菜、青花菜等）、芥菜类（茎用芥菜、叶用芥菜、根用芥菜、芽用芥菜、籽用芥菜等）3种类型。白菜类蔬菜的生长发育特性为：以嫩叶、叶球或花球为食用器官；大多数为二年生植物，第一年形成产品器官，第二年抽薹开花；喜冷凉湿润的环境条件，尤其产品器官形成期要求较严格，以便于养分积累；低温春化，高温、长日照条件下开花结籽，能耐寒不耐热；栽培上要求壤土或黏壤土，生长期间土壤湿润、供水均匀、养分完全；高温干旱，生长不良，易感病害；均用种子进行繁殖。

3. 绿叶菜类

该类蔬菜适应性广泛，有喜温耐热类的，如落葵、苋菜、蕹菜、茼蒿等；耐寒性的菠菜、乌塌菜等；喜凉的芹菜、莴苣、小白菜、芫荽等。该类蔬菜种类繁多，以柔嫩的绿叶、叶柄或嫩茎为食用器官；生长迅速，便于换茬，是重要的堵淡蔬菜；该类蔬菜生产上用种子繁殖，栽培密度较大，对土壤要求不严，但应供应充足的水分和肥料，尤其要求较多的氮肥。

4. 葱蒜类

包括大葱、洋葱、大蒜、韭菜等。该类蔬菜以叶片或叶鞘（鳞茎）为食用器官；要求冷凉的条件，但具耐热、耐寒能力，可露地越冬，表现为二年生或多年生；要求低温春化，高温、长日照开花结实；洋葱、大蒜鳞茎的形成也要求高温、长日照条件；生长前期不喜过多水分，但产品器官形成期对水分要求较多；除大葱外，其他葱、蒜类以黏壤土为好，用种子繁殖或无性繁殖。

5. 茄果类

包括番茄、茄子、辣椒等。该类蔬菜以果实为食用器官；喜温、喜光，不耐霜冻，对日长要求不严格；对土壤适应性较广，但以壤土为佳；需肥较多，前期以氮为主，产品器官形成期以钾为主；均需育苗移栽。

6. 瓜类

包括黄瓜、西瓜、冬瓜、南瓜、瓠瓜、丝瓜、苦瓜、甜瓜、蛇瓜、佛手瓜、西葫芦等。该类蔬菜以果实为食用器官；喜温、喜光，不耐霜冻，对日长要求不严格；对土壤适应性较广，但以壤土为佳；需肥较多，前期以氮为主，产品器官形成期以钾为主；茎为蔓生，需整枝搭架；因根系发达，主要进行育苗移栽，也可直播。

7. 豆类

包括菜豆、豇豆、扁豆、豌豆、蚕豆、毛豆等豆科植物。菜豆、豇豆、毛豆喜温暖，扁豆、豌豆、蚕豆喜冷凉；除扁豆外，对光照要求不敏感；豆科作物具根瘤菌，可固定空气中的氮素，不宜施用过多的氮肥，施肥时以硝态氮为好，并注意增施磷肥；不耐移栽（豇豆、四季豆育苗移栽的较多），以直播（湿播法）为主。

8. 薯芋类

包括马铃薯、山药、芋头、生姜、菊芋、草食蚕、甘薯等。该类蔬菜以富含淀粉的地下茎或块根为食用器官，耐贮运；除马铃薯不耐高温，生长期较短外，其他均耐热，可正常越夏，生长期长；栽培上要求土质疏松、氮、磷、钾齐全，尤其生长后期增施钾肥，可显著提高产量、改善品质；生产上均进行无性繁殖。

9. 水生蔬菜

包括莲藕、荸荠、慈姑、茭白、水芹、豆瓣菜、菱角等。该类蔬菜均生长在沼泽地区，生长期间要求始终有水；除水芹和豆瓣菜要求凉爽气候外，其余喜温暖气候及肥沃土壤；除菱角外，均采用营养器官繁殖。

10. 多年生蔬菜

包括芦笋、金针菜、竹笋、香椿等。该类蔬菜一次播种后，可连续栽培多年；地上部耐热（可越夏），地下根系耐寒（可越冬），但冬季地上枯死（竹笋除外），翌春再发；除芦笋要求疏松土壤外，其余对土壤条件要求不严格。

11. 芽苗菜类

这是一种新开发的蔬菜，它是用植物种子或其他营养贮藏器官，在黑暗、弱光（或不遮光）的条件下直接生长出可供食用的芽苗、芽球、嫩芽、幼茎或幼梢的一类蔬菜。芽苗类蔬菜根据其所利用的营养来源，又分为：种芽菜，包括黄豆芽、绿豆芽等；体芽菜，包括香椿、花椒等；种苗菜，包括豌豆苗、萝卜苗、香椿苗、荞麦苗等。

12. 食用菌类

指人工栽培或野生的适宜食用的菌类蔬菜，包括蘑菇、草菇、平菇、香菇、木耳等。以子实体为食用器官，国内外报道的已有720余种，人工栽培的近50种，其余为野生采集。

13. 野生蔬菜类

我国地域辽阔，野生蔬菜资源丰富。据报道，可食用野生蔬菜有600余种，主要以野生采集为主，现在有不少种类进行了人工驯化栽培，如马齿苋、菊花脑、马兰、紫背天葵、荠菜、蒲公英等。

★任务实施

一、蔬菜的外部形态观察

(1)到当地大型蔬菜市场、生产田和蔬菜标本圃等地,详细观察各种蔬菜的生长状态及形态特征,确定所属科属及类型。

(2)观察各种蔬菜的食用部分,了解其食用器官的形状、颜色、大小等。

(3)利用课件、标本、网络等识别本地没有种植的各种蔬菜。

二、蔬菜的内部结构观察

(1)对观察的蔬菜进行切分,仔细观察其内部结构。

(2)绘制部分蔬菜的内部结构图。

★能力转化

调查当地常见的蔬菜种类,并将其按照 3 种分类方法进行分类,进一步熟悉其生产特性。

项目二

蔬菜的生长发育周期与类型

学习目标

了解蔬菜的生长发育周期，能正确判断常见蔬菜所处的生育时期，能根据蔬菜所处的不同生育时期进行水肥管理，培养热爱科学的严谨工作作风。

★知识准备

蔬菜生长发育周期通常是指蔬菜从种子发芽到重新形成种子的整个历程，这个过程可分为种子时期、营养生长时期和生殖生长时期 3 个时期。在每个不同的时期，都有它们各自的生长特点，对环境条件也各有特殊要求。

一、蔬菜的生长发育周期

（一）种子时期

从母体卵细胞受精到种子萌动发芽为种子时期，包括种子形成期、种子休眠期和种子发芽期。

1. 种子形成期

从卵细胞受精开始，到种子成熟为止。受精以后，子房发育成果实，胚珠发育成种子。这一时期为营养物质的合成和积累的过程，受外界环境条件的影响很大。因此，在栽培中，应供给母体植株良好的营养条件，包括光合条件与肥水供应以保证种子的健壮发育。

2. 种子休眠期

种子成熟以后即进入休眠期。不同种的蔬菜种子，其休眠期的长短各不相同。有的蔬菜种子休眠期较长，有的较短，有的甚至没有休眠期。休眠状态的种子，代谢水平很低，如果保存在干燥冷凉的环境中，可以减低其代谢水平，保持更长的种子寿命。

3. 种子发芽期

种子经休眠后，遇到适宜的环境（温度、水分、氧气等）就会吸水发芽。发芽时呼吸旺盛，生长迅速，所需要的能量靠种子自身的贮藏物质。所以，种子的大小、贮藏物质的数量及性质，对种子发芽的快慢及幼苗的生长影响很大。因此，在栽培上，要选择籽粒饱满、发育充实、发芽能力强的种子，同时给予最适宜的发芽条件。

（二）营养生长时期

从种子萌动发芽到开始花芽分化时结束。蔬菜植物在营养生长时期，将从外界获得的营养都用于根、茎、叶等器官的营养积累和生长上，迅速增加同化面积和发展根系，此期又可分为 4 个时期。

1. 幼苗期

幼苗期是营养生长的初期，指从子叶或第一片真叶展开，开始独立生活即进入幼苗期。蔬菜植物在幼苗期，绝对生长量很小，但生长迅速，代谢旺盛，生命力很强。此时它的同化器官叶片和吸收器官根都很幼小，抗逆性差，对环境条件要求严格，但幼苗的可塑性比较强，在经过一段时间的定向锻炼后，能够增强对某些不良环境的适应能力。

2. 营养生长旺盛期

从幼苗期以后，大多数蔬菜均有一个营养生长旺盛期。一年生的果菜类，枝叶及根系生长旺盛，数量或重量显著增加，为以后开花结实的养分供应打下基础。二年生的叶菜或根菜类，也有一个营养生长（如结球叶菜类的叶或根菜类的上部）的旺盛期，成为以后叶球、肉质根形成的营养基础。栽培上要创造条件，促进枝叶和根系的生长发育。

3. 营养积累期

对于以营养器官为产品的蔬菜，如白菜、萝卜等，营养生长旺盛期结束后，开始进入营养积累期。结球白菜、甘蓝等养分积累在叶球中；根菜类养分则积累在肉质根中；葱蒜类的养分积累在鳞茎中。这一时期对环境条件的要求比较严格，所以，在制订种植计划时，要将这一时期安排在气候最适宜的季节里，同时肥水要充足。

4. 贮藏器官休眠期

对于二年生或多年生蔬菜，在其贮藏器官形成以后，为适应外界不良环境条件，必须利用贮藏器官进行休眠。休眠有生理休眠和被动休眠两种形式。生理休眠由遗传决定，受环境影响小，必须经过一定时间后，才能解除。如马铃薯的块茎，大蒜和洋葱的鳞茎等。但大部分蔬菜贮藏器官的休眠是强迫性的被动休眠，如大白菜、萝卜等，它们的贮藏器官形成后，一旦遇到适宜的生长条件，即可发芽或抽薹。贮藏器官休眠往往不及种子休眠程度深。

（三）生殖生长时期

蔬菜的营养生长经过一系列的变化以后，在茎的生长锥上开始花芽分化，即进入生殖生长时期，可分为以下 3 个时期：

1. 花芽分化期

花芽分化是植物由营养生长向生殖生长过渡的形态标志，花芽分化期是指花芽分化到开花前的一段时间。果菜类在幼苗期就开始花芽分化，二年生蔬菜，通过了一定的发育阶段以后，生长点开始分化花芽，然后现蕾开花。在栽培上，要具有满足花芽分化的环境条件，使其及时发育。

2. 开花期

从现蕾开花到授粉、受精，是生殖生长的一个重要时期。这一时期，对外界环境的抗性较弱，对温度、光照及水分的反应敏感，温度过高或过低、光照不足或过于干燥等，都会影响授粉、受精的正常进行，从而引起落花落蕾。

3. 结果期

授粉、受精后，子房膨大形成果实。果实的膨大生长依赖于光合作用的养分从叶子不断地转运到果实中去。对果菜类来讲，这是形成产量的重要时期，尤其对于多次结果、陆续采收的茄果类、瓜类、豆类等蔬菜，营养生长和开花结实同时进行，所以栽培上需要大量的水肥供应才能保证丰产。对于叶菜、根菜等不以果实为产品的蔬菜，它们的营养生长和生殖生长有比较明显的区别。

二、蔬菜的生长发育类型

1. 一年生蔬菜

一年生蔬菜指当年播种，当年开花结果，并可以采收果实或种子的蔬菜，如茄果类、瓜类及喜温性的豆类蔬菜等。这些蔬菜在幼苗期很早就开始花芽分化，开花、结果期较长，除了很短的基本营养生长期外，营养生长与生殖生长几乎在整个生长周期内都同时进行。

2. 二年生蔬菜

在播种的当年为营养生长，经过一个冬季，到第二年才抽薹、开花与结实。在营养生长期中形成叶球、鳞茎、块根、肉质根、肉质茎，如大白菜、甘蓝、萝卜、胡萝卜、茎用芥菜以及一些耐寒的叶菜类蔬菜等。其特点是营养生长与生殖生长有着明显的界线。

3. 多年生蔬菜

在一次播种或栽植以后，可以采收多年，不需要每年繁殖，如黄花菜、食用大黄、芦笋、辣根、菊芋、韭菜等。

4. 无性繁殖蔬菜

有些蔬菜在生产上是用营养器官，如块茎、块根或鳞茎等进行繁殖的。如马铃薯、甘薯、山药、菊芋、姜、大蒜等。这些蔬菜的繁殖系数低，但遗传性比较稳定，一旦获得优良的后代，不会很快发生遗传上的分离，产品器官形成后，往往要经过一段休眠期。

★任务实施

一、举例说明一年生蔬菜的生长发育周期(如黄瓜)

一年生蔬菜在播种当年开花结实，其生长发育周期包括种子时期(种子形成期、种子休眠期和种子发芽期)、营养生长时期(幼苗期、营养生长期)和生殖生长时期(花芽分化期、开花期、结果期)。

二、举例说明二年生蔬菜的生长发育周期(如白菜)

二年生蔬菜在播种当年进行营养生长，经过一个冬天后，第二年才抽薹开花、结实。其生长发育周期包括种子时期(种子形成期、种子休眠期和种子发芽期)、营养生长时期(子叶期、幼苗期、莲座期、结球期、营养生长后期)和生殖生长时期(花芽分化期、开花期、结果期)。

★能力转化

调查当地主要蔬菜的生长发育周期，并观察记录其各生长发育时期的特点。

项目三

蔬菜的栽培环境

学习目标

掌握蔬菜的栽培环境，能根据不同种类蔬菜生长的环境条件进行合理调控，培养实事求是、精益求精的工匠精神。

★知识准备

蔬菜的生长发育及产品器官的形成，在很大程度上受环境条件的制约，各种蔬菜及不同生育期对外界的条件要求不同。只有正确掌握蔬菜生长所需适宜的环境条件，才能促进蔬菜的生长发育，达到高产优质的目的。主要的环境条件包括温度、光照、水分、气体、土壤及营养。

一、温度

在影响蔬菜生长发育的环境条件中，以温度最为敏感。每一种蔬菜的生长发育对温度都有一定的要求，都有温度的“三基点”，即最低、最适及最高温度。了解每一种蔬菜对温度适应的范围及其生长发育的关系是安排生产季节、获得高产的重要依据。

1. 不同种类蔬菜对温度的要求不同

根据蔬菜种类对温度的不同要求，可以分为 5 类：

(1)耐寒的多年生宿根蔬菜　如韭菜、黄花菜、芦笋、茭白等，生长适温 20～30 ℃，地上部分能耐高温，冬季地上部枯死，以宿根越冬，能耐 0 ℃以下甚至－10 ℃的低温。

(2)耐寒蔬菜　如菠菜、大葱、大蒜以及白菜类中的某些耐寒品种和甘蓝类，生长适温 15～20 ℃，能耐－2～－1 ℃的低温，短期能耐－10～－5 ℃的低温。

(3)半耐寒蔬菜　如萝卜、胡萝卜、芹菜、豌豆、蚕豆、结球莴苣及甘蓝、白菜类等，生长适温为 17～20 ℃，不能耐受长期－2～－1 ℃的低温。

(4)喜温蔬菜　如黄瓜、番茄、茄子、辣椒、菜豆等，生长适温为 20～30 ℃，超过 40 ℃生长几乎停止，低于 10～15 ℃由于授粉不良易引起落花落果，不耐 0 ℃以下的低温。

(5)耐热蔬菜　如冬瓜、苦瓜、西瓜、豇豆、苋菜、蕹菜等，生长适温为 30 ℃，其中西瓜、甜瓜及豇豆等在 40 ℃的高温下仍能生长。

2. 不同生育时期对温度的要求不同

同一种蔬菜在不同发育时期对温度的要求不同。

(1)发芽期 种子出土前要求较高温度,以使快速出土;出土后,应适当降温,温度过高时,胚轴易徒长而形成高脚苗。耐寒及半耐寒蔬菜一般在 15～20 ℃,喜温蔬菜一般在 20～30 ℃。

(2)幼苗期 生长最适温度较发芽期低,但幼苗对温度适应的可塑性较大,根据需要温度可稍高或稍低。

(3)营养生长期 比幼苗稍高,二年生蔬菜如白菜、甘蓝,在营养生长的后期贮藏器官开始形成时期,温度又要低些。以营养器官为产品的蔬菜此时期为产量形成期,对温度适应范围较窄,在生产上尽可能安排在温度适宜的月份。

(4)生殖生长期 开花结果及种子成熟时要求较高的温度。

(5)休眠期 要求低温,尽量降低贮藏器官的呼吸强度,减少养分消耗,可延长保存时间。

对二年生的蔬菜来说,必须经历一段时间的持续低温诱导才能由营养生长阶段转入生殖阶段生长的现象,我们把这一现象称为春化作用。春化类型主要有两种:种子春化型,从种子萌动开始即可感受低温通过春化阶段,如白菜、萝卜、荠菜、菠菜等;绿体春化型,是幼苗长到一定大小后才能感受低温而通过春化阶段,如洋葱、芹菜、甘蓝等。

春化作用与蔬菜生产有密切的关系,可通过人工进行春化处理来提早开花,达到育种加代的目的,而在春季栽培白菜、萝卜、甘蓝等时,则要防止它们通过春化而引起先期抽薹。另外,不同纬度地区的引种也应适当考虑其对春化的要求,防止出现早开花或不开花等不良结果。

3. 土壤温度对蔬菜生长的影响

除气温外,土温或根际温度对植物的生长影响也很大,一般根系生长的适宜温度为 24～28 ℃,土温过低,根系生长受抑制;土温过高,根系生长细弱。因此,冬春季可通过地膜覆盖、中耕松土、控制浇水提高地温;夏季可通过小水勤浇、畦面盖草降低地温。

4. 温周期现象

蔬菜作物对自然界昼夜温度周期性变化的适应性称为温周期现象。试验证明,昼夜变温对植物生长是有利的,即昼暖夜凉,白天温度高,在光下有利于光合速率的提高,而夜晚温度较低,可减少呼吸作用对糖分的消耗,有利于碳水化合物的积累。掌握温周期现象,对设施栽培的作物就应注意调节昼夜温度的变化。

5. 温度胁迫对蔬菜生长的影响

蔬菜生产中的温度胁迫主要有低温和高温逆境。

(1)高温危害 当蔬菜作物所处的环境温度超过其正常发育所需温度的上限时,引起蒸腾作用加强,水分平衡失调,发生萎蔫或永久萎蔫。同时,蔬菜作物光合作用下降而呼吸作用增强,同化物积累减少,生长速度反而降低。气温过高常导致冬瓜、南瓜、西瓜、番茄、辣椒等果实发生“日伤”现象，也会使番茄等果实着色不良，果肉松绵，成熟提前，贮藏性能降低。土壤温度首先影响根系生长，进而影响整株的正常生长发育。此外，由于高温妨碍了花粉的发芽与花粉管的伸长，常导致落花落果。如在高温下菜豆、番茄类易落花落果，萝卜肉质根瘦小、纤维增多，甘蓝结球不紧、叶片粗硬，严重影响产量和品质。高温也给病害的蔓延提供了条件。

(2)低温危害　低温对蔬菜的危害有冷害和冻害两种。冷害，指 0 ℃以上低温对蔬菜造成的伤害。它是由于环境温度长时间低于蔬菜生长的最适宜温度时，植株出现萎蔫、生长缓慢等症状。同一种蔬菜的不同生长发育期、不同低温范围及低温持续的时间不同，低温障碍的表现也不同。冻害，指 0 ℃以下低温对蔬菜造成的伤害，蔬菜遭受冻害后体内水分结冰，致使细胞组织死亡。轻者仅有部分叶片受冻，重者心叶和大部分叶片被冻死。

二、光照

光照是蔬菜作物生长发育的重要环境条件，通过光强、光质和日照时间的长短，影响光合作用及光合产物，从而制约着蔬菜的生长发育、产量和品质。

1. 光照强度对蔬菜生长发育的影响

蔬菜种类不同，对光照强度的要求也不同，一般可分为 3 类：

(1)喜强光蔬菜　如西瓜、甜瓜等大部分瓜类和番茄、茄子、芋头、豆薯等，对光照强度要求高，遇阴雨天气，产量低、品质差。

(2)喜中等光照蔬菜　如大部分白菜类、萝卜、胡萝卜和葱蒜类，不要求很强光照，但光照太弱时生长不良。

(3)喜弱光照蔬菜　如生姜和莴苣、芹菜、菠菜等大部分绿叶菜类蔬菜，喜中等偏弱光照，强光下生长不良，耐阴能力较强。

在栽培上，光照必须与温度相互配合，才有利于植株的生长及器官的形成。光照增强，温度也要相应的增加，才有利于光合产物的积累；而在弱光环境下，温度过高会引起呼吸作用的增强，以及能量的消耗。因此，设施栽培黄瓜和番茄时，如遇阴天或下雪时，温室中的温度必须适当降低，才有利于生长和结实。

2. 光质对蔬菜生长发育的影响

光质即光的组成对蔬菜的生长发育有一定的作用。不同的光波对蔬菜的光合速率影响不同，一般来说，红橙光的光合效率相对较高，蓝紫光次之，绿光最差。虽然人们可通过有色薄膜改变光质，但由于大多导致透光率的下降，因此，目前还是以无色膜占主导地位。

光的组成也与蔬菜的品质有关。紫外线是许多蔬菜如茄子中的花青素形成所必不可少的，许多研究表明，紫外线有利于维生素 C 的合成。在设施栽培的番茄或黄瓜的果实中维生素 C 的含量往往没有露地栽培的高。

3. 光周期现象对蔬菜生长发育的影响

在一天中，白天和黑夜的相对长度叫作光周期，蔬菜植物通过感受昼夜长短变化而控制开花的现象称为光周期现象。根据蔬菜开花对光照长短要求的不同，可将蔬菜分为以下 3 种类型：

(1)长日性蔬菜　长于 12～14 h 的日照促进开花，如白菜、萝卜、胡萝卜、芹菜、菠菜、大葱等。

(2)短日性蔬菜　短于 12～14 h 的日照长度促进开花，如豇豆、扁豆、苋菜、丝瓜等。

(3)中光性蔬菜　开花对日照长短要求不严，如黄瓜、番茄、茄子、菜豆等。

生产上可根据光周期对蔬菜开花结实及块根块茎发育的影响，合理安排播种期。

三、水分

水是绿色植物进行光合作用的主要原料，也是植物细胞的主要成分和养分运输的载体。从种子萌发到叶片或果实的生长，均需在有足够水分的条件下才能完成。

1. 不同蔬菜对水分的要求不同

根据蔬菜对水分需要程度的不同，可以把蔬菜分为 5 类：

(1)耐旱蔬菜　要求较低的土壤湿度，水分消耗也很少，如西瓜、甜瓜、苦瓜、胡萝卜等；根系强大，吸收水分能力强，叶片碎裂，蒸腾量小，故抗旱力强。

(2)半耐旱性蔬菜　要求土壤湿度适中，消耗水分较多，如菜豆、番茄、辣椒、南瓜、马铃薯等；它们的根系强大，吸收能力强，同时叶片较大，消耗水分较多。栽培上适当灌溉，以满足其对水分的需求。

(3)半湿性蔬菜　要求土壤湿度较高，消耗水分少，并能忍受较低的空气湿度，如葱蒜类，根系不发达，吸收力弱，叶面有蜡质，蒸腾量小。栽培上宜经常保持土壤湿润，但灌水量不宜过大。

(4)湿性蔬菜　该类作物耐旱性弱，要求较高的土壤湿度和空气湿度，才能正常生长发育，如白菜、芥菜、甘蓝、绿叶菜类、黄瓜等。它们的根群小，入土浅，而叶面积较大，消耗水分很多。栽培上宜选择保水力强的土壤，经常灌水。在干旱时生长不良，导致产量低，品质差。

(5)水生蔬菜　生长在水中，消耗水分很多，吸收水分能力很弱，如茭白、慈姑、藕、菱等，这些蔬菜根系很不发达，根毛退化，茎叶柔嫩，高温下蒸腾旺盛，需要在池沼、水田中和多雨湿润气候下栽培。

2. 蔬菜不同生育期需水特点不同

同种蔬菜作物在不同生育期对水分需要量也不同。

(1)发芽期　种子发芽要求充足的水分，以供吸水膨胀，播种后尤其是播种浅的蔬菜，容易缺水。因此，播种后要采用灌溉、覆土、盖草等措施，尽量保持土中的水分。

(2)幼苗期　幼苗期因根系弱小，在土壤中分布较浅，抗旱力较弱，须经常保持土壤湿润。但水分过多，幼苗长势过旺，易形成徒长苗；生产上蔬菜作物育苗常适当蹲苗，以控制土壤水分，促进根系下扎，增强幼苗的抗逆能力；但若蹲苗过度，控水过严，易形成“小老苗”。

(3)营养生长旺盛期　蔬菜作物旺盛生长期要进行营养器官的形成和养分的大量积累,细胞、组织迅速增大,养分的制造、运转、积累、贮藏等,均需要充足的水分。此时,若水分不足,叶片及叶柄皱缩下垂,植株呈萎蔫现象。暂时的萎蔫可通过栽培措施补救;相反,水分过多,由于根系生理代谢活动受阻,吸水能力降低,会导致叶片发黄、植株徒长等类似的干旱症状。

(4)生殖生长期　在开花结果期,要求较低的空气湿度和较高的土壤含水量。一方面满足开花与传粉所需的空气湿度;另一方面充足的水分又有利于果实发育。

(5)种子成熟期　要求干燥的气候,如多雨潮湿,有的种子会在植株上发芽,给采种带来困难。各种蔬菜作物在生育期中对水分的需要分别有关键时期和非关键时期,关键时期是补充水分提高产量的最佳时期,非关键时期是节水栽培或旱作的适宜时期。

3. 创造适宜水分条件的措施

(1)改良土壤　深耕与增施基肥,改良土壤结构、提高土壤保水保肥能力。

(2)深沟高畦种植　除喜水和耐温蔬菜外,一般蔬菜都不耐渍,水涝会引起伤根。

(3)地面覆盖栽培　地面覆盖既可在春夏多雨季节防止雨水冲洗畦面和土层过湿,又可在早秋干旱季节保持土壤墒情。

(4)看天、看地、看苗浇水　土壤含水量在50%～60%时应立即浇水;一般叶面下垂、萎蔫或叶色发暗、叶色灰蓝蜡粉多,叶脆硬等,都是缺水表现,需立即浇水;若叶色淡、不萎蔫,茎叶挺拔,说明水分多,需排水晾晒。

(5)依各类蔬菜需水特性进行浇灌　大白菜、黄瓜等根系浅、喜湿、喜肥,应粪水勤浇;茄果类、豆类根系深,有一定的抗旱能力,应见干见湿;对根深耐旱蔬菜,如豇豆、南瓜等,应先湿后干;对速生菜应经常保肥水不缺;对营养生长和生殖生长同时进行的果菜,避免始花浇水,要浇果不浇花;对单纯生殖生长的采种株,应见花浇水,收种前干旱,做到浇花不浇荚。

四、土壤

土壤是蔬菜生长发育的基础,也是蔬菜高产、优质栽培的根本性条件。因此,了解土壤条件及营养含量,可以指导我们合理施肥,增加作物产量。

1. 蔬菜生长与土壤条件

(1)土壤质地　按质地,土壤可分为沙土、壤土、黏土等;沙土常作为扦插用土及西瓜、甜瓜等实现早熟、丰产、优质栽培的理想用土;壤土因质地均匀,松黏适中,通透性好,保水保肥力强,几乎适用于所有蔬菜作物的生产。

(2)土壤溶液浓度　土壤溶液浓度与土壤组成密切相关,含有机质丰富的土壤吸收能力强,土壤溶液浓度低,沙土恰好相反。施肥时要根据蔬菜种类、生长期、土质及其含水量,确定施肥次数、施肥量,避免土壤溶液浓度高引起植物萎蔫死亡。

(3)土壤酸碱度　土壤酸碱度影响作物养分的有效性及植株的生理代谢水平。不同蔬菜作物有其不同的土壤酸碱度适宜范围,大多数蔬菜适宜于中性或弱酸性(pH 6.0～6.8)土壤中生长,如表2-2所示。

表 2-2　主要蔬菜作物对土壤酸碱度的适宜范围

种类	pH 适宜范围	种类	pH 适宜范围
甘蓝	6.0～6.5	黄瓜	6.5
大白菜	6.5～7.0	番茄	6.5～6.9
胡萝卜	5.0～8.0	菜豆	6.2～7.0
洋葱	6.0～8.0	南瓜	5.5～6.8
莴苣	5.5～7.0	马铃薯	5.5～6.0

2. 蔬菜生长与土壤营养

(1)蔬菜生长所需要的营养元素种类　蔬菜作物与其他植物一样，最重要的营养元素为氮、磷、钾，其次是钙、镁。微量元素虽需要量较小，但也是作物所必需的。蔬菜作物种类繁多，对营养元素需求也存在一定的差异。而且即使同一种类、同一品种，也因生育时期不同而对营养条件的要求也不同。因此，了解各种蔬菜作物的生理特性，采取相应的措施是栽培成功与否的关键。

(2)不同蔬菜种类、不同生育时期对营养元素需求不同　叶菜类中的小型叶菜，如小白菜生长全期需氮最多；大型叶菜需氮也多，但在生长盛期则要增施钾肥和磷肥，若氮素不足，植株矮小，组织粗硬，后期磷、钾不足，则不易结球。根、茎菜类幼苗期需较多氮、适量磷和少量钾，而根、茎肥大时则需多量钾、适量磷和少量氮，若后期氮素过多，钾供给不足，则生长受阻，发育迟缓。蔬菜类幼苗期需氮相对较多，结果期要求氮、磷、钾充足，增施磷肥有利于花芽分化。

五、气体

影响植物生长发育的气体条件中主要是 O_2、CO_2 及有毒气体。

1. O_2

由于空气中的 O_2 浓度相对稳定，对地上部分的生长影响不大，但在根际中 O_2 浓度则变化很大，因此，在生产上要防止产生供氧不足而产生厌氧的现象。如种子发芽需要 O_2 的供给，种子直播时要求土壤不板结；如果排水不良，土温低，O_2 缺乏，对种子发芽及根的生长都不利。

2. CO_2

大气中 CO_2 浓度一般在 360 μL/L 左右，在一些有机肥料施用量较少的温室大棚中则由于缺少气体交换，有时浓度会下降到 100～200 μL/L。因此，增加大气中的 CO_2 含量，会显著提高光合作用的强度，增加产量。据研究，通过设施内增加 CO_2 可使黄瓜等瓜类的增产幅度达到 20%～30%。但 CO_2 也不是越多越好，试验结果表明，大多数作物的合适 CO_2 浓度为 800～1 000 μL/L，浓度过高会引起气孔开度减少而使气孔阻力增大，一些植物还会发生所谓的“中毒”和早衰现象。

3. 有毒气体

有时空气以及根际中存在着一定数量的有毒气体，如氨、二氧化硫、乙烯、氟化氢、氯气等有毒气体。这些气体中的一部分是由于土壤中不合理施肥所产生的，如氨；有些是因为一些农业生产资料如薄膜等化工材料所带来的；也有一些是因为加热时的不完全燃烧所引起的。这些物质主要通过气孔和根部进入植物体，从而使植物受害。

★任务实施

调查了解结球大白菜生长对环境条件的要求

1. 温度

结球白菜不同生育时期对温度的要求不同。发芽适温 20～25 ℃，适应温度范围较广，在 10～30 ℃的范围内均可发芽；幼苗期对温度的适应性较强，既可耐高温，也可忍耐一定低温，最适温 22～25 ℃，温度过高时生长不良，易发生病毒病；莲座期是形成同化器官和孕育球叶的重要时期，对温度的要求较为严格，最适温 17～22 ℃，温度低结球延迟，温度高则诱发病害；结球期是产品器官形成期，对温度的要求最为严格，在 12～22 ℃的范围内生长良好；休眠期适温 0～2 ℃。

结球白菜属于种子春化型，一般萌动种子在 3～4 ℃条件下 15～20 d 就可以通过春化阶段。另外，在适宜的温度范围内，保持一定的昼夜温差有利于积累较多的养分。

2. 光照

结球白菜要求中等强度的光照，但其光合强度受温度的影响较大，所以，在光照充足的情况下，结合温度才能正常生长。结球白菜属于长日照植物，低温通过春化阶段后，需要在较长的日照条件下通过光照阶段进而抽薹、开花、结实，完成世代交替。

3. 水分

结球白菜不同生育期对土壤水分要求不同。幼苗期根系浅需保持土壤湿润；莲座期已形成发达的根系和众多的叶片，蒸腾作用旺盛，对水分需求较大；但为了促进根系向深处发展和防止叶片徒长，以利于结球，莲座后期适当控水蹲苗；结球期生长量最大，应大量浇水；结球后期接近收获之际应少浇水，以利于贮藏。

4. 土壤与营养

结球白菜对土壤的适应性较广，但以土层深厚、疏松肥沃、富含有机质的壤土和轻黏壤土为宜，pH 要求中性偏酸。

结球白菜产量高，需肥量较大。需要充足的氮、磷、钾及钙、镁肥。结球白菜吸收氮磷钾三要素的数量是随着各个时期的不同而变化的，一般是生长前期需氮肥较多，后期则需磷、钾肥较多。因此，在施肥时应针对不同生长发育时期的需要进行合理追肥。

★能力转化

调查当地常见蔬菜品种 3～5 个，观察记录其生长发育过程中对温度、光照、水分、土壤养分有何要求？

项目四

蔬菜的栽培制度

学习目标

掌握蔬菜的栽培季节、茬口安排原则、茬口安排制度，合理运用轮作、间作、套作原理制订生产计划；能根据生产实际，制订全年设施蔬菜和露地蔬菜生产茬口，根据蔬菜种类和复种茬口，完成周年生产方案的制定，并落实到地块；培养科学思维能力及统揽全局的意识。

★知识准备

蔬菜的栽培制度是指在一定的时间内、在一定的土地面积上各种蔬菜安排布局的制度。它包括因地制宜地扩大复种，采用轮作、间作、混作、套作等技术来安排蔬菜栽培的次序，并配以合理的施肥和灌溉制度、土壤耕作和休闲制度，即俗称的“茬口安排”。

一、蔬菜的栽培制度

（一）连作和轮作

1. 连作和轮作的概念

（1）连作　又称“重茬”，指在同一块土地上，不同茬次或者是不同年份连续栽培同一种蔬菜。主茬隔小茬也为连作，如第一年春、夏季种黄瓜，收获后秋季在同一块地种萝卜，到第二年春、夏季再种西瓜，仍称“连作”。连作可使土壤中养分不平衡、土壤各层次养分利用不合理、发病严重、不利于保持土壤肥力、导致土壤酸碱度的变化等危害。

（2）轮作　指在同一块土地上，按照一定年限轮换种植几种不同性质的蔬菜，通称“换茬”或“倒茬”。一年单主作地区就是不同年份内把不同种类的蔬菜轮换种植；一年多次作地区，则是以不同的多次作方式在不同年份内轮流种植。轮作可有效地避免连作的危害，是合理利用土壤肥力、减轻病虫害发生的有效措施。

2. 轮作的原则

（1）吸收土壤营养不同，根系深浅不同的蔬菜互相轮作　消耗氮肥较多的叶菜类，应与消耗钾肥较多的根茎类或消耗磷肥较多的果菜类轮流栽培；深根性的根菜类、茄果类、豆类、瓜类(除黄瓜外)应与浅根性的叶菜类、葱蒜类等轮作。

(2)互不传染病虫害的蔬菜进行轮作　同科蔬菜常感染相同的病虫害，制订轮作计划应尽量避免同科蔬菜连作；同时，每年调换种植特性不同的蔬菜，从而使病虫失去寄主或改变生活条件，达到减轻或消灭病虫害的目的；还可以粮菜轮作、水旱轮作。

(3)将能改善土壤结构的蔬菜进行轮作　在轮作中，可适当配置豆科、禾本科、薯芋类蔬菜，可增加有机质，以改良土壤团粒结构，提高肥力。

(4)安排轮作时注意不同蔬菜对土壤酸碱度的要求　如甘蓝、马铃薯等种植后能增加土壤酸度；而玉米、南瓜等种植后，能减少土壤酸度，因此，对土壤酸碱度敏感的洋葱等作为玉米、南瓜后作可获得较高产量，作为甘蓝的后作就减产。豆科的根瘤菌给土壤遗留较多的有机酸，连作常导致减产。

(5)考虑前茬作物对杂草的抑制作用　前、后茬作物配置时，要注意到前茬作物对杂草的抑制作用，是否为后茬作物创造了有利的生产条件。一般胡萝卜、芹菜、葱蒜类、根菜类等易遭杂草危害，抑制杂草的作用很小；而南瓜、冬瓜、甘蓝、马铃薯等抑制杂草的作用却较大。

3. 轮作的年限

各种蔬菜轮作的年限，依蔬菜种类、病虫害种类及其危害程度、环境条件等不同而异。禾本科常耐连作，十字花科、百合科、伞形花科也较耐连作，如白菜、芹菜、葱蒜类等在没有严重发病地块上可以连作几茬，但需增施底肥。茄科、葫芦科、豆科、菊科等蔬菜不耐连作。需2～3年轮作的有黄瓜、辣椒、马铃薯、山药、生姜等；需3～4年轮作的有大白菜、番茄、茄子、甜瓜、豌豆、芋、茭白等；需6～7年以上轮作的有西瓜等。

(二)间作、混作和套作

1. 间作、混作和套作的概念

间作指将两种或两种以上蔬菜隔畦(行、株)同时有规律地种植在同一块地上。混作指将两种或两种以上蔬菜同时不规则地混合种植的方式。套作指利用某种蔬菜在田间生长的前期或后期，于畦(行或株)间种植另一种蔬菜的方式。

2. 间作、混作和套作的好处

蔬菜的间作套种把两种或两种以上的蔬菜，根据其不同的生态特征，发挥其种间互利的因素，组成一个复合群体，增加复种指数，通过合理的群体结构，使单位面积内植株总数增加，形成“相互有利”的环境，减轻病虫杂草危害，提高蔬菜单产和年产量，可以实行排开播种，增加蔬菜花色品种，保障淡季供应，它是蔬菜栽培制度的一个显著特点。

3. 间作、混作和套作的原则

(1)合理搭配蔬菜的种类品种　高秆与矮生、直立与踏地的、叶片直立型与水平型、深根性与浅根性、生长期长的与生长期短的、生长快与生长慢的、早熟与晚熟的、喜强光与耐弱光的搭配;还有考虑根系分泌物的影响和病虫杂草的抑制等,充分发挥不同蔬菜种间互助性,保证互不抑制。

(2)安排合理的田间群体结构　在保证主作物密度与产量的条件下,适当提高副作物的密度与产量;加宽行距,缩小株距,改善通风透光条件;前、后茬利用时互不影响生长,尽量缩短两者的共生期。

(3)采取相应的技术措施　间套作要求较高的劳力、肥料和技术条件,若肥料、劳力、技术条件跟不上,间套作物不能及时采收,反而会降低主作蔬菜的产量,同时要从种到收,随时采取相应农业技术措施,而促进其向互利的方向发展。

4. 蔬菜间套作的类型

蔬菜间套作的类型可分为菜菜间套作、粮菜间套作和果(桑)菜间套作等。粮菜间套作常见的有麦地间作耐寒或半耐寒的小白菜、菠菜;麦田套作西瓜、甜瓜、芋头等;马铃薯、毛豆、南瓜间作玉米;玉米与豇豆隔株间作等。果(桑)菜间套作常见的有果园或幼林行间利用冬季落叶期间作耐热的白菜、乌塌菜、甘蓝、芜菁、萝卜等,可以增加春淡季蔬菜上市量。

(三)多次作和重复作

在同一块地上,一年内连续栽培多种蔬菜,可收获多次的称多次作;重复作是一年的整个生长季节内连续多次栽培同一种作物,多应用于绿叶菜或其他生长期短的作物,如小白菜、小萝卜等。

多次作与重复作主要指土地的茬口,属于复种制度范畴。

(四)蔬菜栽培季节的确定

蔬菜的栽培季节指蔬菜从田间直播或幼苗定植开始,到产品收获完毕所经历的时间。

1. 露地蔬菜栽培季节的确定

露地蔬菜生产应将所种植蔬菜的整个栽培期安排在其能适应的温度季节里,而将产品器官形成期安排在温度最适宜的月份里。

根据不同的蔬菜对环境条件的要求来安排生产季节,尤其是生产管理水平不高、生产条件差的地区,以主要栽培季节的蔬菜生产为主。喜温性蔬菜和耐热蔬菜以春夏季节栽培效果好。半耐寒和耐寒蔬菜适宜在夏秋季栽培。

2. 设施蔬菜栽培季节的确定

设施蔬菜生产多是反季节生产,成本高,栽培难度大,因此,应以高效益为主要目的来安排栽培季节。应将所种植蔬菜的整个栽培期安排在其能适应的温度季节里,而将产品器官形成期安排在该种蔬菜的露地生产淡季或产品供应淡季里。

（五）蔬菜茬口安排

蔬菜茬口分为季节茬口和土地茬口两种。

1. 季节茬口

季节茬口指在时间上，一年当中露地蔬菜按季节栽培的茬次，如越冬茬、春茬、夏茬、伏茬、秋茬、冬茬等。

2. 土地茬口

土地茬口指在空间上，在轮作制度中，在同一块地上，在一年或连续几年内安排蔬菜生产的茬次，如一年一熟、两年五熟等。

蔬菜的季节茬口和土地茬口共同组成了蔬菜的栽培制度，蔬菜茬口安排要有利于提高土地利用率和栽培效益，以当地蔬菜生产的主要栽培茬口为主，将全年的生产任务分配到不同的栽培季节里，做到周年生产，均衡供应。

3. 蔬菜茬口安排的一般原则

（1）有利于蔬菜生产　以当地的主要栽培茬口为主，充分利用有利的自然环境，达到高产和优质的目的，同时降低生产成本。

（2）均衡供应蔬菜　同一种蔬菜或同一类蔬菜应通过排开播种，将全年的种植任务分配在不同的栽培季节里进行周年生产，保证蔬菜的全年均衡供应，要避免栽培茬口过于单调，生产和供应过于集中。

（3）提高栽培效益　蔬菜生产投资大，成本高，在茬口安排上，应根据当地蔬菜市场供应情况，适当增加一些高效蔬菜茬口以及淡季供应茬口，提高栽培效益。有条件的地区应逐渐加大设施栽培的比例，减少露地蔬菜的生产量，使设施蔬菜与露地蔬菜保持比较合理的生产比例。

（4）提高土地利用率　蔬菜的前后茬口间，应通过合理的间套作以及育苗移栽等措施，尽量缩短空闲时间。

（5）减少和控制蔬菜病虫害　同种蔬菜长期连作，容易诱发并加重病虫害。因此，在安排茬口时，应根据当地蔬菜的发病情况，对蔬菜进行一定年限的轮作。

★任务实施

一、掌握露地蔬菜茬口安排

（1）越冬茬（过冬菜）　是一类耐寒或半耐寒的蔬菜，如菠菜、芹菜、乌塌菜、莴笋、蒜苗、蚕豆、豌豆等。一般是秋季露地直播或育苗，冬前定植，以幼苗或半成株状态露地过冬，翌年春季或早夏供应市场，是堵春淡季的主要茬口。

（2）春茬（早春菜）　是一类耐寒性较强，生长期短的绿叶菜，如小白菜、芹菜以及春马铃薯和冬季设施育苗，早春定植的耐寒或半耐寒的春白菜、春甘蓝、春花菜等。一般在早春土地解冻后即可播种定植。生长期 40～60 d，采收时正值夏季茄瓜豆大量上市以前（一般 3—5 月份），是一茬堵淡菜。

(3)夏茬(春夏菜) 喜温类蔬菜如果菜类,是各地主要的季节茬口。一般6—7月份大量上市,形成旺季。一般在立秋前腾茬出地,后茬种植伏菜或经晒垡后种秋冬菜。

(4)伏茬(伏菜) 专门用来堵秋淡季的一类耐热蔬菜,一般在6—7月份播种或定植,8—9月份上市,如早秋白菜、空心菜、豇豆、夏黄瓜、夏包菜等。

(5)秋冬茬(秋冬菜) 主要是喜凉菜,如白菜类、根菜类及部分喜温的果菜类、豆类及绿叶菜,是全年各茬中种植面积最大的季节茬口。一般在立秋前后播种或定植,10—12月份供应上市。也是冬春贮藏菜的主要茬口,其后作是越冬菜或冻垡休闲后翌春栽种早春菜或夏菜。

二、掌握设施蔬菜栽培茬口安排

(1)冬春茬 一般于"十一"前后播种或定植,入冬后开始收获,翌年春结束蔬菜生产。

(2)春早熟栽培 春季是日光温室和塑料大棚蔬菜的主要栽培茬口,以栽培喜温性果菜类为主。

(3)越夏栽培 春末夏初播种或定植,7—8月份收获。

(4)秋延后栽培 一般于7—8月份播种或定植,供应早霜后的市场。

(5)秋冬茬 一般于8月份前后播种或育苗,9月份定植,10月份开始收获到春节前后。

(6)越冬茬 日光温室一年一大茬。

★能力转化

调查了解本地蔬菜轮作换茬情况,分析有无连作引起的障碍,如何解决?

项目五

蔬菜生产的主要设施及环境调控技术

学习目标

熟悉蔬菜生产中常见的设施类型及其特点，掌握影响设施光照、温度、空气湿度、土壤湿度以及土壤理化性状的主要因素；掌握二氧化碳气肥的施用方法及设施内有害气体的危害识别和防治；能根据实际情况合理调控设施内的温度、光照、湿度、二氧化碳等环境条件；培养科学严谨、精益求精的工匠精神。

★知识准备

在不适宜蔬菜生长的季节，利用各种设施及调控技术为蔬菜生产创造适宜的环境条件，从而达到周年供应。常见的设施类型有风障、阳畦、塑料拱棚、日光温室、智能温室等。

一、蔬菜生产设施的类型和性能

（一）简易设施

1. 风障畦

风障畦分为完全风障畦、简易风障畦和小风障畦。小风障畦结构简单，在菜畦的北侧与风垂直方向竖立 1 m 高的篱笆做成防风屏障物；简易风障畦是在菜畦的北侧与风垂直方向竖立 2 m 高的篱笆做成防风屏障物；完全风障畦是在高达 1.5～2.5 m 的一层较密的向南倾斜的篱笆背侧再加附一层高达 1.0～1.5 m 的披风草。风障畦主要应用于耐寒蔬菜越冬栽培、根茬菜早熟栽培、幼苗的防寒越冬、果菜类和叶菜类春提早栽培。

2. 阳畦

阳畦是冷床的一种类型，由风障畦发展而来，由风障、畦框、覆盖物 3 部分构成；根据各地气候条件、材料资源、技术水平以及应用时期等不同，可分为槽子畦、抢阳畦、改良阳畦；覆盖物分为透明（塑料薄膜或玻璃）与不透明（蒲席或草苫）。阳畦应用范围较广，主要为蔬菜露地早熟栽培、育苗、延后栽培以及假植贮藏等。

3. 温床

温床由床框、酿热物(或加温设备)和覆盖物构成。床框因使用材料不同有土框、砖框、木框等,根据床框位置不同,可分为地下式温床、地上式温床和半地下式温床;人工加温的热源有酿热、水热、火热、电热等方式,以酿热和电热为主;电热包括电热加温线、控温仪、透明覆盖物、防寒设施等部分,加温效果良好,生产应用普遍。温床主要在春季为露地蔬菜育苗。

4. 地膜覆盖

地膜是指厚度在0.007~0.020 mm,专门用来覆盖地面的一类薄型农用塑料薄膜的总称,主要为聚乙烯吹塑膜。

按地膜的功能和用途可分为普通地膜和特殊地膜两大类:普通地膜包括广谱地膜和微薄地膜;特殊地膜包括黑色地膜、银黑两面地膜、绿色地膜、银灰色地膜、微孔地膜、切口地膜、可控降解地膜、除草地膜、浮膜、诱蚜膜等。覆盖方式有平畦覆盖、高垄覆盖、高畦覆盖、沟畦覆盖、支拱覆盖。覆盖地膜有提高地温、保持稳定的土壤湿度及土壤结构、防止土壤板结、减少杂草和蚜虫的危害及促进蔬菜的生长发育及早熟高产等作用。

(二)越夏栽培设施

1. 遮阳网

遮阳网覆盖是利用农用聚乙烯遮阳网,于高温季节进行覆盖栽培,以达到遮光、降温、防雨、避蚜、克服高温障碍、减轻病虫害的目的,在夏季蔬菜育苗与生产上应用广泛。

目前,生产中使用的遮阳网有黑、银灰、白、黑绿等颜色,生产上应用最多的是35%~65%的黑网和65%的银灰网。覆盖方式有浮面覆盖、小棚覆盖、平棚覆盖、大棚覆盖。在高温季节用于绿叶菜如小白菜、菜心、芫荽等播后苗前的浮面覆盖,幼苗期的小拱棚覆盖;甘蓝类、芹菜、莴苣、秋番茄等夏季育苗;胡萝卜、萝卜、大白菜、秋季马铃薯等早秋播种后出苗前的浮面覆盖;早秋定植后的浮面覆盖。

2. 防雨棚

防雨棚是利用塑料薄膜等覆盖材料,扣在大棚或小棚顶部,使棚内蔬菜作物在雨季免受雨水直接淋洗的栽培设施。

3. 防虫网

目前,防虫网按网格大小有20目、24目、30目、40目,幅宽有100 cm、120 cm、150 cm等规格。覆盖方式有完全覆盖和局部覆盖两种方式;防虫网能遮阴、削弱暴雨冲击,减轻病虫害。

(三)塑料拱棚

塑料拱棚主要是指拱圆形或半拱圆形的塑料薄膜棚,按棚高度、跨度的不同,可分为塑料小拱棚、塑料中棚和塑料大棚3种类型。所用的棚膜主要是PVC、PE膜及有色膜，生产上应根据栽培季节、设施类型、蔬菜种类和病虫害发生情况选择合适的棚膜种类。

1．塑料小拱棚

塑料小拱棚是指棚高 0.5～1.0 m、跨度 1～2 m，棚内有立柱或无立柱的塑料拱棚。棚型为半圆形，棚向东西延长，一般长 10～30 m，以 10 m 为宜。主要采用毛竹片、竹竿、荆条或直径 6～8 mm 的钢筋等材料，弯成宽 1～2 m、高 0.5～1.0 m 的弓形骨架，骨架用竹竿或铅丝连成整体，上覆盖 0.05～0.10 mm 厚聚乙烯薄膜，外用压杆或压膜线等固定薄膜而成。

塑料小拱棚由于空间小，蓄热量少，主要用于春季叶菜、矮秧果菜和越冬蔬菜，如越冬菠菜、韭菜和果菜类早熟栽培，一般比露地栽培提早上市 15～20 d；还可用于秋季延迟生产和早春育苗。

2．塑料中棚

塑料中棚比小棚稍大，人可以进入棚内操作，一般跨度 3～6 m，高 1.5～2.0 m，长度可以根据需要及地块长度确定。中棚可以用覆盖草苫保温，在北纬 40°以南冬季生产耐寒的叶菜类蔬菜能安全越冬，早春栽培喜温类蔬菜可提早定植。中棚保温性能比小拱棚好比大棚差。

3．塑料大棚

塑料大棚一般由立柱、拱架、塑料薄膜和压杆 5 部分组成，跨度 8～15 m，长 50～60 m，中高 2.5～3.5 m，边高 1.0～1.5 m。根据棚架形状可分为拱圆形、屋脊形大棚；根据大棚的栋数可分为单栋、连栋大棚；根据所用材料不同分为竹木结构、钢材结构、混合结构、硬质塑料结构等。目前，各地多数用的是管架、拱圆形、单栋式大棚。

(1)竹木结构大棚　由拱杆、拉杆、压杆、立柱组成大棚骨架，其上覆盖塑料薄膜。竹木结构大棚，便于取材，容易建造，造价较低，但使用年限较短，又因棚内立柱多，遮阴面大，操作不便，使用越来越少。

(2)钢架无柱大棚　钢架结构塑料大棚主要使用 8～16 mm 以及 1.27 cm 或 2.54 cm 的钢管等加工成双弦圆形钢架拱架。这种大棚造价高，但坚固耐久，拆装方便，棚内无立柱，可进行机械作业，可用卷帘机械，开关侧窗通风换气。目前，钢架结构塑料大棚的应用越来越广泛。

(3)钢竹混合结构大棚　大棚的拱架一般以钢架为主，钢架间距 2～3 m，在钢梁上纵向固定 6～8 mm 的圆钢。钢架间采取悬梁吊柱结构或无立柱式，安放 1～2 根竹竿为副拱架，通常建成无立柱或少立柱式结构。

(4)大跨度大棚　大跨度大棚跨度 24 m，高 7 m；无立柱，大跨度，高空间，适于高大果树，便于机械化操作；采用弧形拱顶，夏季通风降温效果好；采用外置保温被系统，可实现果树的促早升温，提前 1～2 个月上市；采用物联网检测系统，能有效控制水肥，最大限度优化温度、湿度和光照条件。

塑料大棚具有性能好，结构简单，有效栽培面积大，土地利用率高，作业方便等优点，在蔬菜生产中应用非常普遍，主要用于育苗、春季早熟栽培、秋季延后栽培、春到秋长季节栽培等。

（四）温室

温室是各种设施类型中性能最为完善的一种，一般指具有屋面和墙体结构，增温、保温性优良，适于严寒条件下进行蔬菜生产大型保护设施的总称。

按照不同的分类方法，温室的类型也不同。从温室骨架的建筑材料上分为竹木结构温室、钢竹混合结构温室、钢架无柱温室等；从温室覆盖材料上分为玻璃温室、塑料温室和硬质塑料板材温室；从规模上分为单栋温室和连栋温室；从屋面形式上分为单屋面和双屋面温室；从温室能源上可分为加温温室和日光温室。

1. 日光温室

日光温室是指无人工加温设备，靠太阳辐射为热源的温室，是我国最主要的温室类型，目前生产上推广的主要是东西延长的单屋面塑料日光温室（图 2-1）。

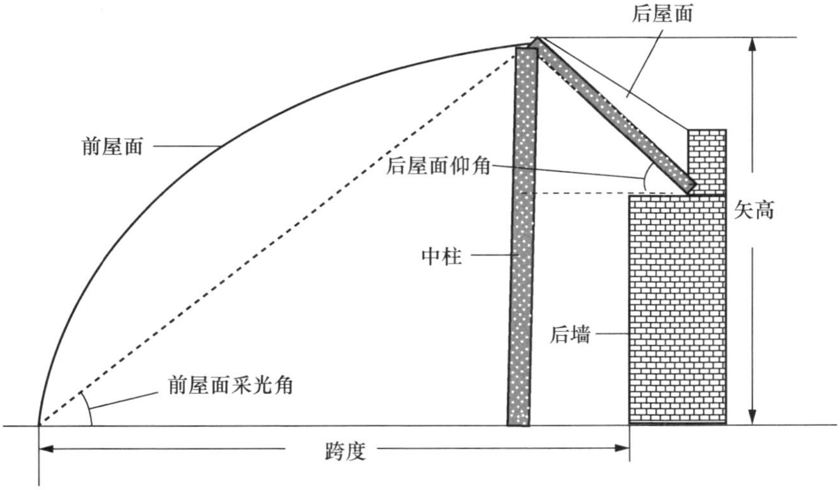

图 2-1 日光温室结构图

塑料薄膜日光温室，为单屋面温室，由墙体、后屋面、前屋面、立柱和覆盖材料等组成。后墙为土墙、砖墙或异质复合墙体，在竹木或钢架上覆盖塑料薄膜，其性能特点为严密、防寒、保温、充分采光，可自然通风换气，可进行蔬菜冬季生产，目前面积很大且仍呈发展趋势。

日光温室的前屋面角度＞20°，矢高＞20 m，后屋面角度＞30 cm，后屋面斜度＞40°，最大宽高比＜2.8，墙体厚度＞1 m，覆盖材料为高温膜。主要类型有竹木结构日光温室、钢竹混合结构日光温室、钢架无柱温室、模块化日光温室、装配式相变主动蓄热日光温室等。

装配式相变主动蓄热日光温室长度 93 cm，跨度 12 cm，顶高 5.2 m，后墙高 3.6 m；钢制主体结构模块化，实现快速的制造和装备，具有价格低廉、建造方便、生态环保、稳定性好等优点；温室后墙悬挂液态相变材料和太阳能陶瓷相变保温组件增强蓄热性能，提高室温 3～5 ℃；温室后墙上装配风机，促进温室与后墙管道气体交换，实现墙体主动蓄热放热循环，提高保温性能；采用物联网检测系统，能有效控制水肥，最大限度优化温度、湿度和光照条件；适合寒冷地区（－10 ℃以下）果菜生产。

日光温室有较好的保温性能，广泛应用于喜温蔬菜的冬季生产。

2. 现代化大型连栋智能温室

现代化大型连栋智能温室是将计算机控制技术、信息管理技术、机电一体化技术等在设施内进行综合运用，可以根据温室蔬菜的要求和特点，对温室内的光照、温度、水、肥、气等环境因子进行自动调控。

现代化大型连栋智能温室的建材由经过热镀锌处理的轻型钢材组成，具备抗风雪、暴雨等气候条件的功能，屋顶及四周采用卡槽、卡簧、铝合金型材等专用材料进行固定。具有遮阴系统、保温、加温、湿帘和风扇降温系统、照明系统、肥水一体化系统、喷药系统、移动苗床等自动化设施等组成。

从屋面结构上可分为屋脊型连栋温室和拱圆型连栋温室；从覆盖材料上分为玻璃连栋智能温室、PC 板连栋智能温室、连栋充气膜智能温室等，各有其特点。

(1)玻璃连栋智能温室　采用热镀锌钢结构骨架，覆盖材料一般采用 4～5 mm 优质浮法玻璃或钢化玻璃，透光率大于 90%；一般跨度 9.6～12.0 m，柱距 4～8 m，檐高 4～6 m，顶高 4.8～6.8 m，风载 0.45 kN/m^2，雪载 0.5 kN/m^2；玻璃温室具有自动化程度高、外形美观、透光性好、展示效果佳、使用寿命长等优点；温室顶开窗用齿轮齿条传动，通风率可达 27%，根据用户需要，温室两个端面可以安装湿帘和风机，也可以两个端面及侧面安装铝型材推拉窗、平开窗或侧翻窗；但玻璃温室一次性投资大，对技术和管理水平要求较高。

(2)PC 板材连栋智能温室　PC 板材智能温室跨度 9.6～12.0 m，柱距 4～8 m，檐高 4～6 m，顶高 4.8～6.8 m，风载 0.45 kN/m^2，雪载 0.5 kN/m^2；顶部及四面墙体覆盖双层中空聚碳酸酯 PC 板材，隔热性能好，冬季提高温度 10～15 ℃；采用上下大流量风机、150 mm 厚湿帘和外遮阳系统，夏季可降温 10～15 ℃。

PC 板材智能温室采用全钢架龙骨作为支架，使用寿命长，可达 15 年以上，PC 板材比其他覆盖材料节能 40%以上，应用范围较广。

(3)连栋充气膜智能温室　充气膜智能温室跨度 8.0～9.2 m，肩高 3.0～4.5 m，柱间距 4 m，风载 0.5 kN/m^2，雪载 0.45 kN/m^2；采用热浸镀锌钢制骨架、顶部及四周采用双层高温保温长寿无滴塑料膜，冬季温度提高 5～8 ℃；温室内部可利用空间大，采用大流量风机，通风效果好，150 mm 厚湿帘系统，夏季降温 8～10 ℃；采用自动灌溉施肥机，精准检测灌溉肥水的成分；采用物联网控制系统，自动控制水、肥、温度、湿度、光照等；充气膜智能温室是温室中一种简单的保温节能形式，适用于气候较温和地区。

现代化智能生产面积大，能自动控制，基本不受自然气候的影响，能周年全天候生产；但因智能化温室成本高，主要应用于高附加值的园艺作物生产上，如喜温果菜、名特新蔬菜、切花、观赏植物、果树等的栽培及育苗。

二、蔬菜生产设施环境特点及调节控制

（一）光照

1. 设施光照环境特点

(1)光照强度

①大棚光照分布　垂直光照分布，由上而下，光照逐渐减弱，近地面处最弱。大棚越高，上下照度的差值也越大。水平光照分布，一般南部照度大于北部，四周高于中央，东西两侧差异较小；东西延长的大棚光照条件好，南北延长的大棚光照条件弱。

②日光温室光照分布　在一天中，早晚太阳高度角小，日光斜射，光照弱，中午太阳高度角大，光照强，温室内各个部位的受光量不同。垂直方向，表现为上下弱、中间强；晴天光照分布差异大，阴天光照分布差异小。从上向下递减，从塑料薄膜开始，高度下降 1 m，光照强度减少 10%～20%。水平方向上，以中柱为界，分为前部强光区和后部弱光区，在强光区内，光照强度在南北方向上差异不大，中柱前 1 m 到温室前沿是光照强度最好的区域，在温室的东西两端，由于山墙的遮挡，早晨和下午会形成三角形弱光区，面积随太阳的移动扩大或缩小，中午消失。

(2)光照时数　棚室内光照时数的长短，除了受自然光照时间的制约外，在冬季还受人工措施的影响。为了保温的需要，草苫等防寒物一般在日出后 8:00—9:00 才揭开，到日落前 15:00—16:00 就盖上，人为地减少了光照时间。尤其在最冷的 1 月份前后，光照时数只有 6～8 h，随温度的升高和白天变长，到 3 月份左右延长到 8～10 h。

(3)光质　棚室中光质与塑料薄膜性质和一天中太阳的位置有关。中午前后光质好于早晨和下午，塑料薄膜与玻璃相比，可见光的透过率小于玻璃，但透过紫外线的能力远远大于玻璃。

2. 设施光照环境的调节控制

设施内光照条件的调节与控制应注意两个方面：一是设施内蔬菜对光照条件的需求；二是调节与控制措施的科学性和可行性，具体调控措施如下：

(1)合理的设计和布局　选择四周无遮阴的场地建造设施，并设计好前屋面采光角和后屋面仰角及前后间隔距离等，同时选用合理的骨架材料、透光率高的且透

光性能稳定的专用棚膜等,确保设施自身良好的透光性能。

(2)保持透明覆盖物良好的透光性　通过覆盖透光率较高的优质新棚膜、及时清除棚膜内表面的水珠、保持覆盖物表面清洁、保持膜表面平、紧等提高膜的透光率。

(3)物理措施　如地面上铺盖反光膜、在设施内的内墙面或风障南面等张挂反光薄膜、将温室内墙面及拉柱表面涂成白色、早揭苫、晚盖苫,阴天揭苫。

(4)改进栽培管理措施　如对高架蔬菜实行宽窄行种植,并适当稀植;及时整枝吊蔓,摘除老叶、黄叶等;白天设施内的保温幕和小拱棚等保温覆盖物要及时撤掉;选用耐弱光品种;覆盖地膜等。

(5)人工补光　人工补充光照,可以满足蔬菜光周期的需要,当黑夜过长而影响蔬菜生育时,为了抑制或促进花芽分化,调节开花期,需要进行人工补光;另一方面,人工补光可以满足光合作用对能源的需要。

(6)遮光　夏季高温季节设施内光照过强,温度过高,可通过覆盖遮阳网、湿帘或棚膜表面涂白灰水等措施进行遮光。如对根、茎类的蔬菜进行遮光处理,可推迟开花结实,增加产量。

(二)温度

1. 设施温度环境特点

(1)气温　设施内的热量主要来源于太阳辐射,有阳光的天气,设施内温度直线上升;夜晚没有太阳辐射,薄膜又阻止长波辐射,薄膜上又覆盖草苫等保温防寒,使室内外温差较大。通常日出前后的气温降低到一天中的最低值,日出后棚室温度迅速升高。晴天在棚室密闭不通风的情况下,一般到 11:00 前,平均每小时上升 5～8 ℃,13:00～14:00 棚室温度升到最高,之后又下降,平均每小时下降 5 ℃左右,夜间温度下降速度变缓。

水平分布白天前部光量多,室内空间小,地面辐射量也集中在这里,温度南高北低;夜晚南部因空间小,散热量大,后屋面和后墙散热较慢,又因后墙是载热体,夜间放热,后部昼夜温差小。垂直分布白天由于太阳辐射到膜上,棚室上部温度高,近地面温度低;夜晚棚室上部空间大散热快温度低,近地面温度高。

(2)地温　水平温度分布晴天的白天,在温室内南北方向上,中部地温最高,向南向北均递减;夜间后屋面下地温最高,向南递减;东西方向上差异不大。塑料大棚的地温,中部均高于四周。垂直分布晴天白天上层土壤温度高,下层土壤温度低;夜间以 10 cm 深处最高,向上向下均递减;阴天,下层土温比上层高,以 20 cm 处地温最高。

2. 设施温度环境的调节控制

(1)增温措施　增温的措施有增加透光量(具体做法参照光照调节部分)和人工加温(如火炉加温、暖水加温、热风炉加温、明火加温、电加温等方法)。

(2)保温措施　保温的措施有增强设施的保温能力和保持较高的地温。增强设施的保温能力如设施的保温结构要合理、用保温性能优良的材料覆盖保温、减少缝隙散热、多层覆盖等。保持较高地温如合理浇水、挖防寒沟等。

(3)降温措施　降温的方式有通风降温、遮光降温和屋面流水降温和蒸发冷却降温。

(4)通风原则　逐渐加大通风量;反复多次进行;早晨揭苫后不宜立即放风排湿;低温季节不放底风。

(三)湿度

1. 设施湿度环境特点

由于棚室透气性差,造成棚室内空气湿度较高,在密闭不通风条件下,棚室内夜间空气相对湿度可达80%～100%。棚室内相对湿度的一般变化规律是相对湿度随着设施内温度的升高而降低,随着设施内温度的降低而升高;晴天、风天相对湿度降低,阴天、雨天相对湿度升高。棚室内适宜的空气相对湿度白天为50%～60%,夜晚80%～90%;夜晚湿度大,要做好病害的综合防治。

2. 设施湿度环境的调节控制

(1)降低空气湿度的技术措施　①通风降湿。一天中,以中午前后的空气绝对含水量最高,也是排湿的关键时期,清晨的空气相对湿度达一天中的最高值,此时的通风降湿效果最明显。阴雨(雪)天,浇水后2～3 h内及叶面施肥和喷药后的1～2 d,设施内的空气湿度容易偏高,应加强通风。②地面覆盖减少设施内的水分蒸发量。覆盖地膜是抑制土面蒸发、减少设施内水分蒸发量的主要措施;③减少棚膜表面的聚水量。选用无滴膜或保持棚膜表面排水流畅。

(2)增加空气湿度的技术措施　增加空气湿度的技术措施有降低土壤湿度、减少通风、扣小拱棚、通过喷雾进行加湿等。

(四)土壤

1. 设施土壤环境特点

(1)土壤酸化、次生盐渍化　设施内茬次多,土壤连续利用时间长,用肥多和盲目大量施肥,造成土壤酸化、次生盐渍化和连作障碍。

(2)土壤营养富集　设施环境下水分蒸发排不出去,形成聚积型土壤,聚积各种成分,造成土壤板结。

(3)土壤微生物区系变化大　设施土壤生态环境变化导致微生物区系发生变化,氨化细菌和硝化细菌增加,导致土壤理化性质和营养平衡被破坏,病菌虫卵增多。

(4)土壤有害气体增加　土壤板结,CO_2浓度高,导致根系呼吸受阻,影响矿质营养的吸收;设施土壤施用尿素或氨态氮肥过多以及厩肥、饼肥等有机肥未充分腐熟,在高盐分作用下,易产生大量氨气;硫酸盐化肥施用量较多,加之地温较低等因素，在硫化细菌作用下放出二氧化硫气体，因设施空气流动性差，当气体浓度高到某个极限时会发生危害。

2．设施土壤环境的调节控制

(1)改良土壤质地　对已发生酸化的土壤，应采取淹水洗酸法或撒施生石灰中和的方法，提高土壤 pH，不施生理酸性肥料，防止土壤酸化。

(2)改进栽培措施，防止土壤次生盐渍化　合理施肥，减少土壤中盐分的积累；水分调控，以水洗盐；秸秆还田和地面覆盖，降低土壤盐分，防止土壤次生盐渍化。

(3)改善生物环境　土壤消毒，消灭病原菌、害虫等有害生物，改善土壤生物环境。

(4)改善土壤的气体环境　施入大量的有机肥，合理灌水防止板结，防止有害气体产生。

(五)气体

1．设施气体环境特点

(1)CO_2 浓度低　CO_2 是绿色植物光合作用的主要原料，一般蔬菜的 CO_2 饱和点是 0.1%～0.16%，而设施中 CO_2 的浓度是 0.03%，远不能满足蔬菜生长需求。加上冬季通风少，CO_2 得不到补充，严重抑制了光合作用。

(2)易产生有害气体　设施环境中若施肥、管理不当，易产生多种有害气体，当有害气体积累到一定浓度，蔬菜就会发生中毒症状，浓度过高会造成蔬菜死亡，必须尽早采取预防措施加以防除。

2．设施气体环境的调节控制

(1)增施 CO_2 气肥

①CO_2 气体的施肥时期　选择适宜的 CO_2 施肥时期，是节约气肥、减少投资、增加产量的关键因素，施肥时间依蔬菜种类、栽培方式和土壤肥力等而定。苗期和产品器官形成期是 CO_2 施肥的关键时期。苗期施肥能明显促进幼苗发育，使果菜类蔬菜花芽分化的时间提前，花芽分化质量提高，结果期提早，增产效果明显。苗期施用 CO_2 应从真叶展开后开始，以花芽分化前施用效果最好。蔬菜定植后到坐果前的一段时间里，蔬菜生长比较快，此期施肥容易引起徒长；产品器官形成期是蔬菜对碳水化合物需求量最大的时期，也是 CO_2 施肥的关键时期。蔬菜生长后期，一般不宜进行施肥，以降低成本。

②CO_2 气体的施肥时间　CO_2 施肥必须在一定的光强和温度下进行。晴天设施内以日出 0.5 h 后开始施肥为宜，阴天以及温度低时，以日出 1 h 后施肥为宜。下午施肥容易引起蔬菜徒长，除了蔬菜生长过弱，需要促进生长外，一般不在下午施肥。每日施用 CO_2 的时间应尽量长一些，一般每次施用时间不少于 2 h。

③CO_2 气体的施肥方法

化学反应法　主要是利用碳酸盐与硫酸、盐酸、硝酸等，在特制容器内反应产生 CO_2，通过排气管释放到设施中，供给蔬菜生长。

秸秆生物堆反应技术　即将专用降解微生物菌群接种在秸秆中，使其在一定的温度、湿度条件下，将秸秆中的纤维素、半纤维素降解，产生 CO_2、热量以及有机和无机物质的一种技术。可以为蔬菜生长提供 CO_2 和营养物质，同时提高地温、改善土壤环境，提高蔬菜的光合速率和抗病能力。

炉火燃烧法　用树枝、竹木、柴草等燃烧可产生 CO_2。

深施固体 CO_2 颗粒肥：利用生物肥料的生理生化作用，生产 CO_2 气体。一般将肥料施入 1～2 cm 深的土层中，在土壤温度和湿度适宜时，可连续释放 CO_2 气体。

CO_2 气肥悬挂法　将购买的成品 CO_2 气肥发生袋在距地面 2 m 高的蔬菜上方均匀吊挂，每袋 CO_2 气肥可覆盖 33 m^2 左右的面积，即每亩可均匀吊挂 20 袋，每袋可使用 35 d 左右，在此期限内较均匀地释放出 CO_2。

④增施 CO_2 注意事项　CO_2 施肥后蔬菜生长会加快，要保证肥水供应；施肥后要适当降低夜间温度，以防止蔬菜徒长；要防止设施内 CO_2 气体浓度长时间偏高，造成蔬菜 CO_2 气体中毒；要保持 CO_2 施肥的连续性，应坚持每天施肥，不能每天施肥时，前后两次施肥的间隔时间也应短一些，一般不超过 1 周，最长不超过 10 d。除此之外，还要进行通风换气，以排出有害气体和换入新鲜气体。

(2)预防有害气体的产生

①合理施肥　有机肥要充分腐熟后深施；化肥要随水冲施或埋施；避免使用挥发性强的氮素化肥。

②覆盖地膜　用地膜覆盖垄沟或施肥沟，以防止土壤中的有害气体挥发。

③正确选用和保管塑料制品、农药、化肥　选用无毒的蔬菜专用塑料薄膜和塑料制品，设施内不堆放陈旧塑料制品及农药、化肥等。

④正确选择燃料，防止烟害　冬季加温时，应选用含硫低的燃料，并且密封炉灶和烟道，严禁漏烟。

⑤勤通风　一旦发生气害，加大通风，不要滥施农药化肥。

★任务实施

一、掌握棚膜的选择原则与扣棚技术

1. 棚膜的选择原则

(1)根据栽培季节选择棚膜　秋冬季或冬春季：南方地区冬季不太寒冷，不覆盖草苫或覆盖时间较短，为降低生产成本，可选择 EVA 多功能复合膜和 PE 多功能复合膜。春季和秋季：大棚不需要覆盖草苫，也很少到棚面进行操作，对棚膜的人为损伤较少，为降低生产成本，适宜选择薄型 EVA 多功能复合膜和 PE 多功能复合膜。

(2)根据设施类型选择棚膜　大棚栽培期比较长，应选择耐老化的加厚长寿膜，中小拱棚栽培期短，可选择普通的 PE 膜或薄型 PE 无滴膜，以降低成本。

(3)根据蔬菜种类选择棚膜　栽培西瓜、甜瓜等喜光的蔬菜应选择无滴棚膜，栽培叶菜类蔬菜，宜选择一般的普通棚膜或薄型 PE 无滴膜。

(4)根据病害发生情况选择棚膜　栽培期长的塑料棚内的蔬菜病害一般比较严重,应选择无色无滴膜,能降低空气湿度。新建塑料棚内的病菌少,发病轻,可根据所栽培蔬菜的发病情况以及生产条件等灵活选择棚膜。

2. 扣棚技术

选择无风或微风天气扣膜。

二、温室的结构观察与测量

1. 选择观察地点

选择学校实训基地或附近生产单位的温室,进行实地调查、测量,将测量结果和调查资料整理成报告。

2. 观察记录

(1)观察当地温室的方位、形状、结构、场地选择和整体布局情况,分析温室的结构、性能的优缺点。

(2)测量记录日光温室和现代温室的方位、规格(长度、跨度、脊高的尺寸)、透明屋面及后屋面的角度、长度;墙体厚度和高度;建筑材料和覆盖材料的种类和规格;配套设备类型和配置方式等。

三、设施内小气候的观测

1. 温、湿度分布

在温室或大棚中部选一横剖面,从南向北树立数根标杆,第一杆距南侧(温室或大棚内东西两侧标杆距棚边)0.5 m,其他各杆相距 1 m。每杆垂直方向上每 0.5 m 设一测点。在温室或大棚内距地面 1 m 高处,选一纵断面,按东、中、西和南、中、北设 9 个点。每一剖面,每次观测时读 2 遍数据,求平均值;每日观测时间为上午 8:00 和下午 14:00。

2. 光照分布

观测点、观测顺序和观测时间同温湿度。

3. 温湿度变化规律

观测(温室或大棚)内中部与露地对照区 1 m 高处温湿度变化规律,记录 2:00、6:00、10:00、14:00、18:00、22:00 时的温湿度。

4. 地温分布与日变化规律

在温室或大棚内水平面上,于东西和南北向中线,从外向里,每 0.5～1.0 m 设一观测点,测定 10 cm 地温分布情况,并在中部一点和对照区观测 0、10、20 cm 地温的日变化,观测时间同温度日变化规律。

★能力转化

1. 调查当地设施蔬菜生产中环境调控措施及存在的问题,并提出解决的措施。

2. 设施蔬菜生产中为什么要追施 CO_2 气肥?追施 CO_2 气肥的方法有哪些?施肥时应注意哪些问题?

模块三　蔬菜生产的基本技术

蔬菜生产在我国新一轮农业产业结构调整中占有重要地位，各市县乡村蔬菜基地、农业科技园区如雨后春笋般广泛兴起，而蔬菜生产基本技术的掌握关系到蔬菜产业的兴衰。学习本模块，能根据所处的地理区位选择适宜的菜田，会合理规划并安排菜田及其茬口，能熟练耕作土壤及作畦；能正确识别常见蔬菜种子，并能按不同方法进行种子播前处理和完成播种；能独立完成常见蔬菜的设施育苗和嫁接育苗；能根据所学知识及所处地理位置合理安排定植时期，会定植主要蔬菜；会熟练操作各项田间管理技能；具备从事蔬菜生产、贮藏、加工和经营的基本知识好技能，为学生学会致富本领、提高创业能力打下一定基础；培养学生观察能力、分析问题解决问题的能力、动手操作能力及脚踏实地、吃苦耐劳的劳动精神。

党的二十大报告指出：我们要增强问题意识，聚焦实践遇到的新问题、改革发展稳定存在的深层次问题、人民群众急难愁盼问题、国际变局中的重大问题、党的建设面临的突出问题，不断提出真正解决问题的新理念新思路新办法。

项目一

菜田的选择与土壤耕作

学习目标

了解菜田选择及规划的原则，熟悉土壤耕作的各个环节及作畦技术；能根据所处的地理区位选择适宜的菜田，会合理规划并安排菜田及其茬口，能熟练耕作土壤及作畦，初步学会解决生产过程中遇到的一些问题。

★知识准备

一、菜田的选择

菜田选择必须考虑蔬菜产量和品质的提高、生产与销售的关系、生产成本与经济效益的状况、菜田的内外环境条件等因素。因此，菜田选择应区分以下层次。

1. 产地气候条件和土壤条件对蔬菜产量品质的影响

产地的气候和土壤条件要适宜所种植蔬菜生长发育的需求，对蔬菜产品质量无不良影响。

2. 生产与销售的关系

菜田在地域内分布应相对集中，以形成规模化和产业化，有利于形成大生产、大市场、大流通的格局。

3. 生产成本与经济效益状况

要考虑一定地域内生产资源、设施资源的合理有效配置，以降低生产成本，使经济效益最大化。

4. 菜田的内外环境状况

菜田区域内要求有便利的交通条件，充足的排灌条件，无污染的生产环境条件，远离有大量工业废气、废水的排放点，地下水质尽可能达到饮用水最低标准等。

二、菜田规划

1. 菜田规划的目的

菜田规划的目的是便于机械化作业，便于系统轮作倒茬，便于资料的运输和净菜上市，便于就地批发与运销。

2. 菜田规划的内容

（1）道路划分　菜田道路规划上应尽量利用现有的交通干线，有利于田间产品和生产资料的运输；每隔 2 hm^2 建 1 条宽 2 m 左右的道路，以利于产品的运输。

（2）田区划分　充分考虑茬口安排、田间耕作、灌溉与排水等因素。

（3）防风林网　在一些风沙较大的地区、菜田附近可设立防护林带，对保持良好的菜田小气候，减少灾害带来的损失，有其独特的作用。在规划防护林时，要考虑到它的方位，同时也应当把一些生产、生活建筑与林带有机结合，统筹规划。

（4）同时应综合考虑供电系统、堆肥场地、采后包装保鲜车间、办公及其他附属设施。

三、土壤耕作

土壤耕作就是在蔬菜生产过程中，通过农具的物理机械作用，改善土壤的耕层结构和地面状况。

1. 土壤耕作的作用

菜田耕作的时期与方法因时、因地而异，从耕作时间上大体可分为春耕与秋耕，从耕作内容上可分为耕翻、耙地、耢地、压地、整地、起垄、作畦、中耕等。土壤耕作可改变耕层的物理特性，调节土壤中水、肥、气、热等因素，为蔬菜播种出苗、根系生育创造条件。

2. 土壤耕翻

（1）耕翻的时间　秋耕一般在秋茬蔬菜收获后，土壤尚未上冻前尽早进行，要求深，可冻融熟化土壤，消灭病虫草害，蓄水保墒。春耕是指对秋耕过的菜田地块进行耙磨、镇压、保墒等作业，有时也只给秋末翻的地块进行补耕。春耕时间一般掌握在土壤化冻 5 cm 左右时进行，耕作宜浅。夏耕一般要求耕层浅，主要起灭茬、松土、除草的作用。

（2）耕翻的方式方法　耕翻一般用小型旋耕机深耕。耕翻时注意不要将大量生土翻上来，底层生土有机质缺乏，养分少，因此应遵循“熟土在上，生土在下，不乱土层”的原则；深耕不必每年进行，可深浅结合，既可减轻劳动强度，又可使耕层土壤得以持续利用；具体耕深应根据具体茬口，根菜类、果菜类宜深耕，叶菜类宜稍微浅些。深耕应在秋茬蔬菜收获后进行，以利于冬季晒垡。

3. 菜田整地作畦技术

菜田耕翻后播种或定植前作畦有利于调节土壤含水量，便于灌溉与排水；改善土壤温度与通气条件。

（1）畦的类型　因当地气候、土壤条件及蔬菜种类不同而异，常用的畦有：

①平畦　畦面与田间通道相平，当地面平整后，不特别筑成畦沟和畦面。适宜于排水良好、雨量均匀、不需要经常灌溉的地区。

②低畦　畦面低于地面，畦间走道比畦面高的栽培形式。这种畦利于蓄水和灌

溉，在少雨季节、干旱地区应用较为普遍。

③高畦　畦面凸起的栽培形式，适合于降水量大且集中的地区应用。

④垄　是一种较窄的高畦，其特点是垄底宽垄面窄，马铃薯等薯芋类及晚熟的结球叶菜类常用这种形式。

(2)畦的方向　冬、春季一般采用东西向，以使其南侧多接受辐射光热，提高地温；夏、秋季一般采用南北向，以使其受光和通风状况良好。地势倾斜的地块，应以有利于保持土壤水分和防止土壤冲刷为原则确定畦向。风力较大地区，畦向应与风向平行，利于行间通风及减少台风危害。畦的质量要求畦面平坦、土壤细碎、土壤松紧适度。

★任务实施

学习掌握春马铃薯整地作畦技术

选择耕层深厚肥沃、质地疏松、排灌方便、远离污染的中性或微酸性或壤土沙壤土。不宜选择前茬为茄科作物的田块(如番茄、茄子、辣椒等)，提倡水旱轮作。

播前土地要进行翻耕，深耕 40 cm 以上，晒 20～30 d 后，把土整细整平。结合整地作畦施足基肥，每 667 m^2 施用优质农家肥 5 000 kg，过磷酸钙 25 kg，硫酸钾 15 kg 作基肥。然后做垄，垄距(垄底宽)70 cm，垄高 30～35 cm。

★能力转化

调查当地主要蔬菜生产基地菜田规划布局是否合理，详细记录并写出建议意见。

项目二

蔬菜种子与播种技术

学习目标

了解蔬菜种子的类型及特点，掌握蔬菜种子播前处理及播种的基本方法；能正确识别常见蔬菜种子，并能按不同方法进行种子播前处理和完成播种；培养分析实际生产中遇到问题、解决问题的能力。

★知识准备

蔬菜生产所采用的种子泛指所有的播种材料，包括 4 种类型：第一种是植物学上真正的种子，如葫芦科、豆科、茄科、十字花科等蔬菜种子；第二种属于植物学上的果实，如菊科、伞形科、藜科中的部分蔬菜；第三种属于营养器官，有薯芋类蔬菜、葱蒜类、水生蔬菜等，多用鳞茎（大蒜）、球茎（芋头）、根状茎（韭菜、生姜、莲藕）、块茎（马铃薯、山药、菊芋）等营养体繁殖；第四种为食用菌类的菌丝组织，如蘑菇、草菇、木耳等。生产中要针对不同种类的播种材料选用不同的播种技术。

一、蔬菜种子的识别

（一）蔬菜种子的形态和结构

1. 蔬菜种子的形态

蔬菜种子包括种子外形、大小、色泽、表面光洁度、沟、棱、毛刺、网纹、蜡质、突起物等。蔬菜种子按大小可以分为 3 类：大粒种子千粒重 100～1 000 g，如瓜类、豆类等；中粒种子千粒重为 10～16 g，如菠菜、萝卜等；千粒重为 3～6 g，如白菜类、茄果类和葱韭类等；小粒种子千粒重为 1～2 g，有的甚至不到 1 g，如芹菜、莴苣等。

种子的形态是鉴别蔬菜种类、判断种子质量的重要依据，如茄果类番茄种皮形成银色毛刺，白菜类的甘蓝和白菜，种子的大小色泽相近，同为黄褐色球形，但从甘蓝种子球面的双沟，就可以与具单沟的白菜种子区别开来。

2. 蔬菜种子的结构

蔬菜种子的结构包括种皮和胚，有的种子还含有胚乳。

种皮是由珠被发育而成的，位于种子的最外层，主要作用是保护胚和胚乳；种皮上还有种脐和种孔；胚是由受精卵发育而成的，包括胚芽、胚轴、胚根和子叶，将来发育成植物体；胚乳是贮藏养分的结构，常见的有淡黄色、白色、绿色等；成熟的种子有的有胚乳，如玉米；有的无胚乳，如豆类。

（二）种子寿命（发芽年限）和使用年限

1. 种子寿命

种子从完全成熟到丧失生活力所经历的时间叫种子寿命，又叫发芽年限，指种子保持发芽能力的年数。种子的寿命因蔬菜种类的不同而不同，可以是几周，也可以长达几年。根据种子寿命的长短，可以把种子分为以下 3 种：长命种子，如茄子、番茄、西瓜等种子寿命为 3～4 年；较长命种子，如萝卜、芜菁、白菜等种子寿命为 2～3 年；较短命种子，如甘蓝、结球莴苣、辣椒、豌豆、菜豆、蚕豆、牛蒡、菠菜等种子寿命为 1～2 年；短命种子，如大葱、洋葱、韭菜、鸭儿芹等种子寿命为 0.5～1 年。

2. 种子使用年限

在良好的贮藏条件下，种子的寿命可以加长好几倍。但作为生产上用的种子，以新鲜的为好，即使在适宜的条件下，种子保存过久，也会逐渐丧失发芽能力。生产上通常以能保持 60%～80%发芽率的最长贮藏年限为使用年限。一般贮藏条件下，蔬菜种子的寿命为 1～6 年，使用年限只有 1～3 年。

二、种子质量检验

优质的种子是培育壮苗、取得高产的基础。蔬菜种子质量的优劣，首先表现在播种后的出苗速度、整齐度、秧苗纯度和健壮程度方面。为了保证播种质量，应在播种前进行种子的质量鉴定及检验。

1. 种子的纯度

种子的纯度指品种在特征、特性方面典型一致的程度，是鉴定品种一致性程度高低的指标，用本品种的种子数占供试样品种子数的百分率表示。计算公式：

$$\text{种子的纯度}=\frac{\text{供试样本数}-\text{杂种子数}}{\text{供试样本数}}\times 100\%$$

2. 种子净度

种子净度指供检样品中净种子的重量百分率，其他品种或种类的种子、泥沙、花器残体、果皮等都属于杂质。在本品种种子中还应除去废种子，即破损种子和秕种。计算公式：

$$\text{种子的净度}=\frac{\text{供试样本重}-\text{杂质重}}{\text{供试样本重}}\times 100\%$$

3. 种子饱满度

衡量蔬菜种子饱满度的指标，用自然干燥状态的 1 000 粒种子的重量（g）表示，称为种子的“千粒重”或“绝对重量”。对于大粒种子如菜豆、蚕豆等，通常用百粒重来测量种子饱满度。

4. 种子发芽势

种子发芽势指种子发芽初期(规定日期内,一般为 3 d)正常发芽种子数占供试种子数的百分率,它标志着种子的发芽速度、发芽整齐度和种子生活力的强弱。计算公式:

$$种子发芽势=\frac{发芽试验初期(规定日期内)正常发芽种子粒数}{供试种子粒数}\times 100\%$$

5. 种子发芽率

指在发芽试验终期(规定日期内,一般为 7 d)全部正常发芽种子数占供试种子数的百分率,由发芽率确定种子是否可以使用及确定播种量。计算公式:

$$种子发芽率=\frac{发芽试验终期(规定日期内)全部正常发芽种子粒数}{供试种子粒数}\times 100\%$$

三、播种量的计算

计算蔬菜的播种量可以在确定种植地点和种植密度后,先计算出单位面积的播种量,然后换算出实际生产面积的播种量。

生活力弱的种子用量多;育苗栽植比直播的用量少,条播比撒播用种少,而点播的用种量更少。计算公式:

$$播种量(g/667\ m^2)=\frac{种植密度(穴数)\times 每穴种子粒数}{每克粒数\times 种子使用价值}\times 安全系数(0.5\sim 4)$$

在实际播种时,为了保证苗全、苗壮,以及便于去杂去劣,应在理论播种量的基础上,考虑播种的具体情况,用安全系数调节来增加一定数量的种子。

四、种子播前处理

1. 蔬菜种子发芽所需要的主要环境条件

蔬菜种子的萌发,首先是种子本身具有发芽能力,其次是要求有适宜的环境条件,包括温度、氧气、水分等。

(1)温度　各种蔬菜种子的发芽,对温度都有一定的要求,喜温蔬菜如茄果类、瓜类,最适发芽温度为 25～30 ℃;较耐寒蔬菜如白菜类、根菜类最适宜的发芽温度为 15～25 ℃。但是多数蔬菜的种子在 15～30 ℃范围内都能较好发芽,其中,有些蔬菜的种子适宜发芽的温度范围较广,如白菜类蔬菜;有些则较窄,如莴苣等。一般情况下,在适宜的温度条件范围内,种子发芽率较高,且发芽时间较短。

(2)水分　水分是种子发芽所需的最基本的条件。种子只有在吸收了大量的水分以后,才能使贮藏的养分转变成生命活动所必需的物质,但吸水量和吸水速度依蔬菜种类而不同。一般含蛋白质较多的种子吸水快而多,含淀粉较多的种子吸水慢而少,含脂肪较多的种子介于二者之间。种皮透水性好的种子吸水就快,种皮致密、透水性差的吸水就慢。十字花科、豆科、番茄、黄瓜等蔬菜种子的种皮透水性较好;伞形花科、茄子、辣椒、西瓜、冬瓜、苦瓜、葱、菠菜等蔬菜种子的种皮透水较为困难。所以,在浸种时要根据这些特点合理掌握时间;如果吸胀时间过长,会导致种子营养外渗而种子活力衰退。另外，蔬菜种子在播种以后，其发芽率与土壤含水量关系密切，应根据蔬菜种类掌握土壤含水量。

(3)氧气　氧气是种子发芽所需的极为重要的条件。种子在贮藏期间，呼吸极为微弱，需氧量较小，但当种子吸水萌发时，呼吸作用逐渐旺盛，所以对氧气的需要量急剧增加。种子发芽时如果无氧或氧气不足，种子发芽不良甚至不能发芽。如果在浸种催芽时透气不良或播种以后覆土过厚、特别是苗床过湿，都会因缺氧而使种子发芽不良，甚至造成烂种。豆类蔬菜、部分瓜类蔬菜播种后尤应注意这一问题。

(4)光照　光对蔬菜种子发芽的影响，因种类而异，但多数蔬菜的种子在发芽时对光的反应不敏感。按照种子发芽对光的敏感程度，可将蔬菜种子分为 3 类：第一类是需光种子，即种子发芽时需要一定的光，在黑暗条件下不能发芽或者发芽不良，如白菜类、甘蓝类、莴苣、芹菜、胡萝卜等；第二类是嫌光种子，即种子要求在黑暗的条件下才能发芽，有光则发芽不良，如瓜类、苋菜、葱、韭菜等；第三类是中光种子，即在有光或黑暗条件下均能正常发芽，如豆类等大多数蔬菜种子属于此类。了解光对种子发芽的影响可在播种或催芽过程中采取相应的措施，以提高种子的发芽率和出苗率。

2. 种子播前处理的方法

生产上为确保蔬菜种子迅速发芽，出苗整齐及预防种子带菌引起病害，增强种子的幼胚及新生幼苗的抗逆性，在早春、炎夏，播种前必须对种子进行一系列的预处理，以提高播种质量。种子处理方式包括浸种、催芽、消毒等。

(1)浸种　浸种是在适宜的水温和充足的水量条件下，促使种子在短时间内吸足发芽所需水量的主要措施。浸种时要注意掌握水温、时间和水量。一般用水量为种子量的 4～5 倍，浸泡时间以种子充分膨胀为度。有 3 种浸种方法：

①一般浸种　把种子放在洁净无油的盆内，倒入清水。搓洗种皮上的果肉、黏液等，不断换水，除去浮在表面的瘪籽，直至洗净。用 20～30 ℃的清水浸泡种子，每 5～8 h 换 1 次水，种子浸至不见干心为止。此方法比较简单，容易操作，但无杀菌作用和促进种子吸水作用，适宜于种皮薄、吸水快、易发芽、不易受病虫污染的种子，如白菜、甘蓝等种子。

②温汤浸种　将种子放入容器中，缓缓加入 55～60 ℃的水不断搅拌，并保持恒温 10～15 min，自然冷却转入一般浸种。由于 55 ℃是大多数病菌的致死温度，10 min 是在致死温度下的致死时间，温汤浸种对种子具有消毒灭菌作用，但促进吸水效果仍不明显，适宜于种皮薄、吸水快的种子，如茄果类、瓜类、甘蓝类种子。

③热水烫种　水量不超过种子量的 5 倍，种子要经过充分干燥。烫种时水温 75～85 ℃(甚至更高)，用两个容器来回倾倒热水，水温将至 55 ℃不断搅拌，并保持恒温 7～8 min，自然冷却转入一般浸种。种子含水量越少，越能忍受高温刺激。适宜于种皮厚，透水困难的种子，如茄子、冬瓜、西瓜等。

蔬菜因种子大小、种皮厚度、种子结构等的不同，浸种时间也不同。浸种时间若超过 8 h 时，应每隔 5～8 h 换水 1 次。豆类蔬菜不宜浸种时间过长，见种皮皱缩变鼓起时应及时捞出，防止种子内养分渗出太多而影响发芽势与出苗。

（2）催芽　即将已经吸足水的种子用保水透气的材料（如湿纱布）包好，放在适宜的温度、湿度、氧气条件下促使迅速发芽，每天检查1～2次并翻动种子包，以利于空气流动使种子受热均衡，并用清水投洗1～2次清除黏液。当大部分种子（一般50%～80%）露白时，停止催芽，准备播种。

（3）种子消毒

①高温灭菌

热水灭菌　结合浸种，利用55 ℃以上的热水进行烫种，杀死种子表面和内部的病菌。

干热处理　将干燥（含水量低于2.5%）的种子置于60～80 ℃的高温下处理几小时至几天，以杀死种子内外的病原菌和病毒。

②药液浸种　药液用量一般是种子量的2倍，常用的浸种药液有800倍50%多菌灵溶液、800倍甲基托布津溶液、100倍福尔马林溶液、1%硫酸铜溶液、0.1%高锰酸钾溶液等。其方法是先把种子用清水清洗干净，沥干水，然后放入药液中浸泡5～60 min不等，捞出清水投洗，进入催芽环节。

③药剂拌种　拌种常用的药剂有克菌丹、福美双等，拌种的药粉、种子都必须是干燥的，否则会引起药害和影响种子蘸药均匀度，用药量一般为种子重量的0.2%～0.5%，药粉需精确称量。拌种通常先把种子放入一定容器如罐或瓶内，加入药粉加盖后摇动5 min，使药粉充分且均匀地粘在种子表面。

五、播种技术

1. 播种期的确定

播期确定的原则是按各种蔬菜对温度的适应能力，把蔬菜的生育期安排在其适应的温度季节，并使蔬菜产品器官的形成期安排在温度最适宜的月份。具体要根据生产计划、当地气候条件、苗床设施、育苗技术、栽培种类等具体情况确定，一般由定植期减去秧苗的苗龄，推算出的日期即适宜的播种期，如果苗龄为60 d，定植期在4月28日，则播种期宜在2月28日左右。

2. 播种方式

蔬菜的播种方式有撒播、条播和穴播3种。撒播是在平整好的畦面上均匀地撒上种子，然后覆土；一般用于生长周期短的、营养面积小的速生蔬菜，如绿叶菜类、香辛菜类以及育苗。条播是在平整好的土地上按一定行距开沟播种，然后覆土；常见的形式有垄作单行条播、畦内多行条播和宽幅条播等，一般用于生长周期长和营养面积大的叶菜类如菠菜、芹菜以及需要中耕培土的蔬菜如胡萝卜、洋葱等。穴播又称点播，按一定株行距开穴点播，然后覆土；一般用于营养面积大、生长期长的大型菜类如茄果类、瓜类、韭菜、豆类等。

3. 播种方法

播种可用干种子、浸泡过的种子或催芽后的种子，播种方法也有所不同，分为干播法和湿播法。

干播法一般用于湿润地区或干旱地区的湿润季节，趁雨后墒情合适，能满足发芽需要时播种；干播后应适当镇压，如果土壤墒情不足，或播后天气炎热干旱，则在播后需要连续浇水，始终保持地面湿润状态直到出苗。

湿播法为播种前先灌水，待水渗下后播种覆土；此法用于干旱季节，催出芽的种子也要用湿播法。湿播法质量好，出苗率高，土壤疏松不易板结，但操作复杂，工效低。

4. 播种深度

根据种子大小、土壤质地、土壤温度和湿度及气候条件等因素而定。覆土厚度为种子厚度的2～3倍，小粒种子一般覆土1.0～1.5 cm，中粒种子1.5～2.5 cm，大粒种子3～4 cm；高温多雨季节（夏季）播种要深，减少高温对种子的伤害，防止种子落干或被雨水冲；低温干燥季节（春季）要求浅播，使土温尽快回升；喜光种子如芹菜等宜浅播。

★任务实施

能够识别黄瓜、黑籽南瓜、茄子、芹菜等几种有代表性的种子外观特征，并进行浸种、催芽

1. 识别黄瓜、黑籽南瓜、茄子、芹菜种子的外观特征

黄瓜种子扁平、近圆形至长椭圆形，种皮黄白色；黑籽南瓜种子黑褐色，边缘与中央同质同色，株柄痕圆形；茄子种子较小，扁平呈肾形，侧面形状有圆形而明显凹陷和椭圆形而脐部凹陷，种皮有光泽、无毛，具有蜡质层，不易透水、透气，发芽较慢；芹菜种子呈黄褐色或暗褐色，表面有纵纹，无茸毛，具有很浓的味道，形似椭圆，横切面为正五角形。

2. 浸种

温汤浸种：向烧杯中加入55～60 ℃的热水，体积大约是种子体积的5倍，把已挑选好的饱满黄瓜（或茄子）种子放入烧杯中，用玻璃棒不断搅拌，使种子受热均匀，保持恒温15～20 min，其间如果水温下降可加少量热水，然后转入一般浸种，浸种4～6 h。

热水烫种：将黑籽南瓜的种子倒入盛有75～85 ℃热水的容器中，用2个容器来回倾倒搅动，直至水温下降至室温，然后将种子表面的黏液搓洗干净，转入一般浸种，浸种8～10 h。

3. 催芽

将吸足水的种子包于湿润的双层纱布中，根据不同种子发芽对温度的需求催芽，黄瓜种子需25～30 ℃、1.5～2 d，黑籽南瓜种子需25～30 ℃、2～3 d，茄子种子需25～30 ℃、6～7 d，芹菜种子需20～22 ℃、5～7 d，催芽期间每天翻动种子，清洗纱布，并记录种子发芽情况。

★能力转化

参考常见蔬菜种子的播种环节，并总结其操作技术流程、遇到的问题及解决办法。

项目三

蔬菜育苗技术

学习目标

熟悉蔬菜育苗的理论知识和技术环节，掌握蔬菜主要育苗方法及其苗期管理技术；了解蔬菜嫁接的基本原理和方法，掌握蔬菜插接、靠接和劈接3种嫁接基本操作技能；能独立完成常见蔬菜的设施育苗和嫁接育苗；培养脚踏实地、独立解决问题的能力。

★知识准备

俗话说"苗好三分收"，育苗是蔬菜生产的重要环节，除大部分根菜类、部分豆类、部分绿叶菜类采用直播外，绝大多数蔬菜都适合育苗移栽。蔬菜育苗可缩短在本田中的生育期，提高土地利用率，从而增加单位面积产量；提早成熟，增加早期产量，提高经济效益；便于茬口的安排与衔接，有利于周年集约化栽培的实现；高度集中的商品苗生产有利于蔬菜产业的发展。育苗的方式主要有常规育苗、嫁接育苗、穴盘无土育苗。

一、常规育苗

常规育苗又称普通育苗，是指在各种设施条件下利用人工配制的营养土进行育苗。

1. 育苗时间的确定

育苗时间取决于蔬菜种类、育苗设施、定植方式等。一般茄果类蔬菜定植前70 d左右育苗；西瓜、甜瓜、黄瓜定植前35 d左右育苗。

2. 营养土的配制

(1)优良的营养土应具有的条件　含有丰富的有机质，营养成分齐全，具有氮、磷、钾、钙等主要元素及必要的微量元素；结构良好，松紧适中，保水保肥性能强，干燥时表土不板结；不带病菌、虫卵和杂草种子，以防苗期或生长期的病虫危害；微酸性或中性，pH以6.5～7为宜。

(2)营养土的种类　营养土的主要成分为园土、有机肥、细沙或细炉渣、速效化肥等。园土一般用大田土，葱蒜类、豆类茬口，最好是充分熟化的旱田土；适合育苗用的有机肥主要是质地较为疏松的马粪、羊粪、猪粪、鸡粪等，有机肥必须充分腐熟并捣碎后才能用于育苗；细沙和炉渣的主要作用是调节育苗土的疏松度；速效化肥主要使用优质复合肥、磷肥和钾肥，用量应小，一般播种床土总施肥量 1～2 kg/m^3。营养土分为播种床土和分苗床土：①播种床土：配制体积比为园土 5～6 份，腐熟有机肥 4～5 份，土壤偏黏时，应掺入适量的细沙或炉渣，每立方米加化肥 0.5～1.0 kg。播种床土厚度约 10 cm；②分苗床土：应具有一定的黏性，配制体积比为田土或园土 6～7 份，腐熟有机肥 3～4 份，每立方米加化肥 1.0～1.5 kg。分苗床土厚度 12～15 cm。

(3)营养土消毒　为防止苗期病害，营养土使用前应进行消毒处理。常用的消毒方法有：①药剂消毒：常用的药剂有甲醛、50%多菌灵、50%福美双、辛硫磷等。多菌灵消毒方法是：每 1 000 kg 床土用 50%的多菌灵可湿性粉剂 25～30 g，处理时，先把多菌灵配成水溶液，再喷洒在床土上，拌匀后用塑料薄膜严密覆盖，一般经 2～3 d 即可杀死土壤中的多种病原菌。福尔马林熏蒸消毒方法是：先将福尔马林、水、床土按 1∶100∶(4 000～5 000)的比例喷拌均匀，然后堆起，上面覆盖塑料薄膜，闷 2～3 d 后再把薄膜揭开，促药气散发。这样，经 1～2 周即可使用。②物理消毒：物理消毒方法有蒸汽消毒、太阳能消毒、微波消毒等，生产上常用太阳能高温消毒。利用太阳热进行高温消毒，在夏天将育苗土用薄膜封严，使土温达到 50～55 ℃，一般应持续 5～7 d。③混拌农药：在营养土中混拌杀菌剂或杀虫剂药粉，每立方米营养土用药 150～200 g，混拌均匀后堆放，并用薄膜封堆，杀灭病菌、虫卵，7～10 d 后再用于育苗。

3. 制作苗床

选择通风干燥、排水良好的地块建造宽 1.2～1.5 m、深 12～15 cm、长度根据地块而定的苗床，苗床内可以直接填放置配制好的营养土，厚度 10 cm 左右；也可以把营养土装入营养钵或穴盘内，再摆放在苗床内。

4. 种子处理

育苗时的种子处理参照前面所述方法。

5. 苗床播种

床面整平后浇底水，要浇透；然后在床面撒床土或药土。播种前往催芽的种子里掺些河沙，使种子松散，均匀地撒播。播种后用床土覆盖种子，盖土厚度依不同蔬菜种子大小，覆盖 0.5～2.0 cm 厚。盖土后，用地膜覆盖保温保湿。

6. 苗期管理

(1)籽苗期　幼苗出土到第一片真叶顶心是籽苗生长阶段。特点是下胚轴易徒长，形成“高脚苗”，喜温的茄子、辣椒等，白天适宜温度 20～25 ℃，夜间适宜温度 12～15 ℃；喜温易徒长的黄瓜、番茄等，白天适宜温度 20～23 ℃，夜间适宜温度 10～12 ℃。喜冷凉的甘蓝、芹菜等，白天适宜温度 15～20 ℃，夜间适宜温度 6～7 ℃。

(2)小苗期　第一片真叶顶心到 2～3 片真叶。地温与气温都要比籽苗期高 2～3 ℃，仍然要控制浇水。如果播种时底水充足，移植前一般不浇水，如果必要时，只可在晴天上午浇小水，浇水后随即提高温度，次日覆以细土。尽量延长光照时间，光照不足，易发生猝倒病，一旦发生猝倒，及时“片土”，保墒、保地温，提高光照强度及延长光照时间。

(3)分苗(移植)及管理　分苗就是将小苗从播种床内起出，按一定距离移栽到分苗床中或营养钵中。蔬菜幼苗分苗的几点原则：分苗在花芽分化前进行，如番茄三叶期前，辣椒、茄子四叶期前，黄瓜子叶平展，菜豆第一复叶生长期前；分苗前一天浇水，促进缓苗，应在分苗前降温控水；分苗后要缓苗，提高床温，中午温度高要遮阴。

(4)成苗期的管理　①温度管理：实行大温差育苗，即喜温蔬菜白天温度控制在 25～30 ℃，夜晚控制在 15～20 ℃；喜凉蔬菜白天温度控制在 20～22 ℃，夜晚控制在 12～15 ℃；另外，根据天气调节温度，晴天温度可高些，阴天温度可低些；对于成苗期适宜地温要求为 15～18 ℃。②水分管理：原则是使土壤见干见湿，需要浇水时宜选择晴天的上午进行。③光照管理：成苗期秧苗越来越大，为防止相互遮阴，应及时分苗，需要疏散营养钵或张挂反光幕，改善光照条件，增加营养面积。

(5)炼苗期管理　为提高幼苗对定植后环境的适应能力，在定植前 5～7 d 开始进行炼苗，降低温度，停止浇水，加大昼夜温差，加强通风和光照。白天 18～20 ℃，夜晚 13～15 ℃；注意揭膜通风，按照时间由短至长、通风口由少到多的步骤，逐步进行炼苗，直至都不盖遮阴物。定植前 1～2 d 要随时注意天气预报，一般在晴天傍晚和阴天进行，并做到带药、带肥、带土移栽。

适龄壮苗的形态特征是：茎粗壮、节间较短、叶片较大而厚，叶色正常，根系发育良好，须根发达，植株生长整齐；果菜类出现花蕾但不开花，番茄、茄子 6～8 片叶，辣椒 10～12 片叶，黄瓜 4～5 片叶，叶菜类 6～8 片叶，豆类出现 2～3 片复叶。

7. 蔬菜苗期病虫害防治

苗期常见的病害主要有猝倒病、立枯病、根腐病、灰霉病、疫病、病毒病等。预防这些病害的措施主要是针对发病诱因，改善栽培条件、避免病害蔓延，一旦发病要及时采用化学药剂防治。

二、嫁接育苗

嫁接是将一种蔬菜植株的枝或芽接到另一种植物体的适当部位，使两者结合成一个新植物体的技术。如将黄瓜的幼苗嫁接到黑籽南瓜的幼苗上，使黄瓜的幼苗接收黑籽南瓜根的营养，长成一株黄瓜秧，这种方法就叫嫁接。枝或芽叫接穗，带原根承受接穗的植株叫砧木；即砧木构成嫁接植株的地下部分，接穗构成植株的地上部分。

嫁接技术早就被广泛应用于园艺植物的繁殖、育种和栽培，随着嫁接技术的发展和完善，其应用范围不断扩大，目前已发展成为瓜类、茄果类等蔬菜抗病、早熟、丰产的一项重要技术措施。

1. 嫁接育苗的意义

蔬菜嫁接育苗具有减轻土传病害的发生、提高蔬菜的抗逆性、提高水肥的利用率、减少农药的施用量、改善蔬菜的品质、增加蔬菜产量的作用。

2. 优良砧木应具备的特点

优良砧木应同时具有嫁接亲和力强，共生亲和力强；对主防病害高抗或免疫；嫁接后抗逆性强；嫁接后对品质无不良影响或不良影响小。

3. 嫁接用具

嫁接用具主要有嫁接操作台(所处环境要湿度较大、温度较高、光照较弱)、嫁接刀(采用双面刮须刀片，将刀片沿中线纵向拆成两半，一段用胶布包扎)、4 种规格的嫁接竹签(直径分别为 1.5、2.0、2.5、3.0 mm)、嫁接夹、座凳、毛巾、瓷盘、培养皿、手持小型喷雾器、75%酒精、棉球等。

4. 嫁接方法

蔬菜的嫁接方法主要有靠接法、插接法和劈接法。以瓜类蔬菜为例，如黄瓜、西瓜、甜瓜嫁接育苗，通常选用黑籽南瓜、白籽南瓜、西葫芦等做砧木。

(1)靠接法　要求砧木苗与接穗苗茎粗细相似，砧木苗两片子叶展开后、真叶展开前，接穗苗一叶一心期嫁接。接穗与砧木苗均用密集播种法培养小苗。具体方法是挖出接穗与砧木幼苗，用竹签先去掉砧木的生长点和真叶，然后用刀片在砧木幼苗上部距生长点下 0.5～1.0 cm 处向下斜切一刀，角度为 35°～40°，深为茎粗的 2/3，切口斜面长 0.8～1.0 cm；将接穗幼茎距生长点下 1 m 处向上斜切一刀，角度为 30°左右，深度为茎粗的 3/5；将砧木和接穗两个相反的切口对齐嵌合在一起，使接穗的子叶在上，砧木的子叶在下，用嫁接夹将接口夹好。立即栽到营养钵内，嫁接口距地面应有 1～2 cm 的距离(图 3-1)。

(2)插接法　要求砧木第 1 片真叶平展、第 2 片真叶显露之前，接穗子叶展开、真叶显露之前的苗龄；用竹签剔除砧木真叶和生长点，剔除干净；然后用竹签紧贴子

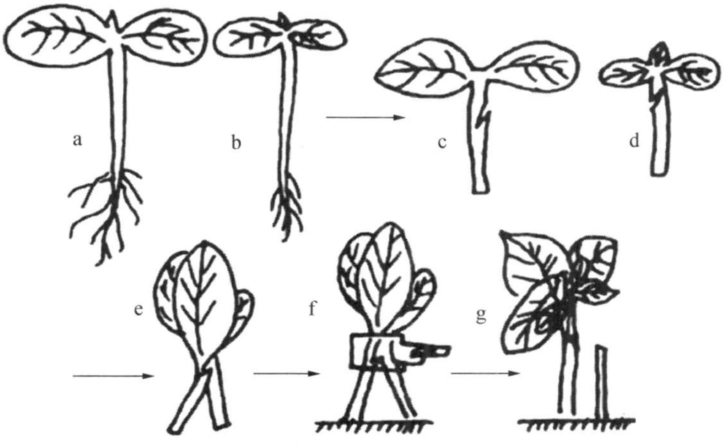

图 3-1　瓜类蔬菜靠接法操作示意图

a. 砧木苗　b. 接穗苗　c. 砧木去心、削切口　d. 接穗苗茎削切
e. 接口嵌合　f. 嫁接夹固定、栽苗　g. 成活后断根

叶的叶柄中脉基部向另一子叶的叶柄基部成30°～45°斜插，插孔深约0.7 cm，竹签即将穿透砧木苗表皮，手指有触感为宜，竹签暂不拔出；在接穗子叶基部约0.5 cm处沿两子叶平行的方向向下胚轴方向斜切0.5～0.6 cm的平滑单楔面或双楔面，角度约为30°，切面无污染，要做到快、准、稳；拔出竹签，将切好的接穗迅速准确地插入砧木切口内，使接穗与砧木紧密结合，接穗斜面与砧木斜面紧靠在一起，嫁接苗的四片子叶必须呈"十"字交叉，如图3-2所示。

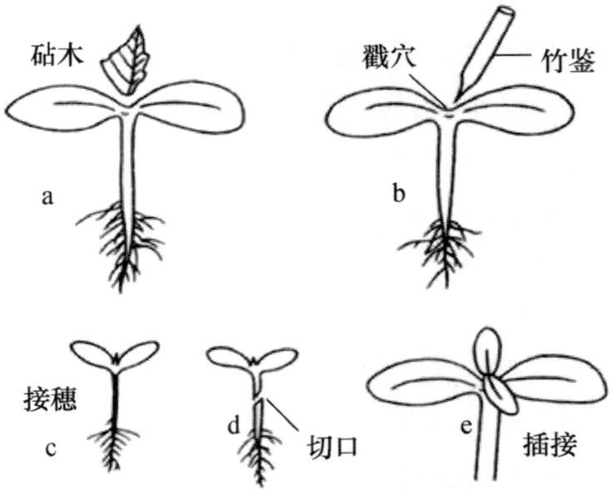

图3-2 瓜类蔬菜插接法操作示意图

a. 砧木去生长点 b. 砧木苗茎插孔 c. 接穗苗 d. 接穗苗茎削切口 e. 结合固定

(3)劈接法 要求砧木苗子叶展开、真叶初露，接穗子叶平展、真叶显露之前的苗龄；用竹签剔除砧木真叶和生长点，剔除干净；用刀片沿双子叶内侧方向过轴心纵劈1.0～1.5 cm，过胚轴心，下胚轴外侧不劈开，宽不小于接穗横径；在子叶下方0.5～1.0 cm处将接穗下胚轴削成双面楔形，削面长度和砧木切口深度相对应，长度控制在1 cm左右，楔形面平滑无污染；将接穗楔面全部插入切口，使楔面一侧与砧木外表皮处于同一平面，用嫁接夹从劈口对侧夹住接穗，接穗楔面与砧木切口不移位。

5. 嫁接后的管理

嫁接后能否成活及成活率的高低，除与嫁接技术有关外，嫁接后的管理尤为重要，主要以保湿、保温、遮阳、通风为主。

嫁接结束后使苗床内的空气湿度保持在95%以上，不足时要向地面洒水，但不要向苗上洒水或喷水，避免水流入接口引起病害腐烂。一般嫁接后1～3 d空气相对湿度95%以上，白天适宜温度25～27 ℃，夜晚14～20 ℃，完全遮阴，3 d后适当放风；嫁接后4～6 d空气相对湿度90%左右，白天适宜温度25 ℃，夜晚16～18 ℃，可见弱光；嫁接后7～10 d空气相对湿度85%左右，对温度要求不甚严格，不再遮阴；嫁接后10～15 d大温差管理，去除砧木萌蘖，靠接者断根。

三、穴盘无土育苗

穴盘无土育苗是将种子直接播入装有营养基质的育苗穴盘内，在穴盘内培育成半成苗或成龄苗。是现代蔬菜育苗技术发展到较高层次的一种育苗方法，它是在人工控制的最佳环境条件下，采用科学化、标准化技术措施，运用机械化、自动化手段，使蔬菜育苗实现快速、优质、高效率的大规模生产。

1. 营养液配方

营养液的配方包括简单配方和精细配方，主要为蔬菜苗提供必需的大量元素、微量元素，具体参考见表 3-1。

表 3-1　无土育苗营养液配方

简单配方		精细配方	
营养元素	用量/(mg/L)	营养元素	用量/(mg/L)
四水硝酸钙	472.5	硼酸	1.43
硝酸钾	404.5	四水硫酸锰	1.07
七水硫酸镁	241.5	七水硫酸锌	0.11
磷酸二铵	76.5	五水硫酸铜	0.04
螯合铁	10	四水钼酸铵	0.01

生产上还有应用更简单的营养液配方，即用氮磷钾复合肥(N-P-K 含量为 15-15-15)为原料，子叶期用 0.1%浓度的溶液浇灌，真叶期用 0.2%～0.3%浓度的溶液浇灌，该配方主要用于营养液含量较高的草炭、蛭石混合基质育苗。

2. 育苗基质配制

无土育苗基质宜选用通气良好、保水能力强、质地紧密、不易散坨、护根效果较好的草炭、蛭石、珍珠岩、炉渣等。冬、春季育苗基质配方为草炭∶蛭石＝2∶1；夏季育苗基质配方为草炭∶蛭石∶珍珠岩＝1∶1∶1 或草炭∶蛭石∶珍珠岩＝2∶1∶1。

基质配制好要进行消毒，主要有 3 种方式：①蒸汽消毒。将基质放入消毒箱内或培成堆，用塑料薄膜覆盖，将蒸汽用塑料管送入基质箱或基质堆内，保持 70～90 ℃温度 1 h。②药剂消毒。每立方米基质用 200～250 g 甲醛原液，配成 100 倍液，结合翻堆，将药液均匀混拌入基质内。之后用塑料薄膜捂盖严实，闷 2～3 d 后翻堆，甲醛充分散发后播种。③日光消毒。夏季高温季节，在大棚内把基质平摊 10 cm 厚，关闭所有通风口，中午棚室内的温度可达 60 ℃，维持 7～10 d。

3. 选择合适的育苗穴盘

育苗穴盘按材质不同可分为聚苯泡沫穴盘和塑料穴盘，其中塑料穴盘的应用更为广泛。塑料穴盘一般有黑色、灰色和白色，多数种植者选择使用黑色盘，吸光性好，更有利于种苗根部发育。穴盘的尺寸一般为 54 cm×28 cm，规格有 50 穴、72 穴、128 穴、200 穴、288 穴、392 穴等几种。

根据不同种类蔬菜种子的大小选择不同规格的穴盘，如南瓜、西瓜、冬瓜、甜瓜等瓜类育苗时多采用 50 穴的；番茄、茄子、黄瓜多采用 72 穴或 128 穴的；辣椒采用 128 穴或 200 穴的；油菜、生菜、甘蓝、青花菜育苗应选用 200 穴或 288 穴的；芹菜育苗大多选用 288 穴或 392 穴的。

4. 装盘、播种

穴盘基质用量一般为 72 穴 4.1 L、128 穴 3.2 L、200 穴 2.8 L、288 穴 2.4 L、392 穴 1.6 L，实际应用中应加上 10%的富余量。人工穴盘育苗播种按以下程序：

(1)装盘　先将基质拌匀，调节含水量至 55%～60%。然后将基质装到穴盘中，尽量保持原有物理性状，用刮板从穴盘一方与盘面垂直刮向另一方，使每穴中都装满基质，而且各个格室清晰可见。

(2)压盘　用相同的空穴盘垂直放在装满基质的穴盘上，两手平放在空穴盘上轻轻下压，最好一盘一压，保证播种深浅一致、出苗整齐。

(3)播种　将种子点在压好穴的盘中，在每个孔穴中心点放 1 粒，种子要平放。注意多播几盘备用。

(4)覆盖　播种后覆盖原基质，用刮板从盘的一头刮到另一头，使基质面与盘面相平。

(5)浇水、盖膜　穴盘摆好后，用带细孔喷头的喷壶喷透水(忌大水浇灌，以免将种子冲出穴盘)，然后盖一层地膜，利于保水、出苗整齐。有条件的可全程或半机械化播种育苗，相关工艺流程及相应配套设施见图 3-3。

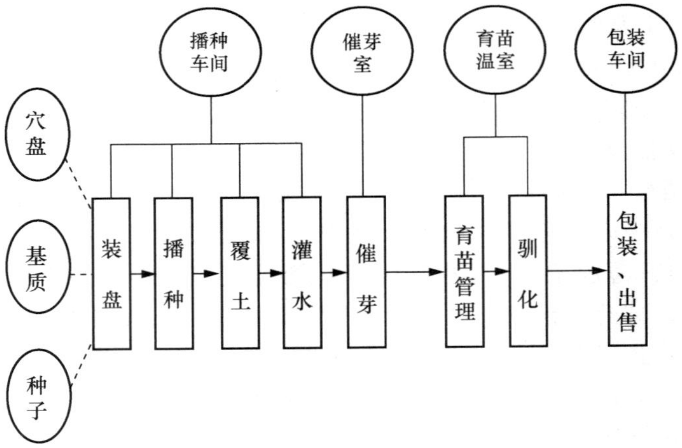

图 3-3　穴盘育苗工艺流程及相应配套设施

5. 苗期管理

(1)营养液管理　主要采用喷灌法定期将营养液喷到育苗床内，一般夏季每 2 d 喷 1 次，冬季每 2～3 d 喷 1 次。

(2)温、湿度管理　种子发芽期需要较高的温度和湿度，温度一般保持白天 23～25 ℃，夜间 15～18 ℃，相对湿度维持 95%～100%。当种子露头时，应及时揭去地膜。同时要注意通风防徒长。

(3)水分管理　喷水掌握“干湿交替”原则，即一次喷透，待基质转干时再喷第 2 次水。一般夏季每天喷 2～3 次，冬季每 2～3 d 喷 1 次水；喷水一般选在正午前，下午 16:00 后若幼苗无萎蔫现象则不必喷水，以降低夜间湿度，减缓茎节伸长。注意阴雨天日照不足且湿度高时不宜喷水。

(4)光照管理　无土育苗的蔬菜苗生长速度快，光照不足易形成弱苗和高脚苗，应保持充足的光照。

四、蔬菜育苗中存在的问题及预防措施

1. 烂种或出苗不齐

烂种一方面与种子质量有关,种子未成熟,贮藏过程中霉变,浸种时烫伤均可造成烂种;另一方面,播种后低温高湿,施用未腐熟的有机肥,种子出土时间长,长期处于缺氧条件下也易发生烂种。出苗不齐也是由于种子质量差,底水不均,覆土薄厚不均,床温不均,有机肥未腐熟,化肥施用过量等原因造成的。

2.“戴帽”出土

土温过低、覆土太薄或太干,使种皮受压不够或种皮干燥发硬不易脱落。另外,瓜类种子直插播种,也易“戴帽”出土。为了防止“戴帽”出土,播种时应均匀覆土,保证播种后有适宜的土温;幼苗刚出土时,如床土过干,可喷少量水保持床土湿润,发现有覆土太薄的地方,可补撒一层湿润细土;发现有“戴帽”出土者,可先喷水使种皮变软,再人工脱去种皮。

3. 沤根

幼苗不发新根,根呈锈色,病苗极易从土中拔出。沤根主要是由于苗床土温长期低于 12 ℃,加之浇水过量或遇连阴天,光照不足,致使幼苗根系在低温、过湿、缺氧状态下,发育不良,造成沤根。应提高土壤温度(土温尽量保持在 16 ℃以上),播种时一次打足底水,出苗过程中适当控水,严防床面过湿。

4. 徒长苗

徒长苗茎细长,叶薄色淡,须根少而细弱,抗逆性较差,定植后缓苗慢,不易获得早熟高产。幼苗徒长是光照不足,夜温过高、水分和氮肥过多等原因造成的,可通过增加光照、保持适当的昼夜温差、适度给水、适量播种、及时分苗等管理措施来防止。

5. 老化苗

老化苗又称“僵苗”“小老苗”。老化苗茎细弱、发硬,叶小发黑,根少色暗。老化苗定植后发棵缓慢,开花结果迟,结果期短,易早衰。老化苗是苗床长期水分不足或温度过低或激素处理不当等原因造成的,育苗时应注意防止长时间温度过低、过度缺水和不按要求使用激素。

★任务实施

掌握茄子嫁接育苗操作技术要点

1. 砧木选择

砧木宜选择亲和力强、共生性好,抗茄子枯萎、黄萎等根部病害,对接穗果实品质影响小的品种。在当前的生产实践中主要有赤茄、刺茄和托鲁巴姆 3 种砧木品种供选择,当前使用较多的还是托鲁巴姆。托鲁巴姆对黄萎病、枯萎病、青枯病、根结丝线虫病 4 种土传病害达到高抗或免疫程度,被国内外专家称为“4 抗”砧木品种。托鲁巴姆根系发达,植株长势极强,节间较长,茎及叶上有少量刺。种子休眠性较强,且前期幼苗生长缓慢。因此,用托鲁巴姆作砧木需比接穗苗提早 25～30 d 播种。

2. 接穗选择

用托鲁巴姆作砧木，亲和力强、共生性好，一般嫁接后 7～10 d 伤口能愈合。该砧木对接穗的要求不严格，可选当地农业部门主推的优质、高产、符合市场商品性需求的当家品种即可。

3. 播种育苗

(1)苗床准备　首先是配制苗床营养土。一般用腐熟农家肥和无病菌田土按 2∶3 配制，注意要过筛后均匀施用。其次是给苗床灌水、消毒，可用 50%多菌灵拌制药土撒施在苗床上。冬、春栽培采用日光温室育苗，配套加温、补光、通风、灌溉等系统；夏秋栽培采取降温、遮阳、防雨通风、灌溉等措施。

(2)浸种催芽　砧木种子用 100～200 mg/kg 的赤霉素于 0～5 ℃低温下处理 24 h 左右，然后清水洗净，再将泡好的种子捞出装入干净小纱网袋中，用湿布包好放入恒温箱中，采用 30 ℃、8 h 和 20 ℃、16 h 反复进行变温处理。同时每天用清水冲洗 1 次，一般 5～6 d 后即可出芽，7 d 后播种。砧木催芽播种需比接穗提前 25 d。接穗种子用 55～60 ℃热水烫种 0.5 h，也可以用药剂处理，然后用清水浸泡 8～10 h，捞出装入干净小纱网袋中，用湿布包好放在 30 ℃环境中催芽 4～5 d 后可出芽。

(3)消毒播种　砧木播种选用 50～72 孔，接穗播种选用 100～128 孔黑色聚苯乙烯(PS)或聚氯乙烯(PVC)穴盘，或做成 1 m 宽、6 m 长的育苗畦。砧木、接穗苗床用多菌灵 500～800 倍液喷透苗床土壤并浇透水后，将催过芽的种子均匀撒在床面上，覆盖 0.5～1.0 cm 厚的营养土，再盖地膜保湿。播种后密闭保温，尽量提高苗床温度促进出苗。待 80%种子出苗后去掉地膜放风，降低温、湿度。

(4)出苗管理　出苗后，苗床温度宜控制在白天 25～30 ℃、夜间 12～16 ℃，如夜温不足、可扣小拱棚保温。苗期喷洒多菌灵 500～800 倍液，预防发生猝倒病。当砧木长到 1～2 叶 1 心时要及时分苗，可将砧木苗栽入 10 cm×10 cm 营养钵内。接穗不用分苗，嫁接时直接从苗床中挖取。

4. 适时嫁接

砧木苗 5 叶 1 心、接穗苗 4 叶 1 心，直径达 4 mm、半木质化时是最佳的嫁接时机。砧木苗嫁接前，要处于略缺水状态，此时切口汁液黏稠，有利于嫁接苗成活。嫁接后再浇水，有助于砧木和接穗之间的汁液流动，从而使嫁接伤口更快愈合。嫁接场所最好选择在温室或大棚里进行，尽量避免风沙、雨水或阳光直射。嫁接时使用的刀片要锐利，每嫁接 150 株更换 1 次；同时要做好操作人员的手和嫁接工具的消毒，避免病菌交叉感染，可选用酒精或高锰酸钾溶液多次消毒。注意消毒后要等到手和刀片晾干后才可接触切口，否则会影响伤口愈合。

5. 嫁接方法

(1)劈接法　劈接法是最常用的一种嫁接方法。嫁接时，选茎粗细相近的砧木和接穗配对，在砧木 2 片真叶上部用刀片横切去掉上部，再于茎横切面中间纵切深

1.0～1.2 cm 的切口，取接穗苗保留 2～3 片真叶，横切去掉下端，再小心削成楔形，斜面长度与砧木切口相当，随即将接穗插入砧木切口中，对齐后用夹子夹牢，放到搭好的小拱棚地上即可。

（2）贴接法　先将砧木保留 2 片真叶去掉上部，再削成 30°斜面，斜面长 1～1.2 cm，取接穗，保留 2～3 片真叶，横切去掉下端、削成与砧木大小相同的斜面，二者对齐、靠紧，用夹子夹牢，放到搭好的小拱棚地上即可。

6. 嫁接后的管理

（1）高温高湿，促进愈合　茄子嫁接后前 3 d 是接口愈合的关键时期，对光、温、湿度要求严格，在管理上要特别注意。嫁接后最初 3 d，小拱棚内温度白天保持 25～28 ℃、夜间 20～22 ℃，空气相对湿度 95%以上（即小拱棚内膜面要达到均匀布满水珠），小拱棚完全关闭并用草帘遮阴，避免阳光照射。同时不要在苗上喷水，以防接口错位和沾水感病。

（2）适当通风，确保成活　通风是茄子嫁接后至关重要的环节，因此要特别注意适当通风。从第 4 天开始，逐渐见光通风，早上适当在小拱棚顶部打开 5 cm 小缝通风换气、中午前关闭，以后每天逐渐增长通风时间，增大通风缝；第 8 天以后，早晨将小拱棚顶部打开 20 cm，晚上关闭。苗床所用薄膜最好是左右对接，这样便于从苗床顶部放风。

（3）清水喷灌，防止萎蔫　嫁接后第 4 天，嫁接苗应在清晨、黄昏见弱光，出现萎蔫之前放草帘遮阴，直到嫁接后第 10 天小拱棚打开通风。此时拱棚内湿度会迅速降低，当相对湿度低于 75%时，需要给拱棚内增加湿度，可在上午 10:00 左右用清水喷雾。在遮阴的情况下，如接穗仍出现萎蔫，可对内膜面和接穗叶面喷雾。第 8 天左右，用小水漫灌嫁接苗床，至水渗透营养钵为止。浇水后要推迟关闭小拱棚，相对湿度控制在 75%左右。

（4）及时移苗，补充养分　嫁接后第 10 天拆掉小拱棚，中午用遮阳网遮阴，降低温度，昼温控制在 22～26 ℃、夜温 12～15 ℃，空气相对湿度降低到 75%以下，营养钵保持湿润。12 d 以后，对嫁接苗进行分级管理，选晴天剔除嫁接苗砧木上新萌发的侧枝和接穗上的黄叶、病叶，将弱小苗和健壮苗分开摆放，摆放时钵间距离 3 cm，以扩大嫁接苗光照面积。苗床摆满后，大水漫灌苗床，水到营养钵高度的 1/2 为止。以后营养钵表土发白即浇水，直到定植前 10 d。分级管理后用 0.1%磷酸二氢钾和普力克 600 倍混合液浇灌 1～2 次，以防接穗叶片黄化、病变。

（5）适时出圃，合理定植　一般嫁接后 20～30 d 可出圃、定植。成品苗标准是具有 5～6 片展开真叶，叶色深绿、肥厚，无病斑、无虫害。株高 15～18 cm，茎粗 3 mm 以上，节间短，植株直立、茎半木质化。茄子嫁接苗定植前要对土壤进行深耕，深度为 20 cm，要结合施肥同步进行。

★能力转化

参与瓜类蔬菜和茄果类蔬菜嫁接育苗，总结其操作技术要点，并比较各种嫁接方法的优缺点。

项目四

蔬菜定植技术

学习目标

了解蔬菜的定植时期，掌握蔬菜的定植方法，熟悉主要蔬菜的定植方式及密度；能根据所处地理位置合理安排定植时期，会定植主要蔬菜；培养动手操作能力及解决问题的能力。

★知识准备

在设施或露地培育的幼苗，长到一定大小后，就要移栽到设施或露地里生长，这一栽植过程称为“定植”。一般叶菜类 4～6 片真叶、豆类蔬菜 2～3 片复叶、瓜类蔬菜 4～5 片真叶、茄果类蔬菜带花蕾为定植适期。

一、定植时期

蔬菜定植时期主要根据当地气候与土壤条件、蔬菜种类、需要产品上市的时间来确定。一般耐寒性蔬菜在春季土壤解冻后 10 cm 土层温度稳定通过 5～10 ℃时进行定植；半耐寒蔬菜 10 cm 土层温度稳定通过 10～12 ℃进行定植；茄果类、瓜类等喜温性蔬菜要求在终霜过后 10 cm 土层温度稳定通过 10～15 ℃时进行定植。设施蔬菜除了考虑温度外，还要考虑蔬菜产品的上市时间，使上市高峰期处于露地蔬菜的供应淡季。

二、定植方法

定植时要注意勿使根系弯曲在局部土壤中，根要伸展开，定植时必须浇透水，才能使幼苗尽快恢复生长。

1. 明水定植

即先开穴（或沟）栽苗后再浇定植水，该方法浇水量大，土壤降温明显，一般高温季节定植多采用此方法。

2. 暗水定植

暗水定植浇水量少，降温不明显，有利于蔬菜缓苗。一般低温期多采用此方法，又分为水稳苗法和坐水法两种。水稳苗法是栽苗后先少量覆土并适当压紧、浇水，待水全部渗下后再覆土到要求厚度，该方法既能保证土壤湿度要求，又能保持较高地温，有利于根系生长，适合于冬、春季定植，尤其适合各种容器苗的定植。坐水法是开穴或开沟后先引水灌溉，并按预定的距离将幼苗土坨或根部置于水中，水渗后覆土；该方法有防止土壤板结、保持土壤良好的透气性、保墒、促进幼苗发根和缓苗等作用。

三、定植深度

定植深度一般以子叶下为宜。不同蔬菜种类、不同季节、不同土壤条件栽培深度不同。首先，取决于蔬菜植物的生物学特性。例如，番茄因易生不定根，适当深栽可促发不定根，增加根系数量。茄子为深根性作物，且根系数量相对较少，为增强其支持能力，也宜深栽。黄瓜为浅根作物，需水量大，为便于根系吸收水分、养分宜于浅栽。其次，不同季节栽苗深度也有所变化。早春定植一般要浅一些，因早春温度低，栽深了不易发根。夏季定植可以深一些。最后，在不同土壤条件下栽苗深度也不同。地势低洼、地下水位高的地方宜浅栽；土质过于疏松、地下水位偏低的地方，则应适当深栽，以利保墒。

四、定植密度

合理的定植密度是指单位面积上有一个合理的群体结构，使个体发育良好，同时能充分发挥群体的增产作用，充分利用光能、地力和空间，从而获得高产。定植密度因蔬菜的株型、开展度以及栽培管理水平和气候条件等不同而异。

(1)因栽培方式和品种不同而有差异　如果菜类栽培用整枝搭架的比不整枝搭架的密些，单干整枝比双干整枝密些。早熟品种密度宜大，晚熟品种密度宜小。

(2)栽培茬次不同，定植密度也有差异　如春番茄、早熟栽培的每亩可达 5 000 株，夏、秋季栽培的每亩约为 3 000 株。

(3)灌溉条件、土壤肥力也是要考虑的因素　灌溉条件好、肥力高的宜密植，没有灌溉条件、肥力差的则应稀植。

(4)根据蔬菜的食用部位不同而有差异　多数丛生的叶菜类如芹菜、茼蒿、韭菜、蒜苗等适当密植可促使食用器官软化，有利于品质的提高；萝卜、胡萝卜稀植易产生歧根故应适当密植。而果菜类应适当稀植，否则影响光照，维生素含量少，降低风味品质。

(5)田间管理精细，则可增加栽植密度　机械化管理的，应适当扩大行距，便于进行机械操作，也有利于通风透光。

五、定植后的管理

幼苗定植到大田后，因根部受伤，影响水分和养分吸收，定植初几乎停止生长，待新根发生后，才恢复生长，这一过程称为“缓苗”。缓苗时间越快越好，为缩短缓苗期，栽植后若太阳过于猛烈应适当进行遮荫；偶尔遇霜冻，可用覆土防寒、熏烟或灌水等防冻措施;缓苗后根据蔬菜种类生长发育特点,通过正常的水肥管理、土壤管理和病虫草害防治,促进蔬菜迅速生长。

★任务实施

掌握芹菜的定植技术

各地可根据当地的气候特点和幼苗的长势,选择定植时间。秋芹菜一般 9 月下旬至 10 月下旬,露地未出现霜冻前定植,定植后覆盖薄膜;日光温室春芹菜在 1 月上中旬,秋冬茬果菜类蔬菜采收结果后定植。当芹菜苗株高 15～20 cm,有 4～6 片真叶,茎粗 0.5 cm,土温适宜时即可定植。

芹菜定植行株距因品种和当地栽培习惯而异。商品性的西芹和实心芹要求单株重达到 0.5～1.5 kg,定植时需单株栽植。一般西芹株行距为(25～30)cm×(25～30)cm,其他实心芹行株距为 20 cm×(10～12)cm。具体定植密度根据当地气候、土壤条件及栽培习惯进行。

芹菜苗定植前一天要给苗床浇水,起苗时要连根挖起,抖去泥土,淘汰病弱苗。栽苗时大小苗要分级,把相同大小的苗子栽在一起,栽苗深度以幼苗在育苗畦的入土深度为标准,注意一定不能盖住心叶,否则会影响生长。

定植后,把畦面整平,立即逐畦浇水。浇定植水时也可能把少数苗子的"心"或叶淤于泥中,应及时拔出扶起,然后控水蹲苗以促缓苗,根系向下发展。

★能力转化

参与当地常见蔬菜定植技术,总结其操作要点并分析存在的问题及解决办法。

项目五

蔬菜田间管理技术

学习目标

通过学习蔬菜田间管理各项技术的理论知识，结合蔬菜实际生产过程，掌握蔬菜生产的追肥、灌溉、植株调整、中耕培土、植物生长调节剂使用等基本技能；会熟练操作各项技能；培养热爱劳动、吃苦耐劳的精神。

★知识准备

蔬菜在播种或定植以后，主要任务就是加强田间管理，这是蔬菜获得高产、优质的基本保证。因此，蔬菜栽培一定要抓好田间管理这个环节，在保证苗齐的情况下，重点做好水肥控制、除草、中耕，做到促控结合，为实现蔬菜生产的高产优质目标创下良好的条件。

一、间苗、定苗与补苗

蔬菜露地育苗或直播栽培时，为保证全苗，一般用种量较多，幼苗出土后，易出现拥挤而引起徒长。因此，根据播种密度要及时间苗，使秧苗保持适当的营养面积。

1. 间苗

间苗应分次进行，由出苗到定植间苗 2～3 次。间苗应掌握“早间苗、适时定苗”的原则，并要选优、去劣，将多余的小苗、弱苗、杂苗、病苗和畸形苗及时拔掉或剪出。如十字花科的萝卜，在子叶出齐后就应进行第一次间苗，使幼苗不致因植株间互相遮阳而造成徒长现象，每穴留 3～5 株；第二次间苗在 2～3 片真叶时进行，每穴留 2～3 株；最后一次间苗在 4～5 片叶时进行。

2. 定苗

定苗要选留壮苗，最好在晴天中午进行，受病虫危害或生长不良的秧苗，容易发生萎蔫，便于识别。定苗时还要掌握好株间距，按照预定营养面积定苗。

3. 补苗

补苗分补种和补栽两种，补种的往往赶不上原来的秧苗，为了补种的苗赶上早苗，可采用浸种催芽，加强苗期管理的方法促进晚苗生长。最好在直播或育苗时，多留一些预备苗，以备缺苗时补苗用。

二、中耕、除草与培土

1. 中耕

播种出苗后、雨后或灌溉后中耕可以破除表土板结，增强土壤通透性，减少病虫草害的发生；冬季及早春中耕有利于提高土温，促进蔬菜根系发育，同时因切断了表土的毛管，使底层土壤水分难于继续上升散失，起到保墒的作用。

中耕次数依蔬菜种类、生长期和土壤而定。生长期长的，中耕次数多，反之则少。一般栽培蔬菜要三遍铲、趟，并都在封垄前完成。

中耕深度一般为 3～6 cm 或 9 cm 左右。具体依蔬菜种类、生育期和根系的再生与恢复能力而定。一般根系深的蔬菜比根系浅的中耕深些，前期中耕比后期深些。对根系浅的蔬菜，生育后期一定要浅中耕，以防伤根。

目前，中耕方法为手工和机械两种，将来应逐步扩大机械中耕的面积，减少手工操作，以提高工作效率。

2. 除草

除草方法有人工除草、机械除草和化学除草 3 种。

(1)人工除草　利用手工工具进行除草是目前采用最多的方法，除草质量好，但费工、效率低。

(2)机械除草　在菜园土地比较规则、水平比较高的地区用机械或半机械的方法除去田间杂草，比人工除草效率高，但只能除掉行间的杂草，株间的杂草还需靠人工除掉。

(3)化学除草　利用除草剂消灭杂草，其方法简便、效率高，可以杀死株间、行间的杂草，但容易残留土壤中或对蔬菜造成药害。化学除草剂的使用方法有茎叶处理法和土壤处理法两种。

①茎叶处理法　即将药物除草剂直接喷洒在正在生长着的杂草叶面上，可分为播前茎叶处理和生长期茎叶处理两类。播前茎叶处理即在蔬菜未播种或移栽之前将化学除草剂药液喷洒在已生长的杂草上，能够完全有效地杀死杂草。对这类除草剂的要求是广谱性，药效期短，落在土壤后药剂很快分解，常用的药剂有草甘膦、克无踪等化学制剂。生长期茎叶处理即蔬菜出苗后喷洒除草剂处理消灭杂草茎叶的方法。这种处理方法既将除草剂喷洒到杂草上又喷洒到蔬菜上，因此，一般应对除草剂具有选择性。如可使用二甲四氯、百草敌等，能有效防除麦田双子叶杂草，却对小麦无影响；使用敌稗能有效杀除稗草，而对水稻无影响。

②土壤处理法　可分为播前、播后苗前、苗后土壤处理 3 个层次。播前土壤处理即在蔬菜移栽或播种之前将除草剂施入土壤上，并均匀地混入浅土层中，形成一定深度的药物层，杂草萌芽或穿过药层时，接触吸收药剂导致中毒死亡。这种处理方法的优势是能够减少除草剂的挥发和光解，在地表墒情差的情况下，混土处理比

土表处理药效高。播后苗前土壤处理即在蔬菜播种后出苗前对土壤处理。目前,农民使用的大多数除草剂都是采用这种方法施药的。苗后土壤处理即在蔬菜生育期处理土壤,如辣椒定植后使用除草剂处理土壤。

另外,杀草薄膜除草法是利用含除草剂的薄膜清杀杂草,先在薄膜上按蔬菜的栽培要点打好孔,然后覆盖于农田表面,在孔中播种或移栽,蔬菜通过孔中生长,因其薄膜含除草剂,杂草萌芽撞膜后而被杀死。

3. 培土

培土是在蔬菜生长期间将行间的土壤分次培于植株的根部。培土通常与中耕除草结合进行,促进生根、保墒,但要注意不能埋没心叶和功能叶。

培土对不同的蔬菜其主要作用不同。大葱、韭菜、芹菜、石刁柏等蔬菜的培土,可以增强植株抗倒伏能力,加厚土层保护根系,防止根部和地下产品器官露出地面,促进植株软化,提高产品品质;对于马铃薯、芋、姜的培土,可以促进地下产品器官的形成;容易发生不定根的番茄、南瓜等培土可增加根系,加强根系吸收土壤养分和水分的能力。

此外,越冬或低温期培土具有防寒和提早定植作用,夏、秋季培土具有防热等作用,但需注意临时性培土要及时扒开。多次培土后行间形成一条沟畦或垄沟,有利于灌溉和排水,也为根系的发育创造了良好的条件。

三、追肥

追肥是蔬菜生长期间根据不同类型进行分期分次施入肥料,以补充蔬菜不同生长时期的需要。

1. 追肥的时期

从定植后根据蔬菜各个时期生长发育情况进行追施,以萝卜为代表的二年生蔬菜,重点追肥期应当在叶片充分长大和产品器官膨大前;一年生茄果类、瓜类等蔬菜由于生长和发育并进,定植后对养分吸收不断增加,应多次分期追肥。

2. 追肥的种类

追肥的肥料种类多为速效化肥和充分腐熟的有机肥(饼肥、人粪尿等),追肥用量应根据基肥的多少、蔬菜种类及土壤肥力的高低等进行确定,每次用量不宜过多。

3. 追肥的方法

(1)随水冲施　将肥料先溶解于水,随灌溉施入根区。该法的施肥质量和效果受浇水量的影响较大,浇水不足时,肥液浓度过高,容易发生肥害,也容易引起地表盐分浓度过高;浇水量过大时,肥料中养分流失较多,浪费严重。其优点是用法简单,省工省时,劳动量不大,在肥源充足、种菜面积大、劳动力矛盾突出时可采用此法。

(2)地面撒施　蔬菜浇完水后或雨后,趁畦面土壤墒情适宜时,将化肥撒施于蔬菜畦面或蔬菜株行间,主要使用一些速溶性化肥,如尿素、磷酸二氢钾等,适用于成株期。地面撒施施肥方便,省工,但对肥料要求严格,对撒施技术要求也比较严格,如施肥不当，将肥料撒于菜心或叶片上，容易引起“烧心”或“烧叶”。

(3)地下埋施　在蔬菜株间或行间开沟挖或开穴，将肥料施入后覆土并浇水。这种方法肥料浪费少、吸收快、利用率也高，但劳动量大、费工、操作不便，且开沟或开穴容易伤害蔬菜根系。适用于蔬菜封垄前或结果盛期前，劳动力充足、蔬菜生长量不大时。

(4)根外追肥　即叶面喷肥，将配好的肥料溶液直接喷洒在蔬菜茎叶上的一种施肥方法。这种方法用量少、肥效快，又可避免肥分被土壤固定，适合在植株密度较大或生长后期及土壤干燥不适于土壤追肥时应用。根外追肥虽经济，用量只相对于土壤施用量的1/10～1/5，但当蔬菜生长旺盛期需要大量养分时只用根外追肥是不够的，它不能代替土壤追肥，只能作为土壤施肥的一种补充。

四、灌溉与排水

1. 灌溉原则

(1)看天浇水　根据季节、气候变化，特别是雨量分布特点来决定灌溉与否，对于大多数地区，雨季和旱季非常分明，雨季以排水为主，而旱季则以灌水为主。低温期尽量少浇水，浇水应于晴天的中午前后进行小水浇或进行“暗灌”，尽量减少对地温的不良影响；高温期浇水要勤，也多“明水大灌”，既满足蔬菜对水分的大量需要，又降低了地温，并于早晨或傍晚浇水。

(2)看地浇水　根据土壤的颜色及土壤性质确定浇水。沙土地保水性差，则勤浇少浇；黏土地则浇水量和次数要少；低洼地要小水勤浇，防止积水；对盐碱地则勤浇水，浇大水，通过漫灌压盐、洗盐。

(3)看蔬菜浇水　蔬菜的种类或品种不同，对水分要求也不一样，需水量大的蔬菜应该多浇水，耐旱性蔬菜浇水要少；蔬菜不同的生育阶段浇水不同，种子发芽期需水多，播种时要浇足播种水，以利于种子吸水萌发；幼苗期使土壤水分适中以促进根系的发展；在产品器官形成前多进行适当“蹲苗”，以提高经济系数；到产品器官形成盛期，则大水多浇，以提高产量和增进品质；到收获终期一般又少浇或不浇，以提高产品的耐贮运性；根据蔬菜叶片姿态的变化、色泽的深浅、茎节长短、蜡粉厚薄等确定是否浇水。如露地黄瓜，如果早上叶片下垂，中午叶片萎蔫严重，傍晚不恢复，说明缺水，要及时浇水；番茄、胡萝卜等叶色发暗，中午有萎蔫；甘蓝、洋葱叶色灰蓝，外表蜡粉增加，叶片脆硬时说明缺水，要合理浇水。

2. 灌溉方法

(1)地面灌溉　即明水灌溉，是目前蔬菜主要的灌溉方式，包括沟灌、畦灌和漫灌等形式，适用于水源充足、土地平整的菜地，或倾斜角度小的地块。地面灌溉投资小，耗能少，对水质的要求不很严格，易实施，但土壤及灌溉水的利用率均低，费工费水，土壤易板结。

(2)喷灌　采用低压管道将水流雾化喷洒到蔬菜或土壤表面，喷灌易于按蔬菜需要控制灌水量，灌水均匀度高，水的利用率高，省水，能保持土壤结构不板结，减轻或避免土壤盐碱化；但喷灌投资及耗能大，喷灌效果受风的影响大，在特旱地区水分损失较多，有些菜易感病，也有死角或重叠处。

(3)滴灌　是把水通过输水系统，定时定量地滴到蔬菜根际的灌溉方式。滴灌在对土壤的影响、作物生育的效果及劳动效率等方面比喷灌更为优越，不破坏土壤结构，同时能将化肥溶于水中一同滴入，省工省水，能适应复杂地形，尤其适用于干旱缺水地区；目前在设施栽培中内大量使用。滴灌对设备投资及维修技术要求较高。

(4)渗灌　是通过地下渗水管道系统将水引入田间，通过土壤毛细管作用浸润根区土壤的灌溉方式。适用于上层土壤具有良好毛细管特性，而下层土壤透水性弱的地区，不适用于土壤盐碱化地区。投资大、耗水多。

3. 菜田排水

许多蔬菜对土壤湿害或涝灾相当敏感，所以菜田排水与灌溉具有同等重要性，菜田排水的方式主要是明沟排水。对不耐涝的蔬菜如番茄、西瓜、黄瓜、菜豆等应在雨前疏通好排水系统，做到随降随排。

五、植株调整

蔬菜的植株调整技术是通过整枝、摘心、打杈、搭架、疏花疏果、保花保果、引蔓、绑蔓、压蔓、落蔓、摘叶、束叶等操作，来控制蔬菜的营养生长与生殖生长，协调植株发育，改变发育进程，促进产品器官形成与膨大；促进植株器官的新陈代谢，获得优质、丰产的技术。

1. 整枝、摘心、打杈

对于茄果类和瓜类蔬菜来说，侧枝萌发力非常强，如放任其自然生长，则会枝繁叶茂，结果不良，通过枝条的去留人为地创造一定的株形以促进果实发育的方法，称为整枝。在整枝中除去生长枝梢的顶芽叫摘心，除去多余的侧枝或腋芽叫打杈或抹芽。

整枝方法应以蔬菜的生长和结果习性为依据，以主蔓结果为主的蔬菜如早熟黄瓜、西葫芦等，应保护主蔓，摘除侧蔓；以侧蔓结果为主的蔬菜如甜瓜等，应及早摘心，促进侧蔓生长，提高产量；主侧蔓均能正常结果的蔬菜如冬瓜、西瓜、南瓜等，应留主蔓去侧蔓，小果型品种则留主蔓并适当选留强壮侧蔓结果。

整枝方式也与栽培目的有关，如番茄可进行单干整枝、双干整枝或三干整枝，番茄只留顶芽向上生长，侧芽全部摘除，这种方式称为单干整枝；除顶芽外，第一穗果下又留一侧枝与顶芽同时向上生长称为双干整枝。

2. 搭架

对于黄瓜、番茄、菜豆、山药等茎蔓不能直立的蔬菜，生长期间需进行支架栽培，通过搭架改善田间通风透光条件。搭架一般在倒蔓前或初花期进行，插杆要远离主根 10 cm 以上，不要插伤根系。常见架形有“人”字架、篱架、棚架、单柱架、锥形架、拱形架等。

(1)“人”字架　在相对应的两行植株旁边相向各斜插一架杆，上端分组绑紧再横向连贯固定，呈“人”字形。“人”字架架形牢固，承受重量大，较抗风吹，但架内的背光面较大，前架对后架的挡风、挡光比较严重，架间的通风透光性比较差。适用于菜豆、豇豆、黄瓜、番茄等植株较大的蔬菜。

(2)篱架　沿栽培行斜插架杆，编成上、下交叉的篱笆。篱笆架支架牢固，便于操作，但费用较高，搭架也费工。适用于分枝性强的豇豆、黄瓜等。

(3)棚架　在植株旁或畦两侧对称插架杆，并在架杆上扎横杆，再用绳、杆编成网格状。适用于生长期长、枝叶繁茂的瓜类、茄果类等，如冬瓜、丝瓜、苦瓜等。

(4)单柱架　又称直立式支柱，在每一植株旁插一架杆，架杆间不连接，架形简单，适用于分枝性弱、植株较小的豆类蔬菜以及单干整枝的矮生番茄等。

(5)锥形架　用 3～4 根架杆分别斜插在各植株旁，上端捆紧使架呈三脚或四脚的锥形。锥架牢固可靠，抗风能力强，架间的通风透光性能好，但架杆上部拥挤，影响通风透光。常用于单干整枝的早熟番茄、黄瓜以及豆类。

(6)拱形架　把搭架材料进行弯曲，造型成拱门的样式，将拱门两头插入土中，然后在一排多个拱门上横着捆绑支柱进行固定，形成如隧道一样的拱门结构。此种形式的支架坚固耐用，适合藤蔓比较长、茎叶较多的作物，在茎叶封架后会形成一个小空间，人在下边过，抬手就能进行整枝打叶、采摘等操作。

3. 引蔓、绑蔓、压蔓、落蔓

(1)引蔓　指设施栽培下对一些蔓性、半蔓性蔬菜进行攀缘引导的方法，引蔓一般用塑料撕裂膜或化纤绳作材料，一端系在植株的根部，另一端则与设施的顶架结构物相连，也可以与在设施顶部专门设置的引线相接。或者露地搭架栽培的蔓性蔬菜，把蔓引到支架上，就可以沿着架条向上生长，如豇豆、菜豆、苦瓜等。

(2)绑蔓　蔓性植物依附架材的能力不强，需要人工利用麻绳、稻草等将茎蔓固定在架杆上，使植株排列整齐，受光均匀，并能调节植株生长，使生长势均匀，结果部位比较一致，管理方便。绑蔓要分次进行，如瓜类一般每隔 3～4 节绑一次蔓，番茄一般在每一穗果下面都绑一次蔓。绑蔓多用“8”字形，可防止茎蔓与架杆发生摩擦。

(3)压蔓　指蔓性蔬菜如南瓜、冬瓜、西瓜等爬地生长时，在地面上的蔓每隔一定距离压以土块，使茎蔓定向生长，固定藤蔓，以便管理，并能使植株受光良好，促生不定根以增加吸收能力及防止茎蔓和幼果被风吹损。

(4)落蔓　当植株茎蔓生长到架顶，采摘和管理不便时，可根据果实采收的需要，定期将茎蔓从支架上解开，将下部茎蔓上老叶、病叶等打去，下落盘绕于畦面上，或朝一个方向顺延后绑蔓固定，保持植株生长点始终在合适的高度。

蔬菜的茎蔓调整宜在晴天的午后进行，动作要轻，阴天和上午茎蔓中含水量高，质地脆，易折断，不易操作。

4. 疏花疏果、保花保果

(1)疏花疏果　指摘除多余的、无效的、畸形的、有病的花或果实，促进保留的果实充分发育膨大。如大蒜、马铃薯、莲藕、百合等食用地下产品器官的蔬菜种类，摘除花蕾有利于地下产品器官的肥大；对于番茄、西瓜等以果实为产品器官的蔬菜，去掉早期的畸形、有病的或机械损伤的果实，有利于后批果实的发育；植株开花结果的盛期，摘除过多的花、果可平衡营养生长与生殖生长的关系，提高单果重和商品质量。疏花疏果的方法：蔬菜花期应疏除过于稠密的花蕾和畸形花。坐果后，幼果直径在 3 cm 以上时，及时疏掉果型不整齐、小果、同一果穗下的畸形果、发育迟缓的果实等。大果型品种，每穗应留 3～4 果，中果型品种应留 4～5 个为宜，小果型品种可保留多些，一般在 5 个以上为佳。

(2)保花保果　当植株生长遇到逆境或营养不良就会导致落花落果，严重制约果菜类蔬菜生长，这时就要采取措施进行保花保果。如在育苗期或定植后外界温度过低、过高，引起花芽分化不良，发育不完善，造成了畸形花；花期温度不稳定，阴雨天多，光照不足，授粉不良，均可引起落花落果。另外，后期田间管理不当，水肥施入不平衡，会容易造成植株徒长、营养过剩、病虫害增多等，也会引起落花落果。保花保果的方法：及时摘心、打侧枝等调整植株，防止营养生长过旺落花落果。保花保果的措施有药剂处理、人工辅助授粉等技术，常用的保花保果药剂有硼砂、磷酸二氢钾、防落素等。西红柿春季栽培，早期温度低且不稳定，可用防落素蘸花，来提高坐果率。西瓜、冬瓜等可进行人工授粉，以提高授粉质量和坐果率。

5. 摘卷须、摘叶、束叶

摘卷须是为了节省攀缘类蔬菜的养分消耗，防止自身攀缘缠绕，方便人工绑蔓，有利于植株合理地空间分布。摘除植株的病叶、黄叶、超出功能期的老叶以及过于密集的叶，有利于空气流通，减少营养耗损，改善小气候条件，减轻病害并促进果实成熟。摘叶应该在晴天的上午进行，摘下的叶要带出田外，集中处理。束叶是用绳子或稻草将蔬菜的叶片拢起后捆绑起来。这一措施主要适于花椰菜和大白菜等，束叶后为植株内部创造了弱光环境，促进心叶、叶球和花球的软化，防止污染，同时又可防寒，提高产品质量，也利于株间的通风透光。束叶都是在生育后期进行，花椰菜是在花球显露后，白菜是在早霜到来时。

六、植物生长调节剂的应用

植物生长调节剂是指用于促进或抑制发芽、生根、花芽分化、开花、结实、落叶等植物生理机能的人工合成药剂。生长调节剂在蔬菜生产上有以下几个方面的应用。

1. 植物生长调节剂的应用

(1)打破休眠,促进萌发　种子收获后往往由于胚发育不全,胚在生理上不成熟,种子透性不好及有萌发抑制物质如ABA的存在等,需要经过一段时间的休眠后才能萌发。用生长调节剂可打破休眠促进萌发。如蔬菜在播种前用50 mg/L的萘乙酸溶液浸种6 h,可促进发芽;一些喜冷凉蔬菜,如芹菜、莴苣和菠菜等,夏季播种前催芽比较困难,若用5～20 mg/L浓度的赤霉素溶液浸种2～4 h,发芽率可提高70%;而秋播马铃薯,在种薯切块时用0.5～1 mg/L赤霉素溶液浸泡10～30 min,可解除休眠。

(2)促进生长,增加产量　赤霉素可促进叶菜类的生长,提高产量。如在芹菜收获前20～30 d用30～50 mg/L的赤霉素溶液喷洒叶面,在菠菜收获前15～20 d用10～20 mg/L赤霉素喷施叶面,在芫荽、茴香、苋菜、茼蒿5片叶左右时用20 mg/L的赤霉素处理,均能增产。

(3)保花保果,防止脱落　应用防落素、萘乙酸及赤霉素等防止茄果类、瓜类及豆类的落花落果效果显著,同时对防止落叶也有效果。如低温季节棚室栽培时,番茄授粉不良,坐果率低,在开花中期,用浓度为25～45 mg/kg的防落素溶液喷洒在番茄花中,或在每穗花序半数花开放时,分别用浓度为20～30 mg/L番茄灵溶液喷花,可有效提高坐果率。

(4)刺激生根,促进成活　用浓度为2 000 mg/L的萘乙酸溶液快速浸泡甘蓝、大白菜的腋芽,然后置于温度为20～25 ℃、相对湿度为85%～95%的环境中扦插培养,成活率达90%;番茄侧枝用50 mg/L的萘乙酸或100 mg/L的吲哚乙酸浸湿插株基部,对促进生根都有很好的效果。

(5)抑制徒长,培育壮苗　无限生长形类型的果菜类在肥水多的条件下容易徒长,应用矮壮素250～500 mg/L进行土壤浇灌,处理后6 d茎的生长减缓,叶片浓绿,植株变矮。番茄育苗期间易徒长,可用浓度为250～300 mg/L的矮壮素溶液浇灌土壤,可抑制茎叶生长,培育壮苗。

(6)控制花器性别分化　生长调节剂可控制一些蔬菜的性型分化,如赤霉素可以促进瓜类蔬菜的雄花分化,乙烯利可以促进黄瓜、西葫芦、南瓜的雌花分化。如在黄瓜和南瓜2～4叶期,用100～200 mg/L的乙烯利溶液处理,可降低雌花着生节位,提高雌花比率,提高早期产量;处理后要增加浇水施肥量。

(7)抑制发芽,延长休眠　洋葱、大蒜收获前叶片开始枯萎时,喷洒2 500 mg/L的青鲜素后再收获,晾干后贮藏,能延长休眠至6个月;马铃薯收获前20 d喷洒2 500 mg/L的青鲜素溶液,有延长贮存、抑制发芽的效果。

(8)促进果实发育和催熟　用植物生长调节剂可促使瓜类蔬菜果实的发育及成熟,如用乙烯利200～500 mg/L处理西瓜或500～1 000 mg/L在甜瓜收获前5～7 d进行处理,或用1 000 mg/L浸西瓜10 min均可达到催熟作用。

(9)采后保鲜　蔬菜产品采收后,仍然在进行必要的呼吸和水分散失,而且这些过程受温度、光照和气体影响较大。化学调节主要是通过防止产品叶绿素分解、抑制呼吸作用,减少核酸和蛋白质降解,从而达到防止蔬菜组织的衰老变色和腐烂变质,延长蔬菜保鲜时期。如甘蓝收获后,立即用 30 mg/L 的 6-苄基腺嘌呤喷洒或浸蘸叶球,可有效延长其贮藏期;用 10～100 mg/L 的比久在莴笋采收当天喷洒处理,可延长其贮藏期;用 5～10 mg/L 的 6-苄基腺嘌呤处理莴笋、菠菜、胡萝卜等均能保持其新鲜状态,提高商品价值。

2. 应用注意事项

(1)明确生长调节剂的性质　生长调节剂的主要作用是调节蔬菜的生长发育,不是营养物质,也不是万灵药,更不能代替其他农业措施。只有配合水、肥等管理措施施用,才能发挥其效果。

(2)根据不同蔬菜种类或器官和不同的目的选择合适的药剂　如促进插枝生根宜用萘乙酸,促进长芽则可用 6-苄基腺嘌呤;打破休眠、诱导萌发、促进茎、叶生长用赤霉素,如果种类选择不当,则达不到预期效果。

(3)正确把握药剂的浓度和剂量　生长调节剂的使用浓度范围极大(0.1～5 000 mg/L),具体应视药剂种类和使用目的而定。剂量是指单株或单位面积上的施药量,而实践中常发生只注意浓度而忽略了剂量的偏向。正确的方法是先确定剂量,再定浓度。浓度过大易产生药害,浓度过小又无药效。

(4)注意施药的时期、时间和气象因素　施药时期决定于药剂种类、药效延续的时间、预期达到的效果以及蔬菜生长发育的阶段等因素。蔬菜在不同的发育阶段,甚至同一发育阶段的不同器官对药剂有不同反应。一般植株生长旺盛的时期,施药浓度应降低(多在 100 mg/L 以下);反之,对于休眠部位,如种子、休眠芽等,施药浓度可高些。如用乙烯利催熟西瓜要在果实将要成熟时处理为好,处理过早果实还没有完全膨大,会影响产量,处理过晚,催熟效果不明显。另外,大部分生长调节剂在高温、强光下易挥发、分解,所以喷药前、喷药时和喷药后的环境因素对药效影响很大。施药时间夏季一般在上午 10:00 前,下午 16:00 时后。在一定限度内,随温度升高,植物吸收药剂增加;但温度过高,则生长调节剂会失去活性。高湿度也可促进药剂吸收,但如果喷药后遇到降雨应及时补喷。

(5)药物不要随意混用　几种生长调节剂之间,若混用不当会降低使用效果,甚至发生药害,造成减产。一般促进型与抑制型两大类生长调节剂相互之间有抵抗作用,不能混合使用,使用间隔时间也不能太近。如生长素、赤霉素与脱落酸、矮壮素、乙烯利等都不能混合使用。此外与农药的混合使用也要十分注意,生长调节剂一般都不能与碱性药剂混合使用。

(6)先试验,再推广　一般先做单株或小面积试验,再中试,最后才能大面积推广,不可盲目草率,否则一旦造成损失,将难以挽回。

★任务实施

掌握大棚厚皮甜瓜的植株调整技术

1. 吊蔓、引蔓、绑蔓

设施栽培以吊蔓栽培为宜，当苗长到 20 cm、发生卷须时，要插立架或用尼龙绳将蔓悬吊引蔓，使植株向上直立生长。同时，每隔 3～4 节要进行绑蔓，绑蔓以晴天下午进行为宜，将绳一端用“8”字形固定法系在甜瓜植株基部，按顺时针方向由植株下部向上缠绕，将绳另一端固定在铁丝上。

2. 整枝、摘心、打杈

吊蔓栽培的整枝方式以单蔓整枝为主，保留主蔓，主蔓上摘除 12 节以下子蔓，以 12～15 节子蔓结果，有雌花的子蔓留 2 叶摘心，无雌花的子蔓自基部剪除。坐果后 15 节以上发生的子蔓同样摘除，主蔓长至 25～30 叶时摘心。摘除子蔓必须在晴天进行，不能用手掰，必须用剪刀，剪除子蔓时要留一定长度侧枝作防护，整枝造成的伤口最后蘸上较浓的甲基硫菌灵溶液，以防病菌感染。

双蔓整枝 3～4 叶摘心，留 2 个子蔓平行生长，摘除子蔓 10 节以下孙蔓，选 10～15 节孙蔓结果，具雌花的孙蔓留 2 叶摘心，无雌花的孙蔓自基部摘除，子蔓 20 节后摘心，整枝应掌握前紧后松。

3. 保花保果

雌花开花时人工辅助授粉或防落素喷花心即可。

★能力转化

1. 参与根茎类蔬菜培土工作，总结其操作技术要点并分析存在的问题及解决办法。

2. 参与瓜类蔬菜植株调整工作，总结其操作技术要点并分析存在的问题及解决办法。

3. 参与茄果类蔬菜疏花疏果和保花保果工作，总结其操作技术要点并分析存在的问题及解决办法。

项目六

蔬菜采收及采后商品化处理技术

学习目标

明确蔬菜采收及采后处理是决定蔬菜品质与耐贮性的关键技术因素；了解适时采收、及时商品化处理的目的和意义；掌握蔬菜成熟度的判断标准、采收方法及保鲜技术。

★知识准备

蔬菜商品化处理是指蔬菜采收后的再加工、再增值过程，主要包括采收、整理、预冷、愈伤、挑选、分级、清洗、加工、包装、质检、贮藏、运输、流通等技术手段。通过这些处理能够最大限度地减少蔬菜采后贮藏、运输和流通销售过程中质量和数量的损失，提供最优化的条件调控其生理状态，稳定并强化它们的商品性，以最优良的内在品质和最吸引人的外观满足消费者对蔬菜颜色、风味、营养等方面的需求，有利于保持在市场上的占有率和竞争力，取得较好的经济效益和社会效益。因此，蔬菜商品化处理水平的高低，是决定蔬菜商品价值的主要因素，是增加竞争力的主要环节。

一、蔬菜采收

1. 适期采收

蔬菜的采收时间是影响采收质量的关键，应根据蔬菜的种类、品种、生长状况、气候条件、采后用途、运输距离远近以及贮藏、销售时间的长短等多种因素综合考虑。采收过早或过晚会造成蔬菜减产和品质下降。过早采收，由于蔬菜尚未充分成熟，蔬菜的色、香、味、形、体及营养成分达不到标准；采收过晚，风味变淡，品质降低，且不耐贮藏。

2. 采收成熟度

蔬菜成熟度可分为生理成熟度和商业成熟度，两者有明显的差别。大部分蔬菜是以是否成熟到适宜于鲜食、加工或贮运等商业成熟度作为采收依据，一般商业成熟度早于生理成熟度。如以根、茎、叶、花或幼嫩果实供食的蔬菜均在生理成熟前就采收；也有少数蔬菜如番茄、西瓜、甜瓜等的商业成熟度与生理成熟度基本一致，即以生理成熟度作为采收的标准。判断蔬菜适期采收标准的常用的方法有：

(1)看颜色变化　如番茄在果顶呈奶油色时采收，适于较长期贮藏，在果顶呈粉红色时采收可用于当地销售；茄子应在亮而有光泽时采收；黄瓜在深绿色时采收；花椰菜在白色时采收。目前，生产上大多根据颜色的变化来决定采收期，方法简单可靠，容易掌握。

(2)看饱满程度和大小　饱满程度一般用来表示发育的状况。有些蔬菜的饱满程度高，表示发育良好、充分成熟或达到采收的质量标准；有些蔬菜以器官的高度(如芹菜)、直径(如萝卜)等作为适于采收的主要依据。如甘蓝的叶球、花椰菜的花球以及供贮运的南瓜、番茄等都应在达到一定硬度时采收。

(3)看生长状态　如洋葱以假茎部变软开始倒伏、鳞茎外皮干燥，芋头以须根枯萎，莴苣以生长点不超过叶丛为采收适期。

(4)看生长期和成熟特征　不同品种的蔬菜由育苗到成熟有一定的生长期，各地可以根据当地的气候条件和多年的经验得出适合当地采收的平均生长期。如绿叶蔬菜和用作蔬菜的豌豆、菜豆、甜玉米等一般应在幼嫩时采收。

(5)根据蔬菜主要化学物质的含量来判断　蔬菜在生长、成熟过程中，其主要的化学物质如糖、淀粉、有机酸、可溶性固形物的含量都在发生着不断地变化。

3. 采收方法

蔬菜的采收方法可分为人工采收、机械采收和采摘机器人采收3种。

(1)人工采收　主要用于长时间贮藏或鲜销的蔬菜，具体采收方法因蔬菜特性而异。可以用手摘、采、拔，也可以用剪刀剪，用刀割、切，用锹、锄挖等方法。一般地下根茎菜类的采收均用锹或锄挖，有时也用犁翻，但要深挖，否则会伤及根部，如胡萝卜、萝卜、马铃薯、芋头、山药、大蒜、洋葱等；山药的块根较细长，采收时要小心，以免折断；有些蔬菜用刀割，如石刁柏、甘蓝、大白菜、芹菜、西瓜和甜瓜等；菜豆、豌豆、黄瓜和番茄等用手摘。

(2)机械采收　与人工采收比较，机械采收的效率高，速度快，可以节省大量的劳动力，适用于在成熟时果梗与果枝之间形成离层的蔬菜。对于地下根茎类蔬菜如马铃薯、洋葱、胡萝卜等，国外已开始用挖掘机采收，并配有收集器、运输带等，边采边运。豌豆、甜玉米等可用机械采收，但要求成熟度大体一致。机械采收前也常常喷洒脱落剂，用以提高采收效率。此外，采后应及时进行预处理，尽可能降低采后损伤。

(3)采摘机器人采收　近年来，人工智能技术迅速发展，农业生产也开始应用各种人工智能机器人，并开始步入高度机械化的新时代，智能农业机械的典型代表就是用于采收作业的采摘机器人。当前针对采摘机器人的研究已经成为世界各国的研究热点，欧美、日韩及中国相继研究了番茄、黄瓜、草莓、西瓜、蘑菇等智能采摘机器人。

4. 采收过程中应注意的事项

（1）采前培训和组织　采前应做好采收工人的技术培训和采收的组织工作；提前做好运输工具和商品流通计划，防止采收时混乱无序，导致收获的蔬菜无法及时售出或运出，进而造成不必要的损失。

（2）采收工具和容器　采收前需准备好采收工具，采收时常用的工具有采摘的剪刀、梯架以及装采收蔬菜的筐、篮等。包装容器要实用、结实，容器内要加上柔软的衬垫物，以免损伤产品。

（3）采前控水　采收前 3～7 d，应适当控水，可以提高蔬菜产品的耐贮性，减少腐烂，从而延长采后保鲜期。

（4）采收时间　一般在晴天的早晨露水刚干时最好，或是在气温较低时，或在傍晚，这样有利于减少蔬菜产品所携带的田间热，降低产品器官的呼吸速率，有利于采后蔬菜品质的保持。

（5）注意防止机械损伤　蔬菜采收时要轻拿轻放，尽量避免因机械损伤引起的微生物侵害而导致的腐烂变质。同时，在采收过程中应及时剔除畸形、发育不良和有病虫害的产品，从而保证产品的整齐性和商品性。

（6）采后蔬菜管理　采收后的蔬菜应避免受到日晒雨淋，并迅速运到阴凉场所散热或进入通风库内贮藏。

二、蔬菜采后商品化处理技术

1. 整理

蔬菜从田间采收后，根据蔬菜不同种类的特点，及时对非食用部分和采收时带进的残枝、败叶、泥土、病虫污染等进行适当处理，如叶菜类的根和枯黄的老叶，花菜多余的短缩茎和外叶等。对于以贮藏为目的的蔬菜，可将附着在外层残叶或黄叶上的病菌及孢子都清理掉，以减少贮藏过程中病虫害的发生和传播。

2. 挑选

在整理的基础上，进一步剔除有病虫害、机械损伤、发育不良及外形欠佳的蔬菜产品。操作时操作人员应戴手套，并在挑选过程中轻拿轻放，以免造成新的机械损伤。

3. 分级

根据蔬菜产品的大小、重量、色泽、形状、成熟度以及病虫害和机械损伤等情况，按照一定的标准和规格将蔬菜分成若干个等级的方法，这样有利于蔬菜产品的标准化和商品化。

4. 预冷

预冷就是在蔬菜贮运与加工前，通过自然和人工降温的方法及时将产品温度快速下降到规定温度的操作办法。通过预冷，可以散发蔬菜产品携带的田间热，降低蔬菜器官的呼吸强度，减少采后损失。常用的预冷方法有：

(1)自然降温预冷　将采后的蔬菜置于空旷、阴凉通风的地方,使产品自然散热而达到降温的目的。这种方法简便易行,不需要专门设备,在条件简陋的地方是一种较为可行的方法。此方法易受外界温度的制约,预冷时间较长,难以达到理想的预冷温度,效果较差。

(2)冷库预冷　将装在包装容器中的蔬菜产品堆放在冷库中,堆码成垛,垛与垛之间要适当留有空隙,并与冷库通风筒的出风口方向相同,以保证气流通过时带走产品的热量。为了达到较好的预冷效果,库内空气流速应达到每秒 1～2 m,但也不能过大,以避免新鲜蔬菜过分失水。

(3)强制通风预冷　在装有产品的包装箱垛的两个侧面造成不同压力的气流,从而使冷空气强行穿过各个包装箱,并在每个产品周围通过,从而把产品的热量带走。这种方法比冷库预冷的速度快 4～10 倍,适用于大部分蔬菜。

(4)真空预冷　将产品放在坚固、气密的容器中,迅速抽出空气和水蒸气,使产品表面的水在真空负压下蒸发而冷却降温。压力减小时水分的蒸发加快,当压力减小到 613.28 Pa(4.6 mmHg)时,产品就有可能连续蒸发冷却到 0 ℃。此方法必须在真空预冷装置中才能实施,投资较大。

(5)冷水预冷　将冷却的水(尽可能接近 0 ℃)喷淋在蔬菜上,或将蔬菜浸入流动的冷水中,以达到降温的目的。为防止产品被微生物污染,应在冷水中加入一些消毒剂。此方法多适用于果菜类和根菜类。

5. 包装

蔬菜包装可以防潮、阻氧、避光,防止蔬菜过度失水;避免产品在贮藏过程中出现机械损伤及病虫害感染;有利于产品的装卸、搬运、贮运及销售;有利于产品的商品化和标准化,提高产品的附加值。

(1)包装类型　按包装在流通领域中的作用,将包装分为销售包装和运输包装。销售包装随同商品一起出售,又称内包装,常见的内包装有发泡网套包装、盒装、收缩膜包装、托盘包装、袋包装、玻璃瓶装、金属罐装和菌纸盒包装等。运输包装通常是指商品最外层的包装,又称外包装,常见的外包装有纸箱外包装、塑料箱外包装、木质包装箱、发泡塑料箱、竹藤筐包装和织物包装等。

(2)包装材料　应符合国家食品卫生标准,实行统一规格的包装盒、包装箱或装菜塑箱。包装容器应保持整洁、干燥、牢固、透气、无污染、无异味及质量轻、成本低、原料来源丰富、容易回收等特点。包装内壁应光滑、无虫蛀、无腐烂、无霉变、无有害化学物质等。

(3)基本原则　一是蔬菜品质好,重量准确;二是尽可能使顾客能看清包装内部蔬菜的新鲜或鲜嫩程度;三是避免使用有色包装来混淆蔬菜本身的色泽;四是对一些稀有蔬菜应有营养价值和食用方法的说明。

(4)常用的包装技术

①涂膜包装　将配制的液体复合组分,通过浸渍、喷洒、涂刷等方法附着在蔬菜表面,经固化后在蔬菜表面形成一层较稳定的极薄涂层。蔬菜涂膜包装抑制了气体交换,降低了呼吸强度,减少了水分蒸发,减免了表皮的氧化变色,抑制了微生物的生长繁殖,可以更好地保持蔬菜的营养成分及色香味。此方法常用于蔬菜的贮运和货架保鲜,如胡萝卜、甘薯、黄瓜、南瓜、马铃薯、番茄、辣椒和茄子等产品。

②防潮包装　为防止蔬菜制品从周围环境中吸收水分而采用的一种包装方法,常用于经过脱水干制的低水分蔬菜产品,如脱水蔬菜等。常用的防潮包装容器有马口铁罐、玻璃瓶、塑料镀膜产品、多层复合塑料及新型复合材料。

③真空包装　将包装内的空气抽出再密封,使包装内的蔬菜制品处于一种减压、缺氧状态,因而可有效避免或减轻氧化变质,同时还可以抑制好氧性微生物的繁殖,以达到保鲜的目的。但是真空包装会使蔬菜长时间处于无氧呼吸状态中,容易引发生理病害,造成蔬菜缺氧毒害。因此,此方法还需要进一步研究和优化。

④气调保鲜包装　又称MAP或CAP包装,也称气调包装、置换气体包装、充气包装,是指将蔬菜密封包装在透气性塑料薄膜内,根据实际需求将一定比例的$O_2+CO_2+N_2$,N_2+CO_2,或O_2+CO_2混合气体充入包装袋内,使包装袋内的气体形成一个理想的气调贮藏环境,从而降低呼吸强度,防止蔬菜产品在物理、化学、生物等方面发生质量下降或减缓质量下降的速度,以达到延长货架期的目的。如果包装袋内O_2浓度偏低或CO_2浓度偏高会引起无氧呼吸,会积累大量醇、醛等异味物质,从而影响蔬菜的外观和风味。

⑤罐头包装　将蔬菜制品密封在罐头内,经热水或蒸汽高温处理,以杀灭罐头中绝大部分微生物,同时防止外界微生物侵入,使产品能长期保藏的方法。罐头产品使用的容器有金属罐、玻璃罐、蒸煮袋(软罐头)及其他新型材料容器。罐头包装的适应范围广、无须冷藏,有较长的保质期。

⑥无菌包装　先将蔬菜制品和容器分别杀菌并冷却,然后在无菌室内送行包装和密封的一种包装技术。

★任务实施

学习掌握黄瓜的采收和商品化处理技术

黄瓜采收的过程,也是调整营养生长和生殖生长的过程。适当早采根部的瓜和矮小植株的瓜,可以促进植株的生长;空节较多和生长过旺的植株,要少采、晚采,这样可控制植株徒长。采收不是见瓜就采,也不是养成大瓜才采,而是幼果长到一定大小时,要及时采,过早或过晚都会影响产量和品质。

1. 根据黄瓜生长规律采收

有研究表明,黄瓜一天中从13:00—17:00果实生长量少,平均每小时只长

0.3～0.6 mm，但从 17:00—18:00 的 1 h 内，突然平均伸长 2.7 mm，是生长最旺盛时期。此后，生长量随时间的推移逐渐减少，到次日 6:00 几乎停止生长。

2. 根据黄瓜成熟期采收

黄瓜从开花到商品成熟度需要的天数与品种、栽培季节、栽培方式及温度变化有关。正常情况下，开花后 3～4 d 瓜的生长量较小，开花 5～6 d 后迅速膨大，到 10 d 左右稍稍变缓，但每天也增重 30%。日平均温度 13 ℃时，瓜条生长天数为 20 d，16 ℃时为 16 d，18 ℃时为 14 d，23 ℃时为 6～8 d。

3. 采收时间

黄瓜一般在早晨采收，不建议在下午采收。下午摘瓜，温度高，果柄伤口失水多，影响品质，产量降低，病菌也易从伤口侵入。初期每 2～3 d 采收一次；结瓜盛期，每 1～2 d 采收一次。无论什么时期采收，商品瓜的统一标准应是果实表皮鲜嫩，瓜条通顺，未形成种子并有一定重量。

4. 采收方法

一般采摘商品成熟瓜，同时摘掉畸形瓜、坠秧瓜及疏果瓜等。幼果采摘时，要轻拿轻放，为防止顶花带刺的幼果受到机械损伤，最好放在竹篮、竹筐、塑料箱或木箱中，容器内垫草席和泡沫，以利于搬运和长途运输。

5. 整理、分级、包装

黄瓜采收后要进行修整，不留瓜蒂并清理掉瓜皮上的污物。然后按相同品种、等级及规格进行分级和包装。包装箱上应标明品名、等级、规格、净重及产地等内容。

6. 贮运保鲜

采用普通车辆运输要注意防晒、保湿和通风。夏天注意降温，冬天注意防冻。预冷过的黄瓜运输、销售时间在 10 h 以内的，可用保温车；超过 10 h 的，要用冷藏车，温度控制在 12 ℃左右。黄瓜易腐烂，短期不能销售的，应及时放在冷藏库内贮藏保鲜。

★能力转化

通过实地走访、现场考察、或问卷调查等方式了解你所在地区蔬菜生产现状，分析蔬菜采后商品化处理方面存在的问题，提出合理化、接地气的对策和措施，并撰写调查报告，为当地今后蔬菜采后商品化处理提供指导和帮助。

模块四　大宗蔬菜生产技术

大宗蔬菜主要指在我国种植面积较大、消费较多、种植管理模式相对较成熟的一类蔬菜，主要有瓜类、茄果类、白菜类、绿叶菜类、薯芋类、葱蒜类、豆类、根菜类等。能根据所学知识熟练操作主要蔬菜各关键技术环节；能正确分析各类蔬菜生产中常见问题发生的原因，并采取有效措施加以防止；培养具有扎实理论知识和实践技能；培养崇尚科学、热爱劳动的吃苦耐劳精神、灵活应变的职业能力及创新、创业能力。

党的二十大报告指出：全面推进乡村振兴，加快建设农业强国，扎实推动乡村产业、人才、文化、生态、组织振兴。深入实施人才强国战略，培养造就大批德才兼备的高素质人才，是国家和民族长远发展大计。

项目一

瓜类蔬菜生产技术

学习目标

了解瓜类蔬菜的主要种类、生育共性及栽培特性；掌握黄瓜、西瓜、甜瓜等主要瓜类蔬菜的生物学特性、品种类型、栽培季节、茬口安排及栽培管理过程；能熟练操作主要瓜类蔬菜各关键技术环节；能正确分析瓜类蔬菜生产中常见问题发生的原因，并采取有效措施加以防止；培养热爱劳动、吃苦耐劳的精神。

瓜类蔬菜属于葫芦科一年生或多年生攀缘植物，我国栽培的瓜类共有9个属，分别为南瓜属、丝瓜属、冬瓜属、葫芦属、西瓜属、黄瓜属、佛手瓜属、栝楼属、苦瓜属。其中南瓜属包括五种蔬菜，即南瓜（中国南瓜）、笋瓜（印度南瓜）、西葫芦（美洲南瓜）及灰籽南瓜和黑籽南瓜；黄瓜属包括黄瓜和甜瓜；葫芦属主要是瓠瓜；冬瓜属主要有冬瓜及其变种节瓜；栝楼属主要有蛇瓜或称长栝楼。瓜类蔬菜的栽培面积及在我国居民生活中的消费量均占有极大比例。

任务一　黄瓜生产技术

黄瓜，别名胡瓜、王瓜，葫芦科甜瓜属中幼果具刺的栽培种，一年生攀缘草本植物。起源于喜马拉雅山南麓印度北部至尼泊尔附近地区，在我国广泛栽培，并作为主要的棚室产品之一。营养丰富，食用方法多样，主要以嫩果供食，可鲜食和凉拌，还可炒食或进行盐渍、糖渍、酱渍加工等。

★知识准备

一、生物学特性

（一）形态特征

1. 根

黄瓜根系不发达，主要根群分布在20～30 cm的土层内，抗旱力较差，吸肥力弱。其根系木栓化较早，易老化，断根后再生能力较差，茎基部容易发生不定根，不耐移栽。

2. 茎

茎蔓生，4 棱或 5 棱，绿色，中空，被刺毛。幼苗直立生长，自 6～7 片叶后，茎节伸长不能直立生长，故需要搭架或吊绳引蔓。茎上叶腋处可发生侧枝，侧枝的多少与品种和栽培有关，生产上应注意整枝打杈。

3. 叶

单叶，互生，掌状浅裂，绿色，叶柄长，被茸毛。叶片薄，叶面积大，蒸腾量大，需水较多。

4. 花

黄瓜为雌雄同株异花，花腋生，花冠黄色，雄花簇生，雌花单生，一般先发生雄花，后发生雌花，虫媒花，异花授粉。

5. 果实

瓠瓜是由子房、花托共同发育而形成的假果。果实棒状或圆筒形，一般长 18～25 cm，横径 4～6 cm，果皮深绿色、绿色或墨绿色，表面平滑或有棱、线及瘤状突起，瘤的顶端着生黑刺或白刺。

6. 种子

种子披针形、扁平、黄白色，每果可结籽 100～300 粒，千粒重 20～40 g。发芽年限 4～5 年，但生产上多采用 1～2 年的种子，发芽力高。

(二)生长发育周期

黄瓜的生长发育周期大致分发芽期、幼苗期、初花期和结果期 4 个阶段。露地栽培一般在 90～120 d，而设施栽培下相对较长。

1. 发芽期

从播种至子叶充分展开为发芽期，适宜条件下需 5～8 d。此期主根下扎，下胚轴伸长和子叶展平，管理上要创造适宜温度和湿度、促进尽快出苗；出土后则应适当降温以防徒长。

2. 幼苗期

从子叶充分展开到 4～5 片真叶展开，适宜条件下需 20～30 d。此期主根不断伸长的同时，侧根陆续发生，叶片生长加快，茎顶端不断分化叶原基，叶腋开始分化花芽。管理上促控结合，培育适龄壮苗。即采取适当措施促进各器官分化和发育，同时控制地上部生长、防止徒长。

3. 初花期

初花期又称伸蔓期，从 4～5 片真叶展开到第 1 雌花坐瓜(瓜长 12 mm 左右)，适宜条件下 20 d 左右。初花期结束时一般株高 1.2 m 左右，已有 12～13 片叶。此期主要是茎叶形成，其次是继续花芽分化，花数不断增加，根系进一步发育；生长中心逐渐由以营养生长为主转为营养生长和生殖生长并进阶段。管理上要协调地上部生长和地下部生长的关系、调节营养生长和生殖生长的关系。

4. 结瓜期

由第一雌花坐住瓜到拉秧结束，一般露地栽培历时 30～60 d，保护地栽培可长达 120～180 d。此期特点是植株连续不断的开花结果，根系与主侧蔓继续生长，结果期的长短是产量高低的关键所在。管理重点是平衡秧果关系，延长结果期，以实现丰产为目的。

（三）对环境条件的要求

1. 温度

喜温，不耐寒冷。发芽最适宜温度为 25～30 ℃。生长发育的温度范围为 18～32 ℃，最适温度为 25 ℃左右。黄瓜对地温要求比较严格，生育期间最适宜地温为 20～25 ℃，长时间低于 12 ℃，根系活动受阻；高于 30 ℃，根系易老化。生育期间要求一定的昼夜温差。一般日温 25～30 ℃，夜温 13～15 ℃，昼夜温差 10～15 ℃较为适宜。

2. 光照

属短日照植物，喜光，也较耐弱光。幼苗期，在短日照和较低温度条件下，有利于雌花的分化形成，促进提早开花结果，但不同品种对短日反应不同。一般华南型品种对短日照较为敏感，而华北型品种对日照长短要求不严格，但 8～11 h 的短日照能促进雌花的分化和形成。开花结果期，若阴雨天过多，光照不足，植株生长弱，叶黄、色浅，茎干细弱，易落花、化瓜并形成畸形瓜。

3. 水分

黄瓜为浅根性作物，喜湿、怕旱、不耐涝。需水量大，但不同生育阶段对水分的要求不同，育苗期水分不宜过多，否则易发生徒长，但也不宜过分控制，否则易形成老化苗。初花期要控制水分，防止地上部徒长，促进根系发育，为结果期打下好基础。适宜的土壤湿度为田间最大持水量的 80%，空气相对湿度为 60%～90%，若湿度过大易诱发病害。

4. 土壤及营养

黄瓜宜选用有机质丰富、疏松透气，能排能灌的壤土，适宜 pH 5.5～7.2。黄瓜喜肥又不耐肥，由于植株生长迅速，短期内生产大量果实，因此，需肥量较大。一般每生产 1 000 kg 果实需吸收氮 2.8 kg，磷 0.9 kg，钾 3.9 kg。

二、栽培类型与品种

1. 根据黄瓜品种的分布区域及生态学性状分类

黄瓜可分为华北型、华南型、南亚型、北欧温室型、欧美露地型和小型黄瓜 6 个类型，其中华北型和华南型黄瓜在我国栽培较多。

（1）华北型　俗称“刺黄瓜”“水黄瓜”，分布于中国黄河流域以北及朝鲜、日本等地，植株长势中等，喜土壤湿润、天气晴朗的气候条件，对日照长短要求不严；该类型黄瓜茎节和叶柄较长，叶片大而薄，果实细长，绿色，刺瘤密，白刺。

（2）华南型　俗称"地黄瓜""早黄瓜"，分布于中国长江以南及日本各地。该类型黄瓜茎叶繁茂，茎粗，节间短，叶片肥大，耐湿热，要求短日照；果实短粗，果皮硬，果皮绿、绿白、黄白色，刺瘤稀，黑刺。

2. 生产上按雌花的出现节位高低以及结瓜能力不同分类

黄瓜可分为早熟、中熟和晚熟品种。

（1）早熟品种　第一雌花出现在主蔓 3～4 节，雌花密度大，耐低温、弱光及单性结实能力均较强；从播种到开始收获为 40～55 d，适合露地早熟及设施栽培。

（2）中熟品种　第一雌花出现在主蔓 5～6 节，雌花密度中等，耐热、耐寒力中等；从播种到开始收获为 55～60 d，适合露地及设施栽培。

（3）晚熟品种　第一雌花出现在主蔓 7～8 节，雌花密度小，每 3～4 节出现一雌花。较耐高温，产量高；从播种到开始收获为 65 d 左右，适合露地及大棚越夏高产栽培。

三、生产季节与茬口安排

我国长江流域及其以南地区，无霜期长，一年四季均可栽培。夏、秋季以露地栽培为主，冬、春季利用设施进行保护地栽培。黄瓜病害较多，不宜连作，也不能与葫芦科蔬菜连作，轮作年限 3～5 年。黄瓜因多支架栽培，为提高土壤利用效率、增加单位面积产量、便于病虫害控制和土壤培肥等，可以考虑与矮生、耐阴作物如油菜、菠菜、韭菜、青蒜等进行间套作，见表 4-1。

表 4-1　长江流域黄瓜生产季节与茬口安排

季节茬口	播种期	采收期	备注
春季早熟栽培	1 月上旬至 2 月下旬 3 月份定植	5—6 月份	塑料大棚育苗移栽
夏季栽培	4—5 月份	6—7 月份	催芽直播或育苗移栽
秋季栽培	6—8 月份	7—9 月份	露地直播
秋冬栽培	7 月上旬至 8 月上旬	10 月至次年 1 月份	温室直播栽培
冬春栽培	9 月下旬至 10 月上旬 10 月中旬至 11 月中旬定植	12 月至次年 4 月份	温室育苗栽培

★任务实施

学习掌握塑料大棚和温室黄瓜生产技术

一、塑料大棚春早熟黄瓜生产技术

大棚春黄瓜可比露地春黄瓜提早定植 1 个月左右，采用单层覆盖，一般在 3 月中下旬定植；采用双层覆盖，定植期可提早 6～7 d；多层覆盖可提早 15～20 d。

1. 培育壮苗

(1)品种选择　选用耐寒性强，早熟、抗病、高产、优质品种，如新泰密刺、津春 2 号、早春 2 号等。

(2)种子处理　播种前采用 55 ℃温水浸种并不断搅拌，待水温降至 30 ℃左右再浸种 3～4 h，捞出种子洗净，晾去水分，用湿布包好放于 25～30 ℃处催芽，待大部分种子露出胚根后播种。

(3)播种　黄瓜一般采用营养钵播种育苗，以防止定植时伤根。为减少黄瓜的土传病害，提高生活力和产量，最好采用嫁接育苗，嫁接方法及嫁接后的管理见模块三蔬菜育苗技术部分。

(4)苗期管理　黄瓜两片子叶展开后，生长最快的是根系，最易徒长的是下胚轴。白天 25～30 ℃、夜间 13～15 ℃，光照充足，水分适宜的条件下下胚轴粗壮，子叶肥厚、浓绿；若夜间温度高、昼夜温差小、光照不足时则表现为徒长。从第 1 片真叶展开后，白天 25～30 ℃、夜间 13～17 ℃，以促进雌花分化；夜温超过 18 ℃就不利于雌花分化。早春育苗常遇到低温寡照，应注意提高光照强度，必要时进行人工补光。定植前 7～10 d 通过通风、降温、增加光照等进行炼苗。白天温度保持在 15～20 ℃，夜温保持在 10 ℃以上，以不受霜冻为准，若叶片不萎蔫则不浇水。

2. 整地施肥

一般于定植前 15 d 进行扣棚，使结冻的土壤融化，提高地温。若有前茬，应提前 7～10 d 腾地灭茬，并进行消毒杀菌。整地时施足基肥，每 667 m^2 施优质农家肥 5 000～6 000 kg，先将 2/3 的基肥撒施后再深翻 20 cm 以上，另 1/3 的基肥在开沟栽苗时施入。棚室黄瓜一般采用垄或高畦栽培，垄栽培时一般按 70～90 cm 起垄，株距 20～30 cm。

3. 定植

当棚内 10 cm 土壤温度稳定在 12 ℃以上，夜间温度稳定在 8～10 ℃即可定植。应选择寒流刚过、晴天无风的天气定植，不能在阴雪天定植。黄瓜根系较浅，定植深度与育苗土平，不宜深栽。若是嫁接苗则嫁接部位高于地面 5 cm 左右为宜，边定植边浇水，浇水后覆盖地膜。

4. 田间管理

(1)温湿度管理　定植 1 周内一般要密闭棚室，提高温湿度，促进尽快缓苗。中午棚温不超过 28 ℃不放风，地温最低要保持 12 ℃以上，以利于发生新根，若夜温低于 5 ℃时应采取多层覆盖或人工加温等措施。白天控制在 25～30 ℃，午后棚温降至 20～25 ℃时盖膜，夜间保持在 10～13 ℃，若外界最低气温在 13 ℃以上时，棚内可彻夜通风。进入结果期时加强放风、排湿、减少叶片结露时间，白天相对湿度控制在 65%左右，夜间不超过 85%。

(2)水肥管理　浇足定植水时，定植后至坐瓜前一般不浇水，此期主要是控水防徒长促根。若土壤过度干燥则浇小水，但不追肥。根瓜采收后开始浇水，当外界温度高、光照较强时，一般 5～7 d 浇 1 次水，每次浇水结合追施少量化肥，每 667 m^2 硫酸铵 20 kg。盛果期可用 0.2%磷酸二氢钾进行叶面追肥，低温期应选在晴天的中午进行，高温期安排在上午 10:00 或下午 15:00 后进行，施肥后加大通风量，排出过湿的空气。

(3)中耕松土　浇定植水后，当土壤稍干时可掀开地膜，进行第一次中耕，主要是破土晾墒，耕层应浅，不要触动土坨。浇缓苗水后进行第二次中耕，此次中耕要适当深一些，以增加土壤的通透性，中耕深度可达 10 cm 左右。第三次中耕可以在插架或吊蔓前进行，此次中耕可结合整理垄面进行。

(4)植株调整

①引蔓　当瓜蔓长到 20～30 cm 时，开始吊绳引蔓。每株瓜苗一根尼龙绳或粗线绳，绳的一端系到瓜苗行上方的铁丝上，另一端打宽松活结系到瓜苗的基部，并将瓜蔓缠到绳上。低温时，应于晴天上午 10:00 至下午 15:00 前缠蔓，利用此时高温以促进缠蔓时造成的伤口及时愈合，避免染病。在高温时，应于下午瓜蔓失水变软时缠蔓，上午缠蔓易伤害茎叶。

②落蔓　当瓜蔓长到绳顶后开始落蔓，选晴天下午进行。落蔓前，先将瓜蔓基部的老叶和瓜采摘下来，然后将瓜蔓基部的绳松开，将瓜蔓轻轻下放，在地面上左右盘绕，不要让嫁接部位与土接触。每次下放的高度以功能叶不落地为宜。调整好瓜蔓高度后，将绳重新系到直立蔓的基部，拉住瓜蔓。以后可随瓜蔓的不断伸长，定期落蔓。

③整枝打杈　主蔓根瓜坐瓜前，对基部长出的侧枝，一般应摘除；可适当选留根瓜以上侧蔓，即在侧蔓雌花节以上 1～2 叶摘心；主蔓具 25～30 片真叶以后也可摘心，以增加结果。打杈应于晴天上午进行，不可在傍晚进行，以防打杈后，伤口长时间不愈合而染病。

④摘叶、去卷须　植株下部的老叶、病叶及黄叶应及时摘除，卷须也应在长出的当天上午摘除。

5. 采收

黄瓜以嫩瓜为食用器官，要适时早采。尤其是根瓜要早采，以防坠秧。采收初期 2～3 d 采 1 次，盛果期每天早晨采收 1 次。采收时用剪刀剪断瓜蒂，不可硬拽，以防拉伤植株。

二、温室冬春茬黄瓜生产技术

利用日光温室或智能温室生产冬春黄瓜，长江流域一般 9 月下旬至 10 月上旬在温室育苗，苗龄 30～40 d，10 月中旬至 11 月中旬定植，12 月份至次年 4 月份收获。

1. 品种选择

冬春茬品种选用具有早熟性，前期产量高，苗期耐寒性强、抗病性强等特性。如中农 202、津春 3 号等。

2. 培育壮苗

为提早上市，缩短定植至始收时间，要求的苗龄宜大，定植时一般具有 3～5 片真叶，叶色深绿、子叶完好、肥厚。培育壮苗的方法与塑料大棚栽培相同。

3. 定植

定植前 10 d 先扣棚，每 667 m^2 施入腐熟有机肥 5 000 kg、过磷酸钙 30 kg 作基肥，均匀地撒施在地面上，然后深翻 20～30 cm，混匀整平。采取大小行定植方式，大行距 80 cm，小行距 40 cm，株距 30 cm，每 667 m^2 定植 4 000～4 500 株。栽好苗后，相距较近两垄覆盖在一幅地膜下。扣地膜采取开洞挖苗的办法，膜两边拉紧并用土压住，然后通过覆盖在地膜之下的暗沟浇一次水，一定要浇透，至根瓜坐住前一般不再浇水。

4. 定植后管理

(1)坐瓜前管理　定植后应密闭保温，尽量提高室内温湿度，促进新根生长，以利缓苗。一般白天 25～28 ℃，夜间 13～15 ℃为宜。植株长至 20～30 cm 时开始吊绳引蔓，疏掉 10 片叶以内全部果实和侧杈。

(2)初瓜期管理　定植后 15～20 d，植株长到 10 片叶以上开始留瓜，此期营养生长依然高于生殖生长，整体管理以养根和培养植株为主。初瓜期当根瓜 10 cm 左右浇催瓜水，每 667 m^2 施入 10 kg 尿素和 10 kg 硫酸钾。此期应加大昼夜温差，以增加养分积累，白天超过 30 ℃从顶部通风，午后降至 20 ℃闭风，一般室温降到 15 ℃时放草苫。

(3)盛瓜期管理　定植后 50～60 d 黄瓜进入盛瓜期，此期营养生长与生殖生长达到平衡，生长量大，需要充足的肥水。当主蔓长至第 24 节处进行摘心，同时及时清理下部老叶和每个节位上多余的幼果、畸形果等减少养分的消耗。盛瓜初期，进行第二次追肥，施肥量与第一次相同。盛瓜期追肥应结合灌水进行，且前 3 次追肥方法相同，以后每次施肥量减半。一般结瓜期每间隔 5～7 d 浇 1 次水，每 2 次水追施 1 次肥。也可于盛瓜后期叶面喷施 2～3 次 0.2%尿素溶液和 0.2%磷酸二氢钾溶液。

此期仍实行变温管理，由于这一时期日照时数逐渐增加，光照由弱转强，室温可适当提高，白天保持 25～28 ℃，夜间 15～17 ℃。生育后期应加强通风，避免室温过高。

5. 采收

冬春茬黄瓜尽量早采收或者打掉，以防坠秧。结瓜前期，因温度低，生长慢，3～4 d 采收 1 次，随着气温升高，肥水管理加强，2～3 d 采收 1 次；进入结瓜盛期，每天采收1次。采收应在每天早晨进行，此时瓜条含水量大，品质鲜嫩。

★能力转化

1. 根据所学知识制定塑料大棚秋延后黄瓜生产技术方案，能独立操作生产管理关键技术环节。

2. 进行实地调查，了解当地黄瓜主要栽培方式和栽培品种及特性，并分析生产效果，整理主要的栽培经验和措施。

任务二　西瓜生产技术

西瓜，葫芦科西瓜属一年生蔓性草本植物。原产于热带非洲，传入我国已有1 000多年的历史，全国各地均有栽培。西瓜味甜多汁，清凉爽口，是夏季消暑佳品。果实内含有葡萄糖、蔗糖、果糖、蛋白质和各种维生素及矿物质元素。西瓜除用于水果食用外，还具有药用价值。露地和设施均能栽培，可周年供应市场。

★知识准备

一、生物学特性

（一）形态特征

1. 根

西瓜属深根性作物，根系强大，但主侧根群主要分布在土壤表层30 cm左右范围。根系再生能力差，不耐移栽，宜采用营养钵或营养土块护根育苗，且苗龄不宜过大，最好控制在2～4片真叶，育苗时间为1个月左右。

2. 茎

西瓜茎蔓性，茎蔓上着生卷须，茎节上易生不定根。具有很强的分枝性，由幼苗顶端伸出的蔓为主蔓，一般蔓长3～4 m，从主蔓每个叶腋均可伸出分枝，称为侧蔓。生产上除留一条主蔓外，再留基部的1～2条侧蔓，其余均摘除。西瓜生长快，分枝力强，应加强植株调整，促使茎蔓生长与开花坐果协调进行。

3. 叶

单叶互生，呈羽状深裂，叶缘深缺刻，叶面密生茸毛，表面被蜡质，可减少蒸发，是适应干旱的形态特征之一。

4. 花

西瓜属雌雄同株异花，花黄色，单生，清晨开放，午后闭合，属于半日花。通常主蔓第3～5节发生雄花，5～7节发生雌花，其后雌雄花间隔形成。西瓜雌花柱头和雄花柱头均有蜜腺，为虫媒花，主要靠蜜蜂、蚂蚁传粉，设施栽培注意人工授粉。

5. 果实

西瓜果实为瓠果，其形状、皮色、瓤肉、大小因品种而异。

6. 种子

西瓜种子椭圆扁平，种皮坚硬，种子大小、色泽因品种而异。一般每个果实含有种子 300～500 粒，千粒重 30～100 g。种子寿命一般为 5 年，生产上多用 1～2 年的种子。

(二)生长发育周期

西瓜从种子萌发至果实成熟，经历发芽期、幼苗期、抽蔓期和结果期 4 个时期。

1. 发芽期

从种子萌动到子叶充分展开，第 1 片真叶显露(露心)为发芽期，在 25～30 ℃发芽适温下需 8～10 d。

2. 幼苗期

由露心至团棵即第 4 片真叶完全展开，此期花原基和侧枝开始分化，在 15～20 ℃温度下需 25～30 d。

3. 抽蔓期

自团棵至主蔓留瓜节位雌花开放(第 2 雌花开放)，此期需 15～18 d。

4. 结果期

留瓜节位雌花开放至果实成熟，在 25～30 ℃下需 35～40 d。根据果实形态变化又分为坐瓜期、膨瓜期和转瓤期 3 个时期。

(1)坐瓜期　自留瓜节位雌花开放至子房开始膨大“退毛”止，需 4～5 d。

(2)膨瓜期　自“退毛”至果实膨大定个，需 15～25 d。

(3)转瓤期　自果实定个至成熟，需 7～10 d。此时果实膨大已趋缓慢，以果实内的物质转化和种子发育为主。果实发育过程见图 4-1。

图 4-1　西瓜果实发育过程

(三)对环境条件的要求

1. 温度

西瓜耐热力强,极不耐寒,整个生长期适宜温度 20～35 ℃。发芽期适温 25～30 ℃,幼苗期 22～25 ℃,伸蔓期 25～28 ℃,结果期 30～35 ℃。开花坐果期,温度不得低于 18 ℃;果实膨大期和成熟期以 30 ℃最为理想。坐瓜后要求昼夜温差 8～14 ℃,有利于糖分的积累,当温度在 15 ℃以下果实发生畸形。根系生长最适温度为 25～30 ℃。

2. 光照

西瓜喜光怕阴,生长期间需充足的光照时数和较强的光照强度,一般结果期每天要求日照时数 10～12 h 及以上,短于 8 h 结瓜不良。

3. 水分

西瓜耐旱不耐涝。要求空气干燥,空气相对湿度 50%～60%最为适宜,若湿度高,则生长弱,易发病;土壤湿度以 60%～80%田间持水量为宜。不同生育期对水分要求不同,开花前后应适当控制水分,防止植株徒长,跑蔓化瓜;结果期需水最多,特别是结果前、中期果实迅速膨大,应及时供应充足的水分,促进果实迅速增长,果实定个后,应及时停水,以利于糖分积累。

4. 土壤及营养

西瓜对土壤的适应性较广,但以排水良好、土层深厚的壤土或沙壤土最为适宜。对土壤的酸碱性适应性较广,在 pH 5.0～7.0 范围内均可正常生长,以 pH 6.3 最为适宜。西瓜需肥量较大,据测试,每生产 1 000 kg 西瓜需吸收氮 4.6 kg,磷 3.4 kg,钾 4.0 kg。营养生长期吸氮多,钾次之;坐果期和果实生长期吸钾最多,氮次之,增施磷钾肥可提高抗逆性和改善品质。

二、栽培类型与品种

栽培西瓜可分为果用和籽用两大类,果用西瓜是普遍栽培的类型,占栽培品种的绝大多数。果用西瓜分类方法很多,从果实大小可分为特大型(10 kg 以上)、大型(5～10 kg)、中型(2.5～5.0 kg)和小型(2.5 kg 以下)4 类;从西瓜果实肉色上分,有红瓤和黄瓤品种;生产上主要根据果实成熟期的早晚分为早熟品种、中熟品种和晚熟品种 3 种。

(1)早熟品种　从雌花开花到果实成熟需 30 d 左右,如早佳、京欣、郑杂 5 号等;

(2)中熟品种　从雌花开花到果实成熟需 35 d 左右,如聚宝 1 号、皖杂 1 号等;

(3)晚熟品种　从雌花开花到果实成熟需 40 d 以上,如新红宝等。

三、栽培季节与茬口安排

露地栽培一般春播夏收,露地断霜后播种或定植。长江中下游地区 4 月中旬终霜后直播或定植,7 月中下旬采收。设施栽培中,由于西瓜栽培期短,产量低,较少用温室栽培，主要用塑料大、中、小拱棚于春季和秋季栽培。

西瓜忌连作重茬，轮作年限应根据土壤类型、品种和枯萎病发生程度而定，一般水旱轮作需间隔 3～4 年，旱地轮作则需 7～8 年，如连作或轮作周期短，植株生长势弱，果实变小，病害严重，产量下降甚至绝收。西瓜前茬以禾本科作物、甘薯、棉花较好。

★任务实施

学习掌握塑料大棚春茬西瓜和春茬西瓜地膜生产技术

一、塑料大棚春茬西瓜生产技术

1. 品种选择

以当地销售为主的选早熟、抗病、耐弱光品种；以外销为主，选择中熟品种，如黑美人、麒麟瓜、早花等。

2. 嫁接育苗

通过选用根系发达、抗病、抗寒、抗旱、吸收力强的砧木，换掉接穗的根系，可有效避免和减轻土传病害的发生和流行，并能提高西瓜对肥水的利用率，增强西瓜的抗逆能力，从而达到增加产量、改善品质的目的。

(1)砧木选择　目前西瓜嫁接用砧木主要有葫芦砧、南瓜砧和冬瓜砧 3 种，以葫芦砧应用得最多。

(2)浸种催芽　采用温汤浸种，先用 55～60 ℃水浸种 15 min，捞出后用 50%多菌灵 500 倍液浸种 1 h，用清水清洗干净，然后置于 30 ℃水浸种 12 h，沥去种皮上多余的水，放在湿纱布里催芽，温度 28 ℃左右。每天上下翻动种子一次，并用清水冲洗一遍，除去种子上的黏液。经 5～6 d 当芽长不超过 1 cm 即可播种。

(3)播种　先播种葫芦种子，5～6 d 后再播种西瓜。葫芦播于育苗钵内，播深 2 cm；西瓜可用密集播种法，按 1～2 cm 间距播种，深度为 1 cm。播后覆盖地膜保温、保湿。

(4)苗期管理　出苗期间保持温度 25～30 ℃，出苗后降温，白天 25 ℃，夜间 15 ℃。

(5)嫁接　当西瓜苗的 2 片子叶展开，心叶未露出或初露，苗茎高 3～4 cm；葫芦苗的 2 片子叶充分展开，第 1 片真叶露尖或展开 5 分硬币大小，苗茎稍粗于西瓜苗，茎高 4～5 cm 时，用插接法进行嫁接。嫁接成活后瓜苗长到 3～4 片叶，35～40 d 时即可定植。

3. 整地施肥

土壤解冻时开始整地施肥。深翻，每 667 m^2 施优质农家肥 4 000 kg，鸡粪 500 kg，过磷酸钙 30 kg，混匀、整平。一般采用南北行向、高畦栽培，畦宽 1.5～1.8 m，然后覆膜。

4. 定植

当棚内最低气温稳定在 5 ℃以上，平均气温稳定在 15 ℃以上开始定植。先破膜、开穴，然后浇水、摆苗、封埯。嫁接苗要浅栽，栽苗后嫁接部位距离地面的高度应不低于 3 cm；大小苗要分区栽，大苗栽到棚内温度较低的两侧，小苗栽到棚内温度较高的中部。

大棚西瓜采用支架或吊蔓栽培，株距 30～40 cm，双蔓整枝 1 300～1 500 株/667 m^2，单蔓整枝 1 800～2 000 株/667 m^2。

5. 定植后管理

(1)温光调节　定植后密闭保温，促进缓苗，白天 30 ℃，夜间 15 ℃；温度偏低时应及时加盖小拱棚等进行保温。缓苗后适当降温，白天 22～25 ℃，夜间 15 ℃；伸蔓初期白天 25～30 ℃，夜间 15 ℃，茎蔓伸长一定程度，白天 20～25 ℃，夜间 15～13 ℃。坐瓜期需要较高温度，白天 25～30 ℃，夜间 18～20 ℃；膨瓜期最适宜温度为白天 30～35 ℃，夜间 15～20 ℃；变瓤期给予较大的昼夜温差，有利于提高瓜的糖分。西瓜喜光，生长发育要求充足的光照，若遇阴雨天，及时补光。

(2)肥水管理　定植前浇足底水，定植后浇足定植水后，缓苗期间不浇水。缓苗后开始抽蔓时，结合浇催蔓水，追一次催蔓肥，每 667 m^2 追施尿素 10 kg。直至膨瓜前不再浇水，进行"蹲瓜"。坐瓜后浇催瓜水、追催瓜肥，一般每 667 m^2 施发酵饼肥 30～40 kg 或三元复合肥 15 kg。以后可根据植株长势和土壤墒情均匀供水。当果实定个后，不再追肥浇水，可进行叶面喷肥补充营养，如喷施 0.2%的磷酸二氢钾。

(3)植株调整

①吊绳引蔓　当茎蔓伸长至 50 cm 左右时，进行吊绳和引蔓，主蔓和侧蔓可同向引蔓，也可反向引蔓。

②整枝　西瓜整枝方式有单蔓整枝、双蔓整枝和多蔓整枝 3 种方式，单蔓整枝只留主蔓；双蔓整枝除主蔓外，在主蔓基部选留一条健壮子蔓；多蔓整枝保留主蔓和 3～4 条子蔓。吊蔓栽培多采用单蔓整枝，也有采用双蔓整枝。

③打杈　当主蔓长至 50 cm 左右时，除保留需要的主、侧蔓外，其余的侧蔓或孙蔓应及时摘除。一般打杈应选择在晴天上午进行，打杈要及时分次进行，不要一次性去除较多的侧蔓及孙蔓。

(4)促进坐果　棚室栽培西瓜需进行人工辅助授粉提高其坐果率，人工授粉一般在开花结瓜期，每天上午 10:00 以前，摘下开放的雄花，去掉花瓣，露出花蕊，把花药对准雌花的柱头轻轻摩擦几下，使花粉均匀抹到柱头上。一般 1 朵雄花可给 3 朵雌花授粉。为保证坐瓜率，一般每株主蔓上的第 1～3 朵雌花和保留侧蔓上的第 1 朵雌花都要进行授粉。也可用 50 倍高效坐瓜灵于 16:00～17:00 涂抹果柄，以促进坐果。

(5)留瓜吊挂　当已坐住的瓜长到鸡蛋大小时进行留瓜。留瓜的先后顺序是先在主蔓上第二、三个瓜中选留1个果形端正的瓜，若主蔓上的瓜没坐住或质量较差，不适合留瓜时，再从侧蔓上留瓜。每株只留一个瓜。留瓜的蔓在瓜前留5～7片叶摘心；不留瓜的蔓作为营养蔓，始终不摘心。

当瓜长至500 g左右时，要及时用网袋吊瓜，以防坠秧。

6. 成熟度的鉴别与采收

(1)成熟瓜的标准 果实成熟度与品质有关。适度成熟果实瓤色好，多汁味甜；生瓜品质低劣，过熟肉质软绵，食味下降。判断果实成熟度可以根据以下几个方面：

①日期判断 根据雌花开放后的天数，早熟品种28～30 d，中熟品种32～35 d，晚熟品种35 d以上。

②卷须变化 果柄茸毛脱落稀疏，留瓜节及其前后节上卷须变黄或枯萎，为熟瓜。

③果实变化 成熟瓜的表面纹理清晰，果皮具有光滑感，蒂部向里凹，果粉退去。

④声音变化 用手指拍打，发出浊音的为成熟瓜，发出清脆音的为生瓜。

⑤比重法测定 把果实放于水中，下沉为生瓜，上浮为熟瓜，略浮于水面为适熟瓜。

(2)采收时间和方法 采收最好在早晚进行，瓜的温度低，易于保存，同时瓜中含水量较高，品质好，也有利于保鲜和提高产量。收瓜时，将留瓜节前后1～2节的瓜蔓剪断，使瓜带一段茎蔓和1～2片叶。

二、春茬西瓜地膜生产技术

1. 品种选择

选用早熟或中晚熟品种，如新红宝、京欣1号等。

2. 培育壮苗

在棚室内采用育苗钵进行护根育苗，适宜苗龄40 d左右，瓜苗长出3～4片叶后定植。

3. 作畦定植

定植前15 d深施底肥，翻耕耙平后起垄，垄宽50 cm、高20 cm，早熟品种垄距3.0～3.6 m、株距20～25 cm，中晚熟品种垄距3.6～4.0 m、株距25～30 cm。起垄后覆盖地膜，然后在垄上定植瓜苗，要浇足定植水。

4. 肥水管理

缓苗后及早追肥、浇水促生长。坐瓜期控水，坐瓜后及时追肥、浇水，每667 m^2追施复合肥20 kg。

5. 植株调整

露地爬地栽培一般采用双蔓整枝，即保留主蔓和基部的一条粗壮侧蔓，每株留1个瓜，其余侧蔓及孙蔓全部摘除。当瓜蔓长至30 cm时应进行整蔓，并在节上用土块压蔓，促使产生不定根，固定叶蔓，防止相互遮挡阳光和被风吹断；对长势强的瓜蔓要及时进行压蔓，压在近生长点，压大块土，抑制其生长；反之压远离生长点，压小块土，以促进生长。坐果节前后 2 节不压，以免影响坐果。

6. 人工辅助授粉

西瓜是依靠昆虫作媒介的异花授粉作物，在阴雨天气或昆虫活动较少时，就会影响花粉传播而不易坐果。为了提高坐果率应进行人工辅助授粉。

7. 西瓜果实护理

在西瓜开花坐果和果实发育阶段，精心护理果实也是提高西瓜产量和品质的关键环节。护理的措施有顺瓜、垫瓜、翻瓜、竖瓜等。将瓜顺直平放称顺瓜；当幼瓜退毛后，用干净的草圈垫于瓜的下面，使瓜离开地面，保持瓜下良好的透气性，并防止地面的病菌和地下害虫危害果实，称为垫瓜；在瓜定个后还要进行翻瓜，使整个瓜面见光，以达均匀着色；于晴暖午后用双手轻轻托起瓜，将瓜向一个方向慢慢转动，使下面的背光部分约半数离开地面。通常要翻瓜 2～3 次。

8. 西瓜催熟

需提前上市时，可以用乙烯利进行催熟处理。当果实的大小已长足，尚未成熟时（即谢花后 25～29 d），用 200 mg/kg 乙烯利溶液于傍晚前后沿瓜面涂抹一遍，溶液中可加少量的中性肥皂粉以增加黏着力，2 d 后即可采收上市。处理的果实比自然成熟的可提前 3～5 d 供应市场，且品质也会有所提高。

9. 适时采收

根据生长日期、植株生长情况及瓜的变化等适时采收。

★能力转化

1. 根据所学知识制定早春西瓜双膜覆盖栽培方案。
2. 参与西瓜生产全过程，并根据操作体验，总结经验和创新技术。

任务三　甜瓜生产技术

甜瓜别名香瓜，葫芦科黄瓜属，原产非洲和亚热带地区，我国华北为薄皮甜瓜次级起源中心，新疆为厚皮甜瓜起源中心。甜瓜以鲜食为主，也可制作瓜干、瓜脯、瓜汁及腌渍品等。

★知识准备

一、生物学特性

（一）形态特征

1. 根

甜瓜根系发达，主根深达 1 m 以上，主要根群分布在 30 cm 以内的土层中。甜瓜根易老化，再生力弱，不耐移栽。

2. 茎

甜瓜茎蔓生，圆形，中空，有棱，被短刺毛，分枝能力强。

3. 叶

单叶互生，叶片近圆形或肾形，全缘或五裂，被毛，绿色或深绿色。

4. 花

花单性或两性，雌雄同株。雄花单生或簇生，雌花和两性花多单生，花冠黄色。虫媒花，异花授粉。主蔓上雌花出现较晚，侧蔓一般1～2节处就有雌花。

5. 果实

果实为瓠果，有圆、椭圆、纺锤、长筒等形状，成熟时果皮具不同程度的白、绿、黄或褐色，或附各色条纹和斑点。果表光滑或具网纹、裂纹、棱沟等，果肉为白、橘红、绿、黄等色，质地软或脆，具有香气。

6. 种子

种子披针形或长扁圆形，黄、灰白或褐红色等，大小悬殊。普通甜瓜种子千粒重19.5 g，小粒种子千粒重14 g。种子寿命5～6年，生产上一般使用1～2年的新种子。

（二）生长发育周期

甜瓜生育期长短与种类、品种有关。一般薄皮甜瓜生育期短，各品种间生育期长短的差异较小；厚皮甜瓜生育期较长，各品种间生育期长短的差异较大。甜瓜的生育期一般为80～120 d，可分为以下4个时期。

1. 发芽期

播种至子叶充分展开，第一片真叶露尖时结束，一般历时7～10 d。

2. 幼苗期

第1片真叶露尖至第4片真叶完全展开，需25～30 d。此期生长缓慢，节间短，直立生长。第1片真叶出现时开始花芽分化，幼苗结束时茎端分化20叶节。

3. 抽蔓期

第4片真叶展开至留瓜节位雌花开放，需20～25 d。植株根、茎、叶迅速生长，花芽进一步分化发育，植株进入旺盛生长阶段。

4. 结果期

留瓜节位的雌花开放至果实成熟，早熟品种20～40 d，中熟品种40 d左右，晚熟品种70～80 d。此期可分为结果初期、结果中期和结果后期3个时期。

(1)结果初期　从花开放至幼果迅速肥大，约7 d。此期，植株营养生长量达最大值。

(2)结果中期　果实迅速膨大至停止增大，此时植株总生长量达到最大值，日增长量最高，以果实生长为主，营养生长减缓，该期末果实重量达全株重的50%以上。

(3)结果后期　果实停止膨大至成熟，此时期营养器官生长停滞，果重可达全株重的70%。

(三)对环境条件的要求

1. 温度

甜瓜喜温耐热，不耐寒。植株生长适温白天25～30 ℃，夜间16～18 ℃，15 ℃以下45 ℃以上生长缓慢；种子发芽适温25～35 ℃；幼苗生长适温20～25 ℃；果实生长适温27～30 ℃，夜温15～18 ℃，较大温差有利于糖分积累和提高品质。对高温适应性较强，特别是厚皮甜瓜，在35 ℃时高温仍正常生长，至40 ℃仍维持较高同化效能。薄皮甜瓜耐寒性较强，适应温度范围较窄。

2. 光照

甜瓜喜光怕阴，需强光，对日照长度反应不敏感，短日照条件下促进雌花形成。结瓜期每天需10～12 h光照，短于8 h结瓜不良。

3. 水分

甜瓜耐旱不耐涝，但因其根系浅，对土壤湿度要求较高，但不同生育期对水分的要求不同，苗期、抽蔓期以70%田间持水量为宜，开花坐瓜期要求80%左右。结瓜后期要求土壤湿度相对低，否则果实含糖量降低，且易发生病害。

4. 土壤及营养

甜瓜喜疏松富含有机质的沙壤土，对土壤酸碱性适应性较广，在pH 6.0～6.8范围生长良好，耐轻度盐碱，盐碱地有助于改善甜瓜果实品质。对氮、磷、钾的吸收比例为2∶1∶3.7，进入果实膨大期后，要避免施用速效氮肥，以免降低果实含糖量。甜瓜较喜磷、钾肥，对钙、镁、硼的要求量也比较大。

二、栽培类型与品种

甜瓜的栽培品种按生态系统分类可分为厚皮甜瓜和薄皮甜瓜两个生态类型。

厚皮甜瓜植株生长势强或中等，茎粗，叶大，色浅，叶面较平展。果实较大，单果重1.5～5.0 kg；果实有或无网纹，有或无棱沟，果皮厚0.3～0.5 cm，果肉厚2.5～5.0 cm，质地细软或松脆多汁，芳香、醇香或无香气；含糖量为11%～17%。种子较大，不耐高湿，需要较大的昼夜温差和充足的光照。代表品种有伊丽莎白、哈密瓜等。

薄皮甜瓜生长势较弱，植株较小，叶色深绿，叶面有皱。果实较小，单果重多在0.5 kg左右，果面光滑，皮薄，平均厚0.5 mm以内，果肉厚1～2 cm，脆嫩多汁或面而少汁，含糖量低，品质一般。种子中等或小，不耐贮运。适应性强，较耐高湿和弱光，抗病性也较强。栽培比较普遍，代表品种有黄金瓜、丰乐1号、八里香、春甜1号等。

三、栽培季节与茬口安排

薄皮甜瓜以露地栽培为主，主要栽培季节为春夏两季，一般露地断霜后播种或定植，夏季收获；厚皮甜瓜主要进行设施栽培，主要茬口有大棚春茬以及温室秋冬茬。甜瓜忌连作，应实施 5 年以上的轮作，大田作物是其良好的前茬，不宜与蔬菜及其他瓜类连作。薄皮甜瓜成熟早、生育期短、经济效益好，是粮棉油等大田作物间作套种的理想作物。

★任务实施

学习掌握甜瓜生产技术

一、塑料大棚厚皮甜瓜春茬生产技术

1. 品种选择

选择耐低温、耐弱光、在低温条件下生长快的早熟品种，如伊丽莎白、状元、维多利亚等。

2. 培育壮苗

育苗方法同西瓜，一般利用温室或大棚采用育苗钵或穴盘育苗。播种前对种子进行温汤浸种催芽处理。播种后出苗前白天气温保持在 28～32 ℃，夜间 17～20 ℃。出苗后适当降低温度，以防徒长，白天 22～25 ℃，夜间 15～17 ℃。真叶出现后应适当提温，当棚温超过 28 ℃时即可通风。为防止徒长，育苗期内浇足底水后一般不再浇大水，干旱时可用喷壶喷洒水，当苗床内湿度过高时，可以撒些干土或草木灰以降低湿度。苗龄 30～35 d，具有 3～4 片真叶时可定植。

3. 整地作畦

定植前 10～15 d 浇水造墒、深翻、细耙、整平，结合整地每 667 m^2 施入腐熟人畜粪或鸡粪 3 000～3 500 kg、过磷酸钙 50 kg、磷酸二铵 50 kg，与土壤充分混匀。一般采用高畦或垄栽培，高畦的宽 1 m、高 15～20 cm、沟宽 40 cm，双行种植；垄的宽度 40～50 cm、高 15～20 cm，单行种植。

4. 定植

当棚内的最低气温稳定在 5 ℃以上后开始定植。栽苗应选择在晴天的下午 14:00—17:00 进行，以利于缓苗。按株距 40～50 cm，先在做好的垄上挖坑栽苗，然后浇足水，水渗透后覆土整垄。栽苗深度以不埋子叶为度，不宜过深过浅。定植后立即铺设滴灌带、覆盖地膜和扣棚保温。

5. 田间管理

(1)温度管理　定植后，前期为提高棚温，促进缓苗，棚膜要扣严，草苫要及时揭盖，白天温度 25～32 ℃，夜间 20 ℃左右；缓苗后要降温，白天温度 25 ℃左右，夜间 12～15 ℃，当棚温超过 28 ℃要揭开棚膜通风，随着植株的生长和外界气温的回升，通风口逐渐由小到大，通风量由少到多；坐果后，白天棚温要求 28～32 ℃，夜间 15～18 ℃，保持 13 ℃以上的温差，同时要求光照充足，以利于糖分积累和提高果实品质。

(2)肥水管理　甜瓜对水分条件要求严格，定植时浇足定植水，坐瓜前一般不再浇水。在开花坐瓜前应控水防徒长，坐瓜后开始浇水，始终保持地面湿润，避免土壤忽干忽湿，引起裂果。果实膨大期增加水量，成熟期再次控水，以提高品质和耐贮性。坐瓜前一般不追肥，坐瓜后根据结瓜期长短适当追肥 2～3 次，第一次在开花前 4～5 d，每 667 m^2 施尿素 10～15 kg、磷酸二铵 15 kg；第 2 次在果实膨大期，每 667 m^2 施硫酸钾 15 kg、磷酸二铵 20 kg，随水冲施。生长后期根系吸收力衰退，可叶面喷施 2～3 次磷酸二氢钾、复合微肥等叶面肥。

(3)植株调整

①吊绳引蔓　当甜瓜长到 7～8 片真叶后应吊绳引蔓，用细塑料绳一端拴在大棚上面的铁丝上，另一端拴在甜瓜真叶以下的茎部，并定期将植株缠绕在绳上，使之向上生长。

②整枝摘心　甜瓜以子蔓、孙蔓结果为主。通过摘心，促进分枝和雌花形成，整枝方式一般采用单蔓整枝或双蔓整枝。单蔓整枝即留 1 个主蔓，第 11～14 节为最佳留瓜节位(选其中 3 个节留 3 个瓜)，授粉后当瓜长至鸡蛋大小时，挑选一个最佳的瓜留瓜，子蔓留瓜节位后保留 1～2 节叶片摘心。其余子蔓和孙蔓全部摘除，主蔓长到 24～28 片叶及时摘心。

(4)人工授粉　棚室内栽培甜瓜需进行人工授粉或激素保果。授粉的最佳时间是雌花开放后 2 h 即上午 8:00～10:00 前授粉效果最好；或在 16:00～18:00 用 50 倍高效坐瓜灵均匀涂抹雌花果柄，连续涂抹 3 d，以保证每株有 3～4 个瓜坐住。

(5)定瓜与吊瓜　当瓜长至鸡蛋大小时，选果形端正、膨大迅速的留下，一般大果型品种留 1 个，小果形品种留 2 个为宜。当果实长至 250 g 左右时，要及时用网袋进行吊瓜，以防瓜蔓折断和果实脱落。

6. 采收

适时采收是保证质量的重要措施，可根据开花日期、果实表面变化、果顶变软、果梗脱落、闻香气及试食等方法确定采收期。判断成熟度的标志：一是果实具有本品种的色泽和香味；二是果实表面出现小裂纹；三是果梗离层形成，果实易脱落；四是果肉组织变软，比重减轻。

一般早熟品种开花后 40～45 d、晚熟品种 50～60 d 果实成熟可采收。采收时留 2～3 cm 果柄，防止伤口感染病菌。

二、薄皮甜瓜春季地膜覆盖生产技术

1. 育苗

采用棚室护根育苗，育苗期 40 d 左右，苗龄 3～5 片真叶，定植前进行低温炼苗。育苗方法同厚皮甜瓜。

2. 整地作畦

采用高畦或高垄栽培，干旱地区采用低畦栽培。结合整地每 667 m^2 施入充分腐熟的有机肥 5 000～8 000 kg，过磷酸钙 50 kg。采用爬地栽培，行距 1.2～1.6 m，株距 30～60 cm；若采用宽窄行栽培，大行距 2.0～2.5 m，小行距 0.5 m，株距 30～60 cm。

3. 定植

露地定植一般在断霜后进行，根据作畦的规格挖坑栽苗，定植后浇足水，并覆盖地膜。

4. 田间管理

(1)植株调整

①整枝、摘心　为促进甜瓜多结果、早结果，常采用多蔓整枝法，即在 4～6 片真叶时对主蔓摘心，然后选留 3～4 根健壮子蔓，均匀引向四方，其余摘除。待子蔓长出 7～8 片叶时对其摘心，促进孙蔓的萌发和生长。孙蔓结果后，每条孙蔓留 3～4 片叶摘心，促进果实发育。当果实膨大后，营养生长变弱时，停止摘心。

②压蔓　瓜蔓伸长后，应及早用土块压住瓜蔓，使瓜蔓沿要求的方向伸长。一般每株保留 3 条子蔓，隔株引向相反的方向，即一株向东一株向西，或一株向南一株向北定向生长，并用土块压蔓防止风害。

③疏瓜留瓜　甜瓜一生形成的雌花数较多，一般小果型品种每株留 2～4 个瓜，稀植时可留 5 个以上；大果型品种每株留 4～6 个瓜；其余花果，应及时疏除。

④摘叶　基部老叶易于感病，应及早摘除，还可疏去过密蔓叶，以利通风透光。

(2)肥水管理　定植后 5～6 d 轻浇 1 次水，促进根系生长，利于缓苗。茎蔓生长期浇 1 次催蔓水，随水追肥，每 667 m^2 追施碳铵 10～15 kg；开花坐瓜后每 667 m^2 追施硫酸钾 20 kg；进入膨大期需水肥量大，应加强灌水，每 667 m^2 追施磷酸二铵 40～50 kg，促进果实发育和成熟。生长后期宜叶面喷肥，每隔 5 d 喷 1 次 0.3%磷酸二氢钾液，连喷 2～3 次。采收前 1 周停止浇水，否则会降低果实的品质，并推迟成熟期。

(3)保花保果　雌花开放时人工辅助授粉或用防落素喷花心即可。

5. 采收

薄皮甜瓜花后 25～30 d 采收。

★能力转化

1. 制定大棚春季薄皮甜瓜生产技术方案，并能熟练操作其生产关键技术。

2. 进行甜瓜嫁接操作，15 d 后检查嫁接成活率，根据个人嫁接体会，列表比较插接法、靠接法和劈接法的优缺点，总结嫁接后的管理要点。

项目二

茄果类蔬菜生产技术

学习目标

了解茄果类蔬菜的生物学特性及其与栽培的关系，掌握番茄、茄子、辣椒的高产栽培管理技术，掌握番茄出现生理性病害的原因及防治措施；能熟练操作茄果类蔬菜的育苗、定植、土肥水管理、植株调整、疏花疏果和保花保果技术；培养崇尚科学、热爱劳动的精神。

茄果类蔬菜主要包括番茄属的番茄，茄属的茄子、香瓜茄，辣椒属的辣椒、甜椒，酸浆属的酸浆，枸杞属的枸杞及树番茄属的树番茄等，其食用部分为浆果。栽培广泛的是番茄、茄子和辣椒。

任务一　番茄生产技术

番茄别名西红柿、洋柿子、番柿子，原产南美洲，在我国广泛栽培。番茄果实营养丰富，具有特殊风味，含有多种维生素和氨基酸。除可鲜食和烹饪多种菜肴外，还可加工制成酱、汁、沙司、罐头、果脯、果干等，用途广泛，发展前景广阔。

★知识准备

一、生物学特性

（一）形态特征

1. 根

番茄根系发达，分布广而深。主根深入土中能达 150 cm 以上，根系开展幅度可达 250 cm 左右，大部分根群分布于 30～50 cm 的土层中。番茄根系再生能力强，不仅易生侧根，在茎上也很容易发生不定根，因此番茄移栽和扦插易于成活。

2. 茎

番茄茎为半直立或半蔓生，少数为直立型。茎的分枝形式为合轴分枝，茎顶端形成花芽，侧枝代替主枝继续生长。有限生长类型的番茄主茎生长到 6～8 片真叶后形成第1个花序，以后每隔1～2片真叶形成一个花序。主茎着生2～4个花序后，顶芽变成花芽，主茎不再延伸，出现封顶现象。无限生长类型的番茄主茎生长到8～12片叶时，开始出现第1个花序，以后每隔3片真叶着生1个花序，只要环境适宜，主茎可无限向上生长。

番茄茎的分枝能力较强，每个叶腋都可以发生侧枝，而以第一花序下的第一侧枝生长最快，保留这一侧枝可作为双干整枝，如进行单干整枝应及早摘除。番茄茎的生长初期为直立生长，随着植株伸长，叶片数增多，果实肥大，植株中心上移难以支撑地上部的重量而易倒伏，应于开花前后立支架。

番茄茎的丰产形态是节间较短，茎上下部粗度相似。徒长株节间过长，往往从下至上逐渐变粗。老化株则相反，节间过短，从下至上逐渐变细。

3. 叶

单叶，羽状深裂或全裂，每叶有小裂片5～9对，叶片和茎上有茸毛及分泌腺，分泌出特殊气味的汁液，对很多害虫具有驱避作用。

番茄叶片的丰产形态是叶片似长手掌状，中肋及叶片较平，叶色绿，叶片较大，顶部叶正常展开。生长过旺的植株叶片呈长三角形，中肋突出，叶色浓绿，叶大。老化株叶片小，暗绿或浓绿色，顶部叶小型化。

4. 花

番茄为完全花，自花授粉。普通番茄为聚伞花序，小型番茄为总状花序；花序着生于叶腋，花黄色。每个花序上着生的花朵数目因品种而有差异，一般5～10朵，少数如樱桃番茄可达50～60朵。小花的花柄和花梗连接处有离层，条件不适合时易引起落花，使用生长调节剂可防止落花。

番茄花的丰产形态为同一花序内开花整齐，花瓣黄色，花器及子房大小适中。徒长株花序内开花不整齐，往往花器及子房特大，花瓣深黄色。老化株开花延迟，花器小，花瓣淡黄色，子房小。

5. 果实

番茄果实为多汁的浆果，果实颜色有红色、粉红色、黄色、紫黑色、墨绿色等，形状有圆球形、扁圆形、卵圆形、梨形、长圆形、桃形等，它们是区别品种的重要标志。单果重因品种而不同，大型果200 g以上，中型果70～200 g，小型果70 g以下。

6. 种子

番茄种子扁平、肾形，表面有银灰色茸毛，千粒重2.7～3.3 g，生产上使用年限为2～3年。

（二）生长发育周期

1. 发芽期

从种子萌动到第1片真叶显露，在适宜条件下需7～9 d。发芽能否顺利完成主要取决于温度、湿度、通气状况和覆土厚度等条件。

2. 幼苗期

从第1片真叶显露至第1花序现蕾,需55～60 d。番茄幼苗期经历2个不同的阶段。从真叶破心到幼苗2～3片真叶展开为基本营养生长阶段,需25～30 d。从幼苗3片真叶开始花芽分化,进入幼苗的第二阶段,即花芽分化阶段。从花芽分化到开花约需30 d。

3. 开花坐果期

番茄从第1花序现蕾至坐果,需30 d左右。开花坐果是幼苗期的继续,结果期的开始,是以营养生长为主,过渡到生殖生长与营养生长并进的转折期,直接关系到产品器官的形成和产量,因此,此期管理的重点是协调营养生长和生殖生长的矛盾。

4. 结果期

从第1花序坐果到采收结束为结果期。又分为3个时期,从开花至花后4～5 d为坐果期;花后4～30 d为果实膨大期;花后30 d至果实成熟为定个及转色期。结果期营养生长与果实生长高峰相继周期性出现,要协调好秧果关系,注意植株调整和加强肥水管理等措施保持营养生长和生殖生长的均衡,以达高产的目的。

(三)对环境条件的要求

1. 温度

番茄喜温,既不抗寒又不耐热。生长发育适温10～33 ℃,同化作用最适宜温度为20～25 ℃,根系生长最适宜温度20～22 ℃。育苗期间白天适宜温度为20～25 ℃,夜间为10～15 ℃;开花结果的适宜温度白天为20～30 ℃,夜间为15～20 ℃,此期温度过高过低都极易造成落花落果。

2. 光照

番茄是喜光作物,光照充足花芽分化提早,第一花序着生节位降低,果实提早成熟。光照不足,落花落果,强光伴随高温易引起卷叶、坐果率低或果面灼伤。

3. 水分

番茄由于根系比较发达且吸水力较强,因此对水分的需求表现出半耐旱的特点,不耐涝。土壤相对湿度幼苗期以60%～70%为宜,结果期则要求在70%～80%。空气相对湿度以45%～50%为宜。土壤忽干忽湿,易导致裂果及一些生理病害的发生。

4. 土壤及营养

番茄植株适应性强,对土壤条件要求不太严格,但以土层深厚、排水良好、富含有机质丰富的沙壤土栽培较好,土壤pH 5.5～7.0为宜。生育前期需较多的氮、适量的磷和少量的钾,以促进茎叶生长和花器分化。坐果以后,需要较多的磷钾肥,特别是果实迅速膨大期,钾吸收量最大。此外,番茄对钙的吸收量也很大,缺钙易引起番茄叶尖和叶缘萎蔫,生长点坏死,果实发生脐腐病。

二、栽培类型与品种

1. 根据栽培品种的生长习性分类

番茄分为有限生长和无限生长2种类型。

(1)无限生长类型 为非自封顶类型,7～9节现蕾,每隔2～3片叶1个花序。条件适宜时主茎无限向上生长,多年生长。植株高大,长势旺,结果期长,单性结实多,抗病耐热性好。多为中晚熟品种,果大质优。

(2)有限生长类型 为自封顶类型,6～8节现蕾,每隔2～3叶1个花序(低封顶类型2～3个花序,高封顶类型4～5个花序)。植株较矮,结果比较早和集中,具有较强的结实力及速熟性,生长期较短,适于早熟、密植栽培。

2. 按结果节位高低及结果期的长短不同分类

番茄可分为早熟品种、中熟品种和晚熟品种3种类型。

(1)早熟品种 6～7片叶后出现第一花序,以后每隔2节左右着生1个花序,着生3～5个花序后,主茎不再伸长,也不再出现花序,结果期较短;此类品种主要用于春季早熟栽培及秋季延后栽培,株型小,适于密植,如苏粉2号、农大早红等。

(2)中熟品种 在7～8片叶出现第一花序,如佳粉15号、L-402。

(3)晚熟品种 在9片叶以上出现第一花序,以后每隔2～3节左右着生1个花序,条件适宜主干可无限伸长,花也不断长出,直到植株死亡;此类品种主要用于露地夏季栽培及保护地栽培,结果期较长,株形大,适合小密度栽培,如毛粉802等。

三、栽培季节与茬口安排

番茄露地以春秋茬为主,春番茄需在保护地内育苗,晚霜结束后定植于露地,是番茄栽培的主要季节;秋番茄一般在夏季6—7月份育苗,结果期正处于9—10月份气温比较适宜的季节,但较易遭受病毒病及晚秋低温的危害。设施栽培番茄,类型较多,小拱棚主要用于春季早熟栽培,大棚主要用于春提前和秋延后栽培,温室可四季栽培。番茄不耐连作,在发病严重的地块应与非茄科蔬菜进行3年以上的轮作,见表4-2。

表4-2 番茄生产季节与茬口安排

栽培季节	育苗播种期	定植期	茬口
春季露地	1月下旬至2月初	4月初、4月中旬	6月中旬至7、8月份
春季大棚(单模)	1月上旬、1月中旬	3月中旬至4月初	5月下旬至7月下旬
大棚秋延后	6月上旬	7月中旬	9月中旬至11月上旬
日光温室越冬	11月下旬至12月上旬	2月上旬、2月中旬	4—6月份

★任务实施

学习掌握番茄生产技术

一、塑料大棚春番茄生产技术

1. 品种选择

棚室春茬番茄应选择早熟或中早熟、且耐弱光、耐寒的优良品种，还要考虑市场对果实色泽的要求，长途运输销售时应考虑品种的耐贮性。如西粉 3 号、佳粉 15 号，苏粉 2 号、霞粉、中杂 9 号等。

2. 培育壮苗

(1)确定播期　长江流域春季塑料大棚早熟栽培于 3 月下旬至 4 月初定植，苗龄 70 d，则在 1 月上中旬播种为宜。

(2)浸种催芽　播种前 3～4 d 进行浸种催芽，将选好的种子放在 55～60 ℃热水中浸泡 15 min，不断搅拌并保持水温，捞出后用 0.1%高锰酸钾溶液浸泡 20～30 min，捞出用清水洗净，放于湿纱布中于 25～30 ℃温度下催芽，一般经过 2～3 d 有 50%以上种子出芽时即可播种。

(3)播种　播种前 1 d 将苗床浇足底水，使水分下渗 10 cm 左右，可用撒播或点播的方法，播后撒一薄层营养土盖籽，并及时覆盖塑料薄膜。

(4)播后苗期管理

①温度管理　首先是保证苗床适宜的地温，白天 28～30 ℃，夜间 16～18 ℃，使幼苗迅速而整齐的出苗，同时也要防止苗床气温过低造成不发芽不出土的现象。发现地面裂缝及“戴帽”出土时，可撒盖湿润细土，填补裂缝，增加土表湿润度及压力，以助子叶脱壳。出苗后至第 1 片真叶露心，幼苗极易徒长，管理上应适当降低苗床温度，白天 25～28 ℃，夜间 12～15 ℃，防止徒长。

②水分管理　在幼苗期，床土不过干不浇水，如底水不足，可选晴天一次浇透水，切忌小水勤浇。同时注意防止苗期病害的发生，如猝倒病等。

③分苗　幼苗 2 叶 1 心时进行分苗，采用水稳苗法，以塑料营养钵等容器分苗，分苗密度为 10 cm×10 cm 或 8 cm×10 cm 为宜。

④炼苗　定植前 7～10 d 进行秧苗锻炼，加大放风量，降低温度，白天不超过 20 ℃，夜间降到 5～8 ℃；这段时间一般不再浇水。

壮苗的标准是根系发达，茎粗 0.5 cm 左右，叶厚、浓绿色，苗高 20 cm，8～9 片叶，第一花序普遍现蕾。

3. 整地作畦

定植前 1 个月扣棚烤地，提高地温。结合整地施入基肥，可采取撒施与集中施用相结合，每 666.7 m^2 施入充分腐熟的有机肥 5 000 kg、饼肥 80 kg、过磷酸钙 50 kg 及含磷较高的复合肥 50 kg。其中饼肥与有机肥的 2/3 撒施，1/3 集中沟施，余下的有机肥和过磷酸钙及复合肥充分混合后集中施入定植行中，与土壤充分混匀。

定植前 7～10 d 深翻施肥后整地作畦，一般采取单垄双行栽培，垄宽 1 m(畦面宽 0.7 cm)、垄高 15～20 cm，沟宽 50 cm，作畦后立即覆盖黑色地膜，四周用土封严。

4. 定植

当棚内 10 cm 土温稳定通过 10 ℃时便可安全定植，选寒尾暖头晴天上午栽苗，定植深度以与子叶处平为宜，定植过深则影响缓苗。对徒长的番茄苗可采用“卧栽法”，即将番茄苗斜放在定植穴内封土。适宜的栽植密度为早熟品种行株距 50 cm×(25～30)cm，每 666.7 m^2 定植 4 500～5 000 株；中晚熟品种行株距(50～60)cm×(33～35)cm，每 666.7 m^2 定植 3 500～4 000 株。定植后浇足定植水，以利于缓苗。

5. 田间管理

(1)温湿度管理　定植初期保持高温高湿环境以利于缓苗，不放风，白天温度 25～30 ℃，夜间保持 15～17 ℃，空气相对湿度 60%～80%。缓苗后开始放风排湿降温，白天温度 20～25 ℃，夜间保持 12～15 ℃，空气相对湿度不超过 60%，防止徒长。进入结果期，白天温度 20～25 ℃，超过 25 ℃放风，夜间保持 15～17 ℃。每次浇水后及时放风排湿，防止病害的发生。随着外界气温的逐渐升高，要逐渐加大通风量。当外界气温稳定在 10 ℃以上时，就可以昼夜通风；当外界最低气温稳定在 15 ℃以上时，就可以逐渐撤去棚膜。

(2)肥水管理　定植时浇足定植水(压根水)，定植后 4～5 d 浇 1 次缓苗水(发根水)，缓苗后至开花前浇 1～2 次“提苗水”，坐果前不再浇水，应以中耕“蹲苗”为主，中耕应连续进行 3～4 次，中耕深度一次比一次浅，行距大的可适当培土。待第 1 穗果长到 3 cm 左右时浇 1 次“稳果水”，进入盛果期后，每批果实开始膨大时，浇 1～2 次“壮果水”。结合浇缓苗水追施提苗肥，追肥要注意氮磷钾配合施用。第 1 花序坐住果、第二穗果和第三穗果开始迅速膨大时各追肥 1 次。追肥量为每 667 m^2 可施尿素 15～20 kg、过磷酸钙 20～25 kg、硫酸钾 10 kg。

除土壤追肥外，可在结果盛期用 0.2%的磷酸二氢钾或 0.3%的尿素进行根外追肥。在追肥的同时及时浇水，浇水要均匀，忌忽干忽湿，使土壤保持湿润，防止裂果。

(3)植株调整

①插架或吊蔓　植株 30～40 cm 高时，第 1 花序坐果后开始搭架。架型有单立架、“人”字架、三脚架、篱形架等，番茄的架型因品种和整枝方式不同而异，也可采取尼龙绳吊蔓方式。自封顶品种因早熟而保留较少果穗进行打顶，可采用单立架；中晚熟品种可采用人字架或篱架形式。搭架后及时绑蔓，绑蔓应呈“8”字形，防止把番茄蔓和架材绑在一个结内而缢伤茎蔓。

②整枝　棚栽番茄密度较高，最好采用单干整枝，即只保留主干，留 3～4 穗果，每穗留 3～5 果，摘除所有侧枝。根据栽培情况还可采用改良式单干整枝和双干整

枝。改良式单干整枝(一干半整枝)是在单干整枝的基础上,保留第1花序下的第1个侧枝,主干留3～4穗果,侧枝留1～2穗果,果前各留2片叶摘心,摘除其他所有侧枝;该方法具有早熟、增强植株生长势和节约用苗的优点。双干整枝式除主干外,还保留第1个花序下的第1个侧枝,主干和侧枝各留3～5穗果,果前各留2片叶摘心,摘除其他所有侧枝。该种整枝方法适用于生长势旺盛的无限生长类型的品种,在生长期较长、幼苗数量较少的情况下也可采用。

③打杈、摘心、摘叶　在整枝过程中摘除多余侧枝叫打杈,打杈过晚,消耗养分过多,但在植株生长初期,过早打杈会影响根系的生长,尤其对生长势较弱的早熟品种,可待侧枝5～6 cm时,分期、分次摘除。对第一穗果坐果前出现的每一侧枝,留2～3片叶摘心,这样处理有利于增加植株的光和面积,从而增加光合产物量。在结果盛期以后,对基部的病叶、黄叶可陆续摘除,减少呼吸消耗,改善通风透光条件,减轻病害发生。

④疏花疏果　为提高果实的商品性和整齐度,要进行疏花疏果。对花序中过多的花或早期发生的畸形花、畸形果应尽早疏除,一般大型果每穗留2～3个,中型果每穗留3～5个,小型果每穗留5～10个,其余的花果全部去掉,以节约养分,集中供应选留的果实发育,提高商品果的品质。

(4)保花保果　番茄常因遇到低温或高温条件,使花粉管生长不良,花粉中的淀粉含量减少,引起子房枯萎而落花,采用植物生长调节剂处理以后,可以阻止果柄离层的形成,防止落花落果。一般用30～50 mg/L的防落素蘸花防止落花,处理时应在药剂中加入染料,避免重复使用,防止浓度过大造成药害。

6. 采收

番茄以成熟着色的果实为产品,从开花到果实成熟,早熟品种需40～50 d,中晚熟品种需50～60 d。番茄果实发育过程分为5个时期:

①绿果期　果绿色,内含大量叶绿素,种子正在发育,正处于膨大期。

②白果期　果面显白,果已不再膨大。

③变色期　果实有1/3开始变色转红,此时是催熟的适宜时期。

④成熟期　果实基本全部着色,但还有绿果肩,果实仍然坚硬。果实具有固有的色泽,是鲜食的最佳时期。

⑤完熟期　果实全部着色,果肉变软。种子完全成熟,含糖增加,风味最佳。

为加速番茄转色和成熟,必要时可进行人工催熟。人工催熟的方法可分为增温处理和化学药剂处理两类,增温处理是将已充分膨大的绿熟果采收,置于室内或塑料薄膜棚内,增高温度加速成熟,此法只适用于处理已经采收的果实,且催熟效果比较缓慢;化学药剂催熟是将采收的处于转色期的果实用1 000～4 000 mg/L乙烯利溶液浸果1 min置于温暖处,经3～4 h开始转红,此法催熟效果快,但色泽稍差。也可用500～1 000 mg/L乙烯利喷洒植株上的绿熟果,在植株上催熟的果实色泽较好，但切忌喷到植株上部的嫩叶上，以免发生药害。

二、樱桃番茄生产技术

樱桃番茄是番茄中的一种特殊类型，其果型大小近似樱桃，故有“樱桃番茄”之称。樱桃番茄小巧可爱，被誉为菜中佳肴，果中珍品，菜果兼用；富含各种维生素、无机盐等，可以生食、煮食或整果罐藏。近年来在国内外市场颇为风靡，也常用于冬、春季的高档水果供应市场，经济价值远高于普通番茄。樱桃番茄可露地栽培，也可设施栽培，但以设施栽培为主。

1. 露地栽培

露地栽培以春秋季栽培为主，春季栽培 1 月份在大棚内用电热温床加小棚育苗，4 月上中旬定植于露地，地膜覆盖栽培，5 月下旬至 7 月下旬采收。秋季栽培在 6 月下旬用营养钵育苗，7 月下旬定植，9 月下旬至下霜前采收，选用早熟品种。

2. 设施栽培

设施栽培可用小拱棚、大棚或温室生产。①小拱棚生产于 1 月份利用阳畦或大棚内设电热温床加小棚育苗，3 月上中旬定植，覆地膜，定植后即扣小拱棚，5—7 月份供应市场，较露地栽培可提早上市 1 个月左右。②大棚生产于 12 月初塑料大棚内电热线育苗，2 月下旬定植，大棚套小棚，4—8 月份上旬采收，选择早熟、丰产、优质品种。③大棚秋延后生产于 6 月下旬至 7 月上旬播种，8 月底定植，9—12 月份上市。④冬季阳光充足地区可利用日光温室栽培冬春番茄，9 月中旬播种育苗，10 月下旬定植，主要供应元旦、春节市场。

三、番茄常见生理病害及其防治

1. 脐腐病

(1)症状　番茄脐腐病又称顶果病，俗称“黑膏药”“烂脐”。在果实顶部产生黑褐色的病斑，在阴雨天，空气湿度大时则发生腐烂，是番茄栽培上发生较普遍的病害，尤其是设施栽培的番茄发生较重。

(2)原因　番茄脐腐果发生的原因有两个：一是番茄在生长发育过程中突然缺水，使果脐部位大量失水而引起组织坏死；二是番茄生长发育过程中缺钙，引起脐部细胞生理紊乱，引起脐腐病发生。

(3)防治措施　土壤中应施入消石灰或过磷酸钙作基肥；追肥时要避免一次性施用氮肥过多而影响钙的吸收；定植后勤中耕，促进根系对钙的吸收；及时疏花疏果，减轻果实间对钙的争夺；坐果后 30 d 内，可叶面喷施 1%的过磷酸钙或 0.1%氯化钙。

2. 筋腐病

(1)症状　番茄筋腐病发病的症状有褐变型和白化型两种，褐变型筋腐病在果实膨大着色期果实着色不均匀，外表凸凹不平，有的果皮局部变褐、变硬，横向切开果实可见果实内维管束及其周围组织褐变，或出现黑色糠心，有的果实出现空腔。白化型筋腐病在果实膨大着色期果皮或果壁病斑处硬化，果肉呈白色糠心状，果实外表不光滑，着色不良。

(2)原因　番茄筋腐病是多种不良条件诱发的病害，如土壤通透性不良、氮肥过多、低温、弱光或钾肥不足等；但普遍认为番茄植株体内碳水化合物不足和碳/氮值下降，引起代谢失调，致使维管束木质化，是导致褐变型筋腐果的直接原因。而白变型筋腐果主要是由于烟草花叶病毒(TMV)侵染所致。

(3)防治措施　生产中可通过选用抗病品种，改善环境条件，提高管理水平，应特别注意肥料的使用，即实行配方施肥、适当增施钾肥、在氮肥施用方面应以硝态氮为主等方法来防止筋腐病的发生。

3. 空洞果

(1)症状　空洞果俗称“八角帽”，即番茄的果肉部与果腔部之间出现空隙，严重影响果实的重量及品质。

(2)原因　空洞果的形成主要是由于花期授粉受精不良或果实发育期养分不足或使用生长调节剂浓度过高造成的。

(3)防治措施　生产中选择优良的品种；生长期间加强肥水管理，氮、磷、钾肥比例要合理，避免氮肥过多，科学用水，调节好根冠比，使植株营养生长和生殖生长平衡发展；正确使用生长调节剂进行保花保果处理；摘心不要过早，以免造成养分分配过早发生变化，茎叶与果实发育不协调，也易使果实各个部分发育不均衡，而出现空洞果。

4. 裂果

(1)症状　果实发育后期在番茄肩部出现环状开裂和放射状开裂的现象。

(2)原因　主要是高温、强光、土壤干旱等因素，使果实生长缓慢，如突然灌大水，果肉细胞还可以吸水膨大，而果皮细胞因老化已失去与果肉同步膨大的能力而开裂。

(3)防治措施　为防止裂果的发生，除选择不易开裂的品种外，管理上应注意均匀供水，避免水分忽干忽湿，特别应防止久旱后过湿。植株调整时，把花序安排在架内侧，靠自身叶片遮光，避免阳光直射果面而造成果皮老化。

5. 畸形果

(1)症状　凡形状不正常的果实均属于畸形果，有尖顶果、凹顶果、顶裂果、多心果、侧裂果等。

(2)原因　番茄畸形果多是由于环境条件不适宜而致。苗期管理不善，苗期持续低温，特别是 2～5 片真叶展开期间白天温度低于 20 ℃，夜间温度低于 8 ℃，畸形果增多；水分管理跟不上，缺硼、钙元素会加剧果实畸形病的发生；花期使用激素浓度过高，而果实发育养分供应不足，或点花后花朵尖端残留多余激素水滴，使果实不同部位发育不匀，引起子房畸形发育。

(3)防治措施　苗期加强温光水肥管理，特别是在花芽分化期，尤其是第一花序分化期(发芽后 25～30 d，2～5 片真叶时)，要防止温度过高或过低；开花结果期合理施肥，使花器得到正常生长发育所需营养物质，防止分化出多心皮及形成带状扁形花而发育成畸形果。使用生长调节剂保花保果时，要严格掌握浓度和处理时期。

6. 日烧果

(1)症状 在夏季高温季节，由于强光直射，果肩部分温度上升，部分组织烫伤、枯死，产生日烧病。

(2)原因 番茄定植过稀、整枝打杈过重、摘叶过多，是造成日烧果的重要原因。天气干旱、土壤缺水或雨后暴晴，都易加重日烧果。

(3)防治措施 为防止日烧，番茄定植时需合理密植；适时适度地整枝、打杈，果实上方应留有叶片遮光，搭架时，尽量将果穗安排在番茄架的内侧，使果实不受阳光直射；适当增施钾肥增强其抗性。

7. 生理性卷叶

(1)症状 叶片纵向上卷，叶片呈筒状，卷叶严重时，叶片变厚，脆而硬。卷叶轻重程度差异很大，从整株看，有的植株不仅下部或中下部叶片卷叶，有的整株所有叶片都卷叶。

(2)原因 番茄生理性卷叶是植株在干旱缺水条件下，为减少蒸腾面积而引发的一种生理性保护作用；过度整枝、过量偏施氮肥也可引起下部叶片大量卷叶；特别是土壤内缺铁、缺锰等微量元素，会加重卷叶，并伴随叶片变黄变紫等症状。

(3)防治措施 生产中应均匀灌水，避免土壤过干过湿，设施栽培中要及时放风，避免温度过高；生理性缺水所致卷叶发生后，及时降温、灌水，短时间就会缓解；同时，注意适时、适度整枝打杈。

★能力转化

1. 记录露地番茄的整个生长过程，详尽描述生产过程中遇到的问题及解决办法。

2. 观察比较不同类型番茄的分枝结果习性，第1花序的着生节位、花序类型、各层花的着生规律、分枝能力及侧枝生长情况的差异。

3. 进行番茄植株调整操作，记录不同类型和品种番茄的搭架、绑蔓、整枝、打杈、摘心、疏花疏果、打底叶的具体时间、方法及要求。

任务二 茄子生产技术

茄子属茄科植物，起源于亚洲东南热带地区，中国栽培茄子历史悠久，类型、品种繁多，一般认为中国是茄子的第二起源地。茄子含有丰富的蛋白质、维生素、钙盐等营养成分，还含有少量特殊的苦味物质茄碱。食用其幼嫩浆果，可炒、煮、煎食，干制和盐渍，经常食用有降低胆固醇、防止动脉硬化和心血管等多种疾病的功效，是一种良好的保健蔬菜。茄子适应性强、生长期长、产量高，目前在我国各地普遍栽培，面积也较大。

★知识准备

一、生物学特性

(一)形态特征

1. 根

茄子根系发达,主根粗而强,可长达 1 m 以上,主要根群多分布于 33 cm 土层中。茄子根系木质化较早,发生不定根的能力较弱,因此移栽或育苗时应注意保护根系。

2. 茎

茄子的茎直立,圆形,粗壮,株高 80～110 cm,有的甚至高达 2 m 以上,色泽有紫色、绿色、绿紫色、暗灰色等。茄子分枝习性为假二杈分枝,即主茎生长到一定节数变为花芽,由花芽下的两个侧芽生成两个第一次分枝,各分枝生长 2～3 叶后,顶端又形成花芽,下位两个侧芽又以同样方式形成两个侧枝,依此方式,继续形成以后各级分枝。按果实出现的先后顺序,习惯上称之为门茄、对茄、四门斗、八面风、满天星。茄子分枝结果习性说明,茄子结果的潜力很大,越到上层果实愈多,但必须采取合理措施培育粗壮枝条为结果打好基础。门茄以下节位的侧芽萌发力强,应及早摘除,如图 4-2 所示。

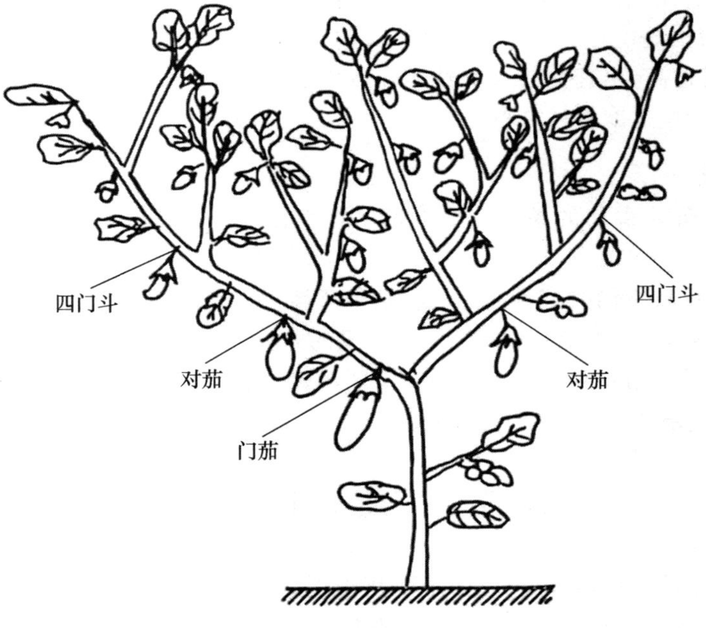

图 4-2　茄子分枝结果习性

3. 叶

单叶,互生,有长柄。叶卵圆形或椭圆形,叶片形状的变化与品种有关,株型紧凑,生长高大的品种一般叶片狭窄;而株型开张,生长较矮的叶片较宽。叶片边缘有波浪状的钝缺刻，叶面粗糙有茸毛，有些品种的叶脉和叶柄有刺毛。茎叶的颜色与果实的颜色相关，紫茄品种的嫩枝及叶柄带紫色，白茄和青茄品种呈绿色。

4. 花

茄子为自花授粉植物，为两性花，多单生，也有 2～4 朵簇生，筒状，花白色和紫色两种。根据花柱长短可分为长柱花、中柱花及短株花，长柱花的花柱高出花药，花大色深，为健全花，能正常授粉，有结果能力；短柱花的花柱低于花药，花柱退化，花小，花梗细，为不健全花，一般不能正常结果；中柱花授粉率低于长柱花。

5. 果实

茄子为浆果，以嫩果为食用产品。果实的形状有圆球形、扁圆形、长棒状、细长形等，果肉颜色有白、绿、黄白之分，果皮颜色有紫色、紫红色、青绿色、白色、黄色等，果实成熟时果皮变为黄色或黄褐色。

6. 种子

茄子种子发育较晚，一般在果实接近成熟时才迅速发育和成熟，采种必须待果实变黄时采收。每个果实内含种子 500～1 000 粒，占果实重量的 1%左右，老熟种子一般为金黄色，陈种子呈褐色或灰褐色，扁圆形，种皮光滑而坚硬，千粒重 4～5 g，种子的寿命为 4～5 年，但生产上常使用 1～2 年的种子。

（二）生长发育周期

1. 发芽期

从种子发芽到第 1 片真叶出现，30 ℃条件下需 6～8 d，25 ℃需 10～15 d。

2. 幼苗期

从第 1 片真叶出现到门茄现蕾，需 60～70 d。幼苗期同时进行营养器官和生殖器官的分化和生长，茄子生长至 3～4 片真叶，幼茎粗度达 2 mm 开始花芽分化，长到 5～6 片叶时就可现蕾。因此，分苗应在 4 片真叶展平前进行，以减轻对幼苗花芽分化的影响。

3. 开花结果期

茄子的门茄现蕾后至收获完毕为开花结果期，此期按茄子生长过程分为门茄现蕾期、门茄“瞪眼”期、对茄与四门斗结果期、八面风时期（图 4-3）。

（1）门茄现蕾期　门茄现蕾标志幼苗期结束，进入开花结果期，但在门茄“瞪眼”以前，植株还是处于以营养生长占优势的阶段，这时应对营养生长适当控制，促进坐果。

（2）门茄“瞪眼”期　此时茎叶与果实同时生长，并且营养生长逐渐减弱，果实生长占优势，容易发生果实对茎叶以及下层果实对上层果实的抑制作用。此时应加强肥水管理，促进茎叶持续生长和果实膨大。

（3）对茄与四门斗结果期　为植株生长盛期，果实迅速生长。此期是构成总产量的关键时期，生产上既要促进果实的生长发育，又要保持植株的旺盛生长，防止早衰。

（4）八面风时期　已进入结果中、后期，果实数目较多，单果重减小。此时要继

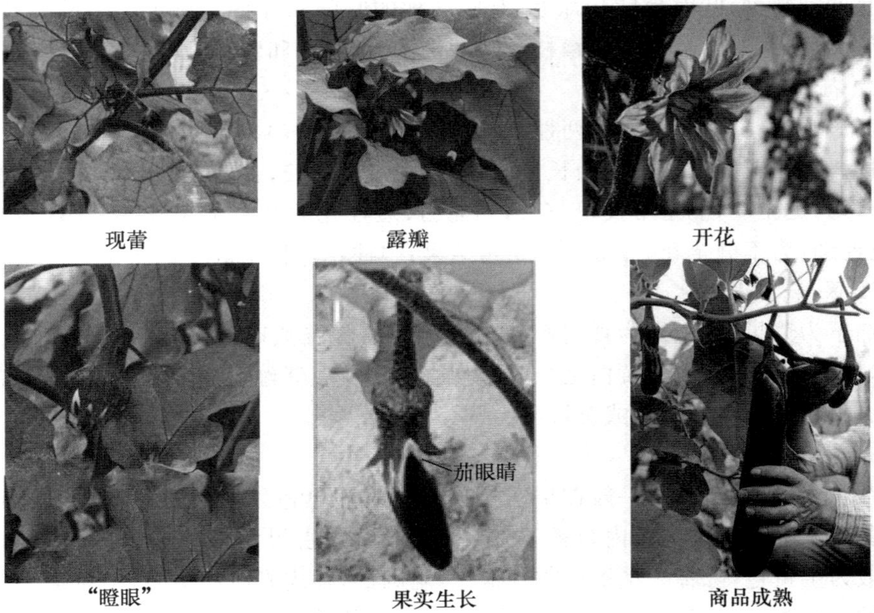

图 4-3　茄子果实生长发育过程

续加强管理，保持植株长势，对提高单位面积产量有较重要的作用。

（三）对环境条件的要求

1. 温度

茄子喜温，耐热性比番茄高，种子发芽适温 30 ℃，低于 25 ℃发芽缓慢且不整齐；幼苗期发育适温白天 25～30 ℃，夜晚 15～20 ℃；开花结果期则以 30 ℃左右为宜，气温低于 20 ℃授粉受精和果实发育不良；低于 15 ℃生长缓慢，易落花落果；低于 13 ℃则停止生长，遇霜冻植株死亡。

2. 光照

茄子喜光，日照时间长、光照强时，植株生长健壮，开花提早。在弱光下，特别是光照时间短的条件下，花芽发育变劣，短柱花增多，落果率增加，在设施生产中要特别注意改善光照条件。

3. 水分

茄子根系强大，表现一定的耐旱性，但因结果量大，需水较多。茄子也怕涝，土壤渍水会造成烂根死秧和病害流行，通常土壤含水量以 70%～80%为宜。

4. 土壤及营养

茄子对土壤适应性广，高产栽培需选土层深厚、排水良好、富含有机质的壤土或沙壤土，pH 6.8～7.3。茄子是需肥较多的蔬菜，每生产 1 000 kg 商品果，大约需吸收氮 3 kg、磷 0.64 kg、钾 5.5 kg、钙 4.4 kg。

二、栽培类型与品种

根据茄子的果形，将茄子的栽培种分为圆茄、长茄和卵茄3个变种，每一变种又有许多品种。

1. 圆茄

植株高大，茎秆直立粗壮，叶片宽而厚，植株长势旺。果实圆球形、扁圆形或椭圆形，单果重多数在500 g以上，果肉质地致密，皮厚，耐贮运，多为中晚熟品种。圆茄不耐湿热及多雨气候，属于北方生态型品种，适合温暖干燥、阳光充足的大陆性气候条件，是北方茄子的主栽类型。如北京六叶茄、安阳大圆茄、西安大圆茄等。

2. 长茄

高度及长势中等，叶较小而狭长，分枝较多。单株结果数较多，单果重小，呈细长棒状，果皮薄，肉质嫩，不耐贮运，长度因不同品种在25～40 cm之间，主要分布在长江流域各省，较耐阴和潮湿，以早、中熟品种为多。如鹰嘴长茄、南京紫线茄、四川墨茄等。

3. 卵茄

卵茄又名矮茄，植株低矮，茎叶细小，分枝较多，生长势中等或较弱。坐果节位较低，果实较小，果形为卵形和灯泡形，果皮较厚，种子多，品质较差，产量低，抗逆性强，能在高温下栽培，多为早熟品种。如北京灯泡茄、西安绿茄、孝感白茄等。

三、栽培季节与茬口安排

茄子生长期和结果期长，全年露地排开栽培的茬次少。长江流域春夏栽培，1月中下旬播种育苗，清明前后定植，夏季上市。夏、秋栽培，4月上旬播种育苗，6月上旬定植，秋季上市。塑料大棚秋延迟栽培，4月中下旬育苗，6月中下旬定植，8月初至小雪上市(播种时间一般从定植期向前推80～90 d)。

茄子土传病害重，忌连作，应与辣椒、番茄等茄科蔬菜实行5～8年及以上轮作。前茬可以是越冬菜或冬闲地，以葱蒜茬最好，瓜类、豆类次之，白菜和春小白菜较差；也可与大田作物、小麦轮作或绿叶蔬菜、白菜套种。

★任务实施

一、掌握露地茄子春夏季生产技术

1. 品种选择

选择优质、丰产、抗寒、耐弱光、耐热、抗病的早熟长茄或圆茄类品种。

2. 培育壮苗

(1)播种期　一般长江流域1月中旬在温室或大棚播种育苗，4月初定植于露地。

(2)种子处理　茄子种皮较厚,播种前晒种 1～2 d,然后用 0.1%的高锰酸钾溶液浸泡 30 min,捞出洗净。用 75 ℃热水烫种后进行变温催芽,在 25～30 ℃处理 12 h,再在 20 ℃处理 8 h,每天用清水冲洗一遍。4～5 d 后,有 60%～70%出芽便可播种。

(3)播种　现多采用营养土穴盘育苗,选晴天上午进行播种,穴盘浇透水,将出芽的种子点播在穴盘里,播后盖 1 cm 厚的营养土,后盖地膜。

(4)苗期管理　出苗前白天温度保持在 25～30 ℃,夜间 16～20 ℃,地温 20 ℃左右,一般 5～6 d 可出齐苗,70%种子出苗后撤去地膜。齐苗后适当降低室温,白天 20～25 ℃,夜间 15 ℃,并向苗床撒一次干营养土,防止"戴帽"出土,两片子叶完全展开后再撒一次,每次厚度 0.3～0.5 cm。当幼苗长到 3 片真叶时进行分苗,苗距 10 cm×10 cm。分苗后心叶开始生长时,白天温度控制在 20～25 ℃,夜间 13～15 ℃,防止徒长。定植前 10 d,白天 20 ℃左右,夜间 12 ℃左右。茄子对光照强度和光照时间要求较高,日照越长,幼苗生长越壮;弱光照不足,日照时间短,会影响花芽分化,开花会延迟,长柱花将减少。因此,出苗后,应尽早揭开草苫延长日照时间,尽量多接受阳光。定植前 5～7 d 可通过控制放风、减少覆盖物进行炼苗,使之逐渐适应定植环境。播种后到移植前不宜浇水,移植前一天浇水以便起苗,移植后要浇透水,到定植前保持土壤见干见湿,土壤含水量 60%～70%,定植前 7～10 d 控制水分。

壮苗标准是苗高 25 cm 左右,茎粗 0.6 cm 以上,4 叶 1 心,70%现蕾,叶色浓绿,根系发达,根白色,日历苗龄 80～90 d。若采用分苗带土移栽,要有 8～9 片真叶,可顶花带蕾定植。

3. 整地施肥

选择土层深厚,排灌方便,保肥保水性能良好,富含有机质的土壤。冬前深翻 30 cm,早春化冻后及时整地,结合整地每 667 m^2 施入腐熟有机肥 5 000 kg,氮磷钾复合肥 50 kg,饼肥 50 kg,冬前普遍撒施 2/3,留 1/3 于定植前沟施。

4. 定植

当 10 cm 土温稳定在 12 ℃以上即可定植。采用单行种植,株行距 45 cm×80 cm;若采用大小行种植,株行距 30 cm×60 cm;每 667 m^2 定植 1 500～3 300 株。按行距大小进行起垄或作畦,按株距挖穴,然后浇水,以水稳苗,水渗后封穴;栽植深度以埋住土坨 1～2 cm 为度。定植完后放大水,浇水量以湿润垄顶为度。

5. 田间管理

(1)浇水　定植当天浇定植水,5～7 d 浇缓苗水,缓苗到门茄"瞪眼"要进行蹲苗,之后要经常浇水,5～7 d 浇水 1 次,或每采收 1～2 次果浇水 1 次。

(2)追肥　缓苗后每 667 m^2 可追施尿素或复合肥 10 kg,第一果开始膨大时进行,每亩 667 m^2 施尿素、复合肥 20～25 kg,门茄采收后,对茄、四门斗迅速膨大时,一般追肥 2～3 次，每次追施尿素和复合肥 10～20 kg。盛果期后，除土壤追肥外，可结合喷药或单喷磷酸二氢钾或硼砂作叶面肥。

(3)中耕　定植成活后要及时中耕疏松土壤、提高地温，促进根系发育。结合覆土培垄，形成深沟高垄，以促进不定根的发生，预防植株倒伏。

(4)植株调整　采用双干整枝法，即在对茄形成后，剪去两个向外的侧枝，只留两个向上的双干，打掉门茄以下的所有侧枝；生长后期，摘除下部的老叶、黄叶、病叶。

(5)保花保果　为提高坐果率，可使用 30～50 mg/L 防落素或 30～50 mg/L 的赤霉素液喷洒花朵和幼果 1～2 次。

6. 采收

一般商品果从开花至果实成熟需 20～25 d，茄子果实膨大较快，宜勤采勤收，尤其适当早摘“门茄”，可促使“对茄”的发育和植株的生长。采收标准是根据萼片与果实结合处形成的白色或淡绿色带状环的宽窄，当环状带趋于不明显或正在消失，表明果实已停止生长，即可采收。

二、掌握温室冬春茄子生产技术

冬春茬茄子一般 9 月上旬至 10 月上旬播种，11 月上旬至 12 月上旬定植，翌年 1 月上旬采摘，6 月上旬拉秧。

1. 品种选择

茄子温室冬、春栽培宜采用嫁接育苗。接穗品种应选用优质高产、抗病耐贮、抗寒耐弱光、商品性好、适合市场需求的茄子品种。砧木品种主要是从野生茄子中筛选出来的高抗或免疫品种，如托鲁巴姆、赤茄等。

2. 穴盘育苗

(1)穴盘的选择　冬、春季育苗选用 72 孔穴盘。

(2)育苗基质　草炭与蛭石按照 2∶1 的比例复配，或者草炭、蛭石与蚯蚓粪按照 1∶1∶1 的比例复配，配制时每立方米加入 2 kg 氮磷钾三元复合肥，肥料与基质混合拌匀后用 50%多菌灵可湿性粉剂 500 倍液喷洒消毒，盖膜堆闷 2 h，备用。

(3)种子处理

①接穗种子处理　购买的包衣种子可直接播种，没有处理的种子可进行温汤浸种或药剂消毒。浸种前除去瘪粒和杂质，先将种子于凉水中浸泡 10 min，捞出后于 50 ℃水中不断搅拌，随时补充热水使水温稳定在 50 ℃，时间 15～30 min。将种子捞出放入凉水中散去余热，然后浸泡 4～5 h，捞出放入湿纱布中于适温条件下变温催芽，5～6 d 种子出芽露白即可播种。

②砧木种子处理　托鲁巴姆不易发芽，可用 150～200 mg/L 的赤霉素溶液浸种 48 h，放于白天 35 ℃，夜间 15 ℃的条件下，8～10 d 可发芽。

(4)播种　每穴播种 1 粒，播种深度以 1.0～1.5 cm 为宜。播种后，覆盖一层基质并将多余的基质用刮板刮去，使基质与穴盘格室相平，浇透水，以穴盘底部渗出水为宜。托鲁巴姆种子拱土能力差，播种时宜覆盖 2～3 cm 厚的药土，2 叶 1 心时移入营养钵中。

(5)苗床管理　播种之后至齐苗阶段重点是温度管理，白天 25～28 ℃，夜间 18～20 ℃为宜；齐苗后降低温度，白天 22～25 ℃，夜间 10～12 ℃；定植前炼苗，夜温可降至 8～12 ℃，以适应定植后的自然环境。苗期子叶展开至 2 叶 1 心，水分含量为最大持水量的 75%～80%；2 叶 1 心后结合喷水进行 1～2 次叶面喷肥；3 叶 1 心至定植，水分含量为 75%左右。

冬、春育苗壮苗标准为株高 10～20 cm，茎粗 0.5 cm 左右，具有 6～7 片真叶，能见花蕾，苗龄 90～100 d，叶色浓绿，无病虫害，植株发育均衡。

3. 嫁接育苗

茄子易受黄萎病、青枯病、立枯病、根结线虫病等土传病害危害，不能重茬。采用嫁接育苗，不但可以有效地防治黄萎病等土传病害，使连作成为现实，而且由于根系强大，吸收肥水能力强，植株生长旺盛，具有提高产量和品质、延长采收期的作用。茄子嫁接以劈接、插接应用最多，具体方法如下：

(1)劈接　当砧木和接穗的秧苗长到 5～6 片真叶时，将砧木保留 2 片真叶，用刀片横切砧木茎，去掉上部，于茎中间劈开，向下切 1.0～1.5 cm 深；将接穗苗拔下，保留 2～3 片真叶，用刀片去掉下端，上部茎切口处削成楔形，将接穗插入砧木的切口处，对齐后，用夹子固定。

(2)插接　插接嫁接的适宜时期是砧木有 2.5～3 片真叶，接穗有 2～2.5 片真叶。先把砧木第 1 片真叶以上的茎切断，砧木茎部的横断面或侧面用竹竿等扎孔，再将接穗从子叶节处的接口削尖，插入砧木的扎孔中。

(3)嫁接后的管理　茄子嫁接后，从砧木与接穗结合、愈伤组织增长融合，到维管束分化形成需 10～15 d，高温、高湿、中等程度光照条件下愈合速度快，成活率高。

①光照　嫁接后前 3 d 适当遮光，嫁接 3 d 后早晚不再遮阳，只在中午光照较强的一段时间遮盖，以后临时遮光时间逐渐缩短，7～8 d 后取下遮阳物，全天见光。

②温度　嫁接后保持比常规育苗稍高的温度可以加快愈合进程。嫁接前 3 d 要提高气温，白天 28～30 ℃、夜间 15～17 ℃，冬季气温低需采取加温设备或采用电热线温床育苗；嫁接后 3～7 d，随着通风量的增加，降低温度 2～3 ℃，1 周后叶片恢复生长时说明接口已经愈合，开始进入正常温度管理。

③湿度　将接穗水分蒸腾减少到最低限度是提高嫁接成活率的决定性因素之一。每株幼苗完成嫁接后要立即将基质浇透水，随嫁接将幼苗放入已充分浇湿的小拱棚中，用薄膜覆盖保湿，嫁接完毕后将四周封严。前 3 d 相对湿度在 90%～95%及以上，每日上午下午各喷雾 1 次，保持高湿状态，以薄膜上布满雾滴为宜。喷水时

喷头朝上，避免直接喷洒嫁接部位引起接口腐烂。4～6 d 内相对湿度可稍微降低，以 85%～90%为宜，一般只在中午前后喷雾。嫁接 1 周后转入正常管理。

4. 整地施肥

整地前清除残留物，进行深耕并施有机肥和复合肥，深翻 30 cm 以上。播种前每 667 m^2 施入腐熟有机肥 6 000 kg、过磷酸钙 50 kg、复合肥 30 kg、微量元素螯合肥 30 kg，翻耕、整平、耙细。然后用 50%多菌灵可湿性粉剂 2 kg 与干土拌均匀后消毒，南北向起垄，大行距 70～80 cm，小行距 50～60 cm，垄高 15～20 cm。垄面铺设两条滴灌管，滴灌管布置在畦面 20 cm 与 60 cm 处，采用直径 15 mm 内镶式滴头滴灌，滴头间距 30 cm，滴灌分支管采用直径 25 cm 塑料管。南北向用地膜覆盖垄面，实行膜下滴灌。

5. 定植

当棚室内 10 cm 土温稳定在 12 ℃以上即可定植。采用双行定植，株距 38～40 cm，行距 50～60 cm，每 667 m^2 定植 2 500～2 800 株。定植深度以营养土块的上表面与畦面齐平或稍深为宜，定植后浇透定植水。

6. 定植后管理

(1)温度管理　定植后要设法提高棚室内温度以促进缓苗，棉被晚揭早盖不通风，棚室内温度控制在 25～30 ℃，尽量不超过 33 ℃，夜间温度 15～20 ℃。7～10 d 缓苗后温度适当降低，白天在 25～28 ℃，夜间 14～16 ℃。阴雪天气也要揭苫，并逐渐进行通风。开花坐果期，适当提高白天温度，以 25～30 ℃为宜，夜温 18 ℃左右即可。结果期降低棚室内温度，白天 20～30 ℃，夜间 10～20 ℃。

(2)湿度管理　定植后至缓苗前应保持棚室内较高湿度，以利于缓苗，缓苗后通风降低棚室内湿度，尤其开花结果期要保持较低湿度，以防病害发生，以 70%～80%为宜。

(3)光照管理　结合温、湿度等环境条件的调节，统筹调节光照条件，尽量确保每天有必要的光照时间。高温强光时段，应注意适时适当遮阴，防止光合效率的降低和日灼果的发生；寒冷寡照时段，尤其是连阴雨天气，应通过掌控棉被揭盖的时间尽量增加光照；或在棚室内张挂反光幕、安装补光灯等。

(4)肥水管理　定植后 7～10 d 浇一次缓苗水，一般在门茄坐果前不浇水。若发现缺水可轻浇一次水，当门茄开始膨大时，进行追肥浇水，一般隔水追肥一次，每 667 m^2 追肥量 15 kg 左右。冬季和初春温度低，光照弱，从茄子开花结果期开始进行叶面追肥，用 0.2%的尿素和 0.3%的磷酸二氢钾混合液等微肥喷施，一般每隔 15 d 喷 1 次，连喷 2～3 次。

(5)植株调整　生长后期进行吊蔓、绑蔓。采用双干整枝，即在对茄形成后，剪去两个向外的侧枝，形成向上的双干，以后的侧枝全部打掉，每株留 5～8 个果后在幼果上留 2 片叶摘心。当对茄坐果后，把门茄以下侧枝除去；门茄采收后，在对茄下留1片叶，再打掉下面的叶片。当四门斗4～5 cm大小时，除去对茄以下老叶、黄叶、病叶及过密的叶和纤细枝。

保花保果措施同露地茄子生产技术。

(6)二氧化碳施肥　在坐果及果实膨大期是增施二氧化碳的最佳时期，施肥要坚持1个月，中途不能停止，以免引起植株早衰。选择吊袋式二氧化碳气肥，将“发生剂”与“缓释催化剂”混合均匀后吊挂在植株上端50～60 cm处，每袋双面烫8个气体释放孔，每667 m^2日光温室需均匀吊挂20袋，每月换施1次。

7. 采收

茄子达到商品成熟的标准是“茄眼睛”(萼片下的一条浅色带)消失，说明果实生长减慢，可以采收。早熟茄子品种，开花后20～25 d即可采收嫩果。采收时要用剪刀剪下果实，防止撕裂枝条。采收果实以早晨和傍晚为宜，以延长市场货架的存放时间。

★能力转化

1. 根据所学知识，制定茄子大棚早春生产技术方案，并能熟练操作各关键技术环节。
2. 进行茄子浸种及催芽处理，记录发芽情况，并进行分析总结。

任务三　辣椒生产技术

辣椒，茄科辣椒属植物，别名番椒、海椒、秦椒、辣茄。原产于南美洲的热带草原，明朝末年传入我国，至今已有300余年的栽培历史。辣椒在我国南北普遍栽培，南方以辣椒为主，北方以甜椒为主。辣椒果实中含有丰富的蛋白质、糖、有机酸、维生素及钙、磷、铁等矿物质，其中维生素C含量为菜中之首，胡萝卜素含量也较多，还含有辣椒素，能增进食欲、帮助消化。适于生食、炒食，还可加工成辣酱、辣油、辣椒粉。

★知识准备

一、生物学特性

(一)形态特征

1. 根

辣椒的根系入土较浅，根量少，有两排侧根，方向与子叶平行，根群一般分布于30 cm土层中。育苗移栽时主要根群多集中于土表10～15 cm土层内。辣椒根系发育弱，茎基部不易发生不定根，再生能力差，不耐旱也不耐涝，根系对氧要求严格。栽培上培育强壮根系及育苗时注意对根系保护，对辣椒的丰产具有重要意义。

2. 茎

辣椒茎直立生长，木质化程度高，主茎顶芽分化为花芽后，以二杈或三杈分枝继续生长；腋芽萌发力较弱，株冠较小；分枝形式因品种和栽培环境不同而异。①无限分枝型：植株高大，生长茁壮。主茎长到 7～15 片叶，顶芽变为花芽，花芽下位形成分枝，一般 2 个分枝，长到 1～2 叶后顶芽又形成花芽，再抽生分枝，依次陆续抽生各级分枝，陆续开花结果。绝大多数栽培品种都属于无限分枝型。无限分枝型辣椒品种，主茎基部各节叶腋均可抽生侧枝，应及时摘除以减少养分的消耗。②有限分枝型：植株矮小，主茎长到 5～13 片叶，形成顶生花簇而封顶，花簇下的腋芽抽生侧枝，侧枝上的腋芽还可抽生副侧枝，侧枝和副侧枝着生 1～2 片叶后，顶端又形成花簇而封顶，植株不再分枝生长。簇生的朝天椒和观赏的樱桃椒属于此类型。

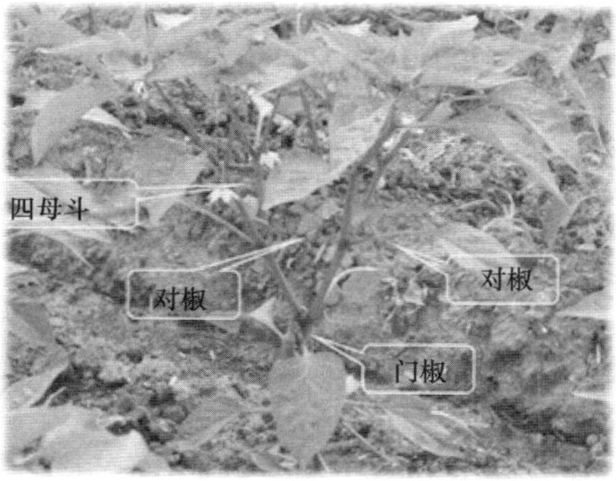

图 4-4　辣椒分枝结果习性

3. 叶

单叶互生，长卵圆形或披针形，全缘，叶面光滑，稍有光泽，少数品种叶面密生茸毛。叶片的生长状况与栽培条件有很大关系，氮肥充足，叶形长，而钾肥充足，叶幅较宽；氮肥过多或夜温过高时叶柄长，先端嫩叶凹凸不平，低夜温时叶柄较短；土壤干燥时叶柄稍弯曲，叶身下垂，而土壤湿度过大，则整个叶片呈萎蔫下垂状。

4. 花

完全花，单生、丛生（1～3 朵）或簇生，花冠白色，常异花授粉，天然杂交率为 25%～30%。植株营养状况的好坏直接影响到花柱的长短，生长正常时辣椒的花药与雌蕊的柱头等长或稍长，能够正常授粉、受精、结实；如主枝和靠近主枝的侧枝，营养条件好，花器多正常；远离主枝的侧枝则营养不良易出现短柱花，短柱花因授粉不良而出现落花落果。

5. 果实

辣椒果实为浆果下垂或朝天生长。果形、大小、颜色因品种而异；通常有扁圆形、线形、长圆锥形、长羊角形、短羊角形等。一般甜椒品种果肩多凹陷，鲜食辣椒品种多平肩，制干辣椒品种多抱肩。果面光滑，常具有纵沟，凹陷或横向皱褶。青熟果浅绿色至深绿色，少数品种黄色、白色、紫色；生理成熟时转为红色、橙黄色或紫红色。大果形甜椒品种不含或微含辣椒素，小果形品种辣椒素含量高，辛辣味浓。

6. 种子

种子扁平，近圆形，表面微皱，淡黄色，稍有光泽；千粒重 5.0～6.0 g，种子寿命 5～6 年，但生产上使用年限仅 2～3 年。

（二）生长发育周期

辣椒的生育周期包括发芽期、幼苗期、开花坐果期、结果期 4 个阶段。

1. 发芽期

从种子发芽到第 1 片真叶出现为发芽期，一般为 10～15 d。发芽期的养分主要靠种子供给，幼根吸收能力很弱。

2. 幼苗期

从第 1 片真叶出现到第 1 个花蕾出现为幼苗期，需 50～60 d。幼苗期分为两个阶段：2～3 片真叶以前为基本营养生长阶段，4 片真叶以后，营养生长与生殖生长同时进行。

3. 开花坐果期

从第一朵花现蕾到第一朵花坐果为开花坐果期，一般为 10～15 d。此期营养生长与生殖生长矛盾特别突出，主要通过水肥等措施调节生长与发育、营养生长与生殖生长、地上部与地下部生长的关系，达到生长与发育均衡。

4. 结果期

从第一个辣椒坐果到收获末期属结果期，此期经历时间较长，一般为 50～120 d。结果期以生殖生长为主，并继续进行营养生长，需水需肥量很大。此期要加强水肥管理，创造良好的栽培条件，促进秧果并旺，连续结果，以达到丰收的目的。

（三）对环境条件的要求

1. 温度

辣椒喜温不耐寒，又忌高温暴晒；种子发芽适温 25～32 ℃，需要 4～5 d，低于 15 ℃时难以发芽。幼苗要求较高的温度，生长适温白天 25～28 ℃，夜间 18～20 ℃。开花结果初期白天生长适温为 20～25 ℃，夜间 16～20 ℃，温度低于 15 ℃将影响正常的开花坐果；结果盛期生长适温为 25～28 ℃，35 ℃以上的高温，不利于果实的生长发育，甚至落花落果。

2. 光照

辣椒属日中性植物，对光照强度的要求也中等，耐弱光，10～12 h 短日照和适度的光强能促进花芽分化和发育；过强光对生长发育不利，特别是高温、干旱、强光条件下，易引起果实患日烧病。

3. 水分

辣椒既不耐旱也不耐涝，对空气相对湿度的要求以 80%为宜，过湿易引发病害；空气干燥，又严重降低坐果率。干旱易诱发病毒病，但淹水数小时，植株就会萎蔫死亡。

4. 土壤及营养

辣椒生长要求土质疏松、通透性好的土壤，忌低洼地；对土壤酸碱度要求不严，pH 6.2～8.5。辣椒需肥量大，不耐贫瘠，但耐肥力又较差，因此一次性施肥量不宜过多。

二、栽培类型与品种

1. 按果实形状分类

辣椒分灯笼椒、长辣椒和簇生椒。

(1)灯笼椒　植株粗壮高大，叶片肥厚，花大，果大，果实有扁圆形、圆形、圆筒形或钝圆形，颜色有红、黄、紫色等，味甜微辣或不辣；主要品种有中椒 11 号、甜杂 7 号、京椒 1 号等。

(2)长辣椒　根据形状又分为牛角椒、羊角椒和线椒。

①牛角椒　植株长势强或中等，果实下垂、粗大、牛角形，果肉厚。微辣或辣；主要品种有中椒 6 号、农大 21 号、江蔬 2 号等。

②羊角椒　生长势强或中等，分枝性强，叶片较小或中等；果实下垂，羊角形，果肉厚或薄，味辣。主要品种有寿光羊角黄、洛椒 2 号、秦椒 2 号等。

③线椒　植株长势强或中等，果实下垂，线形稍弯曲或果面皱褶，细长，具肉厚，味辣，坐果数较多，多作干椒栽培；主要品种有 8212 线辣椒、湘潭尖椒、天椒 1 号等。

(3)簇生椒　根据形状分为圆锥椒和樱桃椒。

①圆锥椒　植株中等或高大，低矮丛生。茎叶细小，果实较小，果实圆锥形或圆筒形，多向上生长或斜生，辣味强，产量低，生产上很少栽培，多作干椒或观赏栽培；主要品种有邵阳朝天椒、日本三鹰椒等。

②樱桃椒　植株长势中等或较弱，低矮，叶片较小，果小如樱桃，圆形或扁圆形，朝天着生或斜生，成熟椒具有红、黄、紫等色，味极辣，产量低，主要用作干椒或观赏栽培；主要品种有四川成都的扣子椒、五色椒等。

2. 根据用途分类

辣椒分为菜椒、干椒、水果椒和观赏椒。

(1)菜椒　又称青椒、甜椒，以采收绿熟果鲜食为主。果实含辣椒素较少或不含，植株高大，长势旺盛，果实大，肉厚，如长角椒、灯笼椒和圆锥椒等。

(2)干椒　又叫辛辣椒、小辣椒，以采收红熟果制干椒为主，果实多为长角形，辣椒素含量较高，植株矮小，分枝强，叶片较小或中等，果肉薄，果色深红。

(3)水果椒　又名彩色辣椒，果实灯笼形，颜色多样，在绿熟期或成熟期呈现出红、黄、橙、白、紫等多种颜色，果实色泽鲜艳亮丽，汁多味美，营养价值高，适合生食。

(4)观赏椒　植株长势中等或较弱，株冠中等或较小，果实红色、黄色、橘红色等，叶片中等或较小的一些辣椒品种，包括樱桃椒、圆锥椒及一些水果椒，以观赏为主。

三、栽培季节与茬口安排

湖北地区露地生产分春提前和秋延后两个茬口，春提前栽培多在阳畦、大棚中育苗，终霜后定植，夏秋季供应市场，播种期在12月份至次年1月份，3月底至4月中旬定植；秋延后5月初露地播种育苗，6月下旬至7月上旬定植，8月中旬至10月下旬供应市场；设施栽培主要有秋冬茬、冬春茬和早春茬。

辣椒忌与茄科类蔬菜连作，前茬可以是绿叶菜类，后茬可种植秋菜或休闲。可与早甘蓝、大蒜等间作套种，后期也可与秋白菜、萝卜或越冬菜套种。

★任务实施

学习掌握辣椒生产技术

一、露地辣椒生产技术

1. 选茬选地

辣椒喜温、不耐霜冻，地膜覆盖栽培一般多于冬、春季播种育苗，晚霜过后定植，晚夏拉秧；在夏季温度不很高的地区也可越夏直至深秋拉秧。因此，露地辣椒一般可分春夏辣椒和夏秋辣椒，长江流域春夏辣椒一般4月初定植；夏秋辣椒6月中下旬定植。

2. 品种选择

选用适用性广、优质丰产、抗逆性强、商品性好的品种。一般选择辣椒或甜椒的优良品种进行栽培。

3. 培育壮苗

一般在温室或塑料大棚中进行穴盘育苗，冬、春季育苗选用72孔穴盘，夏、秋季选用98孔穴盘。

(1)基质消毒　基质可用草炭、蛭石与蚯蚓粪按1∶1∶1混配，也可使用购买的商品基质。使用前用50%多菌灵可湿性粉剂500倍液喷洒基质，搅拌均匀，盖膜堆闷2 h，待用。

(2)浸种催芽　用55～60 ℃温水浸种10～15 min，然后转入常温浸种8 h，捞出沥干水分，用湿纱布包裹置于25～30 ℃温度下催芽，每天用温水冲洗1～2次，待80%种子露白时分批播种。

(3)播种　苗棚温度稳定在20 ℃时，应选择晴天上午，将处理好的基质装盘，用空穴盘按压后，用镊子将催好芽的辣椒种子播入事先做好的穴盘小坑中，每穴播种1粒，播后覆盖基质1.5 cm，浇透水，覆盖地膜保温保湿。

(4)苗床管理　幼苗出土前保持苗床30 ℃左右；子叶展开后，逐渐降低苗床温湿度，以防止幼苗徒长，白天18～20 ℃，夜间12～16 ℃；真叶显露后，须提高温度，白天维持在20～25 ℃，夜间15～18 ℃，并尽量增加光照，空气相对湿度70%～

80%,土壤湿度60%~80%。之后逐渐加大通风口,降温,使温度逐渐接近或等于定植环境温度。

壮苗标准是株高20 cm左右,具有10~12片真叶,节间短,叶色深绿,叶片厚,根系发达,须根多,花蕾明显可见。

4. 施肥整地

选择地势高、排灌方便、土层深厚、疏松肥沃的壤土或沙壤土,且与非茄科蔬菜进行3~5年的轮作。定植前深翻30 cm以上,并施入充足的基肥。每667 m^2 施入优质腐熟有机肥5 000~7 500 kg、过磷酸钙30~40 kg、尿素20 kg、硫酸钾15~20 kg,撒施与沟施相结合。将基肥用量的2/3均匀撒施,再翻耕整平,剩余的1/3则按定植的行距开沟施入。做垄后立即覆盖地膜,以保墒增温。铺膜时要绷紧,紧贴土面,四周用土封严。

5. 定植

当地晚霜过后应及早定植,一般10 cm深土温稳定在12 ℃左右即可定植。定植后如能再结合短期小拱棚覆盖,可促进早发棵,增产效果显著。辣椒的栽植密度依品种及生长期长短而不同,一般每667 m^2 定植3 000~4 000穴,行距50~60 cm,株距25~33 cm。定植时早熟品种可每穴2~3株,中晚熟品种一般采用单株定植。

6. 田间管理

(1)定植后到采收前　主要任务是促根、发棵。前期地温低,辣椒根系弱,轻浇缓苗水,然后进行中耕以增温保墒,并适当蹲苗,促进迅速发根。当田间大部分植株的门椒长至2 cm大小时,结束蹲苗,及时浇水、追肥。每667 m^2 追施氮磷钾复合肥20 kg或硫酸铵15 kg、过磷酸钙20 kg、硫酸钾10 kg,使秧棵健壮,防止落花。第一花下方主茎上的侧芽应及时摘除。

(2)开始采收至盛果期　主要任务是促秧、攻果。应及时采收门椒,及时浇水,经常保持土壤湿润,促秧攻果,争取在高温季节前封垄,进入盛果期。结合灌水进行追肥,每667 m^2 追施腐熟饼肥50 kg、复合肥25 kg。在封垄前应培土,培土时取土深度不要超过定植沟下10 cm,培土高度以12~13 cm为宜,避免伤根过重。

(3)高温季节的管理　应着重保根、保秧、防止败秧与死秧。高温易诱发病毒病,尤以高温干旱年份更为严重。在病毒病流行期间,落花落果严重,有时大量落叶。因此,在高温干旱年份要及时灌溉,始终保持土壤湿润,以抑制病毒病的发生与发展。在多雨年份要防止雨后田间积水导致植株死亡。

(4)结果后期的管理　选用晚熟品种时,高温雨季过后气温逐渐转凉时,辣椒植株又恢复正常生长,应结合浇水,追施速效性肥料,补充土壤营养,促进第二次结果盛期的形成,增加后期产量。

7. 采收

以采收嫩果上市的辣椒对商品成熟度指标要求不严格,只要果实充分长大,果肉厚、果色变深，表面具有较好光泽时就可采收。一般开花后 35～40 d 果实即可长足，为采收适期。门椒、对椒应及早采收，以免坠秧。

二、大棚早春辣椒生产技术

1. 品种选择

选择耐低温、弱光，连续结果能力强，优质、高产的保护地栽培专用品种。一般选用早熟品种为主。

2. 培育壮苗

同露地辣椒生产技术中培育壮苗的方法。

3. 整地施肥

定植前 15～20 d 扣棚烤地，提高地温。整地施肥方法与露地栽培相似。

4. 定植

当棚内白天气温达 20 ℃以上，夜间最低气温稳定在 5 ℃以上即可定植。定植要选在晴天上午到下午 2:00 进行。相邻两行要交错栽苗，行距 60～70 cm，株距 25～33 cm，每穴栽 2 株。栽后浇水，水要浇透苗坨，但沟内又不能积水，以防寒根、沤根。

5. 田间管理

(1)温度管理　定植后密闭大棚 1 周左右，以提高棚温，促进缓苗。保持白天 25～30 ℃，夜间 15～18 ℃，当外界夜温稳定在 15 ℃以上时可昼夜通风排湿。

(2)水肥管理　定植水浇足后一般不需浇水，缓苗后浇 1 次缓苗水，然后连续中耕 2 次进行蹲苗，直至 70%门椒坐果后结束蹲苗，开始追肥浇水。一般每 667 m^2 施 20～30 kg 磷酸二铵，以后 7～10 d 浇 1 次，每 2 水追 1 肥。盛果期还可用 0.2%～0.3%磷酸二氢钾进行根外追肥。

(3)植株调整　辣椒株高约 25 cm 时，抹掉门椒以下主茎上的腋芽和叶片，抹芽时间以下午和芽不过寸时为宜。及时去掉下部的病叶、老叶、黄叶，立秋后 3～5 d 进行摘心。

(4)防止落花落果　早春大棚辣椒由于温度低、光照弱或栽培管理措施不当极易造成落花落果，生产上可通过加强栽培管理，主要是培育壮苗，适时定植，合理密植，科学施肥，定植后加强通风排湿，棚内白天温度保持 25～30 ℃，夜间 15～18 ℃，防止棚内的温度忽高忽低。其次加强病虫害防治，也可用 25～30 mg/kg 防落素喷花，防止落花落果。

★能力转化

1. 根据所学知识，制定辣椒大棚秋延后生产技术方案，并能熟练操作各关键技术环节。

2. 参与辣椒露地生产和设施生产的全过程，写出技术报告，并根据操作体验，总结出经验和创新技术。

项目三

白菜类蔬菜生产技术

学习目标

了解白菜类蔬菜的形态特征、生长发育规律、对环境条件的要求及其与栽培生产的关系，掌握白菜类蔬菜播种技术、培土与肥水管理技术、收获及病虫害防治；能够根据当地气候条件及市场需求选择适宜的优良品种；能够熟练进行白菜类蔬菜各环节的农事操作，具备独立进行白菜类蔬菜生产的能力。

白菜类蔬菜在植物分类学上是指十字花科芸薹属的植物，以柔嫩的叶丛、叶球、嫩茎、花球供食用，在我国栽培历史悠久，品种资源丰富，分布广阔。白菜类蔬菜按照植物学特性分为3类，白菜叶片薄、绿色、无明显的蜡粉、叶缘波状，包括大白菜、小白菜、乌塌菜、菜薹、薹菜等；甘蓝叶片厚、蓝绿色、有明显的蜡粉、叶缘波状，包括芥蓝、结球甘蓝、皱叶甘蓝、抱子甘蓝、球茎甘蓝、花椰菜等；芥菜叶片薄、绿色、无明显的蜡粉、叶缘锯齿状，包括叶用芥菜、茎用芥菜等。白菜类蔬菜在我国分布广阔，栽培面积大，消费量也最多，在我国蔬菜生产中占有相当重要的地位。

任务一　大白菜生产技术

大白菜别名结球白菜、黄芽菜，为十字花科芸薹属芸薹种中能形成叶球的亚种，属一年生或二年生草本植物，原产于我国。大白菜营养丰富，叶球品质柔嫩，易栽培，产量高，耐贮运，符合我国消费习惯，各地普遍栽培。

★知识准备

一、生物学特性

（一）形态特征

1. 根

浅根性，直根系。主根上着生两列侧根，主要根群分布在25 cm土层内，侧根数量多。

2. 茎

营养时期为短缩茎,其上着生叶片。生殖生长期抽生花茎,花茎有明显的节,高度达 60～100 cm。可分枝 2～3 次,表面有蜡粉。

3. 叶

营养生长时期叶很发达,是产品器官。大白菜叶呈明显的“器官异态”现象,即具有“异型性”,分为子叶、基生叶、中生叶、顶生叶及茎生叶。子叶两枚,对生有柄;之后生出一对基生叶或称初生叶,长椭圆形,有柄无翼;再往后则着生中生叶、互生,一般 2～3 个叶环,早熟品种叶序 2/5(每环 5 片叶绕茎 2 周而形成一个叶环)或 3/8(每环 8 片叶绕茎 3 周而形成一个叶环)型,晚熟品种叶序 3/8 或 5/13(每环 13 片叶绕茎 5 周而形成一个叶环)型,这是大白菜的主要同化器官。完成中生叶叶环生长后,再向内即是构成叶球的顶生叶,也叫球叶。它着生在茎的顶端,是同化产物的贮藏器官。在通过春化阶段以后,花薹抽生,产生花茎,其上着生的叶叫茎生叶。异态叶型是结球白菜的一个特征,如图 4-5 所示。

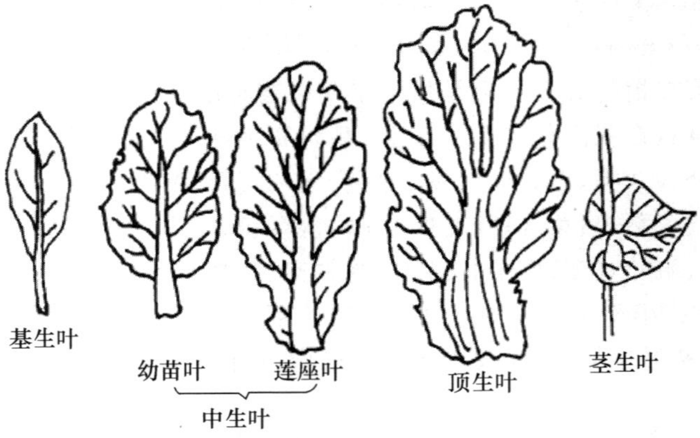

图 4-5　大白菜的叶

4. 花

复总状花序,完全花。花冠 4 枚,黄色,呈十字形排列。异花授粉,虫媒花。单株花数 1 000～2 000 朵。

5. 果实与种子

果实为长角荚果,成熟时纵裂为两瓣。种子球形稍扁,千粒重 2.5～4.0 g,红褐色,无胚乳,有纵凹纹。

(二)生长发育周期

结球白菜一生可分为营养生长和生殖生长两个阶段。

1. 营养生长阶段

从播种到形成充实叶球，一般早熟种 50～70 d，中熟种 75～85 d，晚熟种需 90 d 以上。

(1)发芽期　从播种到第一片真叶显露为止，俗称“破心”(发芽期结束的临界特征)，需 3 d。此期根系逐渐发育。

(2)幼苗期　从拉十字(播种后 7～8 d，基生叶生长到与子叶相同大小，并和子叶相垂直排列呈十字形)到第一叶环的叶片全部展开(俗称团棵)，早熟品种 16～18 d，中晚熟品种 20～22 d。

(3)莲座期　从团棵到第三叶环长成，整个植株的轮廓呈莲花状，植株心叶开始出现包心现象(莲座期结束的临界特征)时为止，需 20～25 d。

(4)结球期　从卷心开始至形成坚实叶球。早熟品种需 20～30 d，中晚熟品种需 35～50 d。结球期分为前期、中期、后期，结球前期是叶球外层叶片迅速生长而构成叶球轮廓，俗称“抽筒”或“长框”，这是前期结束的临界特征；结球中期是叶球轮廓内部叶片迅速生长而充实其内部，俗称“灌心”，叶球重量的 80%～90% 在前、中期形成；结球后期叶球体积不再扩大，只是叶部养分继续向球叶转移，充实叶球内部。“抽筒”前在浅土层发生大量侧根和分根，出现所谓“翻根”现象。

(5)休眠期　大白菜结球后期遇到低温时，生长发育过程受到抑制，由生长状态被迫进入休眠状态。

2. 生殖生长阶段

此阶段生长花茎、花枝、花、果实和种子。

(1)返青抽薹期　从休眠后返青至抽薹至开花，需 20～25 d。

(2)开花期　从始花到基本谢花，需 15～20 d。

(3)结荚期　谢花后，果荚生长迅速，种子不断发育、充实，最后达到成熟，需要 25～30 d。

(三)对环境条件的要求

1. 温度

大白菜属于半耐寒性蔬菜，生长期要求温和的气候，不耐热也不耐寒。32 ℃以上及 5 ℃以下会生长不良。发芽期适宜温度为 20～25 ℃，幼苗期适温为 22～25 ℃，莲座期适温为 17～22 ℃。结球期适温为 12～22 ℃，最好有较大的昼夜温差，白天为 15～22 ℃，夜间 12～15 ℃。贮藏期以 0～2 ℃为宜。萌动后的种子在 2～10 ℃范围内，10～15 d 完成春化，在 12 h 以上的日照和 18～20 ℃条件下开始抽薹、开花、结荚。

2. 光照

大白菜是要求中等光强的作物，不同品种、不同生长时期的光合强度有差异。深绿品种较能适应低温弱光条件，淡绿品种则较能适应高温强光条件。光合强度幼苗期最低，莲座期较强，结球期最强。

3. 水分

喜湿，但不同生育时期对土壤水分要求不同。幼苗期根系浅应保持土壤湿润；莲座后期为防徒长应适当控水蹲苗；结球期生长量最大应大量浇水，但注意结球后期应少浇水，以利于贮藏。

4. 土壤营养

宜选土层深厚、肥沃、松软、排灌良好的沙壤土、壤土和黏壤土为适。缺钙时，则易造成叶缘腐烂，叶球中心枯黄的“干烧心”现象。大白菜吸肥量的许多试验表明其氮、磷、钾三要素的吸收比率为(2～3)∶1∶3。具体吸收量依类型品种、栽培季节和管理条件等而异。

二、栽培类型与品种

1. 大白菜按结球状况分为散叶白菜、半结球白菜、花心白菜和结球白菜

(1)散叶白菜　叶片披张，顶芽不发达，不形成叶球，以中生叶为产品，耐寒性和耐热性较强，主要在春、夏季作为绿叶类蔬菜栽培，如济南小白菜、仙鹤白等。

(2)半结球白菜　顶芽较发达，顶生叶抱合成叶球，但叶球内部空虚，球顶完全开放，呈半结球状态。植株高大直立，以叶球及莲座叶为产品，耐寒性较强，主要在高寒区栽培，如辽宁大矮菜、山西大毛边等。

(3)花心白菜　能形成紧实的叶球，而球叶的先端向外翻卷，且翻卷的部分颜色较淡，多呈白色、淡黄色或黄色，球顶呈花心状态，植株矮小。对气候的适应性较强，较耐热，偏早熟，生长期短，多用于秋早熟栽培和春季栽培，如北京翻心白、小杂55等。

(4)结球白菜　顶芽发达，顶生叶抱合，能形成紧实的叶球，叶球顶端完全闭合或近于闭合，是由花心变种再进一步加强顶芽的抱合而形成的，是大白菜的高级变种，也是目前普遍栽培的变种。依起源地及栽培地的气候条件不同分为3个基本生态型。

平头型　叶球上大下小，呈倒圆锥形，球顶平，完全闭合，球形指数近于1。球叶横倒卵圆形，叠抱。该类型属大陆性气候生态型，喜气候温和、昼夜温差较大、阳光充足的环境。生长期多数品种90～120 d，少数早熟品种70～80 d。代表品种洛阳包头、太原包头白、菏泽包头等。

卵圆型　叶球卵圆形，球顶尖或钝圆，近于闭合，球叶倒卵圆形，褶抱。球形指数约1.5。该类型属海洋性气候生态型，喜温暖湿润昼夜温差不大的气候条件。晚熟品种90～110 d，早熟品种70～80 d。代表品种有春喜、寒春、鲁白3号、山东的福山包头、胶县白菜。

直筒型　叶球细长圆筒形，球顶尖，近于闭合，球形指数在3以上。球叶倒披针形。对气候适应性强，在海洋性及大陆性气候区均能生长良好，因而又称“交叉性气

候生态型”。生长期为 60～90 d，代表品种为天津青麻叶、河北玉田包尖等。

2. 按成熟期早晚分为早熟品种、中熟品种和晚熟品种

(1)早熟品种　从播种到收获需 50～80 d，耐热性强，但耐寒性稍差，多用做早秋栽培，产量低，不耐贮藏。优良品种有山东 2 号、潍白 2 号、中白 19 等。

(2)中熟品种　从播种到收获需 80～90 d，产量高，耐热、耐寒，多做秋菜栽培，无霜期短以及病害严重的地方栽培较多。优良品种有鲁白 3 号、青麻叶、玉田包尖、豫白 6 号等。

(3)晚熟品种　从播种到收获需 90～120 d，产量高、单株大、品质好、耐寒性强，不耐热，主要用于秋冬菜栽培，以贮藏菜为主。优良品种有青杂 3 号、福山包头、洛阳包头、北京新 3 号等。

三、栽培季节与茬口安排

我国的大白菜生产以秋季栽培为主，随着耐寒与耐热大白菜品种的育成，大白菜春、夏栽培也有了迅速发展，目前基本上可做到周年生产。湖北各地春、夏、秋三茬，以秋季为主。也可利用设施进行春早熟或越夏覆盖栽培。

结球白菜不宜连作，也不宜与其他十字花科蔬菜轮作，可与禾本科粮食作物轮作；由于结球白菜的莲座叶很发达，一般很少与其他作物间作或套作。

★任务实施

学习掌握大白菜秋季露地生产技术

1. 整地、施基肥、做垄

前茬作物栽培结束后，及时抢时间整地施肥。每 667 m^2 施腐熟有机肥 5 000 kg，过磷酸钙 50 kg，硫酸钾 20 kg。耕地前 70%作为基肥撒施，耕地时翻入土层中，耙地前再把 30%基肥撒在田里，耙入浅层土中。长江流域雨水多，应采用高畦或高垄栽培，一般为 60 cm 宽的大垄，垄高 10～15 cm，每垄种植 1 行。

2. 选择适宜品种

大白菜品种多，应根据当地生长季节的长短、气候条件的变化、栽培条件的优劣、病害发生情况及消费习惯等选择适宜的品种。秋季栽培多选择生育期较长的中晚熟品种。

3. 播种

结球白菜直播和育苗移栽均可。

(1)播种时间　大白菜对播种期要求比较严格，适期播种的原则是要求在大白菜收获季节之前有足够的结球天数，并能将大白菜结球期安排在最适于结球约 12～22 ℃的季节里。长江以北地区多在 7 月下旬至 8 月上旬播种，沿长江一带多在 8 月中下旬播种，长江以南地区在 8—10 月份均可播种。

(2)播种密度　根据品种特点和地力来确定播种密度。一般早熟品种 30 cm×

60 cm，中晚熟品种 40 cm×60 cm，生育期长的可达 45 cm×60 cm。如果地力差可栽培一些棵较小的品种，同一品种适当稀些，大白菜的播种量一般 100～150 g/667 m^2。

(3)播种方法　秋季大白菜的播种方法有穴播和条播，以穴播为主。一般按照一定的株距在垄面上开 1 cm 深、5～6 cm 长的小浅穴，每穴均匀播种 10 粒左右，播后盖土。

4. 田间管理

(1)苗期管理　幼苗期及时浇水，保持地面湿润，雨后及时排涝，中耕松土。2～3 片真叶时，对田间生长偏弱的小苗施偏心肥 1～2 次。苗出齐后，可于子叶期、拉十字期、3～4 片真叶期进行间苗，原则是苗不挤苗。"团棵期"进行定苗，大型品种株距 50～53 cm，小型品种株距 46～50 cm。如缺苗及早挪用大苗补苗。育苗移栽的，可在幼苗团棵时定植，早熟种 3 000～5 000 株，中熟 2 000～2 500 株，晚熟 1600～1 800 株。

(2)莲座期管理　定苗后追施一次"发棵肥"，每 667 m^2 施粪肥 1 000～1 500 kg，或硫酸铵 10～15 kg，草木灰 100 kg，随即浇水。以后保持土壤见干见湿，莲座后期应适度控水"蹲苗"，浅锄 3 cm。

(3)结球期管理　"蹲苗"结束后开始浇水，以后要保持土面湿润，收获前 5～8 d 停止浇水，提高耐贮性。包心前 5～6 d 追"结球肥"，每 667 m^2 施用优质农家肥 1 000～1 500 kg，草木灰 100 kg。包心后 15～20 d 追"灌心肥"，随水冲施腐熟的豆饼水 2～3 次，也可追施复合肥 15 kg 或硫酸钾 10 kg。要贮藏的大白菜在采收前 10～15 d 可用甘薯藤或稻草等在离球顶 10～15 cm 处把外叶捆起，这样既可减少收获时的机械损伤，也使叶球免受冻害。

5. 采收与贮藏

大白菜在叶球充分长成，手压叶球顶部有紧实感，便可采收。一般秋季尽可能晚收。白菜能耐轻霜，在已发生轻霜时尚可在田间继续生长，充实叶球。但在严霜时温度降至－3 ℃以下，会发生冻害，需特别注意。采取束叶措施，便于收获，拔菜更利于贮藏。

★能力转化

1. 调查当地栽培的大白菜品种类型及主要栽培技术。
2. 进行秋季大白菜的生产全过程，并根据操作总结经验和管理措施。

任务二　结球甘蓝生产技术

结球甘蓝别名洋白菜、卷心菜，十字花科芸薹属甘蓝种中顶芽或腋芽能形成叶球的变种，为二年生草本植物，起源于地中海至北海沿岸，由不结球野生甘蓝演化而来。结球甘蓝适应性强，产量高，易栽培，耐贮运。其产品营养丰富，在世界各地均有栽培。

★知识准备

一、生物学特性

(一)形态特征

1. 根

圆锥形直根系,主根基部肥大,易生侧根,主侧根上容易发生须根,根系再生能力强。大部分根系分布在 30 cm 土层中,横向伸展半径可达 80 cm。

2. 茎

茎可分为营养生长期的短缩茎和生殖生长期的花茎。

3. 叶

甘蓝的叶片在不同时期形态不同,包括子叶、基生叶、幼苗叶、莲座叶和球叶。叶片深绿至绿色,叶面光滑,叶肉肥厚,叶面有粉状蜡质。

4. 花

完全花,黄色,复总状花序,异花授粉。

5. 果实与种子

长角果,20 粒/果。种子圆球形,红褐色或黑褐色,千粒重 3.3～4.5 g,使用年限 2～3 年。

(二)生长发育周期

结球甘蓝为二年生植物。第一年形成叶球,完成营养生长。经过冬季强制休眠后,第二年春、夏季开花结实,完成生育周期。

1. 营养生长阶段

(1)发芽期　从种子萌动至第 1 片真叶出现,夏、秋季 6～10 d,冬、春季 15～20 d。

(2)幼苗期　从第 1 片真叶出现到团棵,夏、秋季 25～30 d,冬、春季 40～60 d。

(3)莲座期　从团棵到第二、三叶环(15～24 片叶)形成,到开始结球时,依品种不同需 30～40 d。

(4)结球期　从开始结球到收获,依品种不同需 30～50 d。

(5)休眠期　甘蓝形成叶球后,一般可进行低温贮藏,从而进行强制休眠。

2. 生殖生长阶段

(1)抽薹期　从种株定植到花茎长出,需 25～40 d。

(2)开花期　从始花到全株花落时,需 30～35 d。

(3)结荚期　从花落到角果黄熟,需 30～40 d。

(三)对环境条件的要求

1. 温度

结球甘蓝喜温和冷凉气候,对寒冷和高温也有一定的忍耐力。种子在 2～3 ℃

时开始发芽，发芽最适温度 18～25 ℃；幼苗的耐寒力随苗龄增加而提高，经低温锻炼的幼苗可耐极短期－10～－8 ℃的严寒；幼苗也能适应 25～30 ℃高温。莲座叶可在 7～25 ℃下生长。结球期的适温为 15～20 ℃。抽薹开花期的抗寒力很弱，10 ℃以下影响正常结实，花薹遇－3～－1 ℃的低温受冻，春化最适温度 2～5 ℃。

2. 水分

甘蓝喜较湿润的空气和土壤条件，一般在空气湿度 80%～90%，土壤湿度 70%～80%条件下结球最好。

3. 光照

长日照植物，对光照强度的要求不严格。

4. 土壤营养

结球甘蓝对土壤适应性较强，从沙壤土到黏壤土都能种植。在中性到微酸性(pH 5.5～5.6)的土壤上生长良好。喜肥耐肥，对土壤营养元素的吸收量比一般蔬菜多。幼苗期和莲座期需氮较多，磷、钾次之；结球期需要磷、钾相对增多，一般吸收比为 3∶1∶4。

二、栽培类型与品种

依据叶球形状和成熟期的早晚，可分为 3 种基本生态型：

1. 尖头型

叶球小，呈牛心形。叶片长卵形，中肋粗，内茎长。适于春季栽培，一般不易发生先期抽薹，多为早熟小型品种，定植到叶球成熟需 45～60 d；代表品种有鸡心甘蓝、牛心甘蓝等。

2. 圆头型

整个叶球呈圆球形或高桩圆球形。外叶少而结球实，冬性弱，春季栽培易先期抽薹，多为早熟或中早熟品种。定植到收获需 50～70 d，如报春、绿美人、金早生等。

3. 平头型

叶球顶部扁平，整个叶球呈扁圆形。抗病性较强，适应性广，耐贮运，为中晚熟或晚熟品种。多用于夏秋、晚春或秋冬栽培；从定植到收获为 70～100 d，如黑叶小平头、黄苗、茴子白等。

三、栽培季节与茬口安排

结球甘蓝耐寒且对温度的适应性强，在湖北省春、夏、秋、冬均可栽培，主要是春、秋两季。春季栽培一般选用冬性强的早熟品种，早春育苗，化冻后定植，5—6 月份上市。秋甘蓝 7 月上旬播种育苗，8 月上中旬定植，晚秋收获。夏甘蓝、半夏甘蓝居于其中，越冬甘蓝播种期在 8 月初至 8 月底。

甘蓝栽培也应进行 2～3 年的轮作。

★任务实施

学习掌握结球甘蓝秋季生产技术

1. 整地作畦

前作收获后及时翻耕土地，利用夏季的高温烤晒土壤。在土壤不干不湿时及时耙碎耙平，整地作畦。并视土壤肥沃情况，下足底肥，一般在翻耕前每 667 m^2 施腐熟厩肥 4 000 kg 左右和磷钾肥 25～30 kg。甘蓝怕涝，要求排水良好，整地要求做到高畦窄厢，三沟配套。

2. 培育壮苗

(1)适时播种　根据地域特点，选择合适时期进行播种。播种前畦面浇小水润透，待水渗下后将种子均匀撒播。播后覆一层细土，厚 1～1.5 cm。每 667 m^2 大田用种 50 g 左右。播种后采用遮阳网直接覆盖，以保持土壤湿度，并防止大雨冲刷后土壤板结。出苗后揭去遮阳网，及时改搭荫棚。

(2)适时分苗　当幼苗有 2～3 片真叶时进行分苗，并按大、中、小苗分级移植于营养钵中，遮阴，成活后遮阳覆盖材料早盖晚揭。

(3)苗期管理　播种后如天气干旱无雨，可 1～2 d 浇水 1 次，保持畦面湿润。苗期追肥一般以腐熟稀薄人粪尿追施 2 次，第一次于播种后 7～10 d 进行，同时进行间苗除草；第二次在分苗后 5～7 d 追肥促苗。

3. 适期定植

秋甘蓝苗期 35～45 d，7 月上旬至 8 月上旬播种的，定植期一般在 8 月中旬至 9 月上旬。选择阴天或晴天的傍晚进行，秧苗带土，减少根系损伤，定植后立即浇定根水。

4. 田间管理

(1)追肥　甘蓝生长期间通常追肥 4～5 次。定植成活后及时用腐熟清水粪提苗，或每 667 m^2 施尿素 5.0～7.5 kg；莲座叶生长初期施一次腐熟人粪尿，或每 667 m^2 施尿素 7.5 kg；莲座叶生长盛期，在行间开沟窖施饼肥，并加草木灰，施后封土浇水；球叶开始抱合时，追施一次重肥，每 667 m^2 施腐熟人粪尿 700～800 kg，或尿素 15 kg；结球中期(距上次追肥时间为 15～20 d)还应再施一次速效化肥，可用 1%的尿素加 0.1%～0.2%的磷酸二氢钾进行根外喷施，或每 667 m^2 随水冲施尿素 5.0～7.5 kg，促进结球紧实。

(2)浇水　定植后随即浇水，定植后的第 3 天下午再浇一次水。生长前期由于气温高，蒸发量大，应每隔 7～10 d 浇水 1 次。开始包心后进入生长盛期应及时浇水，保持畦面湿润。叶球包紧后应停止浇水，否则容易引起叶球炸裂。甘蓝喜湿润，但忌土壤积水；遇大雨时要及时清沟排水，防治田间积水成涝。

(3)中耕除草　在生长前期和中期应中耕 2～3 次。第一次中耕宜深，以利于保墒，促根生长。进入莲座期宜浅中耕，并向植株四周培土以促外茎多生根，以利于养分和水分的吸收。

(4)病虫害防治　甘蓝的病害较轻，虫害威胁大。育苗时防止椿象危害，定植后要防治蚜虫、菜青虫、小菜蛾及甘蓝夜蛾，一般应每隔 10 d 施一次药。

5. 采收

甘蓝宜在叶球紧实时采收。判断叶球是否包紧，可用手指在叶球顶部压一下，如有坚硬紧实感，表明叶球已包紧，可以采收。

★能力转化

1. 调查当地甘蓝栽培过程中是否存在未熟抽薹现象，如何防治？
2. 参与冬春结球甘蓝生产全过程，并根据实际操作总结经验和管理措施。

任务三　花椰菜生产技术

花椰菜又名花菜、菜花，是十字花科芸薹属甘蓝种中以花球为产品的一个变种，二年生草本植物。由野生甘蓝演化而来，原产地中海沿岸，其产品器官是着生在短缩茎顶端的花球，花球是由短缩肥嫩的花枝和分化至花序阶段的许多花原基聚合而成，粗纤维少，风味鲜美，营养丰富，耐贮藏性能好，较适于长途运输。

★知识准备

一、生物学特性

(一)形态特征

1. 根

主根基部粗大，根系发达，主要根群分布在 30 cm 耕作层内。

2. 茎

营养生长时期茎稍短缩，普通花椰菜顶端优势强，腋芽不萌发，在阶段发育完成后，抽生花薹；青花菜在主花球收获后，各腋芽能萌发形成侧花球，可多次采摘。

3. 叶

叶片狭长；披针形或长卵形，营养生长期具有叶柄，并具裂叶，叶面无毛，表面有蜡粉。一般单株由 20 多片叶构成叶丛。

4. 花球

花球由花轴、花枝、花蕾短缩聚合而成，半圆形，质地致密，是养分贮藏器官，为主要食用部分，一个花球主轴上有 50～60 个小花球，基部小花球粗 2～3 cm，中心部的小花球不足 1 cm。

5. 花

在温光条件适宜时花球逐渐松散，花枝顶端继续分化形成正常花蕾，各级花梗伸长，进而抽薹开花。复总状花序，完全花，花冠黄色，异花授粉。

6. 果实与种子

果实为长角果，每角果含种子10余粒。种子圆球形，紫褐色，千粒重2.5～4.0 g。

(二)生长发育周期

花椰菜为二年生作物，其生育周期可分为营养生长和生殖生长两个时期。花椰菜属于绿体春化作物，植株必须长到一定大小才能感受低温通过春化，由营养生长转到生殖生长。

1. 营养生长阶段

(1)发芽期　从种子萌动到子叶展开、真叶显露。在发芽适宜温度条件下需7～10 d。

(2)幼苗期　第1片真叶出现到具有5～7片真叶，需25～35 d。

(3)莲座期　第7片真叶展开到莲座叶全部展开，需20～100 d。

(4)花球生长期　莲座期结束，主茎顶端变为花芽，自花球开始发育(花芽分化)至花球生长充实适于商品采收时止。花球生长期营养生长和生殖生长同步进行，需20～50 d。

2. 生殖生长阶段

(1)抽薹期　从花球边缘开始松散、花茎伸长，需20～30 d。

(2)开花期　从初花至全株花谢，需25～30 d。

(3)结荚期　从花谢到角果成熟，需20～40 d。

(三)对环境条件的要求

1. 温度

花椰菜属半耐寒性蔬菜，既不耐热，又不耐霜冻。25 ℃时种子发芽最快，营养生长的适温范围为8～24 ℃，花球生长的适温为15～18 ℃。花椰菜从种子萌动后即可接受5～20 ℃低温而通过春化阶段，但以温度在10～17 ℃幼苗较大时通过最快。

2. 水分

花椰菜根系较浅，植株叶丛大，蒸发量多，因此花椰菜不耐干旱，也不耐涝，最适宜的土壤湿度为70%～80%。

3. 光照

在营养生长期较长的日照时间和较强的光照强度有利于生长旺盛，提高产量。结球期花球不宜接受强光照射，否则花球易变色而降低品质。

4. 土壤及营养

花椰菜适合在有机质丰富、疏松肥沃、土层较深、排水保水保肥能力较好的微酸性到中性的壤土或沙壤土栽培，最适宜的土壤pH 6.0～6.7。花椰菜为喜肥耐肥性作物，前期叶丛形成需氮较多，花球形成期对氮、磷、钾的需求量都很大，同时，花椰菜对硼、镁等元素有特殊要求，缺硼常引起花茎中空或开裂；缺镁时，下部叶子变黄。

二、栽培类型与品种

我国南北气候差异巨大，各地种植品种差别也明显。按花球形状可分为球形、半圆形、扁圆形和拱形，按照生育期的长短及花球发育对温度的要求分为早熟品种、中熟品种和晚熟品种。

1. 早熟品种

耐热、耐湿性较强。从定植到收获一般 50～60 d，花球中等大小，单球重为 0.5～1.0 kg，适宜夏播秋收；代表品种有白峰、丰花 60 d、夏花 60 d 等。早熟品种栽培管理上必须水肥充足，培养硕大的营养体是丰产的关键。

2. 中熟品种

花芽分化较晚，较不耐热，较耐低温。从定植到收获 70～90 d，植株生长势较强，花球致密紧实、较大，一般单球重 1.0～2.0 kg，适宜夏秋播，秋冬收获；代表品种有福州 80 d、温州 80 d、申花 3 号等。中熟品种要求播种期避开高温季节，防止花球出现荚叶、紫毛等异常现象。

3. 晚熟品种

不耐热，花芽分化较晚，耐低温，喜冷凉气候。从定植到收获需要 90 d 以上，生长势强，植株高大，花球致密紧实、花球大，单球重 2.0 kg 以上，适宜秋播，秋冬收获。代表品种有福州 100 d、傲雪、登丰 100 d、巨丰 130 d、荷兰 83、祁连白雪等。大多数晚熟品种类型可春秋栽培，夏季高温季节栽培易出现荚叶、紫毛等异常现象。

三、栽培季节与茬口安排

利用花椰菜早、中、晚熟品种花芽分化对低温要求不一样的特性，可排开播种，基本可做到周年供应。春花椰菜于 11 月下旬至 12 月上旬于阳畦内播种育苗，2 月下旬至 3 月旬上定植于露地，5 月上旬至 6 月份采收。夏花椰菜分别在 6 月上旬至 6 月下旬采取遮阳网育苗，7 月上旬至下旬定植，采收期在 9 月上旬至 10 月上旬，少数可提早到 8 月下旬采收，单产较低。秋花椰菜是各地区主要栽培类型。一般选用中熟品种，7 月上旬至 8 月上旬采用遮阳网育苗，8 月上旬至 9 月上旬定植，11—12 月份采收；冬花椰菜一般选用晚熟品种，于 6 月下旬至 7 月上旬遮阳网下播种育苗。8 月上中旬定植于露地，12 月份至翌年 2 月份采收。

★任务实施

学习掌握花椰菜和西兰花生产技术

一、花椰菜早春大棚生产技术

1. 整地施肥

选择肥沃和排溉方便的地块，每亩施优质农家肥 5 000～6 000 kg、磷肥 25 kg，深翻 25 cm，耙松做畦，畦高 25～30 cm，畦宽 1.2 m 左右。扣棚前 20 d，在设施内覆盖地膜提高地温。

2. 品种选择

选用适合春季栽培的冬性强、不易产生早花现象、结球整齐度好、收获期集中的品种。

3. 培育壮苗

12 月中下旬，采用大棚育苗，畦面宽度视情况而定，每平方米苗床施腐熟有机肥 10 kg，播前 10～15 d 盖膜提温。选晴天畦内浇足底水，水渗下后撒播种子，用种量为 2～3 g/m^2，盖 1 cm 土，扣棚并加盖草苫。

幼苗 2～3 片真叶时分苗，行株距 8～10 cm。分苗后及时浇水，保持棚内温度 18～20 ℃促进缓苗，注意通风，适当降低苗床温度。定植前 5～7 d，4～5 片真叶时，低温炼苗。

4. 定植

幼苗 4 叶 1 心或 5 叶 1 心时为定植适期。一般地温稳定在 5 ℃，平均气温 10 ℃左右，2 月中旬开始定植。定植时间一般选在早晨或傍晚进行，亩栽 3 000～3 300 株。

5. 田间管理

(1)浇水　移栽后浇好定植水，扣严薄膜，盖好草苫。浇过缓苗水后，进行 1～2 次中耕，进行适当蹲苗，蹲苗后要浇 1 次透水。蹲苗结束至显花球阶段，应浇大水促进秧体生长。结合墒情 4～5 d 浇 1 次水，畦面见干见湿，直至收获。

(2)追肥　缓苗后进行追肥，亩施 15 kg 尿素。新叶抱团 5 cm 大小开始浇水，随水追施三元复合肥 20 kg。现球后再追施尿素 10 kg 和适量钾肥，花球直径达 9～10 cm 时属于结球中后期，整个植株处于生长最高峰，要进行第 4 次追肥，以满足硕大花球的需要。

(3)通风　定植初期不通风，夜间加盖草苫，白天温度保持在 20 ℃以上，夜间 5～8 ℃。缓苗后注意通风，保持温度。

(4)光照　花椰菜受光照影响较大，在阳光直射下易变成黄色，食用品质和商品价值降低。因此，花球 8～10 cm 时，折老叶盖住花球，保持花球雪白。

6. 生产上易出现的问题

在花椰菜生产上，有时会遇到早花(青花、毛花、紫花)和茎中空的现象，严重影响花椰菜的品质，要注意克服。

(1)早花　早花即早结球，结小球。有时花球面上出现青色或毛状物等称为青花和毛花。有时花球表面有不均一的紫色，称为紫花。花椰菜出现早花的原因，主要是植株尚在幼小时期过早地遇到低温，诱导了花球过早分化与形成。早熟品种可能是播种过迟，或是在留种过程未注意按品种天数进行选择，致使冬性强和弱的种子混收混打造成的。克服措施是了解品种特性，注意掌握播种期。同时，加强田间管理，及时供应水肥，使植株在一定的生长期限内完成营养生长。

(2)茎中空　主要由于缺素引起，特别是在花球形成过程中如果缺硼，茎、叶、球都会出现缺素症状，球开始出现水浸状、球表面脱色，最后茎出现中空，腔壁颜色发褐，继续发展使内部花球的花蕾、花枝腐烂，也使花球出现中空。防治办法是叶面喷洒 0.1%～0.2%的硼酸。

7. 适时采收

早春茬菜花采收期一般在 4 月中旬开始，当花球充分长大、球面平整有光泽、基部花枝微松散时，及时采收上市，5 月上旬结束。

二、西兰花秋冬温室生产技术

1. 品种选择

西兰花是喜冷凉的蔬菜，一般品种都可以在日光温室中进行秋冬茬栽培，但要注意早、中、晚熟品种的搭配，选择植株生长势强、叶片深绿、蜡质多，花球紧密、蕾小、球大的品种。

2. 培育壮苗

西兰花的苗龄短，视具体情况可在 10 月中下旬育苗，春节前大量上市。育苗可用营养钵或穴盘，营养土的配置以 8 份肥沃田园土加 2 份充分腐熟鸡粪或羊粪，双粒点播，亩用种量 20 g，播种深度 0.5～1 cm。播后浇 1 次透水，2～3 d 出苗后拔除杂草，苗床要经常保持湿润，当长出 1～2 片真叶及时间苗 1～2 次，去除细弱、过密苗。床温保持在 20～30 ℃，当幼苗长到 5～7 片真叶 30～35 d 时进行控肥、控水、通风降湿，炼苗 3～5 d，以提高移栽的成活率。

3. 定植

定植前每 667 m^2 施优质农家肥 4 000 kg、碳酸二铵 15 kg，硝酸铵 10 kg 混匀翻耕、耙细整平，起垄时垄面宽 70 cm，沟宽 50 cm，垄面覆 90 cm 地膜，株距 40 cm，每 667 m^2 定植苗 2 750 株。

4. 田间管理

定植后肥水齐攻，以促为主，温度保持在 8～24 ℃，尽快促进植株生长，增大叶面积。10 d 左右，配合浇水追施硝铵 15 kg，顶花球出现前追施硝铵 6 kg，显花球后温度保持在 15～18 ℃，小于 8 ℃，花球生长慢，大于 24 ℃，花球松散，整个植株生长期温度不宜超过 32 ℃。

5. 采收

当花球长到 0.4～0.6 kg，直径 12～18 cm，颜色深绿、花球紧密、不松散时即可采收。反之，采摘过早则产量低，品质下降，过迟则抽薹开花，失去食用价值。

★能力转化

1. 越冬露地种植花椰菜可以填补早春蔬菜市场空缺，调查当地花椰菜种植季节，思考如何提高花椰菜种植的经济效益。

2. 参与花椰菜露地生产全过程，并根据实际操作总结经验和管理措施。

项目四

豆类蔬菜生产技术

学习目标

了解豆类蔬菜的生物学特性、主要类型、栽培季节与茬口安排；掌握豇豆、菜豆的高产栽培技术要点及栽培过程中出现的常见问题及防治对策；能正确运用所学知识根据给定的条件，科学、合理地制定栽培技术方案，能熟练操作豆类蔬菜的植株调整与田间管理等技能，能正确分析判断豆类蔬菜栽培过程中常见问题的发生原因，并能采取有效措施进行解决；培养热爱劳动和精益求精的精神。

豆类蔬菜主要有豇豆、菜豆、蚕豆、豌豆、刀豆、芸豆、扁豆等，种类繁多，营养丰富，耐贮运。除豌豆和蚕豆外都原产于热带，为喜温、中光性蔬菜，不耐低温，宜在温暖季节栽培。根系都有不同形状和数量的共生根瘤，具固氮能力和提高土壤肥力的作用。

任务一　豇豆生产技术

豇豆，别名豆角，属豆科一年生草本植物，茎有矮生、半蔓生和蔓生 3 种。原产亚洲东南部，我国自古就有栽培。豇豆肉质肥厚，嫩荚可炒食、凉拌，种子可做馅料，是我国夏、秋季栽培的重要蔬菜之一。

★知识准备

一、生物学特性

（一）形态特征

1. 根

豇豆为深根性蔬菜，根系发达，主根可深达 50～80 cm，但大量侧根主要分布在 15～25 cm 土层中。根系再生力弱，适于直播，若育苗，需要在小苗时进行移栽。根上有根瘤，可固定空气中氮。

2. 茎

茎分为蔓生、半蔓生或矮生直立，茎蔓均呈左旋性缠绕。栽培种以蔓生型为主，矮生型次之。

3. 叶

子叶出土，基生叶对生，初生真叶为单叶，对生。第 3 片真叶以上为三小叶组成的复叶，互生。

4. 花

花序发生于叶腋，总状花序，蝶形花，有紫红、淡紫、乳黄色，自花授粉。

5. 果实

果实为荚果线形，每个花序结荚 2～4 个，因品种而异，长 30～90 cm。

6. 种子

种子肾形，无胚乳，每荚含种子 16～22 粒，千粒重 120～150 g。

(二)生长发育周期

豇豆自播种到嫩荚采收结束需 90～140 d，其长短因品种而异。经历发芽期、幼苗期、抽蔓期和开花结荚期。

1. 发芽期

从种子萌动到第 1 片真叶显露为发芽期，需 6～8 d。此时期生长所需的营养主要由子叶供应，为培育壮苗，播种时要选择饱满的种子。

2. 幼苗期

从第 1 片真叶显露到植株具 7～8 片复叶为幼苗期，需 15～20 d。此时期前期植株以营养生长为主，同时开始花芽分化。

3. 抽蔓期

从植株具 7～8 片复叶至现蕾，需 10～15 d。此时期主蔓迅速伸长，开始缠绕生长，同时侧蔓开始生长；根系也迅速生长，并形成根瘤。

4. 开花结荚期

从现蕾开始到采收结束为开花结荚期，需 40～70 d。此期的长短因品种、栽培季节和栽培条件而异，此期开花结荚与茎蔓生长同时进行。植株在此期需要大量养分、水分以及充足的光照和适宜的温度。

(三)对环境条件的要求

1. 温度

豇豆喜温、耐热，不耐霜冻。种子发芽最适宜温度为 25～30 ℃，整个植株生育适宜温度 20～30 ℃；20 ℃以下茎蔓细，伸蔓期延长，不分枝。15 ℃以下生长缓慢，10 ℃以下生长受抑制，5 ℃以下植株受害，0 ℃茎叶枯死。开花结荚期适宜温度为 20～25 ℃，高于 35 ℃时，植株易早衰，落花落荚增多，品质变劣，产量降低。

2. 光照

豇豆属于中光性植物，对日照要求不严格，但开花结荚期间要求日照充足。短日照下能降低第 1 花序节位，开花结荚增多。

3. 水分

豇豆根系发达，吸水力强，因而耐旱力较强，但不耐涝。开花结荚期要求适当的空气湿度和土壤湿度，以 60%～70%为宜。

4. 土壤及营养

豇豆对土壤的适应性广，但以土层深厚、疏松透气、排水良好、富含有机质的壤土或沙壤土为好。喜中性至偏酸性土壤，适宜 pH6.2～7.0。整个生长周期对 N 和 K 肥需求量较多，P 需求量较少。硼肥和钼肥对增加产品品质有益。

二、栽培类型与品种

豇豆按其荚果的长短分为长荚豇豆、普通荚豇豆和短荚豇豆 3 类；按食用部位分食荚(软荚)和食豆粒(硬荚)两类。在蔬菜栽培中，一般按照豇豆的生长习性进行分类，将豇豆主要分为矮生型、半蔓生型和蔓生型 3 个类型。

1. 矮生型

茎直立生长，主茎 4～8 节后以花芽封顶，一般株高 40～50 cm。植株分枝较多，生长期短，早熟性好，但产量较低。代表品种有盘香豇、矮豇豆、五月鲜等。

2. 半蔓生型

生长习性似蔓生型，但蔓较短。

3. 蔓生型

主蔓、侧蔓均为无限生长，主蔓高达 3～5 m，栽培时需吊蔓或支架。叶腋间可抽生侧枝和花序，陆续开花结荚，生长期长，产量高。代表品种有红嘴燕、铁线青、白胖豇豆、八月豇等。

生产中以蔓生型较多，范围也广，又可分为青豇豆、白豇豆和红豇豆 3 种。

①青豇豆　茎蔓较细，叶片较小较细，嫩荚细长，浓绿色，能忍耐较低温度，不耐高温，大多在春季和秋季栽培。

②白豇豆　茎蔓较粗壮，叶较大而薄，嫩荚肥大，青白色，耐热，对低温较敏感，一般多在夏秋栽培。品种类型较多，栽培地区广。

③红豇豆　茎蔓十分粗壮，嫩荚呈紫红色，耐高温，适合在夏季栽培。

三、栽培季节与茬口安排

豇豆可在春、夏、秋三季露地栽培，也可春提早、秋延后设施栽培。豇豆播种、定植要求平均气温稳定在 15～18 ℃及以上，结荚盛期要求温度在 25 ℃以上。湖北地区早春豇豆在 2 月下旬至 3 月上旬即可在大棚内播种，3 月上旬至 3 月底可用地膜覆盖直播，4 月中旬至 5 月上旬后可露地直播，春夏豇豆播种期一般可延续至 7 月上中旬，秋豇豆在 7 月至 8 月上旬播种。日光温室早春茬栽培在 1 月下旬至 2 月中旬播种，3 月上旬至下旬定植，5 月份开始采收。

豇豆前茬多为冬闲地或春早熟菜地，纯作栽培较多，蔓生品种可与大蒜、早甘蓝、地芸豆套种，或与早熟茄子隔畦间作，也可借用春露地黄瓜架点播秋豇豆。矮生豇豆因有一定的耐阴能力，可与玉米等作物间作。

★任务实施

学习掌握豇豆生产技术

一、早春地膜豇豆生产技术

地膜豇豆是目前种植面积较大的一种栽培方式。其上市时间仅晚于塑料大棚栽培，其栽培是在露天条件下进行的，管理措施受自然影响较大。因此，在田管上要根据天气变化，加强肥水管理，力求实现早播、早上市，获得丰产，高效益。主要技术如下：

1. 选地合理轮作

豇豆忌连作。豇豆连作，不仅造成当年病虫害严重，豇豆减产，而且还会造成豇豆收获后，田间残存大量病虫源，增大了来年病虫基数。所以必须搞好轮作，一般与非豆科作物轮作 2～3 年，以后再种时必须搞好土壤消毒。

2. 整地施肥

种植豇豆的田块，直播或移栽前，要彻底清除前茬残留物，带出田外集中烧毁或深埋。然后进行整地，耕地深度达到 30 cm，晒田 2～3 d，耙平后每 667 m^2 施无污染腐熟的农家肥 4 000 kg 以上、碳铵 30～40 kg、过磷酸钙 40～50 kg、草木灰 150 kg 或氯化钾 20～30 kg，然后精耕细耙，达到田平土碎，土肥融合，规格作畦。畦面宽 1.0～1.1 m，沟宽 40 cm，畦高 20～25 cm。

3. 适时播种

地膜栽培一般在 3 月下旬播种较为合适，以防倒春寒造成烂种或冻死苗。一般选择早熟高产品种，采取干籽直播。适宜的株行距 60 cm×(20～25) cm，每 667 m^2 播种 4 000～4 500 窝，播后覆土盖膜。

4. 破膜放苗、间苗定苗

当田间豇豆苗现青后，及时破膜接苗，否则高温伤苗。划膜时要顺着苗头略偏方向，划膜接苗，划口不要超过 2～3 cm，破膜时不要伤豇豆叶。若遇到寒潮，可及时封窝，半个月后间苗，间去弱苗、病苗、杂苗，每窝留 2～3 苗，每亩保证有 8 000～10 000 株，并定苗封窝。

5. 适时追肥防早衰

在配方施足底肥的基础上，适时追肥是提高豇豆产量的重要措施。第 1 片真叶出现时，在四株间穴施复合肥 10～15 kg；第 4 片真叶出现时，施复合肥 15 kg，在两株间穴施；伸蔓时，在畦中心施复合肥 10～15 kg、尿素 10 kg，随后搭人字架，引蔓上架；摘第一、二次豆荚后，视长势情况浇水施肥。尤其第一层果要早摘，既可抢住高价，又有利于上层果实发育。

6. 适量浇水

豇豆生长在（保水、保肥、保温）地膜覆盖情况下，在苗期一般不浇水，并要进行蹲苗，促根系生长。初花期对水敏感，水分过大，极易徒长，引起落花，所以，此阶段只要苗子有萎蔫苗头，可不浇水或少浇水。结荚期由于株体大，又大量结荚，需要足够水分供应，才能保证豇豆多结荚、快结荚、早上市。灌水宜灌跑马水，畦面湿润后排水。若遇阴雨天，要及时排出渍水，否则土壤湿度大，不利于根系和根瘤菌活动，甚至烂根发病，引起叶片发黄脱落，导致落花落荚。豇豆生长适宜的相对湿度为55%～60%。

7. 适时采收

地膜豇豆一般在5月底上市，此时正值春淡季，及时上市既可抢住高价，又可为上层果荚提供更多的营养，也是获得高效益的重要措施之一。一般从开花至鲜荚成熟需7～10 d，第一、二层荚要早摘，只要豇豆荚长度接近其自身长度时即可采摘。

由于地膜栽培的品种是早熟品种，其上市期集中，所以进入采收盛期时，应每2～3 d采收1次，在下一节上豇豆采收后，及时化水施尿素10 kg，连续浇两次水，并注意防病虫，保护叶片及各叶腋抽出新的花序，结两次荚。当新的花序开花时要控制浇水，当豇豆坐稳后再浇水，若田间湿度大，可不浇水或少浇水，这样可延长采收期，增加产量。

二、塑料大棚豇豆春提早生产技术

1. 品种选择

塑料大棚春早熟栽培可选用适宜密植、耐低温弱光、开花结果早的蔓生型豇豆，尤其注意品种对日照要求不能严格。目前，在生产中主要应用的有之豇28-2、早豇一号、丰产王等品种。

2. 播种育苗

（1）播种　当棚内10 cm地温稳定在12 ℃以上即可播种，采取营养钵护根育苗。其方法是营养钵装土，浇足底水，每钵播种3～4粒，播后盖土2～3 cm。

（2）苗期管理　播后苗前，白天保持30 ℃左右，夜间25 ℃左右。子叶展开后，日温保持20～25 ℃，夜间14～16 ℃；加强水分管理，防止苗床过干过湿。定植前7 d炼苗，苗龄20～25 d，幼苗具3～4片真叶。

3. 整地定植

（1）整地施肥　定植前1个月或在头一年秋季扣棚。整地时施入有机肥5 000 kg、过磷酸钙25 kg、草木灰150 kg或硫酸钾20 kg；作畦或垄，覆盖地膜。

（2）定植　待棚内10 cm地温稳定通过15 ℃，气温稳定在12 ℃以上时即可定植；定植行株距为60 cm×30 cm，每穴2～3株。

4. 定植后管理

豇豆塑料大棚早春栽培,植株生长前期以保水保温为主,要控制肥水施用,尤其注意氮肥的施用,避免茎叶徒长,导致开花结荚节位升高,影响早熟性。开花结荚期要保证肥水供应,满足植株开花结荚需求。生长后期要注重根外追肥,防止植株早衰。

(1)缓苗期管理　定植后闷棚升温,保证植株尽快缓苗。白天大棚温度保持在30～32 ℃。当新叶开始生长时,说明缓苗期已经结束,应适当降低棚内温度,白天20～25 ℃,夜间 12～15 ℃。缓苗期一般不用浇水施肥,若干旱可以浇小水。

(2)伸蔓期管理　植株具 7～8 片复叶后主蔓开始缠绕生长,进入伸蔓期,同时侧蔓发生,在伸蔓期前应及时吊蔓或搭架。白天大棚温度控制在 20～28 ℃,夜间 12～15 ℃。为防止植株徒长,在植株开花前一般不进行浇水施肥,若浇水需要控制水量。

(3)开花结荚期管理　大棚温度白天保持在 20～28 ℃,夜间温度 15 ℃以上,当外界最低温度稳定在 15 ℃以上时,大棚可以昼夜通风。结荚后,一般每 7 d 左右浇 1 次水,每隔 1 水追施 1 次肥,每次每 667 m^2 施用三元复合肥 10～15 kg。浇水应选择晴天上午,浇水后及时放风降湿。浇水量不宜过大,以土壤见湿见干、保持地面湿润为宜。植株生长后期可喷施叶面肥,可防止植株早衰,延长采收期。

5. 植株调整

主蔓第 1 花序以下的侧芽及时除掉,主蔓第 1 花序以上各节位上的侧枝,留 1～3 叶摘心,保留侧枝上的花序。主蔓长至 15～20 节,高度达 2.0～2.5 m 时,需摘心封顶。定期除去植株下部老叶、黄叶和病叶。

6. 采收

豇豆开花后 10～12 d,当豆荚长至该品种标准长度,荚果饱满柔软,籽粒未显露时为采收适期。一般初期 5～7 d 采收 1 次,盛期 2～3 d 采收 1 次。采收时将豇豆沿果柄小心摘下,注意别损伤花序,采收后的节位还可正常开花结荚。

★能力转化

1. 根据所学知识,制定露地春茬豇豆栽培方案;并能熟练操作各技术环节。
2. 进行豇豆播种前种子处理和播种生产,记录发芽、生长情况,并进行分析总结。

任务二　菜豆生产技术

菜豆,别名四季豆、玉豆等,豆科菜豆属一年生蔬菜,原产中南美洲,16 世纪传入我国,菜豆比较耐冷喜光,适宜在温带和热带高海拔地区种植。菜豆主要以嫩荚为食,营养丰富,嫩荚中含 6%蛋白质及丰富的赖氨酸、精氨酸,还含有丰富的维生素 C、胡萝卜素、纤维素和糖等,并适合干制和速冻。

★知识准备

一、生物学特性

(一)形态特征

1. 根

根系较发达,主根深达 80 cm 以上,主要根群多分布在 15～30 cm 耕层中,有较强的抗旱和耐瘠薄能力。侧根及细根上虽着生根瘤,但发生时间较晚,数量较少,因此菜豆栽培苗期需足够的速效氮供应。菜豆根系木栓化早,易老化,再生能力弱,保护地栽培应采用护根措施。

2. 茎

茎细弱,有缠绕性,分枝力强。依生长习性分为蔓生型和矮生型,矮生型菜豆茎直立不用搭架,蔓生菜豆一般茎长可达 2～3 m,需搭架生长。

3. 叶

菜豆的叶包括子叶、初生叶和蔓生叶。子叶一对,多为肾形;初生真叶为单叶,心脏形,对生;以后真叶为三出复叶,互生。

4. 花

菜豆的花为完全花,总状花序,花梗发生于叶腋或茎的顶端,花梗上有花 2～8 朵。花色有白、黄、红、紫等多种。蝶形花,自花授粉。菜豆的结荚率低,大量的花芽变成潜伏芽或在开放时脱落。

5. 果实

菜豆果实为荚果,圆柱形或扁圆柱形,全直或稍弯曲。长短也有较大区别,有的长达 30 cm 以上,短的不足 10 cm,绝大部分在 10～20 cm。嫩荚绿、淡绿、紫红或紫红花斑等,成熟时黄白至黄褐色。在高温、干旱或营养不足的条件下栽培时,豆荚纤维增多,品质恶化。

6. 种子

菜豆种子多为肾脏形,种皮颜色有黑、白、红、黄、褐和花斑等,种皮薄,浸种时易破裂而受损伤。千粒重 300～700 g,使用年限通常为 1～3 年。

(二)生长发育周期

菜豆的生长发育经历发芽期、幼苗期、抽蔓期和开花结荚期 4 个时期。

1. 发芽期

从种子萌动到第 1 对真叶出现,需 10～14 d。此期栽培上的关键是维持适宜的温度和良好的通气条件,保证适宜的水分,一般不要灌水。

2. 幼苗期

从第 1 对真叶出现到有 4～5 片真叶展开,需 20～25 d。幼苗末期开始花芽分化,此期管理的重点是促苗,可浇小水加少量氮肥。

3. 抽蔓期

从 4～5 片真叶展开到现蕾开花，需 10～15 d。此期茎叶生长迅速，花芽不断分化发育，管理重点仍是促苗，浇小水追少量钾肥、氮肥。

4. 开花结荚期

从开花到采收结束。矮生种播种后 30～40 d 进入开花结荚期，历时 20～30 d；蔓生种播种后 50～70 d 进入开花结荚期，历时 45～70 d。此期开花结荚和茎叶生长同时进行，生长量大，需肥量多，因而应及时追肥、灌水，以防植株早衰。

（三）对环境条件的要求

1. 温度

菜豆喜温暖、不耐高温及霜冻，种子发芽最低温度为 10～12 ℃，发芽最适温度为 20～25 ℃，30 ℃以上发芽受阻。幼苗生长发育最适温度为 18～20 ℃，短期处在 2～3 ℃则失绿，0 ℃受冻。开花结荚最适温度为 18～25 ℃，28 ℃以上易落花，35 ℃落花率达到 90%左右。地温应保持 21～23 ℃为宜，地温 13 ℃以下，根系不能伸长。

2. 光照

菜豆属中光性植物，少数秋栽品种要求短日照，春、秋均可种植。但在高温而日照不足条件下，则叶柄伸长；秋、冬季节连续阴天，则出现落花。在幼苗期，菜豆仍需较长和较强的光照，栽培时应尽量满足苗期光照。

3. 水分

菜豆耐旱力较强但不耐涝，幼苗期需水较少，抽蔓发秧期需水量增加，结荚期需水量较多。适宜土壤湿度为田间最大持水量的 60%～70%，空气相对湿度为 50%～75%。湿度不适容易落花落荚，超过 80%锈病严重。

4. 土壤及营养

菜豆喜土层深厚、有机质丰富、疏松透气土壤，如土壤湿度大，通气性差，不利于根瘤繁殖和寄生。适宜土壤 pH 6.2～7.0，耐盐力较弱。生育过程中吸收钾较多，其次为钙，磷最少，微量元素硼和钼对菜豆生育和根瘤菌活动有良好的作用。对氯离子反应敏感，所以生产上不宜施含氯肥料。

二、栽培类型与品种

菜豆品种繁多，生产上主要按茎蔓生长习性分为蔓生型和矮生型两种。

1. 蔓生型

蔓生型又称“架豆”，主蔓长达 2～3 m，节间长，攀缘生长，属无限生长类型。每个茎节的腋芽均可抽生侧枝或花序，陆续开花结荚。成熟较迟，从播种至初收 50～90 d，采收期可达 30～60 d。产量较高，品质佳。生产中较优良的品种有芸丰、丰收 1 号、绿丰、双季豆等。

2. 矮生型

矮生型又称“地豆”或“蹲豆”。植株矮生直立，株高 40～60 cm。主茎长至 4～8

节时顶芽形成花芽封顶，从各叶腋发生若干侧枝，侧枝生长数节后，顶芽又形成花芽封顶。生育期短，早熟，从播种至初收 40～50 d，采收期可达 15～20 d。产量较低，品质差。生产中较优良的品种有新西兰 3 号、日本无筋四季豆、湖南圆荚三月豆等。

三、栽培季节与茬口安排

菜豆性喜温暖，不耐霜冻。我国除无霜期很短的高寒地区为夏播秋收外，其余南北各地均春、秋两季播种，并以春季露地栽培为主。春季露地栽培，多在断霜前几天，10 cm 低温稳定通过 10 ℃以上时进行。长江流域露地春播宜在 3 月中旬至 4 月上旬，早春栽培可提前 1～2 个月播种；秋播多在 7—8 月份。目前，菜豆设施栽培主要利用塑料大棚和日光温室进行反季节栽培，塑料大棚以春茬栽培为主，温室栽培主要以秋冬茬和冬春茬为主。菜豆设施栽培保证了菜豆周年生产和市场供应。

菜豆喜土层深厚、排水良好的壤土或沙壤土，为减轻病害发生，避免与豆类蔬菜连作，宜与其他蔬菜轮作 2～3 年。适宜前茬为大白菜、甘蓝、黄瓜、马铃薯等，矮生菜豆可与玉米、棉花等间作。

★任务实施

学习掌握菜豆生产技术

一、露地菜豆生产技术

1. 品种选择

春露地栽培可选择蔓生菜豆，也可选择矮生菜豆。矮生菜豆耐寒性稍强，可早播 3～5 d，且生育期较短，早熟，但品质略差，产量较低，供应期较短；蔓生菜豆相对较晚熟，但供应期长，产量高，品质好，较受消费者欢迎。无论哪种品种，都应以耐寒、早熟为首选，其次是抗病、高产。

2. 整地施肥

菜豆耐旱力较强，怕涝，宜选择肥沃、疏松、排水良好的壤土，且与其他蔬菜进行轮作。菜豆对盐害敏感，在盐碱地上不适宜栽培，选作菜豆春季栽培的地块，在上年秋茬拉秧后进行深翻，可冻死土中的病虫害。整地时施腐熟有机肥 3 000～5 000 kg、过磷酸钙 30 kg、磷酸钾 25 kg 做底肥，整平耙碎，作成宽 60 cm、高 15～20 cm 的畦。

3. 播种

(1)播种日期　播种期在断霜前 5～7 d，10 cm 地温稳定在 10 ℃左右，长江流域一般在 3 月中下旬至 4 月初，采用地膜覆盖可提前 1 周播种。

(2)种子处理　选用粒大、饱满、无病虫的新种子，播前先将种子晾晒 1～2 d，为防止种子带菌，可用种子重量 0.2%的 50%多菌灵可湿性粉剂拌种，或用 0.3%的福尔马林 100 倍液浸种 20 min 后用清水冲洗干净后播种。

(3)播种密度　蔓生种每畦 2 行，行距 55～60 cm，穴距 30～40 cm；矮生种行距

45～50 cm，穴距 25～30 cm。蔓生种每 667 m^2 用种量为 2.5～3.0 kg，矮生种每 667 m^2 用种量为 3.5～5.0 kg。

(4)播种方法　播种多采用开沟点播的方法，按行距开 3～5 cm 深的沟，先浇足底水，每穴播种 3～4 粒，播后覆土 1.5～2.0 cm，然后覆盖地膜，增温、保温、保湿，促进种子萌发出土。

4. 田间管理

(1)发芽期　菜豆春季露地直播栽培，一般播种后经过 14 d 左右就可出齐苗。为促进发芽及苗全，始终保持土壤湿润。

(2)幼苗期　当苗出齐后进行查苗间苗，拔出弱苗、病苗，间出多余苗，并补足缺苗，保证每穴留 2～3 株；同时应进行中耕除草，为菜豆根系生长和根瘤菌活动创造良好的条件，一般苗期中耕 2～3 次，在行间和株间中耕深些，靠近植株根部要浅些，以免伤根；当菜豆 4 叶期时每 667 m^2 追施尿素 10 kg。

(3)抽蔓期　蔓生菜豆开始抽蔓时及时插架，一般插成"人"字架，适当引蔓，使各植株的藤蔓均匀分布在架杆上。在开花结荚前，一般只中耕不浇水，进行"蹲苗"。墒情良好，可一直到结荚后再浇水；土壤过干，在开花前浇 1 次小水。

(4)结荚期　进入结荚期，植株和花、荚的生长发育都消耗大量的营养，必须供给充足的水肥，此期如果缺水，豆荚生长缓慢，荚壁纤维增多，产量低，品质差。整个结荚期每 5～7 d 浇 1 次水，使土壤湿度稳定在田间最大持水量的 60%～70%。此期追肥以磷、钾肥为主，配合少量氮肥；矮生型菜豆追肥 1～2 次，蔓生型菜豆则需追肥 2～3 次。也可用 0.2%的磷酸二氢钾叶面喷施。

5. 收获

菜豆的采收标准是豆荚充分长大，两侧缝线粗纤维少，荚壁肉质细嫩，豆粒略显。结荚盛期，每 2～3 d 可采收 1 次。采收时要注意保护花序和幼荚。矮生菜豆播后 50～60 d 开始采收，开花结荚集中，采收期也相对集中，分为 3～4 次即可采收完毕，采收期仅为 30 d 左右；蔓生菜豆播后 60～70 d 陆续开花结荚，一般每隔 3～4 d 采收 1 次，结荚盛期 2～3 d 采收 1 次，采收期可达 60～80 d。

二、塑料大棚菜豆秋延后生产技术

1. 品种选择

选择适应性强、耐热、抗病、对光的反应不敏感或短日照的早熟品种，如丰收 1 号、秋抗 6 号、秋紫豆等。

2. 整地施肥

播种前 7～10 d，应将大棚前茬作物彻底清理，翻地后至少暴晒 3～5 d，每 667 m^2 施入腐熟堆肥 3 000～5 000 kg，将其掺入土中混合均匀。将土块打碎、耙平，做成宽 1.0～1.2 m 的平畦。

3. 适时播种

秋菜豆以 8 月中旬播种为宜，若播种过早，开花结荚期正值高温季节，易落花落果；若播种过迟，生长期短，产量低。按行距 60～70 cm、株距 30～35 cm 开沟浇水点播，每穴播种 2～3 粒。

4. 田间管理

(1)查苗补苗　在小苗子叶展开时，对尚未出土的种子要及时补苗。为了让后补的菜豆与先播的幼苗生长势接近，在播种时要另设一小块苗床，用营养钵育苗。补苗时在空穴上挖开深 10 cm 的坑，浇水栽苗或栽苗后浇水，等水渗下时封坑。补苗越早，苗的整齐度越高。

(2)光照管理　秋延后栽培的气候特点是前期光照条件好，温度较适宜，随着时间的推迟，光照条件越来越差。所以，前期要充分利用有利的光照、温度条件，轻控重促，待营养生长基本完成后，气温随之下降，植株的营养生长自然受到抑制，很难出现继续旺长现象。

(3)通风降温　秋延后大棚菜豆定植初期一般气温尚高，幼苗生长较快，管理的重点是通风降温。方法是尽量加大放风力度，但降雨时要防止雨水落入棚内，以保持棚内适宜的湿度，也可覆盖遮阳网降温。此期应尽可能使棚温白天不超过 30 ℃，夜间不低于 20 ℃；开花期也应注意通风降温，维持适宜的生长温度。坐荚后可逐渐通过棚温，白天 20～25 ℃，夜间 15～20 ℃，低于 15 ℃或高于 25 ℃对开花结荚不利，30 ℃以上高温会引起落花落荚。生长中后期，随着外界温度的降低应注意保温，上午棚温达 15 ℃时开始放风，下午棚温降至 15 ℃时关闭风口。

(4)肥水管理　菜豆开花前要控制浇水，促进根系生长，防止秧苗徒长。注意中耕改善根际环境，促进根系生长，适当延缓茎叶生长，使缓苗后的幼苗生长稳健、根冠比合理。一般每隔 7～10 d 中耕 1 次，共中耕 2～3 次，最后 1 次中耕应向植株基部培土。当幼荚长至 4～5 cm 时及时浇水追肥，每浇水 2 次追肥 1 次，一般追肥 2～3 次，每次每 667 m^2 追施硫酸钾复合肥 30 kg。直到 10 月中旬植株生长减弱时，浇水宜少并停止追肥。

(5)植株调整　植株调整技术如菜豆春露地栽培中的植株调整技术。

5. 收获

菜豆在大棚内定植后，经过 35～40 d 可开始采收嫩荚，采收要及时。在植株生长中后期，由于气温逐渐降低，豆荚生长速度减慢，可根据豆荚生长情况和市场供求情况适当迟收，有利于提高产值。

★能力转化

1. 根据所学知识，制定当地日光温室冬春茬菜豆栽培技术方案，并能熟练操作其关键环节。

2. 进行实地调查，了解当地菜豆主要栽培方式、栽培品种及特性，并分析生产效果，整理主要的栽培经验和措施。

项目五

根菜类蔬菜生产技术

学习目标

了解根菜类肉质直根的形态与结构、对土壤和施肥的要求、品种类型、栽培茬口安排、收获技术；掌握萝卜和胡萝卜的播种技术、苗期管理技术、肥水管理技术以及肉质根形成过程出现生理障碍的原因与预防措施；能根据给定条件科学合理地制定栽培技术方案，协作完成主要根菜类蔬菜的播种、田间管理、收获全过程，能熟练掌握根菜类蔬菜的重要技术环节；培养吃苦耐劳、团结协作的精神。

根菜类蔬菜是指以肥大的肉质直根为食用器官的蔬菜，包括十字花科的萝卜、胡萝卜、根用芥菜（俗称“大头菜”）、芜菁、辣根；伞形科的美洲防风、根芹菜；菊科的牛蒡、婆罗门参；藜科的根甜菜等。目前，我国主要栽培的是萝卜、胡萝卜，其次是大头菜和芜菁等。根菜类蔬菜适应性强、生长快、产量高、管理简易、贮运方便，其营养丰富，食用方法多样，在蔬菜周年供应中占有重要地位。

任务一　萝卜生产技术

萝卜别名莱菔、芦菔，十字花科萝卜属二年生或一年生草本植物，起源于我国，有着悠久的栽培历史，南北方各地普遍栽培。其产品除含有一般的营养成分外，还含有淀粉酶和芥子油，有帮助消化、增进食欲的功效。萝卜用途广，品种多，可四季栽培，周年供应。

★知识准备

一、生物学特性

（一）形态特征

1. 根

萝卜为直根系深根性作物，根系分为吸收根和肉质根，肉质根的形状、大小、色泽因品种而异，有圆形、扁圆形、长圆锥形等；肉质根的皮有白、粉红、紫红、青绿等；肉色多为白色，当木质部薄壁细胞组织内含花青素或叶绿素时，肉质则显紫色或绿色。肉质根由根头、根颈和真根三部分组成，见图4-6。

(1)根头　短缩的茎部，由幼苗的上胚轴发育而成，其上着生芽、叶。

(2)根颈　由幼苗的下胚轴发育而成，其上无叶、无侧根。

(3)真根　由幼苗的初生根肥大而成，其上生侧根。

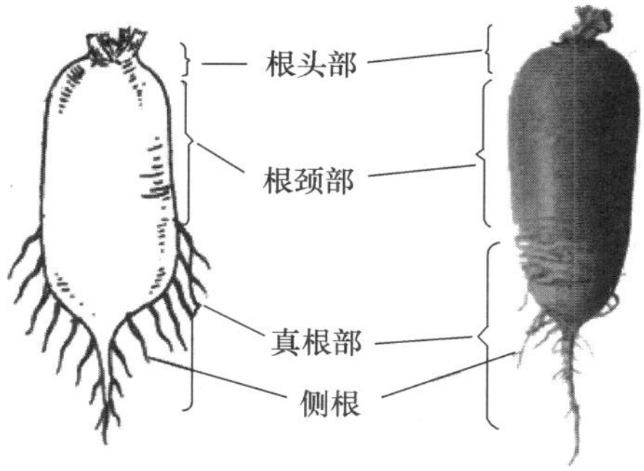

图4-6　萝卜肉质直根组成

2. 茎

营养生长阶段为短缩茎，其上着生叶片；花芽分化后，茎端抽生花茎并发生分枝。

3. 叶

营养生长时期丛生于短缩茎上，叶形有板叶、花叶之分；叶色有浓绿、淡绿、亮绿、墨绿等；叶柄和叶脉也有绿、紫、红等色；叶上多有茸毛。叶丛有直立、半直立和平展3种方式，直立型品种适于密植，平展型的不宜种植太密。

4. 花

总状花序，花瓣4片呈十字形；花色有白、粉红、淡紫色等，一般白萝卜花白色，青萝卜花紫色，红萝卜花白色或淡紫色；花期30～35 d，每朵花开放5～6 d，虫媒花，异花授粉，天然异交率高。

5. 果实和种子

果实为长角果，成熟后不易开裂，内有3～10粒种子；种子为不规则圆球形，种皮浅黄色至暗褐色，千粒重7～14 g，生产上宜用1～2年的新种子。

(二)生长发育周期

萝卜的生长发育过程可分为营养生长和生殖生长两个阶段。

1. 营养生长阶段

萝卜的营养生长时期是从播种后种子萌动、出苗到形成肥大肉质根的整个过程，又可分为4个时期：

(1)发芽期　从种子萌动、发芽、子叶展开到第1片真叶显露，俗称“破心期”，需5～6 d。此期生长所需的能量来自种子内部贮藏的养分，需供给充足的水分和适宜的温度，以保发芽迅速，出土整齐。

(2)幼苗期　从第1片真叶展开到“破肚”(5～9片叶)，需15～20 d。幼苗具有5～6片真叶时，由于肉质根不断伸长、加粗生长，而外部初生皮层不能相应地生长和膨大，引起初生皮层破裂，俗称“破肚”，历时5～7 d。破肚结束，是幼苗期结束的标志。

(3)莲座期　又称叶部生长盛期或肉质根生长前期,从“破肚”到“露肩”,需 20～30 d。此时期叶数不断增加,叶面积迅速增大,根系吸收能力加强,生长量加大,肉质根延长,地上部生长量仍超过地下部的生长量。此期末肉质根已有一定大小,根头部开始膨大变宽,称为“露肩”。

(4)肉质根生长盛期　从“露肩”到收获,是肉质根生长最迅速的时期,需 40～60 d。此时期叶片的生长逐渐减慢,肉质根生长迅速,大量的同化物质输送到肉质根内贮藏。此时期要有足够的肥水供应,以防减产。

2. 生殖生长阶段

秋、冬栽培的萝卜在肉质根形成后,到冬季感受自然低温一般通过春化阶段,但由于气温逐渐降低,日照变短,未能抽薹开花。经过冬季贮藏,第二年春天定植在露地,在长日照、温暖的气候条件下抽薹、开花、结果。从第一朵花开放至全株谢花为开花期,需 25～40 d,从全株谢花至种子成熟为结果期,约需 50 d。

(三)对环境条件的要求

1. 温度

萝卜为半耐寒性蔬菜,种子在 3～5 ℃即可发芽,发芽适温 20～25 ℃;茎叶生长的温度范围 5～25 ℃,最适温度 15～25 ℃;肉质根在 6～20 ℃生长良好,肉质根膨大最适温度 13～18 ℃。长期处于 21 ℃以上“长叶不长根”,25 ℃以上高温光和物质积累减少,呼吸消耗增多,植株生长衰弱,易引发病虫害,尤其是蚜虫和病毒病。6 ℃以下生长缓慢,并容易通过春化阶段而产生未熟抽薹,在 0 ℃以下肉质根容易遭受冻害。

2. 光照

在光照充足的环境中植株生长健壮,产品质量好。光照不足则生长衰弱,叶片薄而且色淡,肉质根小品质差。

3. 水分

萝卜不耐旱也不耐湿,在土壤最大持水量 65%～80%、空气湿度 80%～90%条件下易获得高产、优质。若生长过程中水分不足易造成产量降低,且肉质根易糠心、味苦、味辣、品质粗糙;水分过多,土壤透气性差,影响肉质根膨大且易烂根。

4. 土壤和养分

萝卜对土壤的适应性较广,但以土层深厚、保水和排水良好、富含有机质、疏松透气的沙壤土最好,pH 6～7 为宜。土质黏重,萝卜表皮不光洁;耕土层过浅、坚实或含有沙砾等易发生歧根。

萝卜对营养元素的吸收以钾最多,氮次之,磷最少,整个生育期对氮、磷、钾吸收比例大约为 10∶3∶11。生产上要以有机肥为主,合理追施氮磷钾肥,注意补充微量元素肥料,如缺硼,会引起心腐病。

二、品种类型

中国萝卜品种资源丰富，分类方法很多。按肉质根的形状可分为长圆形、圆形、扁圆形、卵圆形、纺锤形、圆锥形等；按根皮色分红、绿、白、紫等色；按用途分菜用、水果用、加工腌制等；按生长期长短分早熟、中熟和晚熟；生产上主要按栽培季节分为以下 5 种类型：

1. 秋冬萝卜

夏末秋初（8 月份）播种，秋末冬初收获，生长期 60～100 d。秋萝卜大多为大中型品种，产量高，品质好，耐贮藏，供应期长，是各类萝卜中栽培面积最大的一类。如昆明地方品种"水萝卜"、南京穿心红、江农大红萝卜、北京心里美、潍县绿萝卜等。

2. 冬春萝卜

南方栽培较多，晚秋（9 月下旬至 12 月份）播种，露地越冬，翌年 2—3 月份收获，耐寒性强，不易空心，抽薹迟，是解决当地春淡的主要品种。如昆明"三月萝卜"、通海春籽萝卜、白玉春等。

3. 春夏萝卜

南方一般 2—4 月份播种，5—6 月份收获，生育期 45～70 d，产量低，供应期短，栽培不当易抽薹。如锥子把、爆竹筒、娃娃脸、北京六缨水萝卜及寿光春萝卜。

4. 夏秋萝卜

夏秋萝卜具有耐热、耐旱、抗病虫的特性。北方多夏播（7 月份）秋收，于 9 月份缺菜季节供应，生长期正值高温季节，必须加强管理。如象牙白、大缨子等。

5. 四季萝卜

肉质根小，生长期 30～40 d，较耐寒，适应性强，抽薹迟，除严寒酷暑外，四季皆可种植。如算盘子、荸荠扁、上海小红萝卜、扬花萝卜等。

三、栽培季节与茬口安排

在南方地区一年四季均可露地栽培，全年供应，但以秋、冬季栽培最为适宜，产量高、品质好。湖北地区以秋季种植为主，初冬收获、贮藏，供应冬季和早春市场；也可在夏季栽培及利用保护地设施早春栽培。我国主要地区萝卜的栽培季节和茬次安排见表 4-3。

表 4-3 萝卜生产季节与茬口安排

地区	萝卜类型	播种期/（月/旬）	生长日数/d	收获期/（月/旬）
南京	春夏萝卜	2/中～4/上	50～60	4/中～6/上
	夏秋萝卜	7/上～7/下	50～70	9/上～10/上
	秋冬萝卜	8/上～8/中	70～110	11/上～11/下
上海	春夏萝卜	2/中～3/下	50～60	4/上～6/上
	夏秋萝卜	7/上～8/上	50～70	8/下～10/中
	秋冬萝卜	8/中～9/中	70～100	10/下～11/下

续表 4-3

地区	萝卜类型	播种期/(月/旬)	生长日数/d	收获期/(月/旬)
广州	冬春萝卜	10～12	90～100	1～3
	夏秋萝卜	5～7	50～60	7～9
	秋冬萝卜	8～10	60～90	11～12
东北	秋冬萝卜	7/中下	90～100	10/中下
北京	春夏萝卜	3/中～3/下	50～60	5/中～5/下
	秋冬萝卜	7/下～8/上	90～100	10/中～10/下

萝卜宜与非十字花科蔬菜轮作，否则易发生病害。秋冬萝卜最好的前茬是葱蒜类、茄果类及瓜类蔬菜，因这些前茬施肥量大，土壤比较肥沃，尤其是葱蒜类蔬菜栽培后在土壤中留下硫化丙烯等杀菌物质，能减少萝卜栽培中许多土传病害的发生。其次是马铃薯、玉米、麦子等春作物，这些作物腾地早，有较充足的时间晒垡整地。

★任务实施

学习掌握萝卜生产技术

一、秋冬萝卜露地生产技术

1. 选择适宜的品种

根据气候条件、土壤及消费习惯等选择适宜品种。早秋萝卜多选用生长期短、上市早的圆萝卜；晚秋萝卜则选用生长期长的晚熟品种；露地越冬宜选用肉质根全埋或微露土面的品种；北方一季栽培则宜选用潍县萝卜、露头青、露八分、大青皮、大红袍等。

2. 整地、施肥、作畦

(1)整地　栽培秋冬萝卜的地块以 pH 中性或微酸性的沙壤土为好，过酸易发生软腐病和根肿病、过碱长出的萝卜味苦；应早耕、深耕，耕后充分打碎耙平，以利于萝卜肉质根在土壤中的生长。

(2)施肥　施肥以基肥为主，追肥为辅。基肥应以腐熟的厩肥为主，并配合施用部分磷、钾肥，一般每 667 m^2 施腐熟厩肥 2 500～3 000 kg，并加入过磷酸钙 25～30 kg，草木灰 50～100 kg。

(3)作畦　作畦的方式根据品种、土质、地势及当地气候条件不同而异，一般中小型品种或排水良好的地块可用平畦栽培；中大型品种或多雨地区、地下水位较高及排水不良的地块宜高垄或高畦栽培；大面积的中型萝卜栽培一般采用畦宽 1～2 m，高 20～25 cm，沟宽约 40 cm。

3. 播种

(1)适时播种　应根据市场需求及品种特性确定萝卜的播种期，尽量把萝卜的产品器官形成期安排在适宜生长的季节里。湖北地区一般在 8—9 月份进行播种。

(2)播种方法　萝卜均采用直播法，根据品种特性可撒播、条播或穴播，先播种，盖土后再浇水。土壤干燥时可先浇水再播种，覆土厚度一般 2～3 cm。播种过浅，土壤易干，且出苗后易倒伏，胚轴弯曲，根形不直；播种过深，不仅影响出苗的速度与植株健壮，还会影响肉质根的长度和颜色。

(3)播种密度及播种量　秋冬萝卜的播种密度、播种量与所选用的品种有关。一般大型品种穴播，行距 50～60 cm，株距 25～40 cm，每 667 m^2 需 0.3～0.5 kg 种子，播 6～7 粒/穴；中型品种条播，行距 40～50 cm，株距 15～25 cm，每 667 m^2 需 0.6～1.2 kg 种子；小型品种撒播，株距 10～15 cm，每 667 m^2 需用种子 1.8～2.0 kg。

4. 田间管理

(1)间苗定苗　幼苗出土后生长迅速，要及时间苗，应遵循"早间苗、分次间苗、适时定苗"为原则，保证全苗壮苗。一般在子叶充分展开时进行第 1 次间苗；出现 3～4 片真叶时进行第 2 次间苗，拔除弱苗、病苗、畸形苗；5～6 片真叶肉质根开始破肚时选留具有原品种特征的健壮苗 1 株，即为定苗。

(2)合理浇水　萝卜需水较多，不耐旱也不耐涝，浇水要根据降雨量多少、空气和土壤湿度、地下水位高低、不同生长发育阶段决定浇水次数和浇水量。播种后要保持土壤湿润。播种后要求地面保持湿润，保证发芽迅速，出苗整齐；出苗后至幼苗期经常浇水，防止高温灼伤幼苗并能减轻病毒病的发生，若雨水较多要及时排涝，防止死苗；叶片生长盛期需水量比幼苗期增加，要适当浇水，以地面见干见湿为原则；根部生长盛期，需水量达到高峰，需充分均匀地供水，缺水会使萝卜的肉质根发育缓慢和外皮变硬甚至裂根、糠心、味辣；收获前 7 d 停止浇水，便于收获、贮藏。

(3)分期追肥　萝卜一般分期追肥，即"破心追轻、破肚追重、露肩追轻"。破心期即幼苗具 2～3 片真叶时追施 1 次提苗肥，结合灌水每 667 m^2 施尿素 10 kg 或硫酸铵 12.5～15.0 kg；破肚期即肉质根开始膨大时追第 2 次肥，每 667 m^2 追施萝卜专用肥 15～20 kg，或施尿素 15 kg，硫酸钾 15 kg；露肩期每 667 m^2 施硫酸铵 12.5～15.0 kg、过磷酸钙、硫酸钾各 5 kg。每生产 1 000 kg 萝卜需氮磷钾的比例为 1∶0.2∶1.8。

(4)中耕、除草及培土　大、中型萝卜于幼苗期到封垄前，一般要求结合除草中耕 2～3 次，后期进行根际培土。第一次中耕要浅，划破地皮即可；随着植株生长第二次要加深，但勿碰伤苗根，以免引起杈根、裂口或腐烂。

5. 收获

一般当田间萝卜肉质根充分膨大，叶色转淡渐变黄绿时，为收获适期。秋播的多为中晚熟品种，需要贮藏或延期供应，可稍迟收获，但需防糠心，防受冻，一定要在霜冻前收完。

二、萝卜栽培中常见的生理病害及防治措施

1. 先期抽薹

(1)症状　肉质根未膨大前遇到低温长日照条件满足了阶段发育需要就会发生

未熟抽薹，轻则糠心，质地坚硬；重则不能形成产量。

(2)原因　生产上常因品种选用不当，播种过早或过晚，种子萌动后遇到低温、长日照通过春化以及栽培管理粗放等。

(3)防治措施　根据品种特性选择适宜的播种期，并有针对性地加强肥水管理；如发现先期抽薹，及时摘薹，大水大肥，在抽薹前及时上市。

2. 糠心

(1)症状　多发生在肉质根生长后期，从中央开始，逐渐扩大。

(2)原因　①在肉质根生长盛期，细胞迅速膨大，此时如果温度过高，湿度过低，则植株呼吸作用及蒸腾作用旺盛，水分消耗过大，肉质根薄壁细胞便会缺乏营养和水分而处于饥饿状态，细胞间产生间隙，因而空心。②播种过早，水肥供应不当，萝卜生长前期水分供应充足，主根正常膨大，后期遇干旱或水肥供应不足，特别是缺硼土壤易造成糠心。③早期抽薹，光和产物急剧输往顶端生长点导致萝卜根部养分缺乏而糠心。④其他如开花或延迟收获，或贮藏在高温干燥的场所，也会因失去水分而糠心。

(3)防治措施　选用耐抽薹品种，适时播种，保证均匀供水；不能偏施氮肥，另外，在肉质根膨大期喷洒一遍磷酸二氢钾和硼肥，补充钾和硼元素，减少萝卜糠心；早熟品种应适时收获，选择低温、湿度大的地方贮存萝卜。

3. 裂根

(1)症状　萝卜肉质根开裂俗称萝卜裂根，是一种水分供应失调引起的生理性病害。沿肉质根纵向开裂，或横向开裂，裂口较深，长短不一，严重时整个根开裂；也有的在叶柄处横裂，或在根头处开裂。

(2)原因　主要是肉质根膨大初期，供水不均形成。膨大前期由于缺水，肉质根周皮组织硬化，当水分充足时，肉质根再次膨大，产生裂根。另外，选择土壤不当或整地不细也会引起裂根。

(3)防治措施　不选择黏土地栽培萝卜；在萝卜生长前期如遇干旱要及时浇水，肉质根膨大期要均匀供水。

4. 辣味

(1)症状　萝卜外观没有明显不良症状，主要是食用时感觉味辣，口感不好。

(2)原因　辣味是芥子油含量偏高，常与干旱炎热、缺肥，病虫危害、肉质根未充分膨大等有关。

(3)预防措施　适当推迟播期，使萝卜肉质根迅速膨大期避开高温炎热气候；加强田间管理，保证水分充足。

5. 苦味

(1)症状　萝卜外观没有明显不良症状，主要是食用时感觉味苦，口感不好。

(2)原因　苦味是苦瓜素造成的，苦瓜素是一种含氮的碱性化合物，往往是由于氮过多，磷、钾不足所造成的。

（3）预防措施 选择适宜土壤种植，采取氮磷钾配方施肥，不偏施氮肥。

6. 杈根

（1）症状 杈根是侧根膨大的结果，由吸收根变为贮藏根，发生两条或更多的分叉，从而形成杈根。

（2）原因 一般土壤耕层浅，整地质量差，土壤中有较多的石砾都会阻碍肉质根的正常膨大和伸长；施肥过量或施用未充分腐熟肥料，肉质根先端遇到较浓的肥料而受损伤，不能继续伸长生长，侧根代之伸长膨大而成为分叉；种子生活力弱或使用陈种子及地下害虫为害也易导致歧根。

（3）预防措施 精耕细作、深翻暴晒，土壤要整平整细；采用饱满的新种子；有机肥要充分腐熟，避免施用浓度过大的肥料；播前要防治地下害虫等。

7. 黑皮和黑心

（1）症状 在肉质根侧根及根原基着生处的表皮上产生黑褐色，具龟裂的长梭形横纹，切开后可见导管变黑，内部组织干腐，髓部多为黑色、空洞状。

（2）原因 土层板结，施用了未充分腐熟的有机肥，引起微生物活动剧烈，消耗了大量的氧气，从而造成萝卜根际缺氧，导致黑皮、黑心。

（3）预防措施 适期播种，忌连作，避免在低洼地种植，不用未腐熟的有机肥做基肥；黑腐病发病初期喷施72%农用链霉素3 000倍液，7～10 d喷1次，连喷3～4次；精耕细作，避免土壤板结。

★能力转化

1. 实地调查，了解当地萝卜主要栽培方式和栽培品种特性，分析生产效果。

2. 参与萝卜生产全过程，并根据操作体验，总结出经验和创新的技术。

任务二 胡萝卜生产技术

胡萝卜又称“红萝卜”，是伞形科胡萝卜属二年生草本植物。原产于英国及中亚细亚一带，早在元朝就传入我国。胡萝卜的肉质根营养丰富，即可充当蔬菜水果也可煮食代粮，还可制干、腌制、酱制。由于它适应性强，生长健壮，病虫害少，管理省工，耐贮运，分布遍及全国各地，尤以北方栽培更为普遍，为冬春主要蔬菜之一。

★知识准备

一、生物学特性

（一）形态特征

1. 根

胡萝卜是深根性蔬菜，根系发达，主根深达2 m，侧根横向扩展60 cm，侧根4行

4 列，须根较多，较耐干旱。胡萝卜肉质根也分根头、根颈和真根三部分，真根占肉质根的绝大部分，内部结构上是次生韧皮部特别发达，为主要食用部分。其心柱是次生木质部，养分含量较少。一般心柱小，植株叶丛亦小。肉质根的颜色多为橘红、橘黄(含大量胡萝卜素所致)，少量为浅紫、红褐、黄或白色。在生长过程中胡萝卜素含量越高、颜色越变深。一般上部多、尾部少。

2. 茎

茎多为绿色，有深绿条纹，形成棱状突起，生有白色刚毛。营养生长阶段为短缩茎，生殖生长时期抽出花茎，主花茎可达 1.5 m，分枝力强，各节几乎均能抽生侧枝、次侧枝。

3. 叶

胡萝卜的叶丛生于短缩茎上，为三回羽状复叶，全裂，裂片呈狭披针形，叶片和叶柄绿色，叶面密生茸毛。

4. 花

复伞形花序，着生于每花枝的顶端。在春夏季节里温度升高，日照延长，开始抽生花薹。每小花序有小花数十朵至上百朵，花多为两性，白色，略带紫色。虫媒花。

5. 果实和种子

果实为双悬果，成熟时一分为二，果实的背部呈弧形，并有 4～5 条小棱，着生刺毛，使种子粘结在一起，不易分开，造成播种困难，同时也影响种子同土壤接触，不利于吸水发芽，播种前须搓去毛刺。种子扁椭圆形，黄褐色，种皮革质，果皮含有挥发油，不易吸水，胚很小，出土能力差；有特殊香气，千粒重 1.1～1.5 g。

(二)生长发育周期

第一年为营养生长期，即肉质根的形成，第二年春在长日照下通过光照阶段而后抽薹开花，完成生殖生长期。

1. 营养生长时期

(1)发芽期　从播种、种子萌发、子叶展开到第 1 片真叶露心，需 10～15 d。

(2)幼苗期　从第 1 片真叶展开到 5～6 叶，25 d 左右。

(3)叶片生长盛期　从第 6 片真叶展开，叶面积扩大，光合产物增多，肉质根开始缓慢生长，约 30 d。

(4)肉质根生长期　从肉质根开始膨大到收获，50～60 d。

2. 生殖生长期

胡萝卜经冬季露地或贮藏通过低温春化阶段，第二年春夏抽薹、开花、结实。

(三)对环境条件的要求

1. 温度

胡萝卜为半耐寒性蔬菜，耐热性和耐寒性比萝卜稍强。种子发芽最低温度为 4～5 ℃，最适温度 20～25 ℃；幼苗能耐短期 3～5 ℃低温和较长时间的 27 ℃以上高温。茎叶生长最适温度 23～25 ℃；肉质根膨大期最适温度为 13～20 ℃，低于 3 ℃停止生长，高于 24 ℃根膨大缓慢。色淡、根形短，且尾端尖细，产量低，品质差。

2. 光照

胡萝卜是长日照植物，对光照要求较高，需在 14 h 以上的长日照条件下通过光照阶段，才能抽薹开花。生长期间充足的光照可使胡萝卜叶面积增加，光合作用增强，延迟叶片衰老，促进肉质根膨大，提高产量；若光照不足或因种植过密得不到充足的光照，造成产量下降，品质变劣。

3. 水分

胡萝卜根系发达，吸水力强，叶片蒸发水分较少，耐旱性比萝卜强。生长期间要根据植株各生长阶段的需水情况适当供水，特别是在种子发芽期、肉质根旺盛生长期需要较高的土壤湿度。

4. 土壤和养分

胡萝卜以肉质根为食用器官，以土层深厚、富含腐殖质、排水良好的壤土或沙壤土中生长最好，适宜的土壤 pH 为 5～8。胡萝卜对氮、钾肥需求较多，磷肥次之；钾能促进根部形成层的分生活动，增产效果十分显著，而磷有利于养分的运输，提高品质；氮是构成植株和产品的基本物质，但不宜过多，否则茎叶徒长，肉质根细小，品质差。

二、栽培类型与品种

胡萝卜品种按颜色可分为黄、紫、红萝卜 3 类；按肉质根的形状可分为长圆柱形、短圆柱形、长圆锥形和短圆锥形 4 类；按其用途可分为生食、熟食、加工、饲料用 4 类；生产中栽培较多的是按其形状分类。

1. 长圆柱形

肉质根长 20～40 cm，肩部柱状，尾部钝圆，晚熟。代表品种有沙苑红萝卜、常州胡萝卜、南京长红胡萝卜等。

2. 短圆柱形

肉质根长度在 19 cm 以下，短柱状，熟期为中、早熟。代表品种有西安红胡萝卜、新透心红、小顶黄胡萝卜等。

3. 长圆锥形

肉质根细长，一般长 20～40 cm，先端渐尖，熟期多为中、晚熟。代表品种有小顶金红胡萝卜、汕头红胡萝卜、四川小缨胡萝卜等。

4. 短圆锥形

根长在 19 cm 以下，圆锥形。如烟台五寸、夏播鲜红五寸、新黑田五寸胡萝卜等。

三、栽培季节与茬口安排

根据胡萝卜苗期需要高温，根部肥大期要求凉爽的特点，按照不同地区气候和不同品种来安排播期。胡萝卜一般分春、秋两季栽培，以秋季栽培为主。长江中下游秋胡萝卜一般7月下旬至8月中下旬播种，11月下旬至12月上旬收获。农谚"七大、八小、九丁丁"，说明播种越晚，产量越低。

秋胡萝卜的前茬为春甘蓝、春花菜、菜豆、茄子、春马铃薯、瓜类等蔬菜，后茬可栽培越冬不结球白菜、春马铃薯和瓜类。

★任务实施

学习掌握胡萝卜生产技术

一、秋胡萝卜生产技术

1. 品种选择

一般选用早熟、抗病、高产、优质、外观漂亮、生长期较长、株型较大的品种。优良品种有改良新黑田五寸参、红森、超级红芯、汉城六寸、红笋808、孟德尔808等。

2. 整地施肥

选择土壤疏松、土层深厚、排水良好的壤土或沙壤土，前茬收获后深耕30～40 cm；整地时每667 m^2 施入充分腐熟的有机肥3 000～4 000 kg、草木灰150 kg或生物钾肥12 kg、过磷酸钙30 kg作基肥；同时撒入一定量的高效、低毒、低残留农药防治地下害虫，耙平整理成畦，畦面宽1.5～2.0 m，沟宽25～30 cm。

3. 播种

胡萝卜是以双悬果作为播种材料，其中许多果实种胚发育不全，加上胡萝卜的果皮革职、上有刺毛及油腺，种子的发芽率低，仅为70%左右，尤其是陈种子发芽更差。因此播种时需选用新种子，搓去刺毛，再经浸种催芽，然后播种。

(1)浸种催芽　将种子放入30～40 ℃的温水中，浸3～4 h，捞出沥干水后放在湿纱布中，置于20～25 ℃下催芽3～4 d，每隔12 h用冷水清洗一次，并定期翻动，使温湿度均匀，当80%种子露白时，即可播种。

(2)播种　胡萝卜可以撒播或条播。一般采用条播，按15～20 cm行距开深、宽均为2 cm的沟，将种子拌湿沙均匀地撒在沟内，播后覆土1～2 cm，然后镇压、浇水，每667 m^2 用种量为1.5 kg左右。可在垄上覆盖麦秸或稻草，出苗后撤去。一般直播种子经10 d左右即可出土，催芽处理的种子1周左右出土。

4. 田间管理

(1)发芽期　播后加强管理，采用遮阴，小水勤浇等方法降低土壤温度，保持土壤湿度，促进幼苗出土。

(2)幼苗期　胡萝卜定苗前进行1～2次间苗，第一次间苗在幼苗3 cm高1～2片真叶时进行，株距3 cm，并在行间浅中耕、除草、松土；第二次间苗在幼苗13 cm高4～5片真叶时，并进行中耕除草1次，此时也可定苗。小型品种株距12 cm；大型品种株距15～18 cm。

(3)叶片旺盛生长期 定苗后追肥灌水，促苗早发，同时中耕除草，后期控水蹲苗，防止徒长。

(4)肉质根膨大期 每5～7 d浇1次水，供水要均匀，避免忽干忽湿，引起肉质根分叉，收获前15 d，停止浇水。每隔15～20 d追1次肥，共追肥3次，每次每667 m^2 追尿素15 kg，硫酸钾10 kg。同时肉质根膨大期要进行最后一次中耕培土，防止形成青肩胡萝卜，影响品质。

5. 收获

一般来说，胡萝卜肉质根充分膨大成熟时，表现为心叶呈黄绿色，外叶稍有枯黄，直根肥大的地面会出现裂纹，有的根头稍露出地面，可随时收获上市。

二、栽培中常见的问题及对策

1. 青肩

(1)症状 植株生长后期培土少或土层过浅，露出肉质根肩部。

(2)原因 生育不良、病虫害等使茎叶变少，生育中、后期高温干燥，大雨造成土壤流失等。

(3)防治措施 选择土层深厚的土壤栽培，田间管理中应注意病虫害的防治，保持田间水分均匀，并加强中耕。

2. 肉质根中心柱增粗

(1)症状 肉质根中心柱增粗，外周韧皮部减少。

(2)原因 主要与品种、株行距过大、氮肥过多有关。

(3)防治措施 选择优良品种，株间距要适当，补充氮肥适中等。

3. 颜色变异

(1)症状 胡萝卜在生长过程中肉质根颜色发生了变化。

(2)原因 耕层太浅，根膨大期不注意培土或播期太晚，导致胡萝卜素、茄红素的积累受阻，产生颜色变异，发白或发黄。

(3)防治措施 深耕细耙、中耕松土、垄播等措施可使胡萝卜颜色变深，根皮光滑，增施钾、镁肥可提高胡萝卜素含量，改善肉质根颜色。

4. 瘤状突起

(1)症状 当胡萝卜肉质根侧根发达时，致使表面隆起成瘤包状，表皮不光滑，影响商品质量。

(2)原因 栽培地块土质黏重，通透性不良；施肥过多，特别是氮肥过多，致使生长过旺，肉质根膨大过速等。

(3)防治措施 选用土层深厚、疏松透气、排水良好的沙壤土栽培，合理施肥，特别注意肉质根膨大期氮肥不能过多。

★能力转化

参与胡萝卜生产全过程，并根据操作体验，总结出经验和创新技术。

项目六

薯芋类蔬菜生产技术

学习目标

了解薯芋类蔬菜的形态特征、生长发育规律、对环境条件的要求及其与栽培生产的关系，掌握薯芋类蔬菜种子处理与播种技术、培土与肥水管理技术、收获技术；能够根据当地气候条件及市场需求选择适宜的优良品种、生产季节与安排茬口；能够熟练进行薯芋类蔬菜各环节的农事操作，具备独立进行薯芋类蔬菜生产的能力。

薯芋类蔬菜是以淀粉含量比较高的地下变态器官（块茎、根茎、球茎、块根）供食用的蔬菜总称，主要包括茄科的马铃薯、薯蓣科的山药、天南星科的芋头、豆科的豆薯（地瓜）等。产品耐贮运，作为鲜食蔬菜可周年供应和调节蔬菜的淡旺季，也适于加工成淀粉、粉条、粉丝及其系列功能性食品。

任务一　马铃薯生产技术

马铃薯是茄科茄属中能形成地下块茎的一年生草本植物，别名土豆、洋芋、山药蛋等。马铃薯单位面积产量高，块茎富含多种营养成分，适应性广，栽培普遍，是世界上仅次于小麦、水稻、玉米之后的第四大粮食作物。产品耐贮藏，可粮菜饲兼用，还可酿酒和制作淀粉，用途广泛。

★知识准备

一、生物学特性

（一）形态特征

1. 根

马铃薯的根由初生根和匍匐根两部分组成。

（1）初生根　又称芽眼根，块茎发芽后，在主茎基部紧靠芽眼的部分产生的初生根，是主要吸收根系。

(2)匍匐根 随着芽的生长，在地下茎的各叶节处，水平长出次生根，称为匍匐茎。

马铃薯用块茎繁殖的植株无主根，只有须根，初生根和匍匐根组成须根系，起吸收作用，主要分布在 30 cm 左右的土层，用种子直播的实生苗根系入土较深，为直根系。

2. 茎

马铃薯的茎按发生的部位、形态和功能的不同分为地上茎、地下茎、匍匐茎和块茎 4 种类型。马铃薯的植株形态如图 4-7 所示。

(1)地上茎 地面以上的主茎和分枝，茎高 30～100 cm。

(2)地下茎 主茎埋入地下的部分，一般 6～8 节，长 10 cm 左右，其上着生根系和匍匐茎。

(3)匍匐茎 由地下茎的腋芽发育而成，一般一个主茎能长出 4～8 条匍匐茎，长度 3～10 cm。

(4)块茎 匍匐茎尖端膨大形成的块茎，与匍匐茎相连的一端叫薯尾，另一端叫薯顶，表面分布着许多芽眼。芽眼由芽和芽眉组成，芽眉是变态叶鳞片脱落后的叶痕。每个芽眼有 1 个主芽、2 个副芽，副芽一般保持休眠状态，只有当主芽受到伤害后才萌发。薯顶芽眼较密，发芽势强，具有顶端优势，见图 4-8。

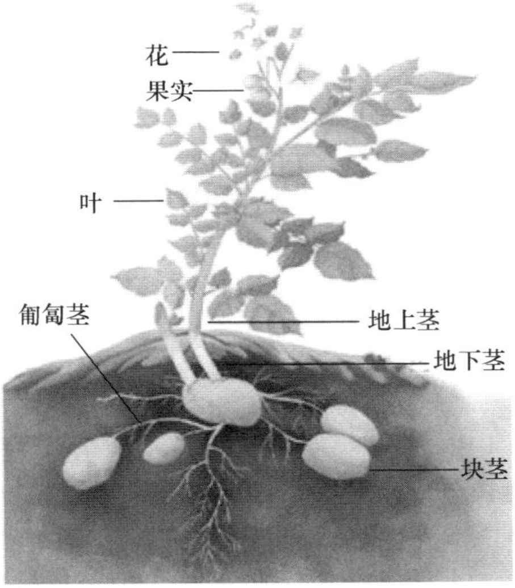

图 4-7 马铃薯的茎

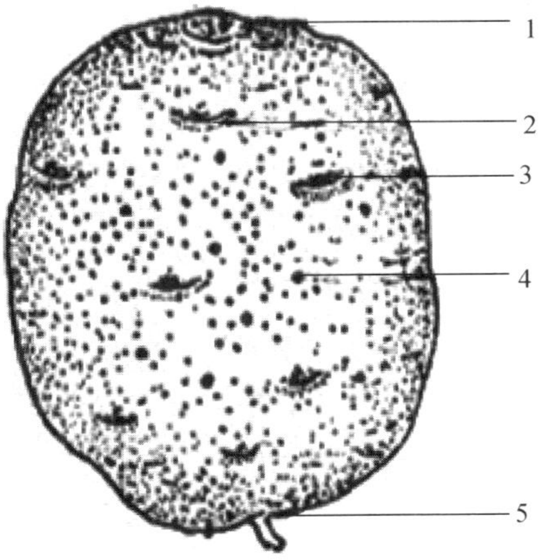

图 4-8 马铃薯的块茎

1. 顶端 2. 芽眉 3. 芽眼 4. 皮孔 5. 脐部

3. 叶

马铃薯最先出土的叶为单叶，心形或倒心形，全缘，称为初生叶；以后发生的叶为奇数羽状复叶，复叶由顶生小叶、侧生小叶及数枚小裂片构成。叶片颜色深绿、浅绿，密生茸毛。

4. 花

白色、紫色或紫红色，花冠漏斗状，伞形或聚伞花序着生枝顶。自花授粉。

5. 果实和种子

浆果，球形；种子小，肾形。马铃薯多数品种花而不实，应尽早摘除，以促进块茎生长。

（二）生长发育周期

马铃薯的生育周期分为发芽期、幼苗期、发棵期、结薯期和休眠期5个时期。

1. 发芽期

从种薯上的幼芽萌动至出苗，需20～35 d。具体发芽天数不同播种季节不同，春季需要25～35 d，秋季需要10～20 d，南方冬季需要20～30 d。发芽期营养均来自种薯。

2. 幼苗期

从出苗至团棵（6～8片叶展平），完成一个叶序的生长，需15～20 d。此期根系继续扩展，匍匐茎全部形成，先端开始膨大。

3. 发棵期

从团棵至现蕾显薯，需25～30 d。根系继续伸展，侧枝陆续形成，主茎叶全部形成功能叶，块茎膨大至鸽卵大小（2～3 cm）。

4. 结薯期

从现蕾开花至茎叶变黄败秧，需30～35 d。此期主要是块茎膨大和增重。

5. 休眠期

收获后即进入休眠状态，休眠期一般1～3个月，为生理休眠。处于休眠状态的马铃薯块茎即使在适宜的发芽条件下也不会萌发。生产上常使用赤霉素处理、提高贮藏温度、切割种薯等方法解除块茎休眠。

（三）对环境条件的要求

1. 温度

马铃薯喜凉爽气候，块茎在4 ℃以上萌发，13～18 ℃为发芽适温，茎叶生长适温为16～22 ℃，块茎膨大适温为16～18 ℃，25 ℃以上块茎生长缓慢，至30 ℃高温时块茎因呼吸作用的消耗超过养分积累而停止生长。如遇土温降低（因雨水或灌水）时则造成块茎发芽，或造成块茎形成子薯、球链薯、细腰薯等畸形薯。因此，马铃薯的栽培季节，必须依据其对温度的要求，将块茎形成期安排在冷凉季节。

2. 光照

马铃薯喜光，短日照有利于块茎的形成，一般每天应有11～13 h的日照条件，马铃薯生长良好。

3. 水分

马铃薯播种后发芽慢，发芽期长，为确保苗全苗齐，要求保证土壤湿润，适宜的土壤湿度为50%～60%。在旺盛生长期应供给充足水分，后期适当控水，以利于转入结薯期。结薯期要求土壤始终保持湿润状态，适宜的土壤湿度为80%～85%。

4. 土壤及营养

马铃薯的产品是地下膨大的块茎，要求土壤肥沃、土层深厚、疏松、透气性好、微酸性(pH 5.6～6.0)壤土或沙壤土。黏重土壤不利于根系发育和块茎的膨大。马铃薯需钾肥最多，其次是氮、磷肥。

二、栽培类型与品种

按块茎皮色可分为白皮、黄皮、红皮、紫皮等品种；按块茎形状分为圆形、椭圆形、扁圆形、卵圆形等；按薯肉颜色分有黄、白、紫等；按用途分为鲜食类和加工类品种(炸片加工品种、炸条加工品种、淀粉加工品种、全粉加工品种)。生产上一般按成熟期不同分为早熟品种、中熟品种和晚熟品种。

(1)早熟品种　从出苗到块茎成熟需60～80 d，植株低矮，产量低，薯块中淀粉含量中等，不耐贮藏，芽眼多而浅。优良品种有东农303、克新4号、费乌瑞它、荷兰十四、华薯1号、华薯2号。这些品种生育期短，植株块茎形成早，膨大速度快，块茎休眠期短，适宜二季作及南方冬作栽培。

(2)中熟品种　从出苗到块茎成熟需85～105 d，植株较高，产量中等，薯块中淀粉含量中等偏高。优良品种有克新1号、克新3号、冀张薯3号、晋薯5号、希森6号等，这些品种生育期较少，适宜一季作栽培，部分品种可以用于二季作区早春和南方冬季栽培。

(3)晚熟品种　从出苗到块茎成熟需105 d以上，植株高大，产量高，薯块中淀粉含量中等偏高。优良品种有高原3号、晋薯7号、青薯9号、鄂马铃薯10号等，这些品种生长期长，仅适宜一季作栽培，一般植株高大单株产量较高。

三、栽培季节与茬口安排

马铃薯适应性广，全国各地均有栽培，因各地的自然条件不同，栽培时间各异。就湖北地区而言，可春、秋两季栽培。春季1—2月份种，5—6月份收获；秋季8—9月份种植，11—12月份收获。

马铃薯忌连作，不能与茄科和块根类作物连作，一般隔1～2年进行轮作一次。前茬以葱蒜类、豆类、禾谷类或油菜茬为宜。马铃薯植株矮小，生长周期短，可以和各种高秆、生长期长的喜温作物如玉米、棉花、中幼年果树进行套种。

四、马铃薯种性退化与防治措施

种性退化是指马铃薯优良品种用块茎繁殖，连续几年种植后，植株长势衰退，株形变矮，分枝减少，叶面皱缩、卷曲，薯块变小，产量逐年下降，甚至绝产的现象。

导致马铃薯种性退化的因素是综合性的，主要原因是利用无性繁殖导致病毒积累，品种抗病毒、抗逆性差，再加上高温、低营养所致。马铃薯种性退化可通过以下方法来防治：

(1)利用茎尖脱毒培养、选育推广抗退化品种　由于病毒在植物体内分布不匀，在种子的胚、茎尖、根的生长点上不带病毒。在一些退化比较严重的地区，可采用茎尖培养排除病毒。由马铃薯的茎尖组织产生的植株，为不带病毒的健苗。

(2)利用种子繁殖生产无病毒种薯　除马铃薯纺锤形块茎病毒外，病毒不借感染病株的实生种子传毒。因此可利用种子繁殖不带病毒的健康植株。马铃薯种子细小，幼苗期占时长，需先育苗后移栽。要注意的是，用种子繁殖后代性状分离大，应选用性状一致的健康植株采种。

(3)利用冷凉季节复壮　种薯可利用早春或晚秋季节栽培，使结薯期避开高温季节，同时可避开有翅蚜迁飞高峰期，防止病毒侵染。

(4)采用整薯播种法　采用整薯播种，可避免病害借切刀传染。选用整薯播种时，不宜选用过小块茎，应选用露芽 2 个且重 20～30 g 及以上的块茎为好。

(5)控制生态条件综合防治　加速马铃薯退化和降低块茎产量的生态因素主要是温度、水分和营养，首先要选好播种期，使结薯期尽量避开高温期，高温季节可小水勤浇，以降低田间温度抑制病毒的发展。同时增施肥料以补偿由病毒破坏导致的马铃薯体内的营养下降，从而获得较高的块茎产量。在整个栽培过程中，若发现病株应尽早拔除，同时在出苗后即喷洒杀蚜虫类药剂，消灭传毒媒介。

★任务实施

学习掌握马铃薯生产技术

一、冬春马铃薯生产技术

1. 整地施肥

选择疏松、肥沃、肥力均匀、地势平坦或山坡中上部地块、排水性良好的壤土或沙壤土。深耕 40 cm 以上，晒 20～30 d 后，把土整细整平。每 667 m^2 施用优质农家肥 5 000 kg，过磷酸钙 25 kg，硫酸钾 15 kg 作基肥。做垄，垄距(垄底宽)70 cm，垄高 30～35 cm。

2. 品种选择

选用对日照长短要求不严的高产品种，而且要求块茎休眠期短或易于解除休眠，对病毒性退化和细菌性病害也要有较强的抗性。

3. 种薯处理

(1)选种　选择符合本品种特征，大小适中，薯皮光滑，颜色鲜正的经病毒和种薯质量检测，确认为符合质量要求的脱毒种薯。

(2)打破休眠　在播种前 40 d 左右将种薯从窖中取出，摊放在室温 15～18 ℃的散射光下催芽，催芽期间经常翻动种薯。也可用 5～10 mg/L 赤霉素浸种 15 min，然后放在湿沙中催芽。

(3)切块　切薯选用的大块薯,切块呈立体三角形,每块重 25 g 左右,最少应有一个芽眼。也可整薯播种。严格切刀消毒,每切一个块茎消毒一次,消毒用 75%酒精或 0.1%钾等。切好的薯块用甲基托布津或草木灰拌种。

4. 播种

(1)播种时间　湖北省的冬春马铃薯播种时间一般在 11 月底至次年 2 月中下旬,收获期为次年的 5—6 月份。具体播种时间视当地情况而定,主要考虑将马铃薯的生育期间避开低温霜冻和后期的高温。

(2)播种密度　以单垄单行或单垄三角形交叉种植,行距 70 cm,株距 25～30 cm。密度达每 667 m^2 播种 4 000～5 000 株。

(3)播种方法　种植时,先在垄上开沟,沟深 15～20 cm,在两个薯块之间施适量复合肥料,注意肥料不要撒在薯块上。种薯摆好后,起土盖种薯成垄。

(4)地膜覆盖　地膜覆盖有利于增温保湿,促进植株生长,可提早成熟 7～15 d,使马铃薯提早上市,以提高经济效益。每 667 m^2 用膜 5 kg 左右。

5. 田间管理

(1)查苗补缺、及时破膜　在出苗后应经常检查,发现缺苗时要及时补苗,可把过密苗或预备苗连根移植到空缺的地方。当气温逐渐升高,苗高 5～7 cm 时,要及时破膜并用细土覆盖封口,防止烧苗。

(2)水肥管理

①苗期　齐苗时结合浇水追施提苗肥,促早发,增加光合作用,尿素 15～20 kg/667 m^2。

②发棵期　控制浇水,中耕保墒;现蕾时追施第二次肥料,促进茎叶持续生长,增加光合作用面积,有利于块茎膨大。当现蕾开花 30%时,第一次去除花蕾,以后每隔 3～4 d 摘除 1 次,连续摘除 2～3 次。在现蕾前后,喷施 500～1 000 mg/L 矮壮素或 100～150 mg/L 多效唑溶液 1～2 次,使植株高度保持在 60 cm 为宜。

③结薯期　保持土壤湿润,尤其是开花前后,防止干旱。前期每 667 m^2 追施复合肥 15～20 kg,辅以根外追肥 0.5%磷酸二氢钾 2～3 次。薯块膨大期可喷施马铃薯膨大素 2 次,每次间隔 10 d。

(3)除草培土　第一次培土在马铃薯株高 10 cm 时进行,培土高度 5 cm,第二次培土在现蕾期进行,培土高度 15 cm。结合培土,人工除草 2～3 次。

(4)病害防治　马铃薯主要病虫害有晚疫病、疮痂病、蚜虫、地老虎等。其中,晚疫病容易普遍发生与传播,首先在叶片的顶端或边缘发生淡褐色的病斑,病斑外围有黄绿色症状。湿度大的早晨和雨天病斑很快扩大,可见叶面呈水浸状青枯,并在枯斑外出现白霉,叶背面白霉更清楚。晚疫病的防治要以防为主,在生长中后期田间一旦发现晚疫病的中心病株,要马上喷药防治,每隔 7～10 d 选用甲霜灵锰锌、银法利防治,防治 2～3 次,防治效果好。

蚜虫是一种传播病毒的害虫,可使用10%吡虫啉防治。防治地老虎危害可在播种时用辛硫磷毒饵诱杀或用20%乳油菊酯杀灭。

6. 收获

当马铃薯大部分茎叶由绿转黄,地上植株自然枯黄2/3时选择晴天开始收获。割掉地上部茎叶,清理到田外,以减少感病。收获时要求边挖边捡,一袋一袋装好后,用草或遮光物遮盖,不能见光或暴晒,防止土豆见光后表皮变绿发青。收获时防止机械损伤,减少破烂薯率。

二、秋马铃薯生产技术

1. 品种选择

宜选择抗性强、产量高、品质好、适应当地栽培条件、块茎膨大快的早中熟马铃薯品种和已过休眠期的生理年龄适宜的优质脱毒种薯。

2. 种植地选择

选择耕层深厚肥沃、质地疏松、排灌方便、远离污染的中性或微酸性或壤土沙壤土。不宜选择前茬为茄科作物的田块,提倡水旱轮作。

3. 精细整地、施肥、起垄

播前土地要进行翻耕,深20～30 cm。行距70 cm以上,株距30 cm左右。结合整地作畦施足基肥,一般每667 m^2 施充分腐熟农家肥1 000～1 500 kg或商品有机肥100～150 kg,加硫酸钾复合肥40 kg、钙镁磷(钾)肥40 kg。播种前再穴施或沟施复合肥10～15 kg作底肥,避免与种薯直接接触。

4. 播前种薯处理及催芽技术

(1)播前处理　播前需提前20 d对种薯进行必要的播前处理,包括分拣醒种晒种,浸种催芽等程序;分拣是指挑选质量高无腐烂无虫眼无残缺,重量超过50 g的优质薯种;醒种是指对处于休眠状态的种子,通过光线温度变化唤醒种子,即晒种,马铃薯通过在阳光下晾晒,光线和温度变化可刺激种芽萌发,可提升发芽率和发芽质量;一般情况下,秋茬马铃薯的晒种时间为5～7 d,并定期翻动。

(2)浸种催芽　将种薯放到50%的多菌灵500倍液里浸种20 min,捞出晾干后即可进入催芽过程;可在相对避光的环境下,在墙角堆积10 cm厚度的沙子,然后将种薯逐层摆放,每层用5 cm的沙子作为隔层;如果处于15～25 ℃的适温下,种薯一般5～7 d即可出芽;当种薯出芽0.5～1.0 cm的时候即可适期播种了。播前要摊开晾芽、播前炼芽、安全杀菌剂喷洒,以防治烂薯烂苗。一般每亩大田应备足种薯150～200 kg。

(3)切块　秋马铃薯宜整薯播种,不切块,单薯重20 g～50 g、无病虫害、健壮饱满的小薯作种薯。如确需切块,每0.5 kg马铃薯切块20块左右,切后每个薯块保证25 g以上、并留有2～3个芽眼,种薯切块后用甲基托布津或草木灰等拌种。

5. 播种

(1)播种时期　露地秋播马铃薯,需在霜降之前采收,也就是从霜降期倒推90 d,才能为马铃薯留取充足的生长时间;一般来说,湖北地区8月底至9月初播种,才能满足马铃薯全生育周期的时间要求。

(2)播种深度　秋茬马铃薯要求深播,播种深度一般以10 cm为宜;但品种不同也有所区别,最浅不能低于7 cm深度;秋播马铃薯也有别于春播,尽量选择背阴坡面播种薯种。

(3)播种密度　秋播马铃薯行距一般保持70 cm以上,株距保持在30 cm左右最为适宜,早熟品种以每667 m^2种4 000～4 500株为宜。

(4)播种方法　开沟播种,播种时芽眼朝上,将种薯直接摆放在土表,芽眼朝上,并轻压使种薯与土壤紧密接触,播后用细土覆盖,厚度以3～5 cm为宜。

6. 田间管理

(1)合理施肥　施肥时以有机肥为主,化肥为辅,以基肥为主,追肥为辅,宜使用低氯肥料。追肥视苗情而定,宜早不宜迟,幼苗出土后长至4～6片叶时,应根据苗的长势和叶色每亩追施4～5 kg尿素作提苗肥。看苗补施膨大肥,以钾肥为主,封行后根外追肥。若植株长势不好,可结合浇水增加追肥次数,也可喷施磷酸二氢钾等叶面肥1～2次,促进薯块膨大,增强植株抗性,抗霜冻,防早衰,延长生长。

(2)水分管理　出苗前、块茎形成和膨大期应保持一定的水分,成熟期适当控水。土壤含水量保持在60%～80%即可。采用沟灌跑马水形式灌溉为宜,土壤湿润后及时排水,浇水不能过大而漫过沟顶,标准是浇水后第二天能渗到沟顶为准,切忌大水漫灌。

(3)中耕除草及培土　结合中耕除草,一般培土2～3次,当苗高15 cm时及时进行第1次中耕培土,并除掉行间杂草;在现蕾期进行第2次中耕除草、培土;在植株开花期封垄前进行第3次中耕除草、培土。

(4)植株生长调控　控制苗高在60 cm左右。常用的有矮壮素、多效唑、烯效唑等,使用浓度及方法同冬春马铃薯种植技术。

(5)病虫害防治　秋播马铃薯病害除与冬、春马铃薯有相同外,因前期高温还易引发病毒病,要控制病毒传播媒介蚜虫的发生,可于苗期用15%吡虫啉防治。

7. 适期收获

秋播马铃薯应根据品种特性选择在霜冻来临前适期收获。采收时,宜在晴天进行,及时剔除病、烂、破、青皮薯,以提高经济效益。

★能力转化

1. 调查当地栽培的马铃薯品种类型及主要栽培模式,并分析生产效果,整理主要的栽培经验和措施。

2. 进行马铃薯播前种薯处理和播种生产,记录播种、发芽、生长情况,并进行分析总结。

任务二　魔芋生产技术

魔芋属天南星科魔芋属的多年生球茎草本植物，别名麻芋子、鬼芋等，是我国长江中上游地区重要的经济作物。魔芋能提供具有40多种理化特性的葡甘聚糖，具有很强的溶胀力及凝胶性，在食品、医药、化工、环保等领域有着十分广泛的应用，被誉为“保健食品”和“工业味精”。因其具有产业链条长、加工升值高、应用前景广的特点以及种植的区域性和特殊性，大力发展魔芋产业已成为山区巩固脱贫成效、实现乡村振兴的重要途径。

★知识准备

一、生物学特性

（一）形态特征

魔芋为单子叶植物，与我们所栽培的其他作物一样，具有根、茎、叶、花、果实和种子。魔芋地下部分由变态的肉质球茎、根状茎、弦状根和须根构成，地上部由一片大型的复叶构成。4年以上的球茎可从顶芽抽生佛焰花序，开花结籽，但不抽叶。魔芋有其独特的生理特性及形态特征。

1. 根

魔芋的根由不定根组成，它是由球茎上的芽鳞片叶基部长出。密集环生、肉质、弧状，呈水平状生长在地表下的10 cm左右的土层，属浅根系，是魔芋吸收水分和土壤养分的器官。所以在魔芋除草的时候要注意魔芋的根系，不能锄得太深。

2. 茎

魔芋的茎为变态的地下球茎，长在土中，扁圆形或近球形，有很强的顶端生长优势。球茎外皮黄至褐色，内部白色。球茎顶端中心有一个肥大的顶芽，包括1个主芽及8～12片鳞片叶苞。顶芽若为花芽则明显肥大且较长，第二年只开花不长叶；顶芽为叶芽的球茎，可继续分化形成一个具有粗壮叶柄及多次分裂的大型复叶。二年生以上的球茎顶芽基部还有几个细小的侧芽，常萌发形成根状茎，俗称“芋鞭”，花魔芋的根状茎较少，一般3～8条，白魔芋则在10条以上。根状茎顶端膨大，具有顶芽和节以及节上的侧芽，一般当年不发芽出土形成新植株，是第二年良好的繁殖材料。

3. 叶

魔芋的叶分鳞片叶和复叶两种，都直接着生于球茎上。鳞片叶4～7片，萌芽后从土中伸出，包裹于复叶叶柄或花序柄基部，属不完全叶，出苗后1个月左右自然枯死。复叶属完全叶，很大，通常三分裂，或经再次分裂形成羽状复叶，叶青绿色。叶柄由顶芽抽出，直立，中空，有深绿、墨绿、暗紫色或白色斑纹，是区分不同种的标志之一。

4. 花

魔芋的花为佛焰花序。花单性，虫媒，雌雄同株。花序直立，长于或短于佛焰苞。它由雌花序、雄花序和附属器三部分组成。下部为雌花序，圆柱形，紫色；中间为雄花序，深紫色；最上端为附属器。开花时散发出腐尸的奇臭气味，主要靠苍蝇传粉。

5. 果实和种子

魔芋的果实为浆果，椭圆形，1 株可结 600～800 粒。幼果绿色，成熟后呈橘红色及天蓝色两种。每个果实有“种子”1～4 粒，这种种子其实是一种球茎的原始体。成熟后采收晾干，与土混合保存，第二年可作为播种材料。

(二)生长发育周期

魔芋从种子经过一年、二年、三年、四年，再到开花结出种子的过程叫作魔芋的生命周期。营养生长期间，球茎的长大是通过“换头”的方式，在原有的基础上重新开始，越种越大，最后转入生殖生长阶段，开花结果，产生新的种子，老一代植株及其球茎死亡，完成一个生命周期。在营养生长阶段，魔芋只长叶，在生殖生长阶段，只开花结种子不长叶，固有“花叶果不见面”之说。

1. 生命周期

(1)营养生长　魔芋球茎贮藏的养分供顶芽的生长、叶片的抽出。随着顶芽基部分化形成新的球茎，母体营养逐渐转到子体的根、茎、叶，最后母体营养耗尽，只剩下表皮，随后残体与新球茎脱离。完成魔芋生育上的重要转折——换头，此后进入自养阶段，形成球茎和根状茎。

(2)开花结实期　魔芋在进化过程中，其繁殖方式已由有性生殖转向无性繁殖。在目前栽培中，绝大多数都是从根状茎开始其生长发育过程的，只有在很特殊的情况下才用“种子”。花魔芋经过 4 年左右的营养生长过程后发育成熟，转入生殖生长，其主要过程如下：花芽形成过程中花芽原基的分化与叶芽原基的分化同时，花芽是开花的头一年形成的。在收挖时，已分化成花芽的顶芽比叶芽长的肥大一些，这时的花芽、花器已分化完毕。只要有一定浓度的成花激素存在，魔芋的芽原基就能向花原基转变，进而分化形成花芽。

2. 生长发育阶段

魔芋的生长发育分为球茎休眠期、幼苗期、换头期、球茎膨大期、球茎成熟期 5 个时期。

(1)球茎休眠期　魔芋在收获后近半年时间内，芽处于相对静止的休眠状态，这种休眠为生理休眠，分为 3 个阶段：

①休眠初期　从采收到 11 月下旬，历时 1 个月左右，此时期球茎含水量高，呼吸作用强，内部代谢旺盛，淀粉酶、过氧化氢酶的活性强，主要完成后熟作用。

②深休眠　从 11 月下旬到翌年 1 月上旬，此时期球茎呼吸作用弱，受温度的影

响不大，内部代谢基本停止，淀粉酶、过氧化氢酶的活性低。

③休眠解除期　从1月上旬到2月下旬或3月上旬结束，历时2个月左右。此时期球茎呼吸作用随温度的升高而加强。若环境适宜，球茎逐渐解除休眠，顶芽开始萌动。

魔芋采挖后在当年难以发芽，冬季即使达到25 ℃以上的温度和充足的水分也不会萌动，但可以用赤霉素等解除。

(2)幼苗期　魔芋从萌芽出土至复叶的小叶完全展开、地下球茎"换头"结束前的这一生长阶段称为幼苗期，包括发芽、发根、展叶及球茎初期生长等过程。此期约需2个月，种芋越小，幼苗期越短，反之，幼苗期较长。魔芋发叶状况对植株生长及产量等有直接的重大影响。魔芋在3月上中旬彻底解除休眠后，顶芽开始萌发，此期为最佳播期。播后50 d左右鳞片出土并包围复叶的叶柄基部。叶片展开的形式与其植株的健壮程度和产量有关，魔芋叶片发叶展开有5种类型：高"T"字形展开的为丰产型，漏斗形展开的为平产型，叶伞状减产型，萎缩状低产型，患病类展开的多数要倒伏、腐烂，以至于绝收。

(3)换头期　新球茎形成，继续利用种芋的营养，使子体的根、茎、叶生长，待种芋营养耗尽而干缩后脱离子体，完成换头。新旧球茎的更替，从发芽时已开始，其间种芋的营养逐渐减少，新芋球茎不断扩大，到换头时新球茎的重量大致与种芋接近，前后需要3～4个月。换头期一般在7月份，换头后植株进入独立的旺盛生长期。

(4)球茎膨大期　换头后，新芋球茎快速膨大，从7月上旬至8月中旬持续可达45 d，80%以上的产量在此时段形成。大约在8月下旬，球茎增长减缓，叶绿素含量降低。由于球茎膨大期植株生长旺盛，光合作用强，需要充足的肥水，最好在6月份，于换头前追施1次肥料，也防止干旱和雨涝。此过程约2个月，是决定魔芋产量及品质优劣的关键时期。

(5)球茎成熟期　从9月份开始球茎干物质积累减缓，叶生长趋于停滞，根系在9月底停止生长，球茎已成熟并进入休眠期。10月上旬起，气温逐渐下降到气温下降到22 ℃以下，叶片开始衰老，气温下降到15 ℃时，叶片枯萎、倒伏，球茎成熟。干物质的积累尚可延续20 d左右，从11月份起可以陆续收获。

(三)对环境条件的要求

魔芋原产于东半球热带雨林和亚热带季风地区，为茂密森林中的下层草本植物，植株的生长和球茎的形成都要求温湿相宜的环境，即喜温湿、不耐寒、忌干燥、怕渍水、较耐阴，忌高温、强光和多变的环境。适宜在富含腐殖质而疏松肥沃的土壤中生长，土壤pH 6.0～7.5。

1. 温度

魔芋喜温、畏寒，但忌高温。在年平均温度14～25 ℃的地区都能种植，但不同生长发育阶段对温度的要求不同，种芋5 ℃开始缓慢萌动，15 ℃芽生长缓慢，最适宜发芽温度为 22～30 ℃，35 ℃以上芽生长加快但较微弱，出叶时呈卷筒状。出苗后的生长适宜温度为 20～25 ℃，适应温度为 5～40 ℃，温度低于 15 ℃或超过 35 ℃都不适宜魔芋生长。球茎发育最适宜温度为 20～30 ℃，昼夜温差大有利于促进干物质的积累，增加产量。

2. 光照

魔芋为半阴性植物，喜散射光、弱光，不耐强光照射。在适当荫蔽的条件下，叶生长旺盛，叶绿素较多，病害少，产量高。一般在低海拔地区荫蔽度 50%～60%，较高海拔地区荫蔽度 40%～50%，1100 m 左右地区可不遮阳，阴坡可少遮阳或不遮阳。

3. 水分

魔芋喜湿润空气和保持适当湿度的土壤。年降雨量 800 mm 以上时，魔芋生长良好。在生长前期及球茎膨大期(7—8 月份)以 75%的土壤含水量为最好。生长后期(9—10 月份)适当控制水分，以 60%的土壤含水量为宜。水分过多影响根系呼吸，严重时引起死亡，引发病害；干旱同样也会引起根毛和根死亡，造成严重减产。

4. 土壤及营养

魔芋生长要求土层深厚、质地疏松、排水透气良好、富含有机质的中性偏酸的轻质沙壤土，也能耐微碱 pH 7.5。魔芋在整个生育期中，需钾肥最多，氮肥次之，磷肥最少。在不同生育阶段对氮、磷、钾的需求也不同，在换头期前，需求量小，球茎膨大期达到最高，成熟期时最低。

二、栽培类型与品种

魔芋属的已知种共 163 个，其中我国的 21 种中，可食用并栽培的有花魔芋、白魔芋、田阳魔芋、西盟魔芋、甜魔芋、金平黄魔芋；能食用但尚未栽培的有滇魔芋、东亚魔芋、渤海魔芋、攸乐魔芋、矮魔芋；疣柄魔芋可作饲料。

以上栽培的魔芋种中，适应性较广、栽培面积较大的主要是花魔芋和白魔芋。花魔芋喜温暖、湿润、弱光环境，分布区域大，适应性广，产量高，葡甘聚糖含量高，但耐病力不强。白魔芋品质最佳，能适应较强光和干热环境，易开花，单株产量不高。而西盟、田阳等黄魔芋是一族能适应干热环境的种群，很有希望作为区域种植的又一主栽品种。

三、栽培季节与茬口安排

魔芋是一种边收获边播种的作物，但为了获得高产，减少冻害和病害损失，一般采用春播，即在 3 月底至 4 月上中旬，或当地表以下 10 cm 的地温稳定达到 10 ℃以上即可开始播种。在冬季气候温和和无霜冻或霜冻轻微的低山地带可采取冬播，即在魔芋收获当年 11—12 月份播种。

魔芋不宜连作，否则易加重病虫危害，忌选前两年种过魔芋的地块，尽量不用种过马铃薯、甘薯、油菜、蔬菜的地块，可与小麦、玉米、黄豆等轮作。

★任务实施

学习掌握魔芋春季生产技术

1. 选地

魔芋种植应根据栽培品种选择灌排方便、土层深厚肥沃、疏松无积水的沙壤土或壤土，地势平坦或25°以内的缓坡地，pH要求在6.0～7.5较好。注意选择前茬为禾本科作物的轮作田，避免选择魔芋田及薯芋类田块，不与茄科类、白菜类、烟草、茶树连作或间作套种。

海拔800 m以下地区应选择阴坡或半阴坡地种植；海拔800～2 500 m地区应选择半阴半阳或早阳坡地块种植；海拔1 100 m地区应选择阳坡或晚阳坡地块种植。也可在核桃、银杏与果树下套种。

2. 深耕、土壤消毒、整地

(1)深耕冻土　魔芋地在冬前深耕30 cm左右，把田间病原菌深埋，撒施适量生石灰或结合土壤消毒。

(2)土壤消毒　一般亩用三元消毒粉(硫黄粉、生石灰、草木灰按2∶50∶50)50 kg均匀撒施，施用1周后再进行播种。也可亩用70%甲基托布津可湿性粉剂或50%多菌灵可湿性粉剂250～300 g，拌细土30 kg，均匀撒施，也可沟施或窝施。地下害虫严重的地块可用辛硫磷颗粒剂等药剂撒施灭虫。

(3)整地　高海拔地区，土层疏松、坡地较窄的地方采用开沟布厢方式；缓坡地、平地则采用深沟高畦垄式栽培，一般垄沟深度20 cm左右。

3. 种芋的选择与处理

(1)种芋选择　应选择芋龄较小、膨大率高的球茎作种芋。要求球茎呈椭圆形，横径大于纵径，上端大于下端，上端凹陷，口平。芽体完整粗壮，芽尖呈粉红色，有光泽，并略高出凹窝边缘或与边平。球茎颜色鲜亮，上半部呈灰暗色，下半部与底部呈灰白色，表皮光滑，无皱裂、疤痕、伤烂和病虫、霉变现象。对于过早出芽、芽似号筒、长达4 cm以上，无叶的球茎，即可认定为公芋，不能作种用。一般商品生产种芋以二年生和三年生、250～350 g为宜，繁殖种芋的大小均可。

(2)种芋处理　种芋选好后，应在播种前晒种2～3 d。对挖伤或霉烂的种芋，应切去伤部或腐烂部分，伤口用干草木灰涂抹，然后晒种3～4 d，促进伤口愈合。

(3)种芋消毒　为减少种芋带菌，可将选好晒好的种芋可用50%多菌灵可湿性粉剂1 000倍液或70%甲基托布津可湿性粉剂1 500倍液浸种2～6 h，晒干后播种。也可在种芋晒种后，用72%农用链霉素1 000倍液或70%可杀得1 000倍液均匀喷雾种芋2次，晒干备种。但要注意，有伤处理过的种芋和春季已萌动的种芋绝不能进行浸泡消毒。

4. 魔芋基肥施用

(1)基肥种类　农家肥、商品复混肥或魔芋专用肥。

(2)基肥施用量 一年生种芋每亩施农家肥 2 000～2 500 kg,过磷酸钙 25 kg,硫酸钾 15 kg,尿素 10 kg(或除施用农家肥外,另外每亩施用 45%的硫酸钾三元复合肥 50 kg);二年生和三年生种芋每亩施农家肥 3 500～4 500 kg,过磷酸钙 50 kg,硫酸钾 35 kg,尿素 20 kg(或除施用农家肥外,另外每亩施用 45%的硫酸钾三元复合肥 80 kg)。也可施入部分饼肥。但禁用鸡粪、碳铵,并且做到种芋和肥料隔离。

(3)基肥施用方法

①先施肥后播种(种在肥上) 整田后先挖深 12～15 cm 沟,然后在沟底施农家肥,再在农家肥表面施专用肥或复混肥,接着再盖 3 cm 厚的土,并放种芋(主芽斜向上),最后盖土起垄(适合腐熟不彻底且用量大的农家肥)。

②先播种后施肥(种在肥下) 整田后先挖 10 cm 深的沟,然后播种,接着再将农家肥盖在魔芋种上面,再将专用肥或复混肥撒施在农家肥上,最后盖土起垄(适合腐熟彻底且用量大的农家肥)。

③边播种边施肥(种在肥间) 整田后先挖 10 cm 深的沟,先将魔芋种按要求放入沟内,同时在魔芋种之间点施农家肥,然后在农家肥上或种植行旁撒施专用肥或复混肥,最后盖土起垄(适合用量中等的农家肥)。

5. 播种

(1)播种时间 魔芋的生长起始温度为 12 ℃,一般在 3 月上中旬。海拔 800 m 以下地区,可在 3 月下旬播种;800～1 000 m 地区可在 4 月上中旬播种;1 000 m 以上地区可在 4 月中下旬播种。注意春播不可过早,禁止秋、冬播种,以防止低温烂种,但在种芋萌动前要播完。

(2)播种密度 因魔芋种芋大小差异较大,种植密度差异也较大。一般要求播种前将种芋按个体大小分级,然后确定密度,一般行距为种芋直径的 6 倍左右,株距则为种芋直径的 4～5 倍为宜。对于向南斜坡或较低海拔处,宜较密植;在高寒地区,日照较少,宜稍稀植;花魔芋生长势旺宜稀植,白魔芋植株矮小,生长势弱,宜密植。

①海拔 1 000 m 上的半阴半阳地块可采用纯种方式 种芋在 50 g 以下的,行距 40 cm,株距 25 cm 左右,每 667 m^2 6 000～7 000 株;种芋在 50～100 g 的,行距 45 cm,株距 30 cm 左右,每 667 m^2 5 000 株;种芋在 100～200 g 的,行距 55 cm,株距 35 cm,每 667 m^2 3 400 株左右;种芋 200～400 g 的,行距 55～60 cm,株距 40～45 cm,每 667 m^2 2 450～3 000 株。

②海拔 1 000 m 以下地区则必须采取间作套种模式 一般采取与玉米间套,也可与银叶、核桃等经济林木套种。

③海拔 800～1 000 m 地区可采用 200 cm 带型,3～4 行魔芋间套 1 行玉米的模式 对于 150 g 以上较大的种芋,魔芋与玉米播种行数比为 3∶1,3 行魔芋行距 60 cm,预留 80 cm 播 1 行玉米,魔芋株距 26～40 cm,魔芋每 667 m^2 播种 2 480～3 850

株;对 150 g 以下较小的种芋,魔芋与玉米播种行数比为 4∶1,4 行魔芋行距 45 cm,预留 65 cm 播 1 行玉米,魔芋株距 25～35 cm,魔芋每 667 m^2 播种 4 200～6 000 株。玉米株距 27～30 cm,每 667 m^2 播种 1 100～1 200 株。

④海拔 800 m 以下地区宜采用 150 cm 带型,2～3 行魔芋间套 1 行玉米的模式　对 150 g 以上的种芋:魔芋与玉米播种行数比为 2∶1,2 行魔芋行距 60 cm,预留 90 cm 播 1 行玉米,魔芋株距 26～40 cm,魔芋每 667 m^2 播种 2 200～3 300 株;对于 150 g 以下的较小种芋:魔芋与玉米播种行数比为 3∶1,魔芋行距 40 cm,种 3 行,预留 70 cm 播 1 行玉米,魔芋株距 26～40 cm,魔芋密度 3 300～5 000 株。玉米株距 35 cm,每 667 m^2 播种 1 300 株。

(3)播种方法　为有效防治魔芋病害,应采取先施肥后播种的方法。即先开沟,施农家肥,再撒施魔芋专用肥或硫酸钾型复混肥(N∶P∶K=10∶8∶12),并在肥料上撒施一层薄土,然后放种芋,放球形种芋时将球茎稍侧倾斜放置,且顶部一般应向一个方向,平地向南方,坡地则向坡顶方向倾斜,球茎与地面倾斜角为 45°左右。播根状茎时将芋头向上且基部插入土壤,最后盖土起垄。魔芋播种时覆土深度一般为 15 cm,若种芋较大,播种深度可达 20 cm。覆土后覆盖杂草(松毛、玉米秆、稻草等)可以起到为魔芋保水、保湿、增肥和防止杂草的作用。

6. 田间管理

(1)除草　魔芋田间主要草害有繁缕、辣蓼、灰天苋、三叶草、水蒿、竹节草等,这些杂草与魔芋争夺养分,影响魔芋根系和块茎的正常生长,是造成魔芋减产的重要原因之一。

①整田及苗前除草　在种植田耕整前 7～10 d 及 5 月底或 6 月初魔芋出苗前选用 10%草甘膦 250 倍液或 20%克无踪水剂 600 g 进行田间喷雾除草。

②苗后除草　魔芋出苗后至封行前,进行人工除草,除草时务必注意防止魔芋植株及根系受到伤害。

(2)追肥

①追肥方法　根部追肥:将肥料均匀地撒施在魔芋株行间,切忌接触叶柄基部。叶面追肥:在进行魔芋病虫害药剂防治时,配制好药剂后,再将叶面肥按浓度要求与药剂混合均匀,再喷施。喷施时叶面叶背应喷施均匀。

②追肥时间及追肥量、浓度　魔芋出苗后,于 7 月上旬、8 月上旬分 2 次根部追施尿素,每 667 m^2 追施 5～8 kg,7 月中旬以后每 20～25 d 选用颗粒丰(1 000 倍液)或磷酸二氢钾(0.5%)等叶面追肥 1 次,连追 2～3 次。

(3)开沟排渍　魔芋出苗后,雨季要注意田间清沟排水。

(4)清洁田园　对于病残体及杂草要清除干净,特别要注意剔除魔芋“中心病株”,即发现“中心病株”后要迅速将其挖除、移出田外,在远离魔芋田处进行深埋或烧毁。对“中心病株”所在穴用生石灰或其他药剂进行撒施或灌蔸等消毒处理。

(5)病虫害综合防治

①病害 魔芋的病害主要有软腐病、白绢病、叶枯病、黑腐病、病毒病、缺素性病症和日灼病(强日照所致的生理性病害)等。一般一年打两次药,第一次在魔芋散叶半个月以后(大概 6 月下旬),第二次在魔芋准备换头之前(大概 7 月下旬),各地气候不一样,具体的根据魔芋长势而定。可用春雷霉素、噻霉酮、烯酰吗啉、中生菌素或农用链霉素几种按照比例兑在一起喷打,或先打汰腐净,再打魔芋灵。

②虫害 翻地时跟随犁后,捕杀蛴螬。成虫喜产卵在厩肥中,在施肥前将厩肥弄碎,捡出蛴螬,冬季深翻土地,消灭越冬蛹,减少翌年虫源。在幼虫 3 龄期前喷药防治,可用 20%速灭杀丁乳油 3 000 倍液喷雾。斜纹夜蛾幼虫期较短,要在暴食期以前防治,注意消灭在点片发生阶段。可用 25%西维因可湿性粉剂 400 倍液喷雾,也可用地虫管拌复合肥撒施。加强田间管理,及时采摘卵块,消灭幼虫。

7. 适时采收

(1)确定收挖最佳时期 随机选择 10 株魔芋植株挖开观察,离球茎基部 5 cm 处叶柄上硬下软,用手拔即可拔掉叶柄,且脱落处光滑,则表明魔芋成熟。

(2)收挖 魔芋自然倒苗后 1 周即可采收,一般是在 10 月下旬至 11 月上旬挖收。但采收的最迟时期应是平均气温不低 5 ℃以前。应选择晴天采挖。

8. 种芋贮藏

魔芋贮藏过程中“六怕”:怕伤、怕冷、怕热、怕干、怕湿、怕闷。为安全贮藏种芋,要做好以下几点:要抢晴收获;要严格按照标准精选种芋;在操作过程中轻拿轻放,防止机械损伤;贮藏前干燥处理;贮藏时控制好温湿度及通风透光。魔芋的最佳贮藏条件为温度 8~10 ℃,相对湿度 80%左右。主要贮藏方法如下:

(1)露地越冬保种贮藏 指当年不挖收魔芋球茎而在地里自然越冬,此法只适宜在冬季气候温和和无霜冻或霜冻轻微的低山(海拔 800 m 以下地区的阳坡),对于用小球茎或根状茎繁殖的种芋,当年可不收获种芋,将种芋采取宿地贮藏。方法是植株自然倒苗后 10 d 左右,将魔芋秆拔掉,拣净地上茎叶,松土填埋叶柄空洞,用稻草、玉米秆覆盖 15 cm 以上,并用石块、木棒压好秸秆,防止大风吹走;园中开好围沟和畦沟,使之沟沟相通,以利于排水防渍;次年开春后,于播种前选晴天小心挖出,晒干水汽即可播种。

(2)室内简易贮藏 通常有两种方法:

①沙埋保温贮种 在室内干燥的地板上,铺一层河沙,放一层魔芋,以 3~4 层为宜,四周用干草覆盖。

②谷壳保温贮种 在火炕上面的楼板上,铺一层谷壳,放一层魔芋,堆放 3~4 层。

(3)室内架藏 对于冬季易出现霜冻的地区,应采取室内架藏。其操作方法是:

①预处理 一般采用自然风干或晒干,促进种芋表皮木栓化和伤口愈合。一般需让种芋重量减少 15%左右即可,二年生球茎需风干 15~20 d,三年生种芋需风干

18～23 d,根状茎风干 5～10 d 即可。

②药剂处理　用 50%甲基托布津可湿性粉剂、75%百菌清可湿性粉剂等粉衣处理。

③贮藏　用木料做成贮藏架,由下至上分若干层,每层间距 30～50 cm,最下层不放种芋。

④贮藏条件　贮藏处通风透气,最低温度控制在 5 ℃以上,相对湿度 70%左右,在贮藏期间注意防治鼠害。到翌年 3 月底 4 月上旬播种时,种芋将再失水 15%左右。

★能力转化

1. 制定实施魔芋—玉米间作套种技术要点。
2. 参与魔芋生产全过程,并根据操作体验总结出应注意事项。

任务三　山药生产技术

山药又名薯芋、长药蛋、山薯等,是薯蓣科薯蓣属一年生或多年生藤本植物,食用部分为地下块茎。山药富含淀粉、蛋白质、维生素和胆碱等,其肉质柔滑,风味独特,产量高,营养丰富,粮菜兼用,也是上等的滋补食品,在我国各地广为栽培。

★知识准备

一、生物学特性

(一)形态特征

1. 根

在种块茎萌芽后,芽嘴下端长出的 10 余条粗壮根,多横向向下伸展生长,且集中在 5～20 cm 土层,有的深达 60～80 cm,最上层的根系距土表仅有 2～3 cm,称嘴根,又名为吸收根。地下块茎上会长出很多须根或不定根,配合嘴根供给植株营养。

2. 茎

山药的茎有 3 种,2 种在地上,1 种在地下。

(1)茎蔓　山药地上部的茎,茎蔓革质柔软,光滑无毛,具有缠绕能力,常带紫色。一般茎蔓长 3～5 m,需搭架栽培。

(2)零余子　零余子生长于山药叶腋间,也称山药豆(俗称山药果),是一种变态茎,称地上块茎,也叫气生块茎。有圆形和椭圆形,每 667 m^2 产 200～600 kg,可食用,也可用于繁殖。

(3)地下块茎　是山药的主要食用部分,形似根,又名根状茎。当种块茎萌发后,随着茎基部的细胞分化分裂,逐渐向土内延伸,生长膨大形成地下块茎,地下块茎的肥大完全靠茎端分生组织细胞数量的增加和体积的不断增大来完成。根茎越长则产量越高。棍棒形山药一般 50～90 cm,最长可达 1 m 以上;单株块茎重 0.5～3.0 kg,最重的可达 5 kg 以上。

3. 叶

单叶，在茎下部互生，中部以上对生，少有三叶轮生；叶卵形而先端三角锐尖，叶柄长，叶色浅绿、深绿或紫绿色。

4. 花

花小，雌雄异株，穗状花序，雄花序直立，雌花序下垂，黄色或白色，簇生。

5. 果实

蒴果，三棱翅状，翅半圆形。

6. 种子

种子扁卵圆形，栽培中极少结实。

（二）生长发育周期

山药从芽萌发到块茎收获，可分为以下 4 个时期：

1. 发芽期

从山药栽子的休眠芽萌发到出苗为发芽期，约经 35 d；而山药段子从不定芽开始形成、萌发到出苗则要历时 50 d。在发芽过程中，由芽顶向上抽生芽条，由芽基部向下发生块茎。与此同时，于芽基内部各个分散着的维管束外围细胞发生根原基，继而根原基穿出表皮，逐渐形成主要吸收根系。当块茎长达 1～3 cm 时，芽条便破土而出。

2. 发棵期

芽条出土后迅速伸长，10 d 后达 1 m 左右，开始展放幼叶进入发棵期，直到现蕾并开始发生气生块茎为止。此期历时约 60 d，生长以茎叶为主，块茎生长量极微。

3. 块茎生长盛期

从现蕾到块茎收获，约经 60 d。此期茎叶与块茎的生长都最为旺盛，但生长中心在块茎，块茎干重的 85%以上是在这段时期形成的。

4. 休眠期

茎叶因霜衰败，块茎进入休眠状态。

（三）对环境条件的要求

1. 温度

茎叶喜高温、干燥，畏霜冻。生长期间最适宜的温度为 25～28 ℃，块茎极耐寒，在土壤冻结的条件下也能露地越冬，块茎生长适宜温度为 20～24 ℃，20 ℃以下生长缓慢，块茎发芽的适宜温度为 25 ℃。

2. 光照

山药较耐阴，但块茎生长膨大和积累养分仍需强光，在低光照条件下不利于地下块茎的形成和肥大。生产中应立架栽培改善光照条件，增加产量。

3. 水分

山药对水分要求不严格，较耐干旱，不耐涝，但在萌芽期应保持土壤湿润、疏松透气，以利于发芽和扎根；出苗后，块茎生长前期需水分不多，以利于根系深入土层和块茎形成；块茎生长盛期不能缺水，以免影响产量。

4. 土壤及营养

山药生长以排水良好的深厚肥沃沙壤土为宜，黏质土壤易产生扁头、分叉，影响块茎膨大和生长发育。山药需肥量较大，喜有机肥但必须充分腐熟，并与土壤拌匀，否则易烧根或分叉。生产中，生长前期宜供给速效氮肥，生长中后期需要充足的磷、钾肥。

二、栽培类型与品种

我国栽培的山药有两种，即普通山药和田薯。

1. 普通山药

普通山药又名家山药，茎圆而无棱翼。按块茎形状，分 3 个变种：

(1)扁块种　块茎扁，形似脚掌，适合在浅土层及多湿黏重土壤栽培，主要分布于江西、四川、湖南、贵州等。

(2)圆筒种　块茎短圆棒形或不规则团块状，主要分布于浙江、台湾等。

(3)长柱种　块茎长 30～100 cm，横径 3～10 cm，主要分布于陕西、河南、山东、河北等，要求深厚土层和沙质壤土。

2. 田薯

田薯又名大薯、柱薯，茎多角形而具棱翼，叶柄短，块茎巨大。根据块茎形状可分为扁块种、圆筒种和长柱种，主要分布于台湾、广东、广西、福建、江西、云南等地区。

三、栽培季节与茬口安排

山药以露地栽培为主，栽培季节从早春终霜前栽植开始，直到秋末冬初霜降时结束。有单作和间套作两种方式，单作春种秋收，生长期长达 180 d 以上，长江流域 4 月上旬栽植。间套作应用普遍，春季可与速生绿叶菜类、甘蓝类、小麦、豆类等间套；夏季可套作茄果类、瓜类；秋季可套作耐寒性蔬菜。为减轻病虫害及块茎发叉现象，宜进行 3 年以上的轮作。

四、山药的繁殖方法

1. 山药段切块繁殖

长形块茎任何部分都可以发生不定芽，可以任意切断繁殖，以近顶部长势较旺；块状种一般只有顶部才发芽，分切时应该纵切，切成 50～100 g 大小的块茎，使每个切块都带有顶部。种块茎切断后切口涂草木灰，放在室内 2～3 d 后栽种，或晒 1～2 d 后放温暖通风处催芽后种植。此法出苗比用山药栽子的出苗延迟 7～10 d。

2. 山药栽子繁殖

山药栽子是山药块茎与藤连接点以下 18～22 cm 长的一段，是山药繁殖的主要方式。在采收山药时用刀切下，伤口处蘸石灰水或草木灰进行消毒，晾晒 3～4 d 后在通风阴凉处贮藏备用。繁殖时应选择生长健壮、无病虫害、隐芽完好、表皮光滑、肉色洁白、薯形良好的栽子。栽子的出苗快，但连续应用长势衰退，影响产量，一般

3～4 年后应该更新，提高种性。

3. 零余子(山药豆)繁殖

在山药收获期，晴天选采零余子，选饱满、圆形或椭圆形、毛孔稀疏、富有光泽的零余子，晒种 3～5 d 后，贮藏于低温干燥处。经过 3～6 个月的休眠贮藏后，点播或条播(密植)，育苗田畦面宽 1 m，行距 30～40 cm，株距 10～15 cm，出土后的管理同大田栽培山药，当年长成 25～30 cm 的小块茎作为第二年的繁殖材料。为防止种性退化，在选种时最好选用当年用零余子育成的山药顶芽或选用栽培过一年的顶芽。虽然零余子繁殖时间较长，但其不易退化。

★任务实施

学习掌握山药生产技术

1. 品种选择

目前，种植的山药品种有细毛长山药、普通山药、铁棍山药、太和山药、灵芝山药、淮山药以及麻山药，可根据当地市场和消费习惯选择适宜品种。

2. 整地作畦

一般栽培山药需深翻，栽培扁块种和圆筒种耕深较浅，耕翻 30 cm 后按 60～100 cm 宽作高畦栽培；长柱种按行距 2～3 m 距离，挖一深度与山药产品器官相等的深沟，一般深 60～100 cm、宽 33 cm 的深沟，挖土时表土与心土分两边堆放，经日晒风化后择晴天填土。填土时把翻出的土与腐熟的肥充分掺匀，每 667 m^2 用 1 000 kg 腐熟肥，然后回填，做标记，等待播种。

栽培长柱种或土壤黏重，可采用打洞栽培方式，按行距 70 cm 放线，在线上用铁锹挖 5～8 cm 的浅沟，然后用 10～12 cm 粗的钢筋棍，按株距 25～30 cm 逐一打洞，洞径 8 cm 左右，深 150 cm，要求洞壁光滑结实。

3. 栽植

当 10 cm 土温稳定在 10 ℃左右即可栽植，栽植前一般开深 10 cm 的浅沟，浇透水后，按株距 20～25 cm(山药顶端芽间距)有顺序地用手把山药栽子摆放在沟中央，与沟的方向平行，种苗的上端要顺沟走向横放在洞口上，覆土 6～10 cm 后，用镇压器镇压 1 次，于出苗前，趁雨后土壤墒情较好时，用乙草胺药剂灭草，用量 100～150 mL/667 m^2。

4. 田间管理

(1)植株调整　山药出苗后甩蔓，藤条嫩而细长，不能直立生长，当苗长至 20～25 cm 时，选用 2 m 以上的小竹竿或树枝等搭成“人”字架或四脚架，架高 1.5～1.8 m 左右为宜。用山药段切块繁殖时，1 个切块同时萌发几个芽，一般保留 1 个健壮芽，抹掉多余的芽，藤条上基部发生侧枝，必要时抹去。如不利用零余子，也应尽早摘除，使养分集中供应块茎。

(2)合理浇水及排水　播种前浇足底水，生育前期即使稍有干旱，一般也不浇水，以促进块茎向下生长；若过于干旱，可浇小水1～2次，至土壤表层湿润即可。块茎膨大期，2～3 d浇1次水，保持土壤湿润。夏秋之交，如遇干旱炎热天气，应酌情浇水。采挖前1周停止浇水。山药虽耐较旱但怕涝，多雨季节要及时排水。

(3)科学追肥　出苗后穴施提苗肥，每667 m^2 追施尿素10～15 kg，过磷酸钙20 kg；茎蔓上半架时追第2次肥，每667 m^2 追施尿素10～15 kg；块茎膨大期追第3次肥，每667 m^2 追施尿素20 kg、草木灰30 kg、过磷酸钙25 kg。

(4)中耕除草　生长前期应勤中耕除草，每隔半月随中耕除1次草，上半架后拔除行间杂草，同时将架外的行间土挖起一部分填到架内行间，使架内形成高畦，架外形成深沟，便于雨季排水。

5. 采收与贮藏

(1)采收　山药茎叶经霜枯黄时便可收获，长江流域在霜降前后采挖完毕。扁块种和圆筒种块茎较短，容易挖掘，采挖长柱种时应注意避免弄断块茎，一般从畦的一端开始采挖，先挖出1 m深、60 cm见方的土坑，土坑挖好后，根据山药块茎和须根生长的分布习性挖掘山药。挖掘时先将块茎前面和两侧的土取出，直到沟底见到块茎的尖端，然后自下而上铲掉块茎背面和两侧的须根。在铲到山药块茎上端时，用左手握住山药上端，右手铲断侧根和贴地表面的根系，将完整的山药取出。采挖时防止机械损伤，带泥包皮堆放。

(2)贮藏　山药可用冷库、窖藏、室内存放等方式贮藏，适合贮藏温度为3～5 ℃，湿度80%～85%。其贮藏要点是：采收后按照长度、直径对山药进行分级，把有机械伤、病斑虫洞、冷冻害等不适宜长期贮藏的山药挑选出来直接出售；没有机械伤、没有病虫害、水分含量适宜的山药入库贮藏。贮藏码放时采取平码方式，之间空隙用细沙填充。

★能力转化

1. 调查当地山药栽培品种及栽培模式。

2. 参与山药的播种和水肥管理，操作结束后，写出技术报告，并根据操作体验总结出应注意的事项。

任务四　生姜生产技术

生姜为姜科姜属多年生草本植物，以地下肥大的肉质根茎为食用器官。生姜富含多种营养元素和活性物质，具有抗炎镇痛、抗氧化、降血糖、健胃护肝等疗效，是世界广泛应用的传统调味蔬菜和中药材。生姜在我国栽培历史悠久，全国各地均有栽培，是中国重要的出口创汇蔬菜。我国每年的生姜出口量为世界总出口量的40%以上。生姜生产已经成为种植业中商品率高、见效快、经济效益好的一个优势行业，也成为农民致富的重要途径之一。

★知识准备

一、生物学特性

（一）形态特征

生姜植株高度一般为70～120 cm，植株形态直立，分枝性强，由地上部茎叶、花蕾和地下部根茎、根系组成。常年栽培难以看见花蕾，只在个别年份偶尔观察到花蕾，如图4-9所示。

1. 根

生姜的根系包括纤维根和肉质根两种。纤维根主要有吸收养分、水分的功能；肉质根主要有贮藏营养物、活性物质的功能，还具有吸收和支持的功能。

2. 茎

生姜的茎按发生的部位、形态和功能的不同分为地上茎、地下茎两种类型。

（1）地上茎　地上茎由根茎节上的芽发育而成。地上茎直立，为叶鞘所包被，茎端不裸露在外，而被包在顶部嫩叶中。

（2）地下茎　地下茎为根状茎，简称根茎。根茎既是食用器官，又是繁殖器官。其形态为不规则掌状。根茎由若干个长卵圆形的姜球所组成，初生姜球称作姜母，一般姜球较小，其上有7～10节，节间短而密。次生姜球较大，其上节间较稀。刚刚收获的鲜姜，呈鲜黄或淡黄色，姜球上部的鳞片及地上茎基部的鳞叶，多呈淡红色，经贮藏以后，根茎表皮老化，变为土黄色。

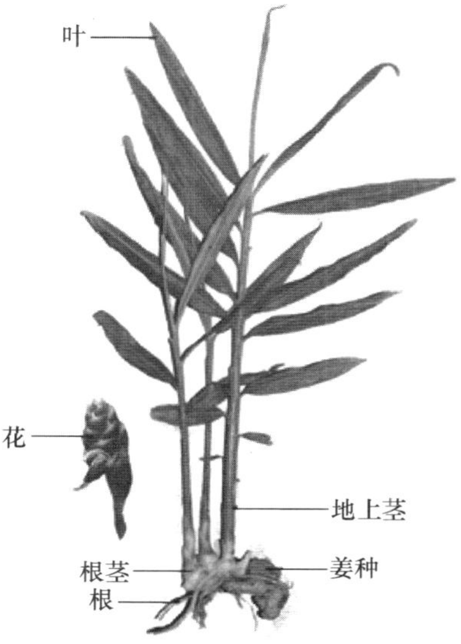

图4-9　生姜的形态特征

3. 叶

生姜的叶为单叶，披针形，互生，先端渐尖，表面光滑无毛，膜质。生姜叶在茎上2列，无叶柄，包括叶片和叶鞘两部分。生姜叶片绿色或深绿色，侧脉彼此平行，与主脉成一定角度。叶长20～30 cm，宽2～3 cm。叶片下部叶鞘绿色狭长而抱茎，具有保护和支持作用，有一定的光合能力。

4. 花

在生姜栽培过程中，我国多数地区的生姜不开花，北方地区个别年份的姜田偶尔可见花蕾，南方地区植株出现花苗的现象较多，如台湾、海南、广州等地。生姜的花为穗状花序，生于根茎发出的总花梗上，高为25～30 cm，花穗长5.0～7.5 cm，由叠生苞片组成，苞片边缘黄色，每个苞片都包着一朵单生的绿色或紫色小花，花瓣紫色，雄蕊6枚，侧生退化雄蕊与唇瓣相连合，形成具有3裂片的唇瓣，雌蕊1枚。

(二)生长发育周期

生姜的生长发育过程具有明显的阶段性,依据其生长动态和生长季节,可以划分为发芽期、幼苗期、旺盛生长期和根茎休眠期4个时期。从播种到收获,生姜的生长周期一般在200 d左右,从幼苗出土到收获要经过5～6个月的时间。

1. 发芽期

从幼芽萌动到第一片真叶展开,称为发芽期。发芽期包括催芽和出苗的整个过程,需要45～55 d,发芽过程一般可分为4个阶段:一是幼芽萌动阶段,即根茎上的侧芽由休眠状态开始变为生长状态,幼芽微微凸起,颜色由暗黄变为鲜黄而明亮。二是破皮阶段,幼芽萌动4～6 d,芽子明显凸起,姜皮被撑破裂,芽色更加鲜亮。三是鳞片发生阶段,破皮之后即出现第一层鲜嫩的鳞片,它包着幼芽,此后继续发生第二、第三、第四层鳞片。四是成苗阶段,随着鳞片的不断发生,幼芽也随之伸长,幼芽基部也由根的凸起长出部分不定根,在芽苗生长至8～12 cm时,第一片叶便开始展开,姜苗开始进行光合作用并制造养料,至此发芽期结束。

生姜发芽期,主要依靠种姜贮藏的养分,生长速度慢,生长量也很小,但却是后期植株旺盛生长的基础。

2. 幼苗期

从主茎第一片叶展开至生长具有两个较大的分枝,即形成"三股杈"的形态特征,为生姜幼苗期,共需60～70 d。幼苗出土后,纤维根数逐渐增加,并发生许多细小的侧根,形成姜的主要吸收根系。幼苗期生长较慢,生长量约占生姜总生长量的7.83%,栽培管理过程中应着重提高地温,促进生根和主枝茎叶的生长,及时清除杂草,培育壮苗,为旺盛生长期大量侧枝的发生、生长及根茎形成打下良好的基础。

3. 旺盛生长期

旺盛生长期是姜块形成最为重要的时期,又可分为前期和后期两大阶段:旺盛生长前期又称发棵期,仍然以茎叶生长为主;旺盛生长后期或称根茎膨大期,此时生长中心已转移到根茎,叶片制造的养分,主要输送到根茎中积累起来形成产品,因而以根茎生长为主。

4. 根茎休眠期

生姜从采收后贮藏到翌年发芽之间为根茎休眠期。由于生姜不耐寒、不耐霜,而我国大部分地区冬季寒冷,因此不能在露地越冬。一般早霜来临时,茎叶遇霜便枯死,如遇强寒流,根茎也会遭受冻害。所以,一般都在霜期到来之前便收获贮藏,迫使根茎进入休眠,这种休眠称为强迫休眠。生姜收获后入窖贮存,保持休眠状态的时间,因窖中贮存条件不同而异,短则几十天,长则几年。

(三)对环境条件的要求

1. 温度

生姜属喜温暖性蔬菜作物,不耐寒、不耐炎热,16 ℃以上由休眠状态转变为发芽状态，17～20 ℃生长缓慢，22～25 ℃对幼芽生长较为适宜，30 ℃以上发芽虽快，但瘦小细长；幼苗发棵期，25～30 ℃对茎叶生长较为适宜，超过 35 ℃或低于 17 ℃，则光合作用降低，对生长不利；根茎旺盛生长期，对昼夜温差要求较高，白天温度保持 25 ℃左右，有利于茎叶光合作用，夜间温度 18 ℃左右，则有利于干物质积累，当温度降到 15 ℃以下，植株便停止生长。生姜休眠贮藏期对温度的要求更严格，应控制在 11～13 ℃，过高或过低均会对姜块造成损失。

2. 光照

生姜喜温暖湿润的环境条件，要求中等强度光照，不耐强光。南方产区因夏季光照强度较大，生产上常进行间作高秆作物遮光或搭建遮阳网栽培，以避免或减轻夏季高温强光日灼对生姜生长的伤害。但是，生姜虽然具有一定的耐阴能力，并不是光照越弱越好。在大田生产中，若遇连续阴雨天气或遮光过度，光照不足，则对姜苗生长不利。如遮光过度(大于 80%)，植株会徒长，地上茎细高而纤弱，叶片很薄，叶绿素含量较少，地下茎形成减慢，导致产量、品质严重下降。

3. 水分

由于生姜为浅根性作物，有根系不发达、难以利用土壤深层水分的特点，因此，在生姜生长过程要勤浇水，保持土壤湿润。但是，又因生姜根系以肉质根为主，极易受到土壤涝害或湿害影响而损伤根系，诱发姜瘟病和生理病害，甚至引起死亡。所以，在生姜种植管理过程中要特别注意及时排除姜田积水。

4. 土壤及营养

生姜生产上以土层深厚、土质疏松、通透性良好的壤土栽培为好，喜中性至微酸性土壤，不耐强酸强碱性土壤，在 pH 5～7 的范围内植株生长较好，以 pH 6 时根茎生长最好。生姜是喜肥耐肥蔬菜作物。由于其生长期较长，150～180 d，植株较大，地上分枝多，因此需肥量较大。在栽培过程中以氮、磷、钾三要素为主，整个生育期吸收钾最多，其次是氮、再次是镁、钙、磷。生姜生长除需要氮、磷、钾、镁、钙等大量元素外，还需要锌、硼等微量元素。

二、栽培类型与品种

有关生姜的分类，专家们比较一致的分类方法主要有两种：一是按生物学特性分类，可分为疏苗型和密苗型；二是按姜肉颜色分类，分为黄姜和白姜。此外，还根据生姜产区所在地的地名进行命名，即特色地方品种，如铜陵白姜、四川竹根姜、固城黄姜、莱芜片姜、安丘大姜、张良黄姜、罗平小黄姜等。

三、栽培季节与茬口安排

生姜为喜温暖、不耐寒、不耐霜的蔬菜作物，所以必须要将生姜的整个生长期安排在温暖无霜季节，长江流域露地栽培一般于谷雨至立夏播种。现在有些生姜产区采用塑料大棚、地膜覆盖等保护措施栽培，可以适当提早播种或延迟收获，从而延长生姜生长期，收到显著增产效果。

生姜一般一年一作，少量鲜嫩姜炒食或腌渍鲜姜一年两作。生姜忌连作，种植最好选择新茬地，前茬作物以葱、蒜和豆类为最好，其次是花生、萝卜。凡是种过茄子、辣椒等茄科类作物并发生过青枯病的地块，以及种植生姜发过病的地块，均不宜种植生姜。水旱轮作是生姜田间土壤轮作的最佳方式。生姜可与豆类蔬菜、丝瓜、玉米及林果树进行间套作。

四、生姜种性退化与防治措施

长期以来生姜品质下降，抗逆能力变弱，产量低而不稳，种性退化严重。造成种性退化的主要原因：一是生姜生产上长期利用无性繁殖，受不良生态环境的影响，感染病原菌和病毒，生姜体内携带烟草花叶病毒和黄瓜花叶病毒及病原菌等病原物；二是人们为了增加经济收入，片面追求生姜产量，大量盲目地施用化肥，造成土壤富营养化和盐渍化；三是生姜栽培良种良法不配套；四是选种留种和贮种方法不当。

针对种姜携带病菌导致种性退化、低产低效的问题，开展了试管苗快繁与无菌苗繁种、病菌检测研究，建立了生姜无菌苗高效快繁技术体系。以无菌苗为核心，集成无菌苗—原原种—原种—生产种的链式苗繁种技术，改变“姜母”繁育种姜的传统模式，建立了无菌苗繁育种姜标准化生产技术。

★任务实施

学习掌握生姜生产技术

一、生姜露地生产技术

1. 种植地选择

生姜种植应选择土层深厚、土质疏松肥沃、有机质丰富、通透性良好和便于排水的微酸性肥沃土壤，生姜怕涝，应尽量避免在易于发生涝害的低洼地种植。

2. 精细整地、土壤消毒、施肥

(1)整地　姜田四周开大沟，沟深 80 cm，沟宽 50 cm。深翻土壤 40～50 cm，每 7 m 挖 60 cm 深的畦间沟。生姜采取高垄栽培，按照行距 60 cm 开深 30 cm、宽 25 cm 的种植沟。

(2)土壤消毒　若前茬作物为茄果类蔬菜或中药作物或生姜时，则需要进行土壤消毒。生姜连作土壤消毒的方法有：

物理消毒　在春夏季、夏季、夏秋季可充分利用太阳能进行闷棚或覆膜消毒。先对土壤进行深耕打细呈粉粒状，适当浇水，保持土壤湿度在 75%左右，温度在 45 ℃以上连续闷棚或覆膜 5～7 d，可杀死 80%以上的病虫。

药剂消毒　在将要种植生姜的土壤提前深耕 50 cm，打细呈粉粒状，选择晴天浇水，使土壤湿度维持在 75%左右，撒施棉隆颗粒剂，用旋耕机翻转土壤，立即盖上薄膜，密闭 20～30 d，之后散气松土。

(3)施肥　生姜喜肥耐肥，均衡施肥很重要，决定产量品质。种植沟内每 667 m^2 施入硫酸钾 30 kg、磷酸二铵 20 kg、硫酸锌 2 kg、硼砂 1 kg，施肥后用铁耙将肥料与土壤混匀、搂平。

3. 姜种选择

选种时应选择姜块肥大、丰满，皮色光亮，肉质新鲜，不干缩、不腐烂、未受冻、质地硬，无病虫害的健康姜块做种，严格淘汰瘦弱瘪、肉质变褐及发软的姜块。

4. 播前姜种处理及催芽技术

(1)掰种　把姜块掰成 50 g 大小有芽眼的姜球或姜块。

(2)困姜晒种　姜种晾晒 1～2 d 后，即可将其置于室内堆放 2～3 d，姜种堆上覆盖草帘，促进养分转化分解，称为"困姜"。一般经 2～3 次晒姜、困姜，便可开始催芽了。必须注意，晒姜时要注意适度，切不可晒得过度。中午若阳光强烈，可用竹席遮阴，以免姜种失水过多，姜块干缩，出芽细弱。

(3)催芽　催芽要求的适宜温度宜在 22～25 ℃，在此温度范围内，有利于培育出钝圆肥壮、色泽鲜亮的短壮芽。催芽温度不宜过高，姜种催芽若长时间处在 28 ℃以上，则催出来的幼芽瘦弱细长，对后期产量有一定不利影响；若催芽的温度低于 20 ℃，则催芽的时间延长，大田播种的时间将被推迟。姜种催芽方法较多，目前生产上主要的姜种催芽方法有以下 5 种：

①电热催芽　选择离电源较近地块，做成 1.2 m 宽、深 25～30 cm 的地下式苗床，长度依姜种数量而定。先在地下式苗床底平铺 1 层 10 cm 厚的干稻草，盖上 10 cm 厚的细土，再将电热线平铺在细土上，在加热电线上平铺 10～15 cm 厚的细土。接着在苗床土面平放 4～5 层姜种，再平铺 10 cm 厚的干稻草，然后用竹片起拱盖膜，温度控制 20～25 ℃。其特点是：催芽快，一般 15～20 d 即可播种。对于需要抢早上市的姜农，特别适合采用这种催芽方法。

②冷床催芽　借助塑料拱棚的增温保温作用的一种催芽方法。这种方法操作简单，而且催出的短壮芽比例高，质量好。冷床催芽的苗床应低于走道 20 cm，便于苗床保温增温。苗床仔细整平后，饱灌 1 次清粪水，待粪水被床土充分吸收后再行放种。放种后用过筛的细土掩埋 10 cm，再用漏瓢浇水。浇水后在苗床地表面覆盖 1 层地膜，再在其上搭建小拱棚或塑料大棚，保温促苗。

③露地堆码催芽　选择向阳的平整地块，先在地面上平铺 1 层 10 cm 厚的干稻草，然后在上面平放 4～5 层已晾晒 1～2 d 的姜种，姜种上面再平铺 1 层干稻草。按上述方法再放种姜、再铺稻草，直到堆码高度达到 1 m 左右。最后用地膜将整个姜堆盖严，四周用细土压严压实地膜。

④大棚堆码催芽　利用密闭大棚的增温作用，将姜种装入塑料网袋中，堆码高度为 1 m 左右，然后用草帘和毛毡覆盖保温。一般在 30～40 d 即可催出短壮芽。在相同的时段内，与露地催芽相比，大棚堆码催芽的效果明显，催芽的时间可缩短 5 d 以上。

⑤青草催芽　选择背风、向阳的地方挖 50 cm 深、100 cm 宽、长度不限的长方形坑道，坑道内铺稻草 5～6 cm，青草 20 cm 以上，然后将姜种放在上面，再在姜种上铺青草 20 cm，四周也要用较厚的青草压紧，并在上搭塑料拱棚保温。青草发酵后堆内温度逐步增高，如棚内温度升至 35 ℃应及时揭膜通风降温，如果揭开薄膜后温度仍然保持在 30 ℃以上，可用喷雾器喷水降温，使棚内温度保持 20～30 ℃，经 20～30 d 即可形成短壮芽。

(4)姜种包衣消毒　用药剂浸种或拌种。一般可用 15 mL 海绿素＋20 g 亮盾兑水 15 kg 喷淋姜种。

5. 播种

(1)播种时期　根据姜种发芽所需要的温度，在 10 cm 土层地温稳定在 16 ℃以上时开始播种，生长期间 16 ℃以上的有效积温达 1 200～1 300 ℃及以上，确保有 130～160 d 的生长期，以利于丰产增收。长江中上游生姜产区一般在清明、谷雨前后播种，设施栽培播种期可提前 1 个月左右，延长生长时期，可提早上市。

(2)播种密度　生姜种植群体的合理密度是实现丰产增效的基础，一般依据以下产销目标确定合理的丰产种植密度。

①早市仔姜生产　在四川犍为和乐山、重庆荣昌和梁平、海南、广西等地以收获鲜食仔姜(嫩姜)为主，以竹根姜或小黄姜地方农家品种为种源，实施高密度栽培，行距 40～50 cm，株距 10 cm，每 667 m^2 约 11 000～12 000 株，5 月上旬至 7 月下旬上市销售。

②鲜食菜姜生产　在四川、重庆、云南、贵州、湖北、湖南等地以收获鲜食菜姜为主，以小黄姜类地方农家品种为种源，实施中等密度栽培，以洞子或埂子栽培生姜，洞子姜株行距均为 35 cm，每 667 m^2 约 5 500～6 000 株，8 月中旬至 10 月上旬上市销售。

③加工老姜生产　在山东、河北、辽宁、河南、江西，陕西等地以收获调味加工老姜为主，以山东大姜、大黄姜等品种为种源，实施合理度栽培，行距 65～70 cm，株距 25 cm，每 667 m^2 4 500～5 500 株，霜降前采收上市销售或贮藏于冷库、地窖。

(3)播种方法　埂子姜播种：采用高垄栽培，垄宽 120 cm，垄高 20～25 cm，沟宽 30 cm，每垄种植 1～2 行，株距 18～20 cm，每 667 m^2 播 6 000～6 500 株，用种 300～350 kg。播种时，经过催芽的种姜芽眼朝上，未催芽的种姜平摆于沟内，芽向保持一致，播后覆细土 5～6 cm。

①洞子姜播种　小规模种植户在惊蛰过后即可陆续进行打窝，规模种植户可采用专用打窝器进行打窝，打窝要求：窝距 27～28 cm、窝径 13～14 cm、窝深达 40 cm，每 667 m^2 控制在 6 000～7 000 窝。下种时每块姜种只选留一个健壮姜芽，其余抹除，姜块平放，再用腐熟牛粪或渣肥等覆盖 3～4 cm。

②窝子姜播种　行距 40 cm，株距 25 cm，将姜种平放于窝内，播种后覆土，充分浇淋清粪水。

(4)地膜覆盖

姜种定植浇透水后及时覆盖上农膜保湿保温，姜苗出土生长至植株 20 cm 高时要及时揭去农膜，以免伤苗。姜种播后覆盖地膜具有保温保湿和抑制杂草的多重作用。覆盖地膜的姜田可早出苗 8～15 d，从而使生姜的生长期延长，而且植株生长健壮，单株分枝数、产量显著提高。

6. 田间管理

(1)培土施肥管理　姜苗生长至 2 个分枝(2 苗)达 75%时第一次培土，土厚 8 cm，并追施水溶性复合肥；姜苗生长至 3 个分枝(3 苗)达 75%时第二次培土，土厚 12 cm，盖住姜苗红头，并追施水溶性复合肥。进入 7 月中上旬后，进行第三次培土，此次培土也为重培土，以后每间隔半月，视生姜长势情况，进行连续培土。

(2)盛夏遮光　生姜属耐阴作物，阳光直射影响幼苗生长，当生姜出苗率达 50%时，需要搭设遮阳网及时遮阳，有利于促进姜苗健壮生长。采用遮阳网方式遮阳，方便苗期田间管理。

(3)水分管控　生姜幼苗期，生长较慢，植株较小，根系较浅，吸水能力弱，对水分要求较严格。如当年遇持续下雨的天气，则应注意观察，及时排出多余水分；如遇持续干旱天气，则就应以勤浇不上水为宜，并趁土壤见干见湿时中耕浅锄，松土保墒，提高地温、促进根系生长。生姜旺盛生长期，由于生长速度较加快，地上茎叶蒸腾面积逐渐扩大，其地下根茎也开始逐渐膨大，需水量较多，因此，保持土壤湿润，夏季在早晨或傍晚浇水较好，不可在中午浇水，这样既可防止干旱，又可降低地温，满足生姜生长的需求，促进生姜分枝及根茎膨大。

(4)病虫害综合防治　姜苗生长期主要有螟虫和姜瘟病、茎基腐病及叶部病害，要及时预防，选好姜种和避免涝渍，6 月下旬至 8 月中旬是防病关键。

7. 适期收获

菜姜采收在 8 月至 9 月中下旬视生姜生长及市场行情适时采收；老姜采收在初霜到来前，选择晴朗天气收获，且土壤不能过干或过湿，土壤过干应在生姜收获前 3 d 浇一次水，土壤过湿需进行晾晒。姜挖出后在茎秆基部保留 2 cm 地上茎，生姜入窖前需对姜窖进行清理及消毒，收获的姜块要带少量湿土，放入贮藏窖后再覆盖一层细土，温度保持在 12～15 ℃，湿度保持在 80%～90%进行贮藏。

二、生姜大棚生产技术

由于受霜冻的影响，在很大程度上限制了生姜的生长、产量以及栽培区域，因此，生姜采取设施保护栽培，可以提高生长期内的有效积温，延长生姜的生长时期，显著地提高生姜的产量，还可提早或延迟上市 1 个月左右，对于平衡市场供给，提高种植效益有较大的促进作用。目前，生产上适宜的保护设施栽培类型有地膜、小拱棚、标准大棚、连栋温室等，生姜设施栽培技术与露地栽培总体上讲是基本一致的，也要注意其田间管理的特殊性。

1. 适期播种

长江流域 2 月下旬至 3 月上旬，在棚内气温稳定在 12 ℃以上时即可选冷尾暖头晴天播种。

2. 大棚管理

生姜是喜温作物，最适宜的生长温度范围是 20～28 ℃，当棚温低于 15 ℃或高于 35 ℃时，都对生姜生长不利。播种后密闭大棚保温，经 15～20 d，种姜开始出苗，及时揭除地面覆盖的薄膜，以防烫伤幼苗。至 3 月中下旬，随着气温升高，晴天中午注意通风降温，保持棚温白天 25～30 ℃、夜间 15～18 ℃为宜。至 4 月中下旬，待外界气温稳定在 20 ℃以上时，大棚两边和棚头可保持全天通风。生姜喜温耐阴，不耐强光，也不能完全遮阴。光照过强或过弱，都会导致产量降低、品质下降。应根据生育阶段和天气情况，及时调控大棚的光照强度。进入 5 月中下旬后，大棚内温度较高，植株也进入旺盛生长期，可使用遮光率 60%左右的遮阳网适当遮光降温，避免光照过强、温度过高影响植株生长和根茎膨大。

3. 肥水管理及培土

大棚生姜一般 3 月中下旬开始出苗，及时揭开地面覆盖的薄膜后，应选晴天的上午浇小水以促姜苗生长，中午时可适当通风以降低大棚空气湿度。苗期应保持畦面湿润，中后期姜苗封行后，一般宜保持土壤表面干燥，避免病虫害蔓延。长江流域雨季应及时做好清沟排水，避免棚内积水。

大棚生姜生育期短，从种植到收获一般 80～100 d，但整个生长期需肥量仍较多，施肥原则是施足基肥、巧施追肥。基肥占总施肥量的 60%～70%，追肥则需根据植株生长情况巧施。幼苗期植株生长量小，需肥不多，但幼苗生长期长，为促进幼苗生长健壮，可在大多数姜苗高 30 cm 左右，具 1～2 个小分枝时，轻施追肥 1 次，每 667 m^2 用 2～3 kg 水溶性复合肥（如喜冲冲 18-18-18＋TE）稀释 800～1 000 倍滴灌，或 667 m^2 用 3～5 kg 尿素浇施提苗，施肥后结合中耕除草进行培土，将行间土壤培于姜苗基部。以后每隔 15～20 d 结合培土追施肥料 1 次，总共不少于 3 次，每次用 5 kg/667 m^2 水溶性复合肥（如喜冲冲 18-18-18＋TE）稀释 600～800 倍滴灌，或施用优质三元复合肥 10～15 kg/667 m^2。

4. 采收及留种

长江流域大棚栽培生姜从 7—8 月份即可陆续采收，早采产量低，但产值高，生产实践中，菜农根据市场需要进行分次采收。

★能力转化

1. 调查当地栽培的生姜品种类型及主要栽培模式，并分析生产效果，整理主要的栽培经验和措施。

2. 进行生姜播前姜种处理和播种生产，记录播种、发芽、生长情况，并进行分析总结。

项目七

绿叶类蔬菜生产技术

学习目标

了解绿叶类蔬菜的形态特征、生长发育规律、对环境条件的要求及其与栽培生产的关系，掌握绿叶类蔬菜播种技术、肥水管理、田间管理、收获等技术；能够根据当地气候条件及市场需求选择适宜的优良品种、生产季节与茬口安排；能够熟练进行绿叶类蔬菜各环节的农事操作，具备独立进行常见绿叶类蔬菜生产的能力。

绿叶菜类蔬菜是指以鲜嫩的绿叶、叶柄或嫩茎为产品的速生性蔬菜。主要包括藜科的菠菜、叶甜菜，菊科的莴苣、茼蒿、紫背天葵，伞形科的芹菜、芫荽、茴香，苋科的苋菜，旋花科的蕹菜，锦葵科的冬寒菜，落葵科的落葵，番杏科的番杏等。绿叶菜类蔬菜的产品柔嫩多汁，含有丰富的维生素、矿物质、蛋白质和碳水化合物。这类蔬菜种类繁多，形态、结构、风味各异，适应性广，生长期短，采收期灵活，在蔬菜的周年均衡供应、品种搭配、提高复种指数、提高单位面积产量等方面具有重要作用。

任务一　芹菜生产技术

芹菜，别名旱芹、药芹，是伞形科芹菜属二年生草本植物，原产于地中海地区沿岸的沼泽地区，在我国栽培历史悠久。芹菜以肥嫩的叶柄供食，含芹菜油，具芳香气味，可炒食、生食或做馅，有降压、健脑和清肠的作用。目前，芹菜栽培几乎遍及全国，是较早实现周年生产、均衡供应的蔬菜种类之一。

★知识准备

一、生物学特性

（一）形态特征

1. 根

芹菜的根系为浅根系，一般分布在 7～36 cm 的土层内，但多数根群分布在 7～

10 cm 的表土层。由于根系分布浅，芹菜不耐旱。直播的芹菜主根系较发达，移栽后由于主根被切断而促进侧根发达，因而芹菜适宜育苗移栽或无土栽培。

2. 茎

茎在营养生长期为短缩状，生殖生长期伸长成花薹，并可产生一二级侧枝。茎的横切面呈近圆形、半圆形或扇形。

3. 叶

叶着生在短缩茎的基部，边缘锯齿状。叶柄较发达，为主要食用部分。叶柄横截面直径 1～4 cm 不等。叶柄中各个维管束的外层为厚壁组织，并突起形成纵棱，故使叶柄能直立生长。厚壁组织的发达程度与品种和栽培条件有密切关系，在高温、干旱和氮肥不足的情况下，厚壁组织和维管束发达。若厚壁组织过于发达，则纤维多、品质差。

4. 花

芹菜为二年生蔬菜，第二年开花。花为复伞形花序，花小、黄白色，花冠有 5 个离瓣，虫媒花，通常为异花授粉，但自交也能结实。

5. 果实和种子

双悬果，圆球形，结种子 1～2 粒，成熟时沿中缝开裂。种子褐色，细小，千粒重 0.4 g，椭圆形，表面有纵纹，透水性能差，有休眠期，发芽慢，收获时不易发芽，高温下发芽更慢，在有光的条件下比黑暗条件容易发芽。

(二)生长发育周期

芹菜的生长发育周期包括营养生长和生殖生长两个阶段。

1. 营养生长阶段

(1)发芽期　种子萌动至第 1 片真叶出现，需 10～15 d。主要靠种子贮藏的养分生长，且种子小，种皮革质，发芽困难。因此，发芽期需保证适宜的温度、水分、气体等条件。

(2)幼苗期　第 1 片真叶出现至 4～5 片真叶展开，本芹需 40～50 d，西芹则需要 50～70 d。此期间应保持土壤湿润，及时除草。

(3)缓慢生长期　指 5 片真叶至 8～9 片真叶这个时期，植株大量分化新叶与生发新根，短缩茎增粗，叶片颜色加深，这个时期由外叶生长向心叶肥大的转化，植株生长缓慢，需 25～35 d。

(4)旺盛生长期　指 8～9 片真叶生长至 11～12 片真叶这个时期，此期叶片充分展开，叶柄迅速肥大，生长量占整个芹菜生长量的 70%～80%，是产量形成的关键时期，适宜条件下需 25～30 d，冬春季约 50 d。

(5)休眠期　从 11～12 片真叶长至营养生长结束而收获，或因气温下降而越冬，被迫休眠。休眠不长，即为休眠期。芹菜进入休眠期后，需及时采收，避免出现老化而食用价值降低。

芹菜在适宜生长条件下，从播种到成熟收获的时间，一般本芹为 110～130 d，西芹为 150～180 d。不同品种、不同茬次、不同季节以及不同栽培方式，生长发育天数不一样，会有差异。

2. 生殖生长阶段

(1)花芽分化期　芹菜的花芽分化期是指芹菜生长点经受一定时间的低温后，叶片的分化停止生长，生长点分化成花芽。一般温度低于 10 ℃高于 5 ℃条件下，经 10 d 以上时间就完成了春化阶段，花芽分化后，在高温、长日照条件下即可抽薹开花。

(2)抽薹期　芹菜抽薹期是指从花芽分化至抽薹开出第一朵花的这个阶段，受气温、日照等条件的影响而抽薹有快慢之别。

(3)开花结果期　芹菜开花结果期是指从芹菜抽薹开出第一朵花至全株采种收获这个时期，芹菜因分枝繁多，开花、结果先后不一，周期较长，一般需 60～80 d 完成。

(三)对环境条件的要求

1. 温度

芹菜较耐寒、喜冷凉、怕炎热。种子发芽的最低温度为 4 ℃，最适温度 15～20 ℃。幼苗生长阶段可耐－5～－4 ℃的低温。成株期可耐－10～－7 ℃的低温。营养生长最适温度为 15～20 ℃。春化阶段以 5～10 ℃为宜。

2. 光照

植株耐弱光的能力较强，适于密植，光照过强，植株老化。种子在有光条件下容易发芽。属长日照植物，在长日照条件下抽薹开花。

3. 水分

芹菜根系分布在浅土层内，喜湿润的空气和土壤条件，土壤含水量以 70%～80%为宜。

4. 土壤及营养

适于在有机质丰富、保水保肥力强的土壤中种植。生长初期需要磷量较多，后期需要钾量较多，但是在整个生长过程中需氮量始终占主要地位。对硼和钙等元素比较敏感。土壤缺硼，植株易发生心腐病，叶柄容易产生裂纹或毛刺，严重时叶柄横裂或劈裂，且表皮粗糙。

二、栽培类型与品种

根据芹菜叶柄的形态，分为中国芹菜和西洋芹菜两种类型。

1. 中国芹菜

中国芹菜又称本芹，叶柄细长，高 100 cm 左右，香味较浓。根据叶柄内髓腔有无可分为空心芹和实心芹，依叶柄颜色分为青芹和白芹。代表品种有北京实心芹菜、津南实芹、山东恒台芹菜、广州白芹等。

2. 西洋芹菜

西洋芹菜又称西芹，是从欧美引入的芹菜品种。主要特点是叶柄实心，肥厚爽脆，味淡，纤维少，可生食。株高 60～80 cm，叶柄肥厚而宽扁，宽达 2.4～3.3 cm，耐热性不如本芹。代表品种有荷兰西芹、佛罗里达 683、伦敦红等，在我国南北方地区均可周年生产，尤其适于北方日光温室秋冬茬生产。

三、栽培季节与茬口安排

芹菜在我国可露地栽培也可保护地栽培，保护地温室、塑料拱棚、地膜等均可周年生产。露地早熟春芹菜 2 月下旬至 3 月上旬播种，4 月中下旬定植，6 月上旬收获；露地秋芹菜 6 月中下旬播种，10 月上旬收获；塑料大棚秋芹菜 6 月下旬至 7 月上旬播种，8 月下旬定植，11 月中旬至春节收获。

芹菜一般隔 2～3 年进行轮作一次，前茬以葱蒜类、豆类、茄果类茬为宜，实际生产中，根据茬口安排，可以同黄瓜、豆类蔬菜、茄果类蔬菜间套作。

★任务实施

学习掌握大棚秋芹菜生产技术

1. 品种及土壤选择

结合芹菜的生长特点，选用适应性广、抗病性强、优质的芹菜品种，如上海黄心芹。由于芹菜栽植根系浅且密度较大，因此，栽植地块应选择富含有机质、地势平坦、保水保肥能力强、排灌方便、土壤结构适宜及未种过芹菜的土壤。

2. 栽培季节

大棚秋延后芹菜一般 6 月中下旬开始播种，8 月下旬定植，11 月中下旬收获。如果对芹菜进行合理保护，可使收获时间延迟到春节。

3. 壮苗培育

(1)种子处理　先用 48 ℃的热水浸泡种子 30 min，起消毒杀菌作用，然后用冷水浸泡种子 24 h，再用湿布将种子包好，放在 15～22 ℃条件下催芽，每天翻动 1～2 次见光，并用冷水冲洗。本芹经过 6～8 d，西芹经 7～12 d，出芽 50%以上时，即可播种。

(2)苗床准备　一般苗床需要具备地势高燥、排灌方便、管理方便、水源充足的地块条件。将筑畦设置成长 20 m、高 20 cm、宽 1.5 m，并保持畦面平整。可以利用 108 孔穴盘进行育苗，在苗床上整齐地摆放穴盘。利用草炭土与废菌棒进行基质配制，并在每 100 kg 基质中加入磷酸钙 5 kg、三元复合肥 2 kg 与生物有机肥 10 kg，将其全部充分混合后，装入穴盘中待用。

(3)播种　于播种前的 0.5 d 内，在穴盘内装入基质，利用清水将基质浇透，待其表层干爽后，就可以进行播种工作。播种后用 0.5 cm 厚的细粒营养土进行覆盖，并且浇透水，保证适宜的用种量。

(4)苗期管理　秋芹菜育苗正值炎热的季节，大棚上需要利用遮阳网进行覆盖遮阴，从而起到防晒降温的作用。待芹菜苗大约全部出齐后，大棚遮阳网可以逐渐撤除。2～3片真叶前，畦面见干见湿；5～6片叶，适当控水防止徒长；1～2片叶时间苗，苗距2 cm。当苗龄4～6片真叶，株高10～15 cm，本芹50 d，西芹70～85 d时进行移栽。

4. 定植

定植前深翻土地20～30 cm，每667 m^2施有机肥5 000 kg、过磷酸钙30 kg，草木灰100 kg，尿素10 kg，硼砂1 kg。肥土混匀后作畦，宽1.0～1.2 m。在畦内开沟定植，本芹10 cm×10 cm，每穴1～2株；西芹行距15～25 cm，株距10～15 cm，单株栽植；主根太长时，可在4 cm处剪去，促发侧根。栽的深度以土刚埋住根茎不埋心叶为准，边栽边封沟平畦，随后浇水，保持畦面湿润。

5. 田间管理

(1)遮阴管理　定植后浇水并在大棚上覆盖遮阳网，以利于缓苗。缓苗后及时去除遮阳网。

(2)温度管理　温度降低到10 ℃时夜晚放下四周棚膜，闭合顶风口，白天温度控制在25 ℃以内，晚上12～15 ℃。11月份以后，大棚四周应围草毡防寒，白天温度升至25 ℃时放风，午后降至15～18 ℃关闭风口。夜间温度降至5 ℃加盖小拱棚或用薄膜覆盖。

(3)肥水管理　定植后畦面保持湿润，缓苗后中耕蹲苗，促发新根，10 d后结合浇水施肥1次，每667 m^2施尿素10 kg，20 d后每亩施尿素20 kg。定植后每667 m^2可施0.5%～0.75%的硼砂，或生长中后期用0.2%～0.3%硼肥叶面喷施1～2次，以防缺硼。采收前15～20 d停止施肥浇水。

(4)培土软化　一般在苗高约30 cm，在天干、地干、苗干时进行，并注意不使植株受伤，不让土粒落入心叶之间。培土一般在秋凉后进行，早栽的培土1～2次，晚栽的培土3～4次。每次培土高度以不埋没心叶为度。

6. 采收

根据芹菜植株长势与市场行情，大多数芹菜可在定植后50～70 d进行采收。采收时间在清晨，采收时连根拔起芹菜，采收后将芹菜根部的泥土洗掉，去掉芹菜的烂叶与黄叶后，将芹菜装筐，从而避免芹菜在运输过程中受到物理伤害，确保芹菜的新鲜与质量，以及上市后的优质。

★能力转化

1. 调查当地栽培的芹菜品种及类型，为了提高经济效益，采取了哪些栽培措施？

2. 参与露地芹菜生产全过程，并根据实际操作总结经验及管理措施。

任务二　菠菜生产技术

菠菜，又名红根菜，是藜科菠菜属一二年生草本植物。原产于波斯(现亚洲西部、伊朗一带)，唐朝传入我国，在我国分布很广。菠菜是蔬菜中抗寒性最强的种类之一，是我国北方地区重要的越冬蔬菜，同时由于它的适应性较广，是我国南、北各地春、秋、冬季的重要蔬菜之一。

★知识准备

一、生物学特性

(一)形态特征

1. 根

菠菜主根发达，较粗大，上部呈紫红色，味甜可食。侧根不发达，不适宜于移植。主要根群分布在 25～30 cm 耕层内。

2. 茎

营养生长阶段为短缩茎，生殖生长时期抽生花茎，抽薹后，茎部迅速伸长和变厚，中央部分变空，高度超过 1 m，有分枝，花茎在柔嫩时也可食用，适合做凉拌菜，俗称“筒子菠菜”。

3. 叶

叶戟形至卵形，鲜绿色，柔嫩多汁，稍有光泽，全缘或有少数牙齿状裂片。菠菜叶的形状通常分为两种类型，即尖叶和圆叶。尖叶菠菜叶片的先端锐尖或钝尖，叶片薄而小，圆叶菠菜叶片的先端钝圆或稍尖，叶子肥大多皱褶。

4. 花

多为单性花，风媒花，一般雌雄异株，间有雌雄同株。雄花无花瓣，花萼 4～5 裂，雄蕊与花萼同数，花药纵裂，花粉多；雌花无柄或有长短不等的花柄，无花瓣，有雌蕊一枚，花萼 2～4 裂。

5. 果实和种子

胞果，内含 1 粒种子。种子圆形，外有革质的果皮，水分和空气不易透入，发芽较慢。千粒重 8～10 g。

(二)生长发育周期

菠菜的生长发育周期主要分为两个时期：营养生长期和生殖生长期。

1. 营养生长期

从种子萌发开始，出土子叶，第一、二、三、四等真叶一个接一个地出现并生长，直到幼苗向花芽分化的阶段为营养生长期。

(1)发芽期　从种子吸收萌动到子叶出土展平，适宜条件下需 5～7 d。此期保持土壤湿润,以利于出苗。

(2)幼苗期 从子叶展开到出现两片真叶,需 7～10 d。由于叶面积较小,光合产物数量少,全部用于根、茎、叶,因此生长比较缓慢。此期需中耕除草、间苗、控水、促进根系发育。

(3)旺盛生长期 两片真叶展开后至花芽分化,适宜条件下需 20～30 d。此期地上部分迅速生长,是形成产量的重要阶段。

2. 生殖生长期

从花芽分化到抽穗、现蕾、开花、结籽、种子成熟的时期是生殖生长期。花芽分化是从营养生长到生殖生长的转折点。花芽分化后,叶片数量不再增加,但叶面积和叶片重量继续增长,营养生长仍占主导地位,因此生殖生长期与营养生长期重叠的时期。生殖生长期能加强光合作用和营养积累的因素,一般都能促使雌性加强,抽薹后侧枝多、花多、籽粒饱满。菠菜进入生殖生长期后耐寒性就降低了,越冬菠菜在越冬前应以调整播种期等方法,控制幼苗进入生殖生长期。

(三)对环境条件的要求

1. 温度

菠菜喜冷凉,耐寒性较强,高温条件下不利于生长。当温度在 4 ℃时种子就能发芽,适宜种子发芽的温度为 16～20 ℃,适宜植株营养生长的温度为 15～20 ℃,当温度高于 25 ℃时,会造成生长不良。地上部植株能耐短时间－7～－6 ℃的低温,但不耐较长低温,否则会造成冻害。

2. 光照

菠菜喜光,属长日照作物,在高温长日照条件下,能够有效促进植株抽薹开花,适宜的光照条件是提高产量的前提要素之一。反之,低洼背光、光照不足的情况下,会阻碍菠菜生长发育,最终影响产量和质量。

3. 水分

菠菜喜湿,但不耐涝,对水分条件要求较高。适宜空气相对湿度 80%～90%,土壤湿度 70%～80%。适宜的水分条件,能够促使菠菜旺盛生长,叶肉厚实,增加产量,且口感好,能够提高商品性能。反之,在干旱、水分不足的情况下,就会抑制植株营养生长,导致生殖生长加快,易出现未熟抽薹现象。

4. 土壤及营养

菠菜对土壤的适应能力较强,但不耐酸性土壤,酸性土壤会使菠菜中毒。喜保水、保肥力强,富含腐殖质的沙壤土;适宜的土壤 pH 为 7.3～8.2。菠菜生长速度快,产量高,需肥量大。据相关研究数据表明,每生产 1 000 kg 菠菜,需要从土壤中吸收氮 2.6～3.2 kg、磷 0.6～1.0 kg、钾 2.8～4.6 kg。另外,在满足菠菜对氮、磷、钾肥需要的同时,也不能忽视微量元素硼、镁、钙、锰、锌、铜的供应,适时适量的微量元素对提高菠菜产量和质量有明显作用,补充微量元素多在生长后期进行叶面喷施，效果较好。

二、栽培类型与品种

菠菜根据叶型及种子上刺的有无分为有刺种和无刺种两个类型。

1. 尖叶类型（有刺种）

叶柄长，叶片较平整光滑且窄小，尖端似箭形，基部多裂刻，种子有棱刺。耐寒力强。早熟、高产，耐寒力强，抗热力较弱，对日照的感应较敏感，在长日照下抽薹快，适宜秋播越冬栽培及秋季栽培；春播易抽薹，产量低；夏播生长不良。主要优良品种有黑龙江双城尖叶菠菜、青岛菠菜、大叶乌菠菜、绍兴菠菜等。

2. 圆叶类型（无刺种）

叶柄较短，叶面有皱缩，叶片大而肉厚，呈卵圆或椭圆形，基部心脏形。种子无刺，果皮较薄。耐寒力一般较尖叶类型稍弱，但耐热力较强。对长日照的感应不太敏感，春季抽薹较迟。产量高，多用于春、秋两季栽培。在北方作秋播越冬栽培时一般不易安全越冬。优良品种有法国菠菜、春不老菠菜、沈阳大叶菠菜、美国大圆叶菠菜等。

三、栽培季节与茬口安排

菠菜的适应性广，从出苗到开花前均可食用。可分期播种，但主要有春播和秋播两大季。湖北省一般在 8 月份早秋播种，10—11 月份陆续上市；9 月份秋播，11—12 月份供应；越冬播在 10—11 月份进行，2—4 月份供应市场；春播于 2 月至 3 月上旬播种，4—5 月份上市。其中秋播菠菜品质好、产量高。

菠菜的前茬可以是茄果类、瓜类、豆类，也可与洋葱、大蒜、萝卜等间作或混作，能取得比较好的经济效益。

★任务实施

学习掌握菠菜生产技术

一、秋菠菜露地生产技术

1. 整地、作畦与施基肥

菠菜适于保水、保肥力强、地势稍高的地块。每 667 m^2 撒施 4 000 kg 腐熟有机肥作基肥，深翻 25～30 cm，精细耕耙，作畦宽 2 m 左右。

2. 种子处理

菠菜种子壳厚，不易发芽。早秋播种前，常先将种子浸凉水约 12 h 后，放在 4 ℃低温下处理 24 h，然后在 20～25 ℃条件下催芽，或将浸种后的种子吊在水井的水面上催芽。经 3～5 d 出芽后播种。

3. 播种

菠菜各地采用直播法，以撒播为主，也有条播和穴播的。早秋播种菠菜，由于气候炎热，干旱，且时有暴雨，生长较差，常死苗，播种量较多。一般撒播每 667 m^2 播种量 10～15 kg。播前先浇底水，播后用草或遮阳网覆盖，保持土壤湿润，以利于出苗。为了防止高温暴雨，有些地区还搭棚遮阴。

在 9 月上旬前后播种，气温逐渐降低，不必进行浸种催芽，每 667 m^2 播种量为 5 kg 左右。10 月份播种，每 667 m^2 播种量为 3.5～4.0 kg。

4. 田间管理

(1)肥水管理　菠菜播种后，一般 3～7 d 即可出齐苗，苗期生长量比较小，对水肥的需求量也比较少。第一次浇水的时间一般在幼苗长到 1～2 片真叶时进行，第二次浇水的时间在幼苗长到 2～3 片真叶时进行，当菠菜长出 4～5 片叶后便进入了旺盛生长期，此时肥水需求量比较大，需要适当加大浇水量，并到采收前应当始终保持土壤足够湿度。

菠菜施肥应当按照前少后多、氮肥为主、磷钾肥为辅的原则进行。秋菠菜前期气温高，追肥可结合灌溉进行，可用 20%左右腐熟粪肥追肥；后期气温下降浓度可达 40%左右。越冬的菠菜应在春暖前施足肥料，以免早期抽薹，在冬季日照减弱时应控制无机肥的用量，以免叶片积累过多的硝酸盐。分次采收的，应在采收后追肥。在采收前 15 d 左右用 5 mg/kg 的赤霉素喷射，可以提早成熟，增加产量。气温高时，菠菜对赤霉素反应敏感，使用浓度可低些，气温低时可高些。

(2)适时中耕　菠菜发芽期和初期生长缓慢，苗期应及时中耕、除去杂草。

(3)病虫害防治　菠菜主要病害有立枯病、霜霉病、炭疽病、病毒病等，虫害主要有蚜虫、菜螟、潜叶蝇等。要注意及时对症防治。

5. 采收

秋播菠菜播种后 30 d 左右，株高 20～25 cm 可以采收。以后每隔 20 d 左右采收 1 次，共采收 2～3 次。收获时一般采用镰刀沿地割起，然后扎把，也有连根拔起，然后用菜刀切根或连根洗净，500 g 或 250 g 装入袋中出售。早秋播菠菜每 667 m^2 产 1 250 kg 左右。迟播的每 667 m^2 可达 2 000 kg 左右。

二、越冬菠菜生产技术

越冬菠菜通常于 10 月中旬至 11 月上旬播种，春节前后分批采收，宜选用冬性强、耐抽薹、耐寒性强的中、晚熟品种，如圆叶菠、华菠 1 号等。

1. 种子处理

播种前 1 周先将种子用温水浸泡 12 h 后，放在低温环境中处理 1 d，再放在 20～25 ℃的条件下催芽，3～5 d 露白后即可播种。每 667 m^2 用种 3～3.5 kg。

2. 整地作畦

选背风向阳、土质疏松肥沃、排水条件好、中性偏微酸性土壤。播前如土壤干旱，应先造足底墒。每 667 m^2 施腐熟有机肥 5 000 kg、三元复合肥 25 kg。作 1.2～1.5 m 的畦，沟宽 30 cm，沟深 25～30 cm，畦面平整。

3. 播种

菠菜一般采用撒播。播前畦面浇透水，用草木灰拌种直播，再覆土盖种，覆盖遮阳网等，出苗后撤除或改为小拱棚覆盖。

4. 田间管理

(1)越冬前的管理　出苗前可浅锄松土或浇 1 次“蒙头水”。幼苗 3～4 片叶前要注意保持土壤湿润，可浇 1～2 次水，如苗弱可追一次提苗肥。3～4 片叶后，再浅锄一次，同时去除过密的弱苗，此时应适当控水。在土壤即将封冻时，应建好风障。土壤即将结冻，一次浇足“封冻水”。

(2)翌年春的管理　土壤逐渐化通时，及时清除覆盖物，耙松表土。返青后，心叶开始生长时，选择晴天浇返青水。以后肥水齐攻，加速营养生长。为减少菠菜产品体内硝酸盐的含量，肥料宜选用豆饼水。利用塑料大棚栽培时，待到棚内日温达 15～20 ℃，夜温 5 ℃时，菠菜即可生长，可提早上市。

5. 采收

一般苗高 10 cm 以上即可分批采收。采收前 15 d 左右，可追施 1 次速效氮肥，增加产量。

★能力转化

1. 调查当地菠菜栽培的主要品种，与哪些蔬菜进行套种？思考如何进行菠菜生产能够提高市场效益。

2. 参与菠菜生产全过程，并根据实际操作总结经验及管理措施。

项目八

葱蒜类蔬菜生产技术

学习目标

了解葱蒜类蔬菜的形态特征、生长发育规律、对环境条件的要求及其与栽培生产的关系，掌握葱蒜类蔬菜播种技术、培土与肥水管理、收获技术；能够根据当地气候条件及市场需求选择适宜的优良品种、栽培季节与安排茬口；能够熟练进行葱蒜类蔬菜各环节的农事操作，具备独立进行主要葱蒜类蔬菜生产的能力。

葱蒜类蔬菜是百合科葱属二年生或多年生草本植物，又称香辛类蔬菜或"鳞茎类"蔬菜，主要包括大蒜、洋葱、大葱、分葱、韭菜、韭葱、薤等。葱蒜类蔬菜不但可以作为鲜食及调味品，而且可以脱水加工。另外，大蒜、洋葱、薤和韭花还是重要的出口蔬菜。

任务一　大蒜生产技术

大蒜又称蒜、胡蒜，百合科葱属一年或二年生草本植物，原产于亚洲西部的高原地区，在我国已有 2 000 多年的栽培历史，是重要的香辛类蔬菜。大蒜以蒜头、蒜薹和幼株供食用，产品器官中含有蒜素和大蒜辣素、蛋白质、低聚糖、矿物质等，除鲜食外，还可腌制、加工，长期食用可起到防病保健作用。大蒜适应性强，耐贮运，供应期长，全国各地均可栽培。

★知识准备

一、生物学特性

（一）形态特征

1. 根

弦线状须根系，着生在短缩茎基部。根系分布浅，主要根群密集于 25 cm 以内的土层范围，横展直径约 25 cm，吸收能力较弱。

2. 茎

营养生长时期为盘状短缩茎，称为茎盘。其上着生叶鞘和鳞芽，叶鞘抱合形成地上假茎，是养分的临时贮藏器官。生长后期，鳞芽肥大发育为蒜瓣，是大蒜的营养贮藏器官，外层由干膜质的叶鞘包被，共同形成鳞茎（蒜头）。

3. 叶

大蒜的叶由叶片和叶鞘两部分构成。叶鞘呈管状，在茎盘上环状着生。多层叶鞘相互抱合形成假茎，具有机械支撑和向鳞茎输送营养物质的作用。叶片扁平而狭长，披针形，较肥厚，表面有蜡被，耐旱。

4. 花茎

花茎（即蒜薹）圆柱形，长 60～70 cm，花茎顶部有总苞，伞形花序，总苞中着生花和气生鳞茎，但多数品种的只抽薹不开花或虽可开花但发育花器官发育不完全，不能形成种子。一般品种的总苞能形成数个或几十个气生鳞茎，气生鳞茎可作为播种材料，重量超过 0.1 g 的可留作种用，当年可形成较小的独头蒜，第二年播种独头蒜可形成正常分瓣的蒜头。

（二）生长发育周期

春播大蒜的生育期短，为 90～110 d，秋播大蒜生育期长达 220～280 d。生产上将大蒜的生长过程划分为萌芽期、幼苗期、花芽与鳞芽分化期、蒜薹伸长期、鳞芽膨大期、休眠期。

1. 萌芽期

从播种到幼芽伸长、出鞘、长出第一片真叶，春播大蒜需 7～10 d，秋播大蒜因休眠和高温的影响需 15～20 d。

2. 幼苗期

从第 1 片真叶展开到花芽和鳞芽开始分化，春播大蒜需 25 d～30，秋播则需 5～6 个月。此期根系生长速度达到高峰，新叶不断生出，母瓣内养分消耗殆尽，逐渐干瘪，生产上称为“退母期”。此期出现短期的养分供需不平衡，较老叶片先端发生“黄尖”现象。

3. 花芽和鳞芽分化期

从大蒜的生长点出现花的原始体开始到花薹伸长为止，一般需 10～15 d。此期仍以叶为生长中心，生长点形成花原基，内层叶腋处分化出鳞芽。

大蒜花芽和鳞芽分化期是大蒜生育的关键时期。这一时期植株的生长锥已停止叶的分化，总叶数不再增加，但此期因气温回升，地上部生长和地下部生长都开始加速进行，已分化的叶迅速生长展开，叶面积迅速增加，生长的中心仍在叶部。叶片大量制造光合产物，一部分供给花芽和鳞芽分化，一部分贮藏在叶鞘内，供以后蒜薹伸长和鳞茎膨大用，生长中心已开始向蒜薹和鳞茎转移。

4. 蒜薹伸长期

从蒜薹开始伸长到采收蒜薹，需 30～35 d。此期蒜薹和叶旺盛生长，同时鳞芽缓慢膨大，是水肥供应的关键时期。

5. 鳞芽膨大期

从鳞芽开始膨大到鳞茎（蒜头）采收，需 50～60 d，其中前 30 d 与蒜薹生长期重叠，蒜薹采收前鳞芽生长缓慢，采收后顶端优势被解除，鳞芽迅速膨大。此期应保持土壤湿润，尽量延长叶片寿命，促进养分向鳞芽转移。生长后期，地上部逐渐枯黄，外层的鳞片干缩呈膜状。

6. 休眠期

从采收蒜头之后到蒜瓣萌发之前是大蒜的生理休眠期，一般早熟品种的休眠期需 65～75 d，晚熟品种的休眠期仅为 35～45 d，秋播时需打破生理休眠。生理休眠结束后，人为控制发芽条件可转为被迫休眠。可采用剥除包裹蒜瓣的薄膜或切除蒜瓣尖端一部分的方法。

（三）对环境条件的要求

1. 温度

大蒜喜冷凉气候，耐寒性较强。适应温度范围－25～－5 ℃；萌发的适宜温度为 18～20 ℃，超过 30 ℃以上高温会对大蒜的萌发起到抑制的作用。幼苗生长的适温为 13～16 ℃，可忍耐短时间的－10 ℃和长时间的－5～－3 ℃的低温。大蒜的花芽和鳞芽的分化需要低温，适宜温度为 12～16 ℃，花茎的伸长和鳞茎的膨大需要的适宜温度是 15～20 ℃，10 ℃以下生长缓慢，25 ℃以上鳞茎进入休眠期。

2. 光照

大蒜是一种要求中等强度光照的作物，若光照过强它的叶绿体会解体，导致叶肉组织的加速衰老，大蒜的叶片和叶鞘会枯黄，鳞茎也会提早的形成，若光照较弱，叶肉组织不发达，叶片也会黄化。此外，不同地方的品种形成蒜头所要求的日照时数有一定的差异，北方品种要求 14 h 以上的日照，南方品种一般在 13 h 左右，12 h 以下日照的温暖条件下栽培大蒜，适宜叶片生长，不形成蒜头，可以青蒜供应市场。无光照条件下大蒜产品为蒜黄。

3. 水分

大蒜根系较浅，根毛较少，吸水范围较小，导致大蒜喜湿润怕干旱。大蒜在不同的生育期对于水分的要求是不同的。发芽期要求较高的土壤湿度促进大蒜发根和发芽；幼苗期适当地降低土壤的湿度，避免根系腐烂，促进根系向纵深去发展；茎的伸长和鳞茎的膨大期要求较高湿度的土壤；鳞茎长成期，外面的数层叶鞘也逐渐地失去水分变成了膜状的时候，降低土壤的湿度，以防止鳞茎的外皮出现腐烂变黑和散瓣。

4. 土壤及营养

大蒜适宜在富含有机质高、透气性好、保水和排水性能好、pH 5.5～6.0 的沙壤土或壤土中栽培较好。大蒜吸收养分的能力较弱，需氮、磷、钾齐全的肥料供应植株生长发育。整个生育期所吸收的氮是最多的，钾是次之，磷最少。硫是大蒜风味和品质成分的构成的元素，所以增施硫肥它不仅可以增进大蒜的风味品质，还可以提高蒜薹和蒜头的产量。

二、栽培类型与品种

大蒜按蒜瓣大小可划分为大瓣种和小瓣种；按蒜薹有无可分为有薹蒜和无薹蒜，按照叶形和叶片质地可划分为宽叶蒜和狭叶蒜、硬叶蒜和软叶蒜；按照生态特性可分为春性蒜和冬性蒜。生产上一般按蒜皮颜色分为紫皮蒜和白皮蒜两种类型。

1. 紫皮蒜

蒜瓣少而大，每头 4～8 瓣，辛辣味浓，产量高，但耐寒性差，适合用于蒜薹和蒜头栽培。主要栽培品种有山东嘉祥紫皮大蒜等。

2. 白皮蒜

白皮蒜有大瓣种和小瓣种，大瓣种每头 5～10 瓣，味香辛，产量高，品质好，以生产蒜头和蒜薹为主，是生产上的主栽类型，主要栽培品种有苍山大蒜等；小瓣种每头 10 瓣以上，叶数多，假茎较高，辣味较淡，产量低，适于青蒜栽培。主要栽培品种有白皮马牙蒜等。

三、栽培季节与茬口安排

大蒜可春播或秋播，一般在冬季月平均温度低于 5 ℃的地区，以春播为主。秋季播种大蒜，幼苗有较长的生长期。与春播大蒜相比，秋播延长了幼苗生育期，蒜头和蒜薹产量都较高。因此，凡幼苗能露地安全越冬的地区和品种，都应进行秋播。湖北地区，以秋播大蒜为主，播种期一般在 8 月中下旬至 9 月上旬。

大蒜忌与葱、韭菜等百合科作物连作，应与非葱蒜类蔬菜轮作 3～4 年。春播大蒜多以白菜、秋番茄和黄瓜等蔬菜为前茬，冬季休闲后播种。秋播大蒜，以豆类、瓜类、茄果类、马铃薯、玉米和水稻等作物为前茬。

★任务实施

学习掌握大蒜露地生产技术

1. 整地

大蒜根系浅，吸收力弱，应选土层深厚、疏松肥沃、保水保肥、排水良好的壤土中栽培较丰收。深耕 25 cm，再将土块耙细、耙平，按 2 m 作畦，沟深 20 cm。

2. 播种

大蒜采用蒜瓣直播。生产上为了打破休眠，促进发芽，可在播种前剥去蒜皮或在播种前把蒜瓣在水中浸泡 1～2 d，以利于水分的吸收气体的交换。此外，把蒜瓣放在 0～4 ℃的低温下(生产上可利用冷库或冰块)处理 1 个月，可大大提早发芽。

播种方法是把蒜瓣插入土中，而微露尖端，不宜过深。收获蒜头时行株距为(15～20) cm×(8～10) cm。以收青蒜为栽培目的时，播种较密，行株距 12 cm×(4～7) cm。

3. 田间管理

(1)肥水管理　当苗出土 3～6 cm 时，要开始施追肥，以氮肥为主。在青蒜生长期间，从 8—9 月份到 11—12 月份，要追肥 2～3 次，促进地上部的生长。以收蒜头为栽培目的时，除在幼苗期施追肥外，于越冬前再施 1 次追肥。到第二年春暖后，是大蒜植株生长的旺盛期，要施 1 次重肥。蒜头开始膨大后，不宜施肥过多、过浓，以免引起鳞茎腐烂。促进蒜头的发育，要获得高产，必须在开始形成鳞茎时有较大的叶面积。

(2)中耕除草　中耕除草工作在蒜苗出土后特别重要，当苗高 10～15 cm 时，中耕可以深些；而当苗高 30 cm 以上，中耕要浅些。

4. 采收

大蒜的鳞茎、蒜叶及蒜薹都可以食用。由于采收食用的部位不同，采收的时期与方法也不同。

(1)青蒜的采收　青蒜是以幼嫩的叶子及假茎作为食用器官，一般蒜苗长到 20 cm 以上，叶肥厚嫩绿时可分批陆续采收，或隔株采收，绝大多数都是一次连根拔起。但也可以在冬前植株 3 cm 高左右，在假茎基部离地面 3～5 cm 收割 1 次。收割后，加强肥水管理，可以再生新叶于第二年 2—3 月份再采收 1 次。

(2)蒜薹的采收　蒜薹顶部打弯，但花苞未开裂，略呈扁锤形时为采收适期，一般从甩尾到采薹约需 15 d，最迟在总苞变白时采收。采薹宜在晴天中午或下午进行，抽薹时勿用力过猛，以免损伤蒜头、根系和降低蒜薹质量。摘除蒜薹后，用上部第 1 片叶盖住露口，以防雨水渗入导致伤口腐烂。

(3)蒜头的采收　采薹后 20～30 d，大蒜基部叶片大多枯黄、上部叶片变为灰绿色，由叶尖向叶耳逐渐呈现干枯，假茎松软时，为蒜头采收适期。收蒜时，用蒜叉挖松蒜头周围的土壤，将蒜头提起抖净泥土后，就地晾晒，用后一排的蒜叶遮盖前一排的蒜头，只晒蒜叶不晒蒜头。晾晒时要进行翻动，2～3 d 后，当假茎变软后编成蒜辫或捆把在通风、遮雨的凉棚中挂藏。

★能力转化

1. 调查当地的主栽品种花芽分化期植株形态的特征。为了提高当地大蒜的产量，在花芽和鳞芽分化期如何管理？

2. 参与大蒜与青蒜生产全过程，并根据实际操作总结经验及管理措施。

任务二　韭菜生产技术

韭菜，为百合科葱属种以嫩叶和花茎为产品的多年生宿根草本，别名草钟乳、起阳草，原产于我国，南北方各地普遍栽培。韭菜的食用部分主要是柔嫩多汁叶片和叶鞘(假茎)，还可以采收韭菜薹(花)及作韭黄软化栽培。韭薹、韭花、韭根经加工腌渍也可供食用，其营养丰富，气味芳香，深受人们喜爱。

★知识准备

一、生物学特性

(一)形态特征

1. 根

弦线状须根，着生在茎盘的基部和周围。每株韭菜有根 10～20 条，较粗的须根中部可发生 3～5 条细弱的侧根，但无二级侧根，几乎无根毛，大部分根系分布在 20～30 cm 的土层中。根系除具有吸收功能外兼有贮藏功能。韭菜根系的寿命较短，有换根和跳根的现象。

(1)换根　韭菜根系的寿命较短，只有1～2年，从第3年开始，下部老根随根状茎的延伸逐渐衰老死亡，随着植株新的分蘖不断形成而发生新根，老根随之干枯死亡，生长期间新老根系的更替现象，称为"换根"。

(2)跳根　韭菜茎盘不断产生新的分蘖，新根着生在茎盘基部，随着分蘖有层次地上移，生根的位置也不断上升。当年的新根到来年又成为老根，而下层老根年年衰老死亡，新生的根系逐年向上移动，逐渐接近地面，这种现象称"跳根"。每次跳根的高度与分蘖和收获次数有关，一般每年分蘖2次，收获4～5次，其跳根高度为1.5～2.0 cm。由于跳根，根系逐渐外露，所以生产上应采取垄作，容易培土。

2. 茎

韭菜的茎可分为营养茎和花茎。一年或二年生韭菜营养茎为短缩盘状茎，故称为"茎盘"。茎盘下部生根，上部由功能叶和叶鞘包裹着，呈半圆球形白色部分称"鳞茎"(韭葫芦)，是韭菜贮藏养分的重要器官。随株龄的增加和逐年分蘖，新生成的营养茎不断上移，遗留在下面的茎盘和早期"鳞茎"形成杈状分枝的"根茎"，根茎的寿命为2～3年。当韭菜植株进入生殖生长阶段，由顶芽发育成花芽，抽生花茎，高30～50 cm，鲜嫩时采收是高档的商品菜。

3. 叶

韭菜叶由叶身和叶鞘两部分组成，单株5～9片叶簇生。叶身扁平、狭长、带状，表面被蜡粉，是主要的同化器官和产品器官。叶片基部呈筒状，称为叶鞘。多层叶鞘层层抱合成圆柱形，称为"假茎"。韭菜叶的分生带在叶鞘基部，收割后可继续生长。

4. 花

伞形花序着生在花茎的顶端，未开放以前，由总苞包裹着，每一总苞有小花20～50朵，花冠白色或粉红色。两性花，异花授粉。幼嫩花薹和花均可食用。

5. 果实和种子

果实为蒴果，成熟的种子为黑色，表皮布满细密皱纹，背面凸出，腹面凹陷，千粒重4 g左右。韭菜种子寿命短，播种时要用上一年生产的新种子。

(二)生长发育周期

韭菜的生育周期可分为营养生长阶段和生殖生长阶段。当年播种的韭菜，一般只有营养生长阶段，而无生殖生长阶段。二年以上的韭菜，两个阶段交替进行。

1. 营养生长阶段

(1)发芽期　从种子萌动至第一片真叶出现为发芽期，需10～20 d。

(2)幼苗期　从第1片真叶出现至幼苗具有5～6片叶，株高18～20 cm为幼苗期，需80～120 d。

(3)营养生长盛期　植株具有5～6片真叶至花芽分化为营养生长盛期。此期植株相继发生新根，叶片不断生长，叶片同化产物不断向根茎运输，植株旺盛生长。

(4)越冬休眠期　初冬季节，气温下降，韭菜出现生长停滞或茎叶枯萎现象，地上部分的养分逐渐回流到根茎中贮藏起来而进入休眠，生产上称为“回根”。一般经过 10～20 d，如遇适宜条件便可恢复旺盛生长。

2. 生殖生长阶段

韭菜是绿体春化型作物，需要在有一定生长量的基础上，经低温和长日照后在夏季才能进行花芽分化。2—4 月份播种的韭菜，当年很少抽薹开花，直到翌年 5 月份分化花芽，7—8 月份抽薹开花，9 月份种子成熟。第二年之后，只要满足低温和长日照条件，每年均能抽薹开花。

(三)对环境条件的要求

1. 温度

韭菜对温度的适应性要比其他葱蒜类广。播种后将温度控制在 16～17 ℃能够促进种子发芽。叶子生长的适宜温度为 15～25 ℃，但在 10～15 ℃亦能生长。抽薹开花适温 20～26 ℃。

2. 光照

韭菜喜中等强度的光照，具有较强的耐阴性，光照过强叶肉纤维素增多；光照过弱则叶片发黄、瘦小、产量低。

3. 水分

韭菜是半喜湿蔬菜，喜湿但不耐涝；叶部表现耐旱，根系表现喜湿。要求土壤湿度保持在 80%～90%，适宜空气湿度为 60%～70%。

4. 土壤及营养

韭菜对土壤适应性强，但以有机物质丰富、土层深厚、松软肥沃且保水保肥性强的土壤为好。韭菜对营养的需求大，耐肥力强，对肥料的要求以氮肥为主。氮∶磷∶钾比例以 3.69∶0.85∶3.13 为宜。

二、栽培类型与品种

韭菜常以其耐寒性的强弱，叶子的形状及叶子的长短、颜色及分蘖习性等作为分类的依据。

1. 按照食用的部位可分为根韭、叶韭、花韭和叶花兼用韭

(1)根韭　主要分布在云南省的保山、大理、腾冲等地，当地称披菜，别名山韭菜、宽叶韭菜等。叶片生长繁茂，根系粗壮肉质化，花薹肥嫩，但很少形成种子，无性繁殖。根韭的分蘖力强，生长势旺，容易栽培。以食根为主，可加工腌制或煮食；花薹可炒食。

(2)叶韭　叶片宽厚、柔嫩、抽薹率低，分蘖性弱，以食叶为主。该类型韭菜目前栽培最广泛、面积最大、品种最多。

(3)花韭　花韭叶片短小，质地粗硬，分蘖力强、抽薹率高、以采食花薹为主。优良品种有四季薹韭等。

(4)叶花兼用韭　目前栽培的大部分品种多为叶花兼用韭。其叶片肥嫩，花薹

发育良好，均可食用。

2. 按照叶的宽窄，可分为宽叶韭及窄叶韭

(1)宽叶韭　叶片宽厚，叶鞘粗壮，叶色浅绿，品质柔嫩、生长势旺，产量较高，但香味稍淡，易倒伏，适于露地栽培和软化栽培。主要优良品种有汉中冬韭、榆林大黄韭、平韭4号、寿光独根红等。

(2)窄叶韭　叶片窄长，叶色深绿，纤维稍多。叶鞘细高，直立性强，不易倒伏。香味浓，品质优，产量较宽叶韭略低。耐寒性较强，适于露地栽培和各种囤韭。优良品种有天津大青苗、保定红根韭、日照线韭等。

3. 按照叶色及栽培环境不同分为青韭和韭黄

(1)青韭　在阳光充足的环境下栽培，其叶色鲜绿或浓绿。

(2)韭黄　在严密遮光的环境下栽培，其叶色淡黄，叶片鲜嫩。

三、栽培季节和茬次安排

我国栽培韭菜的历史悠久，人们在长期的生产实践中创造了多种多样的栽培方式，如露地栽培、风障栽培、阳畦栽培、塑料薄膜覆盖栽培、温室栽培、软化栽培等，加之南韭北种的品种搭配，基本实现了周年生产和周年供应，见表4-4。

表4-4　韭菜周年生产茬次安排

生产方式		1月份	2月份	3月份	4月份	5月份	6月份	7月份	8月份	9月份	10月份	11月份	12月份
露地	常规			···	···	···	～～	～～	～～	～～			
					×	×	×	×	×				
	秋延后			···	···	···	···		×	×	×		
中小棚	常规			···	···	···	～～	～～	～～	～～			
			( )	×	×	×							
	秋延后			···	···	···	···	～～	～～	～～	(×)	×	
温室	常规			···	···	···	～～	～～	～～	～～		( )	
			×	×	×								
	秋冬连续			···	···	···	···				(×)	×	×
		×	×	×	×								

注：···　播种期；( )　扣棚期；～～　养根期；×　收割期。

★任务实施

学习掌握韭菜生产技术

一、韭菜露地生产技术

1. 直播和育苗

韭菜可用种子(直播和育苗移栽)或分株繁殖。分株繁殖系数低，植株生活力弱，寿命短，产量偏低，生产上多用种子进行繁殖。

(1)播种时期　根据韭菜种子发芽对温度的要求，宜在春、秋两季播种，当年秋

季或第二年春季定植。

(2)直播地和苗床准备　直播地和苗床地要求高燥地块、疏松肥沃的壤土，每 667 m^2 施腐熟有机肥 4 000～5 000 kg，过磷酸钙 50 kg，硫酸钾 20～30 kg。韭菜种子发芽顶土能力弱，应精细整地。

(3)种子准备　要选用当年的新种子，春季一般干籽直播，秋季浸种催芽后播种。浸种催芽方法是：在播种前 4～5 d，用 20～30 ℃的水浸种 24 h，捞出后控去水分，用湿纱布包裹，置于 15～20 ℃催芽，每天用清水淘洗 1 次，经 2～3 d 胚根露出，应及时播种。

(4)播种量及播种方法　直播播种量每 667 m^2 为 2.5～3.0 kg，育苗移栽每 667 m^2 为 4～5 kg。播种方法多开沟条播或穴播，一是平畦沟播，整地作畦后，按行距 20～50 cm，开宽 10～12 cm、深 6～8 cm 的浅沟，将沟底趟平，按幅宽 5 cm 条播；二是平地沟播，整地后不作畦，按行距 30～40 cm，开深 8 cm，宽 15 cm 的沟，在沟内灌水，水渗后在沟内播种，播后覆土，以后随韭菜的生长逐渐平沟，培土成垄。

(5)播后管理　播后出苗前，保持土壤湿润，防止板结，促进出苗；幼苗出土后轻灌勤灌，保持地面湿润，并结合灌水追施速效氮肥；3～4 叶期施 1 次提苗肥，每 667 m^2 追施硫酸铵 15～25 kg；5～6 叶期再追施 1 次；苗高 12～15 cm 时控水蹲苗，促进根系发育，减少灌水次数，保持地面见干见湿。

2. 定植

(1)整地施肥　选择壤土或沙壤土的地块，每 667 m^2 施 6 000～7 000 kg 有机底肥，作畦宽 1.2～1.7 m，行距 20～25 cm，沟深 12～15 cm。

(2)定植时期　春分至清明播种，夏至以后定植；谷雨至立夏播种，大暑以后定植。秋播的来年清明以后定植。

(3)定植方法　选株高 18～20 cm，有 5～6 片叶的植株定植。定植前从靠近鳞茎 2～4 cm 处剪断须根，分株繁殖的要剪去 2 年以上的老根茎，以促进新根的发生。定植时采取深栽、浅埋、分次覆土的措施。

(4)定植密度　穴栽的每穴 4～5 丛，每丛 1～3 株；沟栽的每隔 3～4 cm 栽 1 丛，每丛 13 株。

3. 田间管理

(1)定植第 1 年的管理　着重养根，积累养分，定植当年不宜收割。定植后及时灌水，促进缓苗。新叶出现，新根发生，再灌 1 次缓苗水，促进发根长叶，土壤见干见湿。秋季韭菜旺盛生长和养分积累期，加强肥水管理，7～10 d 灌 1 次水，结合灌水追肥 3～4 次，每次每 667 m^2 追施尿素 10～15 kg 或硫酸铵 15～20 kg。寒露后应减少灌水，保持地面不干即可；立冬后封冻前灌足底水。

(2)定植第 2 年后的管理　老根韭菜，可多次采收，每收一次后，新叶的形成都要消耗根茎中贮藏的营养物质。因此，必须加强肥水管理，促根壮秧，解决好养根与收割的关系。春季，灌水追肥，促进生长(氮肥为主，配合磷、钾肥)，从韭菜收割到长到 10 cm 高期间不能灌水，以免影响伤口愈合或引起病害发生。夏季，收割 3～4 茬后即进入夏季，叶部纤维增多，组织粗硬，食用价值低，不宜食用，以养苗为主。7—8月份抽薹开花，消耗养分，可采收嫩薹，以节约养分。

二、塑料大棚韭菜生产技术

1. 品种选择

大棚韭菜生产时间分为早春和晚秋。早春生产宜选择冬季休眠，春季萌发早、生长势强、生长速度快、棵大叶宽、叶色深绿的韭菜品种。如平丰1号、平韭2号等品种。晚秋生产应选择冬季前休眠或不休眠、生长势强、生长速度快、叶片宽大肥厚、个体发育优良、单株较大、抗寒性强的品种，如平丰9号等品种。

2. 育苗

塑料大棚韭菜栽培，首先要进行棚外韭菜育苗。育苗方法同露地韭菜。

3. 定植及定植后管理

(1)定植　春季3月份育苗，6月底或7月初定植；秋季8—9月份育苗，次年3月下旬至4月上旬定植。起苗时先将韭苗轻轻挖出，确保根叶完整，大小苗分开移栽。采用南北行向丛栽法，行距25～30 cm，丛距10～15 cm，每丛8～10株。也可用锄开成行距25～30 cm、深5～7 cm的沟，将苗摆入沟内，封土3～4 cm，不宜埋住叶心，然后顺行轻踏一遍，最后浇水定根。定植7～10 d再浇一遍缓苗水。

(2)定植后管理　高温多雨季节停止追肥浇水。进入8月中旬，每15～20 d浇水1次，结合浇水每次每667 m^2追施腐熟有机肥100 kg或复合肥30 kg、尿素10 kg，连续追肥2～3次。一直不收割，以促使叶片和假茎中营养物质返回到鳞茎和根部，促进根系生长，培育健壮植株。

4. 扣棚

(1)扣棚前的准备　扣棚前要去除田间杂草。然后每667 m^2施氮、磷、钾各15%的硫酸钾型复合肥40 kg，并浇水一遍，田地要浇透，以确保覆盖栽培期间有充足的供水。扣棚前一天用50%的多菌灵可湿性粉剂600倍液喷洒畦面，杀灭病菌。

(2)扣棚　一般在当地日平均温度约在10 ℃左右时扣棚，华中地区秋冬韭菜生产可于11月上中旬扣棚，早春韭菜生产可在1月初扣棚。扣棚应选择在无风晴天的中午进行。棚膜扣上后四周要用土压严，棚顶两拱杆之间用压膜线压紧。

(3)扣棚后的管理　扣棚后的前5～7 d，棚温控制在25～30 ℃，加快打破韭菜休眠，促使韭菜尽快萌动。韭菜萌发露出地面后，应随即降低棚温，保持棚温17～24 ℃，棚温超过25 ℃时要及时通风，降温降湿。冬季若棚温过低。可在大棚内加扣小拱棚，采用双层膜提高棚温。一般扣棚后35 d左右可以收割1茬，收割后2～3 d进行肥水管理，越冬生产连续收割2～3茬，早春割1～2茬后即可撤棚。

5. 收割

扣棚前控制收割次数，第一刀韭菜一般扣棚后40 d左右收割，植株长够4～5片叶。两刀之间以15～30 d为宜。收割高度应在鳞茎以上3～4 cm处。

★能力转化

1. 调查当地栽培的韭菜品种类型及主要栽培模式，并思考提高韭菜经济效益的措施有哪些。

2. 参与大棚韭菜生产全过程，并根据实际操作总结经验及管理措施。

任务三　大葱生产技术

大葱是百合科葱属二年生植物，原产于我国西部及中亚、西亚地区。大葱抗寒耐热，适应性强，栽培普遍，以肥大的假茎（葱白）和嫩叶为产品，营养丰富，具有辛辣芳香气味，生熟食均可，并具有杀菌和医疗价值。

★知识准备

一、生物学特性

（一）形态特征

1. 根

白色弦线状须根，着生在短缩的茎盘上，无根毛，吸收水肥的能力较弱，但新根发生能力强。

2. 茎

极度短缩呈球状或扁球状，单生或簇生，粗 1～2 cm，外皮白色，膜质，不破裂。上部着生多层管状叶鞘，下部密生须根。当苗端生长点分化为花芽后，会逐渐发育成花茎，花茎粗壮，中空不分枝，长 30～50 cm。

3. 叶

由叶身和叶鞘组成。叶鞘圆管形，层层包围，组成假茎（葱白）；每片新叶均从前片叶鞘内伸出，抱合生长，实心，成龄叶管状，表层披有白色蜡状物。

4. 花

伞形花序，花序幼时包裹于膜状总苞内，开花时总苞破裂，花序开放。两性花，异花授粉。

5. 果实和种子

蒴果，每果含种子 6 粒。种子盾形，内侧有棱，种皮黑色，千粒重 2.4～3.4 g。种子寿命在一般贮藏条件下仅 1～2 年。

（二）生长发育周期

大葱的整个生长发育期分为营养生长阶段和生殖生长阶段。

1. 营养生长阶段

（1）发芽期　从播种到子叶出土到直钩，适温下需 14 d 左右。

（2）幼苗期　从幼芽直钩到定植。春播葱的幼苗期 80～90 d，秋播葱的要等到第二年夏季才能定植，幼苗期约 250 d。

(3)葱白形成期　从定植到大葱冬前收获为葱白形成期,一般需要 120～140 d。

(4)贮藏越冬休眠期　低温下被迫休眠,通过春化。

2. 生殖生长阶段

(1)返青期　翌年春季气温达到 7 ℃以上时,植株开始返青生长,直到花薹露出叶鞘,为返青期,30～40 d。

(2)抽薹期　从花薹顶部的花苞露出叶鞘到花薹长成、花苞破裂为抽薹期。一般需 10～15 d。

(3)开花期　花球(即球状花序)总苞破裂后,小花由中央向周围依次开放,至开花结束,为开花期。一朵花的花期为 2～3 d,一个花球的花期为 15 d 左右。

(4)结籽期　从谢花到种子成熟为结籽期。同一花球中不同位置的小花开放时间有先后,种子成熟时间也不一致,需 20～30 d。

(三)对环境条件的要求

1. 温度

大葱属耐寒而适应性广的蔬菜。种子 4～5 ℃开始发芽,13～14 ℃发芽迅速,7～10 d 即可萌发出土。在营养生长期喜凉爽的气候条件,植株生长适温 20～25 ℃,低于 10 ℃生长缓慢,高于 25 ℃植株细弱,叶部发黄,容易引起病害。当温度超过 35～40 ℃时,植株则呈半休眠状态,部分外叶枯萎,气温在 20～25 ℃时,每 3～4 d 可长出 1 片新叶;当气温降到 15 ℃左右时,每 7～14 d 形成 1 片新叶。

2. 光照

大葱属中光性植物,对光照强度要求不严格。春、秋两季气候凉爽,日照充足,有利于叶部生长。

3. 水分

大葱耐旱不耐涝,但根系较弱,要获得高产,仍需较高的土壤湿度。尤其是幼苗期及假茎肥大期,适时适量地供给水分,是创造高产的重要环节。但大葱喜干燥的气候,空气湿度过大,容易发生病害,适宜的空气相对湿度为 60%～70%。

4. 土壤和养分

大葱喜土层深厚、排水良好、富含有机质的疏松壤土,土壤 pH 7.0～7.4。大葱对土壤中氮肥较敏感,生长后期需要较多的磷、钾肥,仍需与中微量元素配合施用,才能获得高产。每生产 1 000 kg 产品需氮 2.7 kg,磷 0.5 kg,钾 3.3 kg。

二、栽培类型与品种

生产上主要依据假茎(葱白)的形态将大葱分为 3 个类型:

1. 长葱白类型

植株高大,假茎较长,长与粗之比大于 10,直立性强,质嫩味甜,生熟食均优,产量高。如山东章丘大葱、辽宁盖平大葱、北京高脚白等。

2. 短葱白类型

植株稍矮,假茎粗短,长与粗之比小于 10,较易栽培。如山东平度老脖子葱、河北对叶葱等。

3. 鸡腿葱类型

假茎短且基部膨大，叶略弯曲，叶尖较细，香气浓厚，辣味较强，较耐贮存，最适熟食或作调味品。如山东莱芜鸡腿葱、河北隆尧大葱等。

三、栽培季节与茬口安排

大葱是一种适应性较强的作物，露地可春、夏、秋三季种植。春季栽培于早春土壤解冻以后播种，炎夏来临前作为小葱供应，或定植后当年收获作为干葱或沟葱供应，也可越冬作为羊角葱或作为留种的种株。秋季栽培季在第一年秋季 9 月上旬播种，以幼苗越冬，第二年夏季 5 月上中旬定植，冬前收获，窖藏或露地越冬，第三年春季抽薹开花，夏季采收种子。夏季栽培在 7 月下旬到 8 月上旬播种，故又称伏葱。当年越冬时植株较大，易完成春化过程，翌春萌发早而且很快抽薹开花，一般接羊角葱之后上市。

大葱忌连作，有"辣对辣，必定瞎，葱韭蒜不见面"等说法，忌与大葱、洋葱、大蒜、韭菜重茬，但能与甘蓝、茄子、冬瓜、西瓜、白菜套作或接茬。

★任务实施

学习掌握露地大葱生产技术

1. 土壤选择

选择向阳、疏松肥沃、保水保肥力强、排水良好、pH 7.0～7.4 的壤土或沿江冲积土栽培，或与其他蔬菜、粮食作物轮作栽培，忌连作。

2. 培育壮苗

(1)苗床的选择　大葱育苗应选择地势开阔、向阳，土层深厚，疏松肥沃，排水良好，距水源较近的壤土最好，既有利于幼苗生长发育，又便于苗期管理。

(2)整地、作畦、施基肥　一般每 667 m^2 苗床均匀撒施腐熟农家肥 5 000 kg、过磷酸钙 25 kg，深翻整平，作长 8.0～10.0 m、宽 1.0 m 的畦。

(3)浸种催芽　将种子用纱布包好后置于 55 ℃温水中搅拌 10 min，待水温降至 30 ℃后浸泡 8～10 h；或用 55%的多菌灵 500 倍液浸种 30 min，然后用清水冲洗 15～20 min，再置于清水中浸泡 8～10 h，使种子充分吸水，增强种子活力，促进种胚萌动。将浸泡好的种子用纱布包好后放入 5～10 ℃进行变温催芽，一般经 4～5 d 后出芽，当种子出芽达 80%以上及时播种。

(4)播种　灌足底水，均匀撒种后，覆 1 cm 厚的细土，以不见种子为宜，用地膜或塑料薄膜盖，保温保湿，促进种子迅速出苗。

(5)苗期管理　播种后 5～6 d 幼苗出土，揭去地膜，待子叶伸直后，浇施一次清淡猪粪水，促进幼苗根系生长发育。冬前浇水 1～2 次，中耕除草，只在土壤结冻前，应结合追稀粪水，灌足冻水。春季浇返青水同时追肥，数日后再浇水，后中耕、间苗、除草；苗高 20 cm 时蹲苗 10～15 d，蹲苗后应顺水追肥，幼苗高 30～40 cm，有 8～9 片叶时，炼苗。

3. 定植

大葱沟植软化栽培,必须筑沟,施基肥后再定植,才能优质、高产。

(1)筑沟　沟距的宽窄、深浅依土质、品种及收获时期而定。大葱软化栽培,沟走向一般以南北向较好,植株充分接受阳光,每隔 55～60 cm 开一沟,沟宽 20 cm,沟深 22～25 cm,沟土放在沟埂上,备软化培土用,沟底挖松 19～20 cm,沟壁垂直,沟背捶紧,按沟距顺延开沟作畦沟。

(2)施基肥　畦沟做好后,在沟底施基肥。基肥以腐熟的堆厩肥为主,每 667 m^2 施 5 000 kg,配合适量化肥 10～15 kg、磷肥 20 kg、钾肥 15 kg,与堆厩肥拌匀后施入沟底,基肥与沟底土壤混合均匀,锄细待定植。

(3)定植　芒种(6 月上旬)到小暑(7 月上旬)当葱苗高 33 cm、具 6～7 片真叶时即可定植。定植前除去病、弱苗和抽薹苗,选择叶片较多、高度一致的幼苗,分级定植。株距 5～6 cm,每 667 m^2 1.7 万株。葱苗靠北壁,将葱秧茎部按入沟底松土内,在覆土埋至葱秧外叶分杈外,然后稍压紧,将葱摆在沟埂上,顺沟浇施清淡畜粪水,使葱苗迅速返青成活。秋播或早冬播种者,在早春定植培土。

4. 田间管理

(1)中耕除草　大葱定植后,结合培土进行中耕除草,清除田间杂草,增加土壤通透性能,保持土壤肥力,促进大葱植株生长。

(2)追施肥水　大葱肥水管理应根据葱株生长发育和气候变化情况进行。定植后一般不浇水施肥;8 月上中旬,浇 2～3 次水,追 1 次攻叶肥,每 667 m^2 施优质腐熟厩肥 1 000 kg,尿素 15 kg,过磷酸钙 25 kg。进入生长盛期,每 4～5 d 浇 1 次水,追 2 次攻棵肥;8 月底假茎形成期,按 667 m^2 施腐熟的农家肥 5 000 kg,硫酸钾 15 kg,可施于葱行两侧,培垄浇水;9 月中旬,在行间撒施尿素 10 kg,硫酸钾 15 kg,浅中耕后浇水。假茎充实期植株生长缓慢,需水量减少,保持土壤湿润,使葱白鲜嫩肥实,收获前 5～7 d 停水。

(3)培土　大葱软化栽培从立秋到收获,一般培土 3～4 次。每次培到叶鞘和叶身的分界处。第一次培土在葱株旺盛生长之前,将沟壁泥土拌细,填沟深的一半;大葱植株旺盛生长时期,进行第二天培土,摆沟壁泥土削下拌细,将沟填平;再间隔 15 d 左右进行第三次培土,将壁土培在葱株基部形成低埂;再间隔 15 d 左右进行第四次培土,将余下的埂土挖松软细碎,填在低埂上形成高埂。通过 4 次培土,使原来的垄埂成垄沟,垄沟变垄埂。大葱植株随培土次数的增加而向上生长,葱白逐渐增长,品质、商品性和产量逐渐提高。

5. 采收

鲜葱从幼苗至葱白形成时期,随市场销售行情,均可陆续采收上市。越冬干贮大葱在晚霜以后收获,收获后要适当晾晒。贮存要宁冷勿热,温度为 1～3 ℃。

★能力转化

1. 调查当地大葱栽培的主要品种,思考如何进行大葱生产能够提高市场效益。

2. 参与大葱生产全过程,并根据实际操作总结经验和管理措施。

模块五　地方特色蔬菜生产技术

党的二十大报告指出：发展乡村特色产业，拓宽农民增收致富渠道。巩固拓展脱贫攻坚成果，增强脱贫地区和脱贫群众内生发展动力。随着人们生活水平的不断提高，对山野等特色蔬菜需求量不断增加，有些特菜已成为农民增收的重要产品。湖北省在稳产保供的前提下，持续培育优势特色蔬菜，重点发展设施蔬菜、水生蔬菜、高山蔬菜及山野特等优势产业。其中高山蔬菜一产产值约70亿元，外调能力居全国首位，有效带动武陵山区、秦巴山区等地农户脱贫致富。学习本模块，能够根据山地等气候条件及市场需求选择适宜的优良品种、季节与安排茬口，能够熟练进行高山蔬菜、水生蔬菜、山野菜、芽苗菜各环节的农事操作，具备独立进行特色蔬菜生产的能力，并能深入企业进行实践及指导。培养热爱科学、勇于探究的创新精神及热爱家乡、热爱农业、服务“三农”的情怀。

项目一

高山蔬菜生产技术

学习目标

了解湖北省高山蔬菜产业发展现状、存在的主要问题和改进建议；能够根据山地气候条件及市场需求选择适宜的优良品种、季节与安排茬口，能够熟练地进行高山蔬菜各环节的农事操作，具备独立进行高山蔬菜生产的能力。

★知识准备

高山蔬菜是指利用高海拔山区夏季气温较同纬度低山平原地区低、气候凉爽、雨量充沛、光照充足、立体气候明显的优势，进行春夏延后或秋冬提前反季节栽培，以生产出低山平原地区当时难以生产的商品蔬菜。高山蔬菜是湖北省特色板块之一，2019 年播种面积 14.54 万 hm^2，总产量 416.04 万 t，产值 64.71 亿元，为满足夏季鲜菜市场供应和山区农民致富发挥了重要作用。

一、湖北省高山蔬菜产业发展现状

1. 区域优势明显

(1)地理资源优势明显　湖北省山地资源丰富，高山蔬菜播种面积占全省蔬菜总播种面积的 10.39%。随着铁路、公路、机场、水道等综合交通基础设施的不断完善，交通主动脉的贯通和乡村公路网络化建设的加速推进，蔬菜种植区内公路网络四通八达，交通便利，蔬菜物流成本将进一步下降，市场半径将进一步延伸，为参与全国蔬菜产业分工布局和市场竞争创造了条件，必将促进外向型蔬菜产业向规模化、高层次、大市场、全方位整体提升。恩施州等部分地区高山蔬菜富硒性强，据恩施土家族苗族自治州硒应用技术与产品开发研究院检测，山野菜堇叶碎米荠硒含量高达 2 000 mg/kg 以上，天然含硒量高势必成为恩施特色蔬菜赢得市场的核心竞争力所在。

(2)气候资源禀赋优良　鄂西山区属中亚热带季风型山地湿润性气候，夏无酷暑，雨量充沛，发展高山蔬菜产业的自然条件优越。如长阳县高山蔬菜主产区年平均温度 16.6 ℃，有效积温 4 700 ℃，年均降雨量 1 351 mm，无霜期 288 d。适宜多种蔬菜生长发育，为蔬菜周年持续生产和均衡供应创建了优良条件，且高山隔离条件好，病虫危害轻，农药施用量少，是开发生态型蔬菜产品的理想之地。尤其是国家推进实施主体功能区规划，必将促进资源有序开发和高效利用，推进生态型蔬菜产业实现绿色发展、高质量发展。

(3)市场需求旺盛　高温、干旱、台风、洪涝等灾害制约了沿海夏、秋蔬菜生产和外调蔬菜的贩运和贮存，常常造成城市蔬菜供应断档，菜价上涨，市场行情看涨，高山蔬菜市场潜力巨大。随着我国城镇化建设的稳步发展，以及人们对优质绿色蔬菜供给需求的增加，高山蔬菜的市场需求量将会进一步增加。

2. 产业基本概况

(1)产业规模　高山蔬菜是湖北省特色板块之一，产业规模和研究深度居全国首位。受湖北省蔬菜办公室委托，湖北省农业科学院和湖北省蔬菜协会组建调研团队，开展湖北省高山蔬菜生产情况调研，2019 年湖北省高山蔬菜播种面积 14.54 万 hm^2，总产量 416.04 万 t，产值 64.71 亿元，产业规模呈稳定态势。其中宜昌地区高山蔬菜播种面积 6.24 万 hm^2，产量 238.22 万 t，产值 38.05 亿元；恩施地区播种面积 7.37 万 hm^2，产量 140.58 万 t，产值 20.59 亿元。

(2)基地分布　湖北省高山蔬菜生产基地主要集中在鄂西山区及神农架林区，其中宜昌地区高山蔬菜产区主要分布在长阳县、秭归县、兴山县、五峰县、夷陵区、远安县；恩施地区主要分布在利川市、恩施市、巴东县、鹤峰县、建始县、咸丰县、宣恩县、来凤县；襄樊地区集中在南漳县、保康县；十堰地区集中在郧西县、竹溪县、竹山县、房县。

(3)种植种类　湖北省高山蔬菜种植种类以大白菜、甘蓝、萝卜、辣椒、番茄、菜豆等为主，有少量喜冷凉叶菜和葱蒜类蔬菜以及山药、阳荷、葛等野生蔬菜。大白菜、甘蓝、萝卜主要分布在海拔 1 200 m 以上地区，辣椒、番茄主要分布在海拔 400～1 600 m 地区。形成了一批规模种植基地，如长阳火烧坪白萝卜生产基地、榔坪番茄基地、贺家坪菜豆基地、兴山榛子辣椒基地、五峰县小香葱基地、十堰房县野人谷镇阳荷基地。湖北省高山蔬菜播种期主要集中在 4—8 月份，产品主要供应期为 6—10 月份，主要市场覆盖湖北、湖南、广东、福建、江苏、上海、安徽、重庆等长江流域沿岸地区及东南地区。一般每 667 m^2 蔬菜种植收益 2 000～3 000 元，价格行情好的时候可达 1 万元以上。

3. 产业化水平不断提高

(1)高山蔬菜经营主体不断壮大　蔬菜企业、农民专业合作组织等市场经营主体成为推动湖北省高山蔬菜产业发展的主导力量。据不完全统计，全省从事高山蔬菜生产的合作社有 236 家。长阳县有蔬菜生产合作社 105 家，其中有 55 家合作社在蔬菜主产区资丘镇、渔峡口镇、榔坪镇、贺家坪镇、火烧坪乡，引领 6 100 户农户走合作经营道路，实行规模化生产，年种植蔬菜 1.2 万 hm^2，产量 54 万 t，产值达 5.1

亿元。恩施州一大批蔬菜专业合作社成长为国家级、省级和州级示范社，其中国家级 8 家、省级 21 家、州级 53 家。涌现了以经营“大山鼎”高山蔬菜品牌为主的恩施徕福硒业有限公司、以种植加工葛根一体化经营的湖北山友特色农业有限公司等优秀企业代表、龙头企业的成长壮大带动了高山蔬菜产业快速发展。十堰市 2019 年各类高山蔬菜种植大户、合作社、企业 56 家，规模种植面积超过 0.24 万 hm^2。如竹山县积极督办兆华山野菜、柳林花屏合作社等市场主体发挥龙头优势，为高山蔬菜产业发展提供原料、技术、信息、市场支撑，从而带动高山蔬菜产业发展壮大。

(2)外向型市场营销网络体系不断完善　随着高山蔬菜产区冷库、冷藏车等冷链物流业的发展，产品目前可运达全国各地，甚至出口周边国家和地区，并成功走向了奥运餐桌和上海世博会、武汉军运会。宜昌市专业从事蔬菜生产销售的企业或合作社近 80 家，营销经纪人超过 5 000 人；每年吸纳和转移 2 万多农村剩余劳动力从事加工、运输、劳务及第三产业，实现年收入 8 000 万元。

(3)精深加工能力初步形成　湖北各地高山蔬菜产区建设冷库，对蔬菜“冷链”运输发挥了重要作用。以长阳县为例，目前已有冷库 64 家，112 台机组，224 个库门，总库容量 4.8 万 m^3，预冷量可达 1 200 t 左右，基本实现了冷链运输；有蔬菜深加工企业 4 家，包装生产企业 4 家，其中生产加工能力较强的有湖北华康食品有限公司和宜昌巴楚蔬菜科技开发有限公司，主要利用尾菜加工脆皮萝卜、萝卜丝、萝卜条、酱菜以及脱水蔬菜等系列产品。恩施州建成蔬菜产地采后预冷库 172 座，容积 25 750 m^3，制冷设备以氟机制冷为主，约占 90%，真空制冷仅占 10%；年贮藏加工能力 60 万 t。

(4)高山蔬菜品牌创建不断加强　湖北各地高山蔬菜企业和团体在经营过程中，注重品牌创建和“两品一标”认证，相继涌现了一大批走得出、卖得好、打得响的高山蔬菜品牌。据不完全统计，全省高山蔬菜有机食品证书 5 个，绿色食品证书 113 个，无公害食品证书 57 个，获得国家地理标志产品称号 12 个，品牌数量 78 个，商标数量 65 个。长阳“火烧坪包菜”获得国家地理标志产品称号。在全国拥有较高知名度的有“憨哥”牌番茄、“清江秀龙”牌辣椒、“火烧坪”牌结球甘蓝、“大清江”牌白萝卜、“柳松坪”牌大白菜等，品牌销量达 50 万 t 以上，占总产量的 1/3，其中“憨哥”牌番茄、“清江秀龙”牌辣椒 2015 年被评为全国名特优知名品牌。恩施有机食品包括利川市汇川现代农业有限公司申报的山药，认证基地面积 53.33 hm^2，巴东县劝农生态有限公司申报的白皮大蒜，认证基地面积 2.67 hm^2。国家地理标志保护产品有走马葛仙米、利川山药、利川莼菜、巴东白皮大蒜等。各类蔬菜协会申报的区域公共品牌 7 个，其中“大山鼎”高山蔬菜以其生态、营养、安全的品牌特征，品牌效益正逐步显现，2018 年实现销售额 1.5 亿元；“天上坪”高山甘蓝被评为湖北十大名菜(鲜菜)；“利川天上坪”(甘蓝、大白菜、白萝卜)获得国家地理标志证明商标保护。十堰市，驴头峡山野菜、顺溪牌腐乳和泡菜获湖北省名牌产品称号，十堰渝川泡菜、“好香口”蔬菜获湖北省著名商标，顺溪牌腐乳、泡菜获中国驰名商标。十堰“房县阳荷”荣获国家工商总局商标局颁发的地理标志证明商标证书，产品远销武汉、西安、重庆等地；郧西县香口乡成功注册“好香口”集体商标，“郧西香口胡萝卜”获国家地理标志产品认证。神农架林区拥有“碧神”商标和辣椒、甜玉米、菜豆、大白菜、普通白菜（小白菜）、马铃薯 6 个绿色食品产品认证。南漳县板桥镇竹坪村湖北上膳源生态农业发展有限公司和李庙镇赵店村的金南漳有机农产品（北京）有限公司获得有机农产品认证。

4. 高山蔬菜产业技术应用水平逐渐提升

（1）抗病抗逆品种得到推广应用　抗病抗逆优质大宗蔬菜品种和精细蔬菜品种得以推广，京丰 1 号甘蓝、中椒 106 甜椒等国产品种占有很大市场份额。高山蔬菜生产实现了品种特色多样化，引进了美国西芹、意大利生菜、荷兰豆、水果萝卜、大蒜、樱桃番茄、花椰菜、板栗南瓜等新品种，形成了集大众品种和精细品种于一体的多元化结构，可根据市场需求的不断变化选择性生产，以满足城镇居民夏、秋淡季蔬菜的消费需求。

（2）设施栽培面积扩大　高山番茄避雨栽培病害发生程度轻，商品果品质好，效益高，得到广大农户的肯定。在贺家坪镇紫台村建有 133.33 hm^2 避雨设施栽培大棚，有效地解决了番茄遇雨灾、冷冻等灾害天气染病的实际生产难题，并延长了采收期，每 667 m^2 增产 2 500 kg 以上，增收 3 000 元以上。2018 年利川市蔬菜设施栽培面积达 100 hm^2，高山蔬菜生产抗灾减灾能力进一步增强。

（3）机械化装备水平提升　部分山区蔬菜生产耕地、作畦、施肥、喷药等作业已采用机械化装备。如长阳县火烧坪乡大清江高山蔬菜专业合作社番茄栽培采用智能水肥一体化技术，通过机房电脑智能控制，采用滴灌方式进行灌水、施肥，比传统沟施方式减少 50％的化肥使用量，每 667 m^2 节约成本 150～170 元，还减少了用工。

（4）生态环境保护力度加大　通过农田治理、农业综合开发、水土保持等项目对蔬菜产地生态环境进行了退耕还林还草、栽植生物埂、修建聚雨灌溉池、修造“U”形槽，建水土过滤池、田间作业道等硬件建设，同时大力推广根际生态修复技术、物理和生物防虫防病技术、微蓄微灌技术、测土配方施肥技术、有机肥替代部分化肥、调酸补钙、轮作换茬和深耕改土技术等，使土壤生态环境得到一定程度的改善。

（5）尾菜无害化处理得到重视　仅长阳县高山蔬菜尾菜、废菜就有约 40 万 t，湖北省各级部门重视尾菜对环境的污染和健康的危害，联系科研部门与当地的合作社摸索尾菜无害化处理方案。一方面尾菜集中处理，通过建立发酵池或有机肥生产线，将尾菜、废菜通过无害化处理后转化成有机肥，替代化肥培肥高山蔬菜基地土壤，形成循环农业模式。另一方面建立深加工生产线，将尾菜转化成腌制品、酱制品、干制品等。由于高山昼夜温差大，尾菜水分含量高，处理难度大，尾菜处理仍处于探索阶段，目前尾菜无害化处理率不足 20％，转化率约 37.5％。

(6)食品质量安全水平提高　湖北省制定发布了蔬菜绿色食品生产技术规程，蔬菜产品质量监管检测体系日益完善。目前恩施州已建成州、县(市)、乡(镇)、批发市场(生鲜超市)农产品质量安全检测四级网络体系，人员、设备配备齐全，例行抽检有序开展，为上市蔬菜质量安全提供了可靠保障。2018 年恩施州各县及乡镇例行检测蔬菜样品 109 048 个，合格率达 99.9%。鹤峰县、宣恩县成功创建国家农产品质量安全县，利川市、来凤县、咸丰县成为省级农产品质量安全县。

(7)一二三产业融合发展势头强劲　充分利用高山蔬菜基地天然冷凉的气候条件，夏天结合避暑发展旅游业，二三产业融合发展。长阳土家族自治县火烧坪乡启动全域旅游规划，打造“中国南方高山避暑康养胜地”“高山运动训练基地”，扶持创办旅游民宿、农家乐、牧家乐、土家乐等，火烧坪乡获评省级产业融合示范乡镇，目前已运营的民宿有 8 家。

(8)科技支撑有力，乡村振兴效果显著　湖北省有一批开展高山蔬菜产业技术研究的科研院所和团队，研究力量雄厚。拥有国家大宗蔬菜产业技术体系高山蔬菜岗位专家和鄂西高山蔬菜综合试验站、湖北省高山蔬菜试验站，成立了“省级农科教团队＋市级产学研主体＋县级推广单位＋示范基地(经营主体)”的高山蔬菜产学研相结合的协同推广团队，技术支撑有力。高原夏季冷凉地区蔬菜栽培等技术的研发成果，对提高高山蔬菜单位面积产量、效益，节能节水节肥，促进蔬菜周年供应发挥了重大作用。

二、湖北省高山蔬菜产业发展存在的主要问题

1. 基础建设薄弱

农田基础设施配套明显滞后，抗御旱灾、涝灾、风灾、冰雹等自然灾害的能力十分脆弱。调研结果表明，高山蔬菜基地小型抗旱水池少，不能满足蔬菜生产所需。专业育苗基地数量少，种苗供应能力不足。产地预冷贮藏库建设滞后，难以达到低温贮藏、运输，减少流通环节损耗之目的。

2. 产业技术问题突出，连作障碍逐年加剧

目前，湖北省高山蔬菜种植品种茬口单一，大多是甘蓝、大白菜、萝卜等，少量番茄、辣椒，其他精细品种如莴苣、芫荽、芹菜、小香葱、红菜薹等种植比例很小，生产效益风险大，间断性的“菜贱伤农”现象偶有发生。基地土壤酸化严重，有机质含量下降、病虫为害逐年加重，进而造成生产成本不断升高，产量、品质和效益不断下滑，高山蔬菜增效潜力未得到充分发挥。由于高山可耕地资源有限，且高山区域自身生态相对脆弱，多年粗放式生产，使高山蔬菜生产中的诸多生态问题初见端倪，部分地区存在水土流失、尾菜成灾等现象。

3. 用工矛盾突出，生产成本大幅度上升

随着工业化、城镇化的加速发展，从事农业生产的劳动力越来越少，已成为制约蔬菜规模化生产的瓶颈。农资成本、劳动力成本、运输成本逐年增大，加之装卸费、

包装费等均上涨，促使蔬菜生产成本大幅度增加，蔬菜价格也随之攀升。

4. 自然灾害偶发，市场风险依然存在

湖北省高山蔬菜生产带也是自然灾害频发带，干旱、冰雹、暴雨等无法控制。在市场方面，市场竞争日趋激烈，经常发生结构性产能过剩或不足的现象；近几年生产资料价格上涨，劳动力成本增加，运销成本上涨，增大了种植风险。

5. 组织化程度不高，农技服务体系不健全

部分地区目前培育的高山蔬菜生产及销售组织，规模企业少，专业合作社空壳现象突出，运行不规范，经济实力弱，无法应对千变万化的市场。生产、加工、保鲜、贮运等产业链条尚未完全形成，严重缺乏蔬菜加工转化增值企业。州、县(市)、乡(镇)三级农技推广服务机构力量薄弱。乡(镇)农业服务中心人员兼职多、流动快、专业性不强，村级服务更是处于空白，技术服务滞后，严重制约湖北省高山蔬菜产业发展。

6. 品牌效益发挥不足，龙头企业带动力不强

湖北省高山蔬菜产业发展中，涌现了一批企业，打造了一些品牌、商标等，但在国内外市场知名度高的极少，品牌没有集中做大做强，品牌影响力有限，无法形成品牌效应。宜昌市长阳县引进了火烧坪高山蔬菜集团有限公司，已整合“火烧坪”品牌，但此项工作还处于发展阶段，没有充分发挥“火烧坪”集体品牌效益。龙头企业带动能力有限，小企业带不动大产业，小龙头带不动大基地。

7. 蔬菜企业融资困难

全面提升高山蔬菜产业需要大量资金支持，特别是公共基础和冷链运输设施建设，单个业主难以实现，像莼菜、生姜等加工型蔬菜企业加工原料收购时间集中、资金集中支付，产品全年销售、年末资金才能回收，企业原料收购期间普遍存在资金困难的问题。据利川市睡芙生态农业开发有限公司负责人介绍，莼菜收购旺季需要流动资金上千万元，企业仅靠自身力量难以承担。

三、湖北省高山蔬菜高质量改进建议

针对国内蔬菜供给结构性过剩和季节性供应不足矛盾，结合乡村振兴，围绕环境友好、提质增效、节本降耗，持续深化供给侧结构性改革，坚持以问题为导向，以绿色发展为主线，促进产业转型升级，推进湖北省高山蔬菜产业高质量发展。具体措施如下：

1. 科学规划布局，实施基地提档升级工程

加强基础设施建设，提高高山蔬菜生产能力，实施基地提档升级工程。重点做好机耕道、电力装备、灌排设施和交通路网的配套建设，使标准化菜田对干旱、雨涝等气象灾害的抗灾保收率达到80%以上。进一步整合国土整理项目、农田水利设施建设项目及农电改造、乡村公路建设、水土保持等项目，完善高山蔬菜基地基础设施建设，加强蔬菜基地排灌设施、产地保鲜库、避雨栽培设施等基础条件建设，提高高

山蔬菜综合生产能力,实现产、加、销有效对接。

2. 依靠科技进步,攻克产业技术难题,提升产品市场竞争力

以产业需求为导向,强化产学研结合,加速成果转化应用,加快蔬菜新品种、新技术、新农药、新肥料、新材料、新工艺的集成运用与创新,不断提高生产、流通、加工各环节以及各产品的科技含量。实施环境保护工程,包括对产区内25°以上的坡耕地进行退耕还林、还药、还草,严禁毁草种菜、毁林开荒和陡坡垦覆现象发生,加强坡耕地治理,大力推广生物埂治理措施,减少水土流失。坚持合理区域布局,调优蔬菜种植结构,实现蔬菜品种与茬口多样化。实施土壤改良工程,加大对尾(废弃)菜和农作物秸秆综合利用力度,全面恢复菜区土壤地力。坚持推进绿色生产,确保蔬菜产品质量安全。

3. 推广轻简化生产措施,缓解劳动力短缺压力

调整简化作业程序,大力推广机械化整地作畦、集约化育苗、播种机播种、铺膜免除草、智能化节水灌溉、水肥药一体化、病虫害统防统治、机械化喷药等技术集成与应用,以节约劳动力,减轻劳动强度,提高劳动生产率。

4. 综合施策,降低市场风险

探索将政策性商业保险引入蔬菜生产和销售领域,建立蔬菜产业发展的风险防范机制,逐步建立政府支持、市场化运作、企业和农户广泛参与的蔬菜保险保障体系。强化市场体系建设,不断开拓国际国内市场。制定吸引客商投资蔬菜绿色食品加工业的优惠政策,开展高山蔬菜深加工,生产适销对路的特色蔬菜系列产品。依托休闲农业与乡村旅游发展,多渠道发展高山蔬菜产业。融合现代农业、观光农业、生态旅游建立大基地、树立大品牌、延长加粗产业链条,真正实现一业兴百业,百业联一业目标。

5. 培育壮大市场主体,提高产业组织化程度

健全蔬菜生产、加工、销售产业链,重点强化龙头企业的培育。加大对龙头企业的扶持力度,集中资源做大做强一批有规模、有潜力、有市场竞争力和带动力强的龙头企业。引导劳动力、资本、土地、技术和管理等要素配置向龙头企业聚集。支持有一定生产规模、营销渠道通畅的企业,在延伸加粗产业链上寻求突破,大力发展蔬菜精深加工,增强蔬菜产业抵御市场风险的能力,降低菜农种植风险,提高蔬菜产品附加值。充分利用新型职业农民培训项目,为蔬菜企业培训一批会操作、懂管理的应用型人才。

6. 突出生态、优质,加强高山蔬菜公共品牌建设

品牌是优质产品的标志和生命线,是农产品进入市场的通行证,只有品牌才能实现农产品的优质优价。依托高山天然的"绿色"资源,着力发展生态、安全、环保、高效的蔬菜生产,坚持品牌塑造与产品质量安全并重。打造质量稳定、市场知名度高的绿色生态区域公共品牌,引导企业创建中国驰名商标,扩大品牌的知名度和影

响力，使之尽快产生品牌效益。

四、高山蔬菜栽培种类与品种选择

要根据市场需求、海拔、土壤等情况，选择适应性强、抗病、耐热、耐贮运、商品性好的品种。

1. 根菜类

根菜类主要有萝卜、胡萝卜等品种。萝卜是8—9月份市场上销量较大的蔬菜品种之一，传统高山小萝卜类型品种，品质比较好，长三角、珠三角等地大中城市市场都比较好销。目前，栽培品种有早夏上市及较耐抽薹的CR9646、白玉春和夏秋上市的短叶13等；胡萝卜是近年发展起来、销量很大的品种，目前8—9月份产品都是从北方运来，价格高于白萝卜，产量也较高，栽培要选春性耐抽薹性强的品种如新黑田五寸、红光五寸、三红胡萝卜。

2. 甘蓝类

甘蓝类主要有结球甘蓝(包心菜)、青花菜等品种。结球甘蓝目前种植面积比较大，因此价格比较低，种植的品种有夏光、黄苗、夏王、早丰等；青花菜(西兰花)夏季高山上栽培要选择春性品种，一般秋、冬品种不能种植，可选用绿带、山水、里绿等品种。

3. 白菜类

白菜类主要是结球大白菜。在8—9月份平原高温干旱，大白菜生产困难，市场产品主要来自山东等地，价格也较高，春、夏栽培的可选用春大将、阳春、山地王、高冷地等品种，夏、秋栽培可选用早熟5号、小杂56、黄芽14、夏阳、明月、夏丰等品种。

4. 绿叶菜类

绿叶蔬菜主要有芹菜、莴苣等品种。芹菜有西芹、本芹。西芹是近年新发展的西洋蔬菜新品种，市场潜力很大，因西芹生长期长，需要150～180 d及以上，且是喜冷凉多雨气候条件，目前国内仅在南方早秋季播种育苗，冬、春季采收，夏、秋季种植较少，价格很高；我们可利用夏季高山冷凉多雨气候条件，种植西洋芹；种植要选海拔比较高、光照弱的北坡或山坳地段、土壤保水力好的土地种植，必要时还要采用遮阳网覆盖、遮光、降温，品种有佛罗里达、康乐19。本芹是主要种植品种之一，一般10月份之前上市，价格较好，品种可选用津南实芹、黄苗实芹。莴苣类有叶用、笋用两类，市场需求量很大，高山上气温低，品质好，整个夏季均可分批排开播种，分批上市，但夏季，要选择耐抽薹的品种如二白皮等。

5. 茄果类

茄果类主要有番茄、辣椒等品种。番茄是高山蔬菜的主栽品种，在大中城市消费量大，同时番茄单产要比其他蔬菜高，因而相对收益也高。栽培时要选择不易裂果、耐热、耐贮运、商品性好的品种，高山番茄应选择抗病性好、产量高、耐贮运、果形圆正、果脐小、口感较好的品种。高海拔地区一般种植红果如瑞菲、倍盈、满堂红、红姑娘等，低海拔地区种植粉果如戴粉、百佳等，因为粉果怕冷风吹。樱桃番茄是作为水果用的优质小果型番茄品种，销售量激增，樱桃番茄品种容易种，耐热、耐病性都比大番茄强，目前有日本卡罗、中国台湾圣女等品种。

高山辣椒应选择抗病、丰产、耐贮运的品种，以生产青辣椒为主，分线椒、泡椒和螺丝椒 3 种。线椒品种如辛香系列、杭椒、川椒 18 号；泡椒品种如早杂 2 号、福椒 4 号等；螺丝椒品种如南螺系列、同乐 23188、长青龙、佳美 863、海丰 398 等。生产红辣椒的品种有中椒 106 号、鄂椒 104、红秀 8 号等。

6. 瓜类

瓜类主要有西瓜、黄瓜、南瓜、瓠瓜等品种。西瓜类是近年在湖北省新发展起来的高山果品，市场潜力很大，特别是发展优质中小型西瓜品种，高山西瓜的优势在于推迟到 8—9 月份上市，同时以质优占领市场，品种有新红宝、巨龙、西农 8 号、浙蜜 1 号、8424、京欣 1 号、黑美人。

黄瓜市场销售量也较大，但大中城市市场多为山东黄瓜，北方种植面积过大，价格也比较低，种植品种有津绿 4 号、中农 8 号、夏丰 1 号。

南瓜有青皮和黄皮两种，以上海为主市场，需求量较大，但由于容易种植，各地农村都已大量栽培，同时因为耐贮运，故市场上价格比较低。但到了 9 月份以后，上海、杭州市场需求量较大，品种有板栗、甘栗、东升、橘红等。

瓠瓜是市场瓜菜主要品种之一，目前种植面积不大，市场前景较好，品种有杭州长瓜、安吉长瓜、温州圆蒲。

7. 豆类

豆类主要有四季豆、豌豆、豇豆、扁豆等品种。四季豆是高山蔬菜主栽品种，供应时间长，需求量大。由于平原菜区 7 月上旬已采收结束，而要到 9 月下旬秋四季豆才开始上市，所以高山地区可以根据不同地区、不同海拔高度，分批排开播种，分批上市，上海等市场品种以高蔓的白籽、黑籽品种为主，要求圆荚、细、直、无筋，如杭州白花四季豆、浙芸 1 号、春丰 4 号。

豌豆类有软荚、甜荚、食豆粒 3 种类型。品种有台中 11 号、中豌 47 等，可在 3—5 月份分批播种，6—8 月份分批采收，也可在 8 月中下旬播种，10 月份采收上市，价格较高。

豇豆是夏季主要豆类品种之一，目前种植的品种有之豇特长 80、之豇特早 30、之青 3 号。

8. 水生蔬菜类

水生蔬菜主要是茭白。上市销量较大，但目前种植面积比较大，栽培品种有象牙茭、美人茭、中介茭。

五、高山蔬菜栽培季节与茬口安排

1. 高山蔬菜栽培季节

确定高山蔬菜的生产季节，要根据两个原则：一是满足蔬菜从播种到收获所需的积温；二是具有销售市场。一般来说，茄果类蔬菜可以从 2 月间育苗，4 月份定植至 10 月份收获结束；十字花科蔬菜从 4 月份播种到 10 月收获结束；菜豆从 5 月份至 7 月份播种，7—9 月份采收，瓜类从 5 月中旬开始育苗，7 月份开始采收；葱蒜类从 8 月份开始播种，次年 6—7 月份采收蒜薹和蒜头。

2. 山蔬菜主要茬口安排

小麦或油菜或豌豆或马铃薯—蔬菜（番茄、茄子、辣椒、黄瓜、菜豆、萝卜等）—秋冬菜（萝卜、豌豆等）；马铃薯—西瓜—萝卜、大白菜；空闲地—春萝卜菜豆—秋冬菜或大小麦、油菜等；冬作—水稻—秋冬菜。

★任务实施

一、学习掌握高山蔬菜生产技术

高山蔬菜生产指各种蔬菜的培育壮苗、整地施肥、定植、田间土肥水株草的管理技术同模块四大宗蔬菜生产技术。

1. 基地的选择

高山蔬菜基地选择的主要参考因素包括植被规模、环境质量、耕作层厚度、坡度、海拔与朝向等。

（1）植被规模　高山蔬菜基地的选择必须以丰富的植被为基本前提，一般在原有山区农作区选地为宜，以免为开垦新的蔬菜基地而破坏原有植被。

（2）环境质量　为了充分发挥高山蔬菜安全优质的特色，作为无公害高山蔬菜生产基地，其空气、土壤、水源等环境条件务必达到无公害蔬菜产地的环境质量标准。

（3）其他因素　高山坡耕地耕作层厚度一般应在 20 cm 以上，坡度小于 25°、海拔在 800～2 200 m，耕地朝向依次以朝东、朝南、朝西、朝北为宜。

2. 大棚设施避雨栽培

由于高山上存在前期气温偏低，盛夏多雷阵雨，病虫害比较多等缺点，所以可以用大棚栽培来解决，从而提高单产和品质，延长栽培季节，达到优质高产高效的目的。

3. 穴盘育苗

穴盘育苗蔬菜专业化、现代化、省力化，是最经济有效的育苗方法。现在生产的品种有 128 孔、72 孔和 50 孔，可使用 2～3 年，穴盘孔呈塞子状，上大下小，孔内盛培养土，一孔育一株苗，秧苗长成后，苗土团圆锥形，根系在孔内盘缠，取出很方便，不伤根、不散土团，省工、省力、高效，育成苗还可长距离运输，定植质量及成活率都有明显提高。

4. 水肥一体化

水肥一体化是借助压力系统(或地形自然落差),将可溶性固体或液体肥料,按土壤养分含量和作物种类的需肥规律和特点,配兑成的肥液与灌溉水一起,通过可控管道系统供水、供肥,使水肥相融后,通过管道和滴头形成滴灌,均匀、定时、定量浸润作物根系发育生长区域,使主要根系土壤始终保持疏松和适宜的含水量;同时根据不同的作物的需肥特点,土壤环境和养分含量状况,作物不同生长期需水,需肥规律情况进行不同生育期的需求设计,把水分、养分定时定量,按比例直接提供给作物。水肥一体化技术省肥节水、省工省力、降低湿度、减轻病害、增产高效。特别是在高山上夏季经常发生干旱,采用水肥一体化技术是提高灌溉效率,节省人工,提高蔬菜产量和品质最有效的措施。

5. 根际生态修复技术

由于高山菜田存在不同大小的坡度,长年的单向淋溶使高山土壤生态极其脆弱,有机质、酸碱度、微量元素等土壤肥力水平下降,以及高度连作带来的土传病原菌不断累积,使菜地综合肥力降低,作物抗逆性下降,病虫为害加重。有针对性地普及使用根际生态修复剂(是指一类促生防病的生物菌肥或微生物杀菌剂,生物菌肥如满园春生物发酵剂、高效生物菌肥、活性多元素菌肥等,微生物杀菌剂如井冈霉素、农抗 120、农用链霉素等,主要成分为芽孢杆菌、放线菌、真菌等有益微生物)十分必要。一般采用根际生态修复剂 400 倍液浸种、400～600 倍液灌根、穴施或叶面喷雾等方式,能保护作物根部和叶部不受病菌侵染,防止植物病害的发生和蔓延,进而促进作物增产增收。

(1)苗床处理　按药剂、细土(质量比)为 1∶10 的用量混匀,撒施苗床;或采用混合后的药剂直接稀释 50～200 倍灌根;或将混合后的药剂直接施用于苗床。

(2)移栽处理　移栽时按药剂、细土(质量比)为 1∶10 的比例制成含药土,撒施于移栽穴中,每穴 20～30 g。

(3)灌根　根据所栽蔬菜品种的不同,分别于移栽后 10～15 d,视生长情况每隔 10～20 d 灌 1 次根。

二、学习掌握高山番茄避雨生产技术

1. 搭建钢架避雨大棚

从 2 月份开始建钢架结构大棚,4—5 月份番茄定植前建好。大棚依地形而定,以利排水、采光和防风。两棚间距 70 cm,大棚架材采用不易生锈的镀锌弧形钢管,钢管长 6.0 m,将两管对插合拢,插地深约 30 cm。棚宽 7.5 m,棚高 3.2 m,顶上 3 道纵梁,两边棚头 1.7 m 高处固定横杆,3 根竖直管。棚插杆间距 80 cm,肩高 1.2 m 处安装卡槽,用于卡薄膜和纱网。为了便于番茄吊蔓,在大棚纵向首尾沿双行植株上方拉 10 条塑钢绳,固定在大棚两端的横杆上,横向隔 2 杆拉 1 条铁丝托举纵向塑钢绳,再用 3 根铁丝吊横向铁丝在 3 道顶梁上固定。大棚两头 4 个侧面用斜拉杆加固，两头顶梁用铁丝依地形向下往外拉用铁丝固定在地上，防止大棚被风吹倒。四周用60目纱网围住防虫，配套完善的滴灌系统。

2. 避雨生产技术

(1)栽培地块选择　宜选择土层深厚、土壤肥沃、排水良好、2～3年内未种过番茄的沙壤土或壤土，不宜选择冷水田或低湿地栽培。鄂西高山番茄可以在海拔800～1 600 m地区种植，但以海拔1 200～1 400 m地带最为适宜，采收期较长，产量高。

(2)栽培季节确定　随着海拔不同，高山番茄播种期也不同。海拔800～1 200 m在2月中旬至3月上旬播种，6月下旬至9月上旬采收，前茬可种植大白菜，5月中旬至6月上旬播种一季延秋番茄，9月底至11月底采收；海拔1 200～1 500 m在3月中下旬至5月上中旬播种，7月下旬至10月中旬采收；海拔1 600 m在4月上中旬播种为宜，8月中旬至10月中旬采收。

(3)栽培品种选择　高山番茄应选择抗病性好、产量高、耐贮运、果形圆正、果脐小、口感较好的品种。高海拔地区一般种植红果如瑞菲、倍盈、铁果4号、满堂红、红姑娘等；低海拔地区种植粉果如戴粉、百佳等，因为粉果怕冷风吹。

(4)上顶膜、围纱网　上膜根据供水情况而定，水源紧张的，8月份上膜；水源充足且采用生态栽培的，从定植后开始覆盖宽9.2 m的顶膜，四周用60目、2 m宽的纱网密封防虫进入。进入9月中旬或10月中旬气温下降后，在棚肩的卡槽处及时盖边膜保温。

★能力转化

调查当地高山蔬菜品种类型及主要栽培模式，并思考提高高山蔬菜经济效益的措施有哪些。

项目二

水生蔬菜生产技术

学习目标

了解水生蔬菜的形态特征、生长发育规律、对环境条件的要求及其与栽培生产的关系，熟悉莲藕、茭白的生产过程（种苗、肥料等农资的准备，土地、设施设备的准备，播种育苗，整地施基肥，定植，田间管理，病虫害防治，采收）；能够根据当地气候条件及市场需求选择适宜的优良品种、季节与安排茬口；熟悉水生蔬菜各环节的农事操作，具备独立进行水生蔬菜生产的能力。

★知识准备

水生蔬菜是指适合在淡水环境生长，其产品可作为蔬菜食用的植物，是我国独具特色的一类水生经济作物，主要包括睡莲科莲属的莲藕、禾本科的茭白、菱科的菱、伞形科的水芹等13个大类。水生蔬菜除菱和芡实以种子供食用外，多数以变态茎或嫩茎叶为食用器官，在长期的种植、消费过程中，还创造性地开发了许多特色食用器官及其烹饪方法，风味别致。水生蔬菜不耐干旱，生长期间，田中要保持一定的水层；生育期较长，多喜温暖气候，不耐霜冻；根系较弱，根毛退化，要求在肥力较高的土壤上生长；植株组织疏松多孔，茎秆柔弱，生产过程中要注意防风挡浪；水生蔬菜虽能开花结果，但实生苗生长缓慢，且后代分离严重，不宜采用，生产上以无性繁殖为主。

任务一　莲藕生产技术

莲藕，别名荷藕、莲菜，是睡莲科莲属多年生宿根水生草本植物。我国是莲的起源中心之一，至今已有3 000多年的栽培历史。其根、茎、叶、花、果实、种子都具有经济价值，以膨大的根状茎和莲子为主要食用器官，可作蔬菜鲜食，也可加工制成各种副食品。藕节、莲根、莲芯、花瓣、雄蕊、莲叶皆可入药，具有广阔的国内外市场。莲藕在我国长江流域、黄淮流域和珠江流域广泛种植，以湖北、江苏、安徽等省份种植面积最大。

★知识准备

一、生物学特性

(一)形态特征

1. 根

须状不定根,呈束状环绕生于茎节四周,每个茎节着生 6 束不定根,平均根长 10～15 cm,苗期根呈白色或淡红色,后老化变为黄褐色或黑褐色。

2. 茎

茎在 15～50 cm 的泥层中横向生长,横切面一般有 7 大 2 小,共 9 个通气孔。莲在生长初期未膨大根状茎,茎粗 2～3 cm,能发生分枝,称"莲鞭",即藕带,节间一般长 20～50 cm,长者可达 100 cm,新生的次生根茎交替水平伸向上级根茎两侧,生长方向上的夹角为 70°～100°。随后,根状茎的生长,节间长度和直径均增加,逐渐开始膨大形成尾梢节,生长后期的根状茎膨大形成粗壮的主藕,茎粗 4～8 cm,一般为 3～6 节,主藕节部发生分枝形成子藕、孙藕。藕前端的藕头上着生顶芽,顶芽外披鳞片,内有 1 个包裹着叶鞘的叶芽和花芽的混合芽及短缩的根状茎。在大田生长中,种藕的 1 个顶芽一般能形成 2 支藕,少数 3 支藕。主枝形成的藕一般比分枝形成的藕肥大。藕是莲的贮藏器官,也是繁殖器官。

3. 叶

莲藕的叶由叶片和叶柄组成,初生莲叶较小,浮于水面称"浮叶",随后抽出的叶片面积增大,挺出水面称"立叶"。叶柄圆柱形,密布刚刺,内有 4 大 2 小的通气道,位于叶柄横切面中部。叶片表面浅绿或绿色,具蜡质白粉。叶片正面的中心称"叶脐",每片叶的叶脉 19～22 条,从叶脐至边缘呈辐射状排列。叶的生长呈现上升梯度叶群,即前期的立叶叶柄一片比一片高,叶面积一片比一片大,上升到一定高度后又逐渐下降,结藕前下降阶梯叶群中长出一张最大的立叶,称后栋叶,此时,地下茎开始结藕,直到膨大结藕还剩 3 节时,生长出 1 张弱小的立叶,该叶称为"终止叶"。将后栋叶与终止叶连成一线,便可判断藕的方向与位置。分枝上形成的立叶只呈现上升阶梯叶群。

4. 花

花单生,两性花,花柄与立叶并生。花蕾形状、大小随不同类型的品种而异,有狭卵形、卵形及卵圆形等。花型、颜色、花径大小和花瓣数目因品种而异。花瓣匙形,白色或红色,雄蕊多数花丝浅黄色,长 1.5～2 cm;花药黄色,纵裂;雌蕊柱头顶生,无花柱,子房上位,心皮多数 10～40 枚。受精后花托迅速膨大,开始果实发育。花一般自清晨开始开放,到下午 15:00 左右闭合,花期 3～4 d。子莲在长出 3～4 片立叶后基本上是一叶一花,藕莲花相对较少,甚至无花。

5. 果实和种子

莲子属小坚果,果皮坚硬,椭圆形或圆形,老熟后黑褐色或棕褐色。果实成熟前与花托相连。果实发育一般经历黄子期、青子期、褐子期和黑子期。当果实成熟后莲蓬向下弯曲，种脐与花托脱离，果实自然落入水中。

莲种子包裹在坚硬的果皮内，由种皮、胚两部分组成。种皮薄膜状，棕红色或白棕色。胚由两片膨大的子叶、胚芽、上胚轴和胚根组成。子叶半圆形，基部合生，呈白色，营养丰富，胚芽为绿色。莲子也可以繁殖，但变异较大。莲藕植株全形见图 5-1。

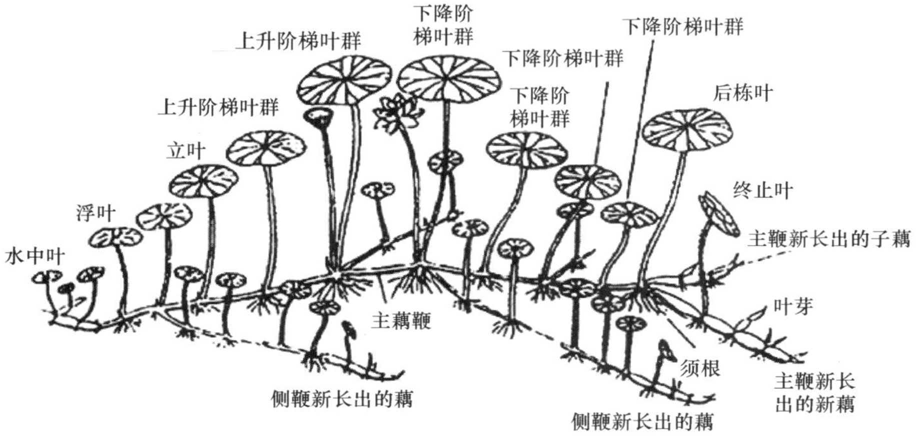

图 5-1　莲藕的植株形态

（二）生长发育周期

莲藕利用其膨大的根状茎进行无性繁殖，全生育期为 180～200 d，按其生长发育规律可分为 4 个时期。

1. 幼苗期

从种藕根茎萌动，至第 1 片立叶长出前，约 40 d。长江中下游地区一般在 3 月下旬或 4 月上旬，定植 5～7 d 后，平均气温上升到 15 ℃时，莲萌动抽生第 1 片浮叶，水位越深，浮叶越多，抽生 3～4 片浮叶后开始抽生立叶。莲的萌动期也就是莲藕定植的最佳时期。

2. 生长旺期

从立叶长出至结藕前是莲营养生长和生殖生长的旺盛时期，长江中下游流域一般为 5 月上中旬至 7 月上旬或 8 月上旬。这一时期的典型特征是立叶数大量增加，根状茎伸长生长并抽生出新的分枝，从而形成一个庞大的分枝系统。同时，植株开始现蕾开花，开花的数量因品种而异，长江中下游地区一般 6 月份开始现蕾开花，7—8 月份进入盛花期。

3. 结藕期

从抽生“后栋叶”开始，根状茎开始膨大形成藕，早熟品种一般在 6 月中下旬，中晚熟品种 7 月上中旬进入结藕期。

4. 休眠期

新藕长成后，莲地上部分开始枯萎，进入休眠。武汉地区一般从 9 月下旬到第二年3月下旬为莲的休眠期。

(三)对环境条件的要求

1. 温度

莲为喜温性植物。气温上升到15 ℃左右,地温8～10 ℃,种藕萌芽生长。莲的生长最适温度28～30 ℃,昼夜温差大有利于莲藕膨大形成。

2. 光照

莲是喜光植物,不耐阴,生育期内要求光照充足,前期光照充足,有利于茎、叶的生长。后期光照充足则有利于开花、结果和藕身的充实。一般长日照利于茎叶生长,短日照利于结藕。

3. 水分

莲整个生育期都不可离水,萌芽生长阶段要求浅水5～10 cm,旺盛生长阶段水位逐步加深至30～70 cm,随着开花结果水位逐渐落浅,休眠期保持浅水或湿润。

4. 土壤营养

莲喜富含有机质、土层深厚松软、淤泥层达30 cm以上的壤土和黏壤土,适宜pH 6.5～7.5。要求氮、磷、钾肥料三要素并重,品种间也存在一定差异。子莲需氮磷较多,藕莲需氮钾较多。

二、栽培类型与品种

1. 按产品器官的利用价值可分为3种类型

以收获肥大的根状茎作为蔬菜栽培的,称为藕莲;以食用莲子为主的,称为子莲;以花供观赏用的,称为花莲。

2. 按栽培的深浅分为4种类型

(1)浅水藕　适于低洼水田或一般水田栽培,水位10～30 cm为宜,最深不超过70～80 cm,一般多为早、中熟品种,如鄂莲1号、武植2号、湘潭早藕等。

(2)深水藕　适于湖、河和池塘栽培,水位30～60 cm为宜,最深不超过1 m,一般多为中、晚熟品种,如湖南泡子、广东丝苗藕等。

(3)浅水莲　一般要求水位10～20 cm为宜,最深不超过50 cm,多在水田栽培,多次采收,品质好,如湘莲、千瓣莲等。

(4)深水莲　适应较深水层,要求水位30～50 cm,最深可达1.2～1.5 m,适于浅水湖荡种植,如吴江青莲子、鄱阳红花等。

三、栽培季节与茬口安排

莲藕主要在炎热多雨的季节生长,一般于清明、立夏之间当种藕萌芽时排种。湖荡水深,土温较低,必须待水温变暖并已稳定时栽培为宜。长江流域4月上旬至5月上旬栽植,大暑前后开始采收。田藕主要有藕稻、藕与水生蔬菜轮作等形式,塘藕有藕蒲轮茬、藕鱼兼作、藕菱间作等形式。

★任务实施

一、学习掌握莲藕露地生产技术

1. 整田施肥

种植浅水莲藕应选择避风向阳、保水性好、富含有机质的肥沃田块。翻耕前施用基肥，以有机肥为主，配施磷、钾肥，每 667 m^2 施腐熟厩肥或粪肥 3 000 kg 加草木灰 80 kg；鱼塘种藕，由于鱼塘有机质丰富、淤泥层厚，更有利于莲藕生长。整地要深耕多耙，使田平、泥烂、杂草尽；栽藕前 1～2 d 再耙 1 次，使田土烂而平整，保持浅水 3～5 cm 待种。

2. 种藕选择

选择品种纯正、藕身粗壮、完整无损、节细、芽壮、后把节粗的整藕，其上子藕着生于同一侧，具二节以上充分成熟的藕身，较大的子藕也可作种。种藕在临栽前从留种田挖取，随挖、随选、随栽，以防芽头失水干枯。

3. 定植

当地平均气温回升到 15 ℃以上时定植，长江流域 4 月中旬至 5 月上旬。浅水田栽种密度因品种、肥力条件而定。田藕种植，早熟品种适宜行距 1.2 m，穴距 1 m，每穴栽 2 支种藕，每亩用种藕量 1 000 支；晚熟品种适宜行距 2.0～2.5 m，穴距 1 m，每亩用种藕量 600～700 支。塘藕定植时间在 3 月下旬或 4 月上旬，用种量及种植密度同田藕一样。定植时塘内水层在 15 cm 以下，利于藕的早发。

定植的方法是先将藕种按一定株行距及藕鞭走向摆放在田间，然后将种藕前部斜插泥中 8～12 cm 深，后把节稍翘在水面上，以接受阳光，促进萌芽。行与行之间各株交错摆放，四周芽头向内，田间芽头应走向均匀；藕头左右相对，四周栽植穴的藕头一律朝向田内，以免藕鞭伸出埂外。

4. 藕田管理

(1)水层管理　应按前期浅、中期深、后期浅的原则加以控制。田藕前期保持 3～5 cm，以增加土温，促进生长；中期加至 12～16 cm，后期降至 3～5 cm，挖藕前灌水至 10～13 cm。塘藕前期 12～20 cm，中期 50 cm，后期 25～30 cm，雨季要及时排水，到枯荷后下降至 10 cm 左右。冬季藕田内不宜干水，应保持一定深度的水层，防止莲藕受冻。

(2)追肥　早熟莲藕施肥 1～2 次，中晚熟莲藕施 2～3 次。第一次在栽后 20～25 d，追施发棵肥，每 667 m^2 施尿素 15 kg 或碳酸氢铵 30 kg、粪尿 100 kg；第二次在栽藕后 40～45 d，有 2～3 片立叶时，每 667 m^2 施复合肥 75 kg 或尿素 20 kg 和硫酸钾 10 kg；晚熟品种根状茎开始膨大时，根据长势每亩再追施硫酸钾复合肥 20～30 kg。施肥前宜将田间水层降低，施肥后应及时浇水冲洗叶片上留存的肥料，防止灼伤叶片，施后一天还水。

(3)中耕除草　每月进行一次中耕除草，直到基本封行为止。拔下杂草随即塞入藕头下面泥土中，作为肥料。杂草多时可用 12.5％盖草能喷雾法进行化学除草。

(4)转藕梢　为了使莲藕在田间均匀生长或防止莲鞭穿越田埂，应随时将近田埂处的藕头向田内拨转。转梢宜在晴天下午茎叶柔软时进行，扒开泥土，托起后把节，将梢头连带泥土轻轻转向田内，盖好泥土。在生长旺盛期每隔 3～5 d 需拨转一次。

（5）摘叶、摘花　藕莲在生长期内开花结实，可将其摘除，有利于养分集中向地下部位供给，也可防止莲子完熟后落入田内造成品种混杂。

5. 采收

浅水藕当田间初生立叶发黄，出现很多终止叶时，新藕已形成，可采收嫩藕。霜后全部叶片枯黄时，挖取老藕；采收时只收主藕，子藕原位不动，直接作为第二年的种藕。采收时，荷叶全部干枯，而终止叶较柔软，据此可判断地下藕的位置，挖大留小，分次采收。塘藕采收时，每隔 2 m 留 35 cm 左右不挖，留下新藕作种。

二、学习掌握藕莲设施生产技术

1. 设施选择与基肥

采用长 20～30 m、宽 3～3.5 m、高 1.5～1.6 m 的塑料中棚，棚架用钢管或竹片均可，以南北向搭建为宜，覆盖薄膜。搭棚前施足基肥，要求用大、中型拖拉机旋耕，深浅要均匀，整地备用。

移栽前 7～10 d，每亩施腐熟厩肥 2 000～2 500 kg，生石灰 50 kg，若有机肥是肥力较高的鸡粪或油菜籽饼肥则调减为 300～400 kg，灌水深耕 20 cm 以上。

2. 品种选择

设施生产宜选用适应性强，入泥浅，叶柄较短，抗病抗倒伏能力较强的早熟或早中熟品种，如鄂莲 1 号、鄂莲 7 号、鄂莲 5 号等。

3. 定植

设施生产的定植时间一般较露地生产早 15～20 d，武汉地区定植时间一般在 3 月中旬。大棚栽培的早春日均气温回升到 12～13 ℃即可种植，比浅水藕露地单季栽培提早 15 d 以上。

设施生产较需适当增加用种量，以达到提升早期产量的目的。一般每 667 m^2 用种量为 300～400 kg，株距 80～120 cm，行距 120～150 cm，每棚 2 行，芽头相对，交错排列。

4. 温度调控

从定植到萌发期间，以密闭棚膜保温为主，防寒保暖，如遇寒流应适当灌水保温。第 1 片立叶完全展开后，注意通风，防止高温伤苗。晴天中午室外气温达到 25 ℃或棚内气温高于 35 ℃，及时做好通风降温工作。长出 2～3 片立叶时，将棚两端打开通风炼苗。3 片立叶以后，外界气温升高，白天打开一侧薄膜，防烧苗，傍晚封膜保温。日均温度稳定通过 23 ℃时，揭除棚膜。

5. 水分调控

设施栽培水分管理遵循“浅-深-浅”的原则。立叶长出之前，晴热天气，浅灌 2～3 cm，有利于提温促早发。随着莲藕生长及外界气温升高，水层可保持在 5～6 cm；

低温时灌水护苗，水深 10～20 cm。结藕期宜浅，水深约 5 cm，以利于莲藕膨大。

6. 追肥

一般追肥 2 次。第一次在第 1 片立叶展叶期施入，每亩施尿素 10 kg，第二次在荷叶封行前施入，每亩施复合肥 15～25 kg。施肥时适当放浅田水，促进莲藕膨大。

7. 采收

采收方式主要有两种：一是采收主藕，留下子藕生长为第二季藕；第二种方式是全部采收后与其他种类作物轮作。

★能力转化

调查当地栽培的藕莲的品种类型及主要栽培模式，并思考提高莲藕生产经济效益的措施有哪些。

任务二　茭白生产技术

茭白又名茭笋、茭瓜，是我国特有的一种水生蔬菜，栽培历史有 2 000 多年。茭白食用部分为变态的肉质嫩茎，肉质茎富含蛋白质、脂肪、碳水化合物粗纤维，还含有维生素 C 和矿物质等，营养丰富，风味鲜美，被喻为“江南三大名菜”之一。

★知识准备

一、生物学特性

（一）形态特征

1. 根

茭白是须根系，在植株的短缩茎和根状茎上抽生，根系主要分布在土壤深度 30～60 cm，水平分布范围在 40～70 cm。

2. 茎

茭白有地上茎与地下茎。地上茎由叶鞘抱合成短缩状，短缩茎直立生长，腋芽休眠或萌动形成分蘖，进入休眠期后，短缩茎的地上部多死亡，地下部分保持生命力。当地上茎生长到 10 节以上，主茎及早期的分蘖拔节生长抽生花茎，花茎受菰黑粉菌的寄生和刺激，前端数节畸形膨大形成肥嫩的肉质茎，即“茭白”。地下茎着生于地上茎基部的节上，匍匐横生土中，其顶芽和侧芽可向上萌发形成分株，称“游茭”。

3. 叶

叶着生于短缩茎上，由叶鞘和叶片组成。叶鞘肥厚，长 40～60 cm，相互抱合成“假茎”。叶片与叶鞘相接处有三角形的叶枕称“茭白眼”。栽培茭叶颈通常淡黄色，野生茭通常紫红色。在叶片和叶鞘相接处内侧有 1 个三角形膜状突起物，称叶舌。

4. 花、果实、种子

单性花，雌雄同株，但一般不抽穗开花，只有未被黑粉菌侵染的植株，才能开花结实,称“雄茭”。栽培茭白雄茭能开花,但不能形成种子。野生栽培茭雄茭能在5—8月份抽穗开花,只有野生茭白才能形成种子。种子为颖果,圆柱形,长约10 mm,成熟后为黑褐色。

(二)生长发育周期

茭白按其生长发育规律可分为以下4个时期:

1. 萌芽期

栽培茭白以短缩茎和根状茎在土壤中过冬,整个冬季处于休眠状态,当气温上升到5 ℃以上(一般时间为2月中下旬至3月中下旬)时,留存在母株地上茎上的休眠芽和地下茎先端的休眠芽开始萌动。

2. 分蘖期

从新苗出现定型叶开始,到大部分新苗分别成长为株高稳定、具有6~7片大叶的单株,每株基部抽生1~2次分蘖为止。茭白分蘖节位要比抽叶节位低3个节位。具有4叶龄以上的基本苗才能在基部的叶腋间产生新的分蘖。此期植株生长量大,到期末时已封行。

3. 孕茭期

茭白的植株生长到一定程度,内部积累一定的养分,气候条件适宜时,开始进入孕茭期。孕茭期从茎拔节至肉质茎膨大充实,是茭白肉质茎充分膨大的过程,花茎受黑粉菌刺激肥大形成肉质茎,单个肉质茎孕茭时间需8~17 d,全田植株孕茭需30~60 d。茭白形成后,此时需大量的营养物质和水分。温度是影响茭白孕茭的最主要因素。双季茭一年有两次孕茭期,单季茭只有一次。

4. 休眠期

地上部分叶片全部枯死,从地上茎中下部和地下根状茎先端的休眠芽越冬开始,至翌春休眠芽开始萌芽,需80~120 d。

(三)对环境条件的要求

1. 温度

茭白为喜温性蔬菜,5 ℃以上开始萌芽,生长适温15~30 ℃,孕茭适温15~25 ℃,低于10 ℃或超过30 ℃不能孕茭;15 ℃以下分蘖停止,地上部生长也逐渐停滞,5 ℃以下时地上部枯死,进入休眠阶段。

2. 光照

茭白生长要求阳光充足,不耐阴,但在夏季气温达到35 ℃,光照强度超过50 klx时宜适当遮阴。茭白为短日照植物,单季茭只有在短日照条件下才能孕茭,双季茭则对日照长短的反应已不太敏感。

3. 水分

为浅水植物,整个生长期不能缺水,休眠期内要保持土壤湿润。植株从萌芽到孕茭,水位要逐渐加深,一般从5 cm慢慢加深到25 cm,促进孕茭白嫩,水位最深不能淹没“茭白眼”,否则会降低产量和品质。往后水位又宜逐渐排浅,保持土壤充分湿润过冬。

4. 土壤营养

茭白不宜连作,要求土层深厚达 20 cm,土壤有机质丰富,以黏壤土或壤土为宜,土质微酸性至中性。对肥料要求以氮、钾为主,适量配施磷肥,氮、磷、钾的比例为1∶0.8∶(1～1.2)。

二、栽培类型与品种

茭白依生产季节分为一熟茭(单季茭)和两熟茭(双季茭)两种。一熟茭遍布全国各地,两熟茭主要分布在江南一带。

1. 单季茭品种

单季茭又称一熟茭、八月茭等,为短日性植物。一般春季栽植,当年秋天收获,以后每年 9 月份采收,可连续采收 3～4 年。对水肥条件要求不高。一般当年亩产在 1 000～1 500 kg,以后产量逐年有所下降。因此,水田栽培 1～2 年后,需换田重栽。优良品种有鄂茭 1 号、鄂茭 3 号、象牙茭等。

2. 双季茭品种

双季茭按其孕茭所需的温度不同和夏、秋两季的产量差异,又可分为夏茭为主型品种和夏秋兼用型品种。夏茭生长势强,分蘖力弱,早熟。秋茭迟熟,一般在夏末秋初栽植。夏秋兼用型一般春栽,秋季采收秋茭,翌年夏季采收夏茭,秋茭早熟,夏茭迟熟。通常夏茭为主型品种的种株取自夏茭田,夏秋兼用型品种的种株取自秋茭田。优良品种有鄂茭 2 号、浙茭 2 号等。

三、栽培季节与茬口安排

单季茭在 4 月份分墩定植,秋季采收,2～3 年再择田栽植。双季茭 4 月下旬栽植,当年秋茭产量高;8 月上旬栽植,翌年夏茭产量高。晚熟品种多春栽,早熟品种多夏秋定植。

茭白不宜连作,低洼水田可与莲藕、慈姑、荸荠、水芹、蒲等轮作,较高水田常与水稻轮作,也可与旱地蔬菜轮作。常见的栽培茬口有:茭白—旱生蔬菜、茭白—豆瓣菜或水芹、茭白—晚稻—旱生蔬菜、茭白—小白菜—冬小麦、茭白—晚稻—冬闲冻垡—早稻。

★任务实施

学习掌握茭白高产生产技术

1. 整地施基肥

前茬收获后,深翻 20～30 cm,晒垡或冻垡,每亩施入腐熟厩肥或粪肥2 000～2 500 kg,施磷矿粉 40 kg 和硫酸钾 10 kg,耕耙平整,灌水,水深 3～5 cm。整地同时在茭田周围筑高 25～30 cm 的田埂,内侧拍实以防漏水。

2. 种苗准备

将当年选定的留种母墩,在冬季休眠期移至茭秧田中寄植一段时间,春季分墩定植于大田，或春夏分墩育苗，立秋前定植。具体做法是：按育苗田与大田为 1∶5 的比例选田，每 667 m^2 施基肥 1 500 kg、过磷酸钙 40 kg，在冬至前后齐泥割去地上部枯枝残叶，整墩或将部分老墩上的短缩茎带分蘖芽距地面 5～7 cm 连泥挖起，按 3～7 cm 墩距、每隔 1.1 m 留出 80 cm 的操作走道寄植于秧田，栽后灌水 1～2 cm。严寒时墩上盖草或搭小拱棚保暖。3 月上旬每 667 m^2 追施人粪尿 1 500 kg，并保持 3～6 cm 水位。春季移栽前 1 周，除去长势过旺的秧苗，减少雄茭，清明前后分墩种植于大田。

秋栽用苗应先分墩于秧田继续育苗。分墩宜在新茭苗长至 20 cm 以上时，用快刀顺着分蘖纵切，每小墩带有老茎和健全分蘖苗 2～4 株，以苗距 25 cm 见方、深 3～5 cm 栽入育秧田，栽苗时水位 1.5 cm，成活后 3～6 cm，小暑前后加深到 7～10 cm，移栽前加深到 10～14 cm。4 月底每 667 m^2 追施人粪尿 1 500～2 000 kg，施肥后耕田一次，剥去底部黄叶。

3. 定植

(1)春栽　双季茭中多数品种与单季茭都适于春栽。一般 3 月中下旬至 4 月中旬，分蘖苗高 20～30 cm 时定植。将种墩挖起后用快刀顺着分蘖切成数小墩，每小墩带有老茎、匍匐茎和 4～5 个健全分蘖苗，每穴一小墩。随挖、随分株、随定植，定植密度每 667 m^2 栽 1 200～1 500 穴，行株距 90 cm×60 cm，或宽窄行栽植，宽行距 100 cm，窄行距 80 cm，穴距 50 cm。

(2)秋栽　秋茭迟熟的双季茭白的品种，如群力茭等，可秋季定植。春季育苗，立秋当苗高 1 m 以上有较多分蘖时定植。栽苗时除去老叶后起墩，留苗高 1 m 左右剪去上部叶片，每株带有薹管和分蘖苗 1～2 个，按宽行 60 cm、窄行 50 cm，株距 30 cm，每 667 m^2 栽 4 000 穴，每穴 1 株。以埋没薹管 10～15 cm 深度栽植为宜。

4. 田间管理

(1)水位调节　春茭栽植时保持 1.5～2.0 cm 浅水层，以升温促成活；成活至分蘖前期保持 3～7 cm 浅水层，促分蘖与发根；梅雨期适当排水搁田以防徒长；分蘖后期水位加深到 10～17 cm，并定期换水，以降地温，控制后期无效分蘖，提早孕茭，也可防止缺氧烂根；孕茭期水位加深到 17～20 cm，以保证茭白洁白，最高水位不超过“茭白眼”；采收中后期水位降至 3～7 cm；采收后保持 1.5～3.0 cm 浅水位；越冬休眠期保持土壤湿润或浅水层。

秋栽茭白缓苗期保持 3～5 cm 浅水层；分蘖期保持 5～10 cm 水层；孕茭期保持 13～17 cm 水层；采收期和越冬期同春栽管理；翌年 2 月中下旬萌芽生长期保持 1～3 cm 水层；分蘖期加深至 3～5 cm；孕茭期逐渐加深至 10～20 cm；采收期降至 3～10 cm。每次追肥前后几天，应保持浅水层使肥料溶解与吸收，以后再恢复到原水位。

(2)施肥　定植 7～10 d 后结合中耕深埋残茎根，苗长势弱则施提苗肥，每 667 m^2 施碳酸氢铵 35 kg 加硫酸锌 1.5～2.0 kg，定植 14 d 后每 667 m^2 施复合肥 50 kg，施后耕田。在 5 月底施孕茭肥，每 667 m^2 撒施尿素 30 kg，施后耕田，保持

5 cm 水位 3 d,然后自然落干。

(3)除草去老叶　移栽成活后除草,每 8～10 d 进行 1 次,到植株基本封行时为止。耘田时先把水放干,浅翻一遍,将杂草和黄叶埋入泥中,耘田后浇水。

(4)剥黄叶　7—8 月份,田间分蘖苗多不利通风透光,需剥除黄叶 2～3 次。

(5)割墩清田　冬季茭株地上部枯萎时,放干田水,保持土面湿润,用利刀齐泥割平茭墩,除去母茎上部发育较差的分蘖芽和枯叶,保留土中较好的分蘖芽。同时剔除灰茭墩和雄茭墩,挖出种株寄秧。

(6)疏茭苗　在苗高 20～30 cm 时,疏密留稀,疏弱留壮,疏内留外,留苗株数因品种而异。疏苗同时从行间取土在墩中间压一块泥,使分蘖向四周散开。

5. 选留种

(1)早熟茭选留种法　双季茭早熟品种在夏茭采收初期选择由母株匍匐茎萌生的分株作种。入选分株的要求是:春季萌发早,生长快,孕茭早,茭肥嫩,不易发青,两侧各有一个对称、粗细长短一样的较大分蘖;地下匍匐茎相连的母株孕茭早,结茭部位低且整齐,无雄茭;邻近的分株无雄茭。将选定的分株挖出移栽秧田或寄栽藕田边,并摘去主茎上的茭白,促进两侧分蘖生长。立秋前将分蘖苗掰开,一个分蘖为一株栽入留种田,去除薹管过高的分蘖,行株距为 50 cm×40 cm。秋茭采收时再片选,去雄茭、灰茭和劣株。第二年清明后,待新株长至 25 cm 时将茭墩连根挖起,分墩扩大繁殖。每 1～2 个新株为一小墩,行株距为 60 cm×50 cm,立秋前作生产用种苗移入大田。游茭作种,后代早熟,但变异性大,必须年年选种。

(2)晚熟茭选留种法　双季茭的中、晚熟品种和单季茭主要在秋茭采收初期选种。第一年在秋茭第二次采收时,将符合种株标准的茭墩、雄茭和灰茭墩分别做上记号,秋茭采收后将雄茭墩和灰茭墩连根挖出。冬季把母墩带泥挖起移入留种田,集中寄栽。第二年清明至谷雨,新株高 25 cm 时,分墩栽植,每墩 2～3 个分蘖,行株距为 60 cm×50 cm。秋茭采收时再复选,淘汰雄茭、灰茭和劣株。冬季休眠期移至茭白秧田寄植,第三年分墩用于生产用种。

6. 采收

茭白的采收标准是三片外叶长齐,叶片、叶鞘交接处明显束成腰状,心叶短缩,孕茭部位显著膨大,叶鞘一侧因肉质茎膨大而裂开,微露茭肉。采收时间是秋茭 9—10 月份采收,前期每隔 4～5 d 采 1 次,后期每隔 6～7 d 采 1 次。夏茭 5—7 月份,气温高易发青,2～4 d 采 1 次。采收时先将茭白与茎基部分开,秋茭齐薹管拧断,夏茭连根拔起,削去薹管,留叶鞘 30 cm,切去叶片包装上市。

★能力转化

调查城郊蔬菜基地茭白病害发生情况,分析原因,提出防治措施。

项目三

芽苗菜生产技术

学习目标

通过学习相关知识，结合芽苗菜生产过程技术关键点的实践，使学生了解芽苗菜生产的基本设施；掌握芽苗菜生产技术及采收要领；培养热爱劳动、崇尚科学的精神。

★知识准备

凡是利用植物种子或其他营养贮存器官，在黑暗或光照条件下直接生长出可供食用的嫩芽、芽苗、芽球、幼梢或幼茎的蔬菜均可称为芽苗类蔬菜，简称芽苗菜或芽菜。

一、芽苗菜生产的特点

1. 芽苗菜较易达到绿色食品的要求

芽苗菜的产品形成所需的营养，主要依靠种子或根茎等营养贮藏器官累积的养分，栽培管理上一般不必施肥，只需在适宜的温度环境下，保证其水分供应，便可培育出芽苗、嫩芽、幼梢或幼茎；而且大多数生长期较短，很少感染病虫害，不必使用农药。因此，只要所采用的种子等养分贮藏器官以及栽培环境清洁无污染，则芽苗产品便较易达到绿色食品的要求（优质、富含营养、清洁无污染、食用安全的食品称为绿色食品）。

2. 芽苗菜具有很高的生产效率和经济效益

芽苗菜多属于速生和生物效率较高的蔬菜。

(1)速生性　种芽菜产品形成周期最短只需 5～6 d，最长也不过 20 d 左右，平均每年可生产 30 茬，复种指数比一般蔬菜生产高出 10～15 倍。

(2)生物效率高　萝卜苗在 5～7 d 内，每 75 g 种子可形成 500 g 芽，生物效率可达 6.7，每平方米可生产 3 300 g 产品。香椿在 15～20 d 内，每 50～100 g 种子可形成 500 g 芽苗，生物效率可达 5～10，每平方米可生产 2 300～3 300 g 产品。芽苗菜生物效率高，可达到 4～9 倍。

(3)土地利用率高 芽苗菜大多较耐弱光，适合进行多层立体栽培，土地利用率可提高 3～5 倍。

3. 芽苗菜生产技术具有广泛的适应性

(1)对设施性能要求不高，场地灵活多样 由于大多数芽苗较耐弱光、较耐低温，对设施性能要求不高，因此既可以在露地遮光栽培，也可以于严寒冬季在温室、大棚等保护设施内栽培，还可在工业厂房或房室中进行半封闭式、多层立体、苗盘低床、无土免营养液栽培，是发展规范化集约生产的新模式。

(2)栽培形式多样 芽苗菜生产不但可以采用传统的土壤平面栽培，也可采用无土立体栽培；还可在不同光照或黑暗的条件下进行“绿化型”“半软化型”和“软化型”产品的生产。

二、芽苗菜的类型

根据芽苗类蔬菜产品形成所利用营养的来源不同，可将芽苗类蔬菜分为种芽菜和体芽菜两类。

1. 种芽类

指利用种子贮存的养分直接培育成幼嫩的芽或芽苗(多数子叶展开，真叶露心)。在遮光环境下可培育出软化型的嫩芽，如黄豆、绿豆、赤豆、蚕豆类等；在芽菜生产的基础上继续见光生长可培育出幼小而独立的绿化型植物体，如香椿、豌豆、萝卜、荞麦、蕹菜、苜蓿芽苗等。

2. 体芽类

指利用二年生或多年生作物的宿根、肉质直根、根茎或枝条中累积的养分，培育成芽球、嫩芽、幼芽或幼梢。如由肉质直根育成的芽球菊苣、由宿根培育的菊花脑、苦荬芽(均为幼芽或幼梢)等；由根茎培育成的姜芽、蒲芽(均为幼茎)；由植株、枝条培育的树芽香椿、枸杞头、花椒脑(均为嫩尖)和豌豆尖、辣椒尖、佛手瓜尖(均为幼梢)等。

三、生产场地的选择

用作芽苗菜生产的场地必须具备以下条件：能经常保持催芽室温度 20～25 ℃，栽培室白天 20 ℃以上，晚上不低于 16 ℃；有适宜的光照条件，强光季节需要使用遮阳网遮荫；能保持催芽室和栽培室空气清新；水源要有保证，以满足芽苗菜对水分的需求；在房室内生产，还必须设置有排水系统。

一般来说，在酷热的夏季，宜选择在较易降温的房室内生产半软化型产品(在室内弱光下形成茎秆较细，叶片较少、色泽较浅的产品)；在严寒冬季，可选择在高效节能型日光温室等耗能较少的保护地设施中生产绿化型(在稍强的光照下，形成茎秆较粗壮，叶片肥大，色泽较深的产品)。此外，在温度适宜的季节，也可在露地遮荫棚或塑料大棚中进行芽苗菜生产。

四、生产设施设备

1. 栽培架与集装架

栽培架主要用于栽培室摆放多层苗盘，进行立体栽培以提高空间利用率。栽培架最好是钢铁结构，结实耐用。长度因地制宜，可长可短，宽 40～50 cm，层间距 30～40 cm，最底下一层距地面 10～20 cm。

为便于芽苗菜产品进行整盘活体销售，研制了相应的产品集装架，其结构与栽培架基本相同，但层间距缩小为 20 cm，以便提高运输效率。

2. 栽培容器与基质

栽培容器一般多选用底部有孔的较轻质塑料育苗盘，苗盘的规格有 60 cm×25 cm×5 cm、50 cm×30 cm×5 cm 等。也可用专门生产芽苗菜的育苗盘或栽培箱。栽培基质应选用清洁无毒、吸水持水力较强的新闻纸、纸巾纸、白纱布及珍珠岩等。

3. 浸种及苗盘清洗容器

浸种及苗盘清洗容器可依据不同生产规模分别采用盆、缸、桶或砌砖水泥池等，不使用铁质容器，浸种和洗刷苗盘用的容器不得混用。

4. 喷淋器械

采用苗盘纸床生产芽苗菜，由于种胚中含有较多的营养物质可维持苗期生长所需，生产过程一般只需供水，必须经常地、均匀地进行喷淋，并针对不同种类品种和不同生长阶段分别进行喷雾或喷淋。可以安装喷雾装置，也可使用市售的淋浴喷头或自制浇水壶细孔加密喷头等。

5. 产品运输工具

可因地制宜采用自行车、三轮车及箱式汽车等，并配备相应的集装架。

6. 其他设施

此外还需要根据生产季节准备锅炉或其他保温设施，草帘、遮阳网或其他遮阳设备以及包装机器等。

五、生产方式

芽苗菜可采用传统的土壤栽培，也可用沙子进行栽培，或者营养基质、水等无土栽培，可根据生产条件及芽苗种类选择合适的栽培方式。

六、生产技术要点

1. 设施准备

根据生产季节和生产芽苗菜种类选择合适的场地及生产设施设备。

2. 品种选择

根据不同季节及栽培类别选择适宜的品种，如夏季生产豌豆苗应选择耐热、抗病性较强的品种；无土栽培应选择发芽率高的新种子。

3. 浸种催芽

浸种前晒种 2 d，先用清水淘洗 2～3 遍，然后用超过种子体积 2～3 倍的水浸泡 8～20 h，冬天浸泡时间稍长一些。浸种时换水 2～3 次，保持水的清洁。

浸种后滤去多余的水分，放在湿润的纱布上保湿催芽，催芽温度根据不同种子具体而定，催芽期间要淘洗 2～3 次，防止种子表面发黏、发臭。夏季催芽时间稍短 12～24 h 即可，冬天催芽 24～48 h，待种子露出芽时即可播种。

4. 播种上盘

准备好播种盘，将盘底垫一层报纸或湿纸巾，让纸吸足水分；将催芽后的种子再次用清水淘洗后均匀撒播于育苗盘中，每盘播种量 350～400 g；播种后直接码在栽培架或地面上，用黑色或银色塑料膜进行遮光栽培，直到采收前 3～4 d 揭去塑料膜进行绿化。

5. 芽苗管理

(1)光照　大多数芽苗菜都是在较弱光照、高湿的环境条件下栽培的，但品种不同，对光照、温度、水分等条件的要求也有不同。豌豆、花生在整个生长周期中所需的光照强度较弱，栽培时应用一层黑色塑料膜再加一层深色布料覆盖，两层覆盖下生产出的豌豆芽呈嫩黄色，茎较细长纤维含量少。而栽培荞麦、萝卜、香椿时在生长前期可覆盖一层塑料，当芽苗植株长到 12 cm 左右时，揭去塑料进行自然强光照射即可。

(2)温度与通风　不同种类的芽苗菜对温度的要求不同，如豌豆和萝卜芽苗生长的适宜温度为 12～18 ℃，香椿芽苗生长的适宜温度为 20～25 ℃，花生芽苗生长的适宜温度为 20～23 ℃。在单一种类栽培区应根据不同种类的不同要求，分别通过暖气和放风管理或强制通风、空调等进行温度管理，在混合栽培区则可调控在 18～25 ℃的温度范围内。此外，应注意保持一定的昼夜温差，切忌出现夜高昼低的逆温差；天气变暖时撤去暖气要逐步进行平稳过渡；夏季炎热时要进行遮光、空中喷雾、强制通风和逆向通风以及开启冷气机等，以降低室内温度。

(3)水分　一般每天用喷雾进行 2～3 次的喷淋，水量以种子、芽苗表面全部湿润，并使底盘基质上有一层薄薄水膜为宜，这样栽培架内相对湿度可达 70%～85%。冬季温度较低可适当减少喷淋次数，而炎热的夏季可适当多喷淋 1～2 次，防止因缺水导致芽苗菜的正常生长，导致产量和品质下降。

6. 采收

芽苗菜幼嫩，茎叶含有较高的水分，多以活体整盘出售，不致萎蔫脱水，且保持较高产品档次；也可在产品形成时及时剪割用塑料盒等小包装出售。

★任务实施

一、学习掌握萝卜芽基质生产技术

萝卜芽菜又叫娃娃缨萝菜，娃娃萝卜菜，娃娃菜，是利用萝卜种子培育出来的幼嫩蔬菜。萝卜芽菜品质鲜嫩，风味独特，营养丰富，富含维生素 C 和维生素 A 及钙，磷、铁等矿物质，加之适于工厂化生产，经济效益高，清洁无污染，易于达到绿色食品级标准而深受生产者和消费者欢迎。

萝卜芽菜喜温暖湿润，不耐高温干旱，生长适温 20～25 ℃，绿化期仅需 3～4 klx 的光线。萝卜芽菜生长期短，仅为 5～17 d，可利用露地或保护地周年生产地苗，也可利用大棚、温室、温室后坡空间、厂房等场地进行周年立体无土栽培生产或工厂化规模生产。

1. 场地、设施及基质选择

生产萝卜芽苗菜的场地可以是空闲的房屋、大棚或温室，只要能够控制环境条件均可。栽培床多选用塑料育苗盘，其规格多为长 60 cm×宽 30 cm×高 5 cm。盘底有孔，以利于渗水防止烂种。栽培基质多选用 1∶1∶1 混配的草炭、蛭石、珍珠岩或市售的营养基质。

2. 种子处理及播种

(1)品种选择　我国培育萝卜芽菜尚无专用品种，通常选用籽粒饱满、发芽率高的普通萝卜品种的种子来进行生产。

(2)浸种催芽　浸种前适当进行晾晒，然后清水淘洗 2～3 次，常温下浸泡 6～8 h，清水洗净种子，沥干，18～20 ℃催芽，1～2 d 即可播种。

(3)播种　播种前先浇足底墒水，水渗下后表面撒一层营养基质，再均匀撒播种子，播后覆基质把种子盖严。

3. 环境调控

发芽及幼苗生长适宜气温为 12～20 ℃，18 ℃最好。生长期间需保持土壤湿润，视天气情况浇水，晚春、夏季、早秋时，气温高、蒸发量大，每天早、晚需浇水；早春、晚秋、冬季，气温较低、蒸发量小，可视苗情，适当喷洒即可。

4. 采收

从播种至收获一般只需 7～10 d，最多不超过 15 d，苗高 15～20 cm 时为最佳收获时期。一般每播种 0.5 kg 萝卜籽可产 7～8 kg 芽菜。

二、学习掌握豌豆苗水培生产技术

豌豆芽菜又叫龙须豌豆苗、豌豆苗，是利用豌豆种子培育出来的幼嫩茎叶。豌豆芽菜含有丰富的维生素(每百克豌豆苗含 4.27 mg 胡萝卜素和 32.19 mg 维生素 C)和矿物质，且色泽鲜绿，口感脆嫩，香味独特，深受人们的喜爱。

1. 场地、设施及基质选择

生产场地多选用日光温室，也可选用改良阳畦、厂房、居室等。一般可在 9 月份至第二年 5 月份进行生产。栽培床多选用塑料育苗盘，其规格多为长 60 cm×宽 30 cm×高 5 cm。盘底有孔，以利于渗水防止烂种。栽培基质多选用纸张、白棉布、无纺布、泡沫塑料片以及珍珠岩等。

2. 种子处理与播种

(1)品种选择 选择籽粒饱满、发芽率高、无污染、无霉烂的种子。常用品种有青豌豆、麻豌豆等。

(2)浸种催芽 浸种前1～2 d进行晾晒，然后清水淘洗2～3次，常温下浸泡18～24 h，清水洗净种子，沥干，18～25 ℃催芽，2～3 d即可播种。

(3)播种 选择长60 cm×宽30 cm×高5 cm的育苗穴盘，播种前清洗苗盘，盘内铺1层湿润的新闻纸，然后播入种子，一般每盘播种量为350～450 g。播后浇足水，码在培养架上，用黑色膜进行遮光，使室温保持20～25 ℃，每天喷淋2～3次水，空气相对湿度80%，当株高3～5 cm后移入绿化室进行绿化，绿化时间一般3～4 d。

3. 环境调控

进入绿化室后，适宜温度为18～23 ℃；光强度2.0～3.0 klx；生长适宜的空气相对湿度80%左右。生长期间需经常补水，每天喷雾1～2次。晴天可多喷，阴雨天少喷。

4. 采收

在苗高10～15 cm时，即可整盘活体上市，还可剪割采收小包装上市。一般春秋季节温度高，生长快，生产每1茬需要10～14 d，而严冬季节需15～25 d。一般每1 kg种子可生产6～7 kg产品，去掉豆粒和根系的嫩苗有2～3 kg产品。

整盘活体销售标准为芽苗浅黄绿色，苗高10～12 cm时，从芽苗梢部向下8～10 cm处剪割，采用封口保鲜袋包装，每袋300～400 g封口后上市。采收完毕，将苗盘迅速放置强光下培养，苗长至10 cm时进行第2次采收。

★能力转化

1. 参与萝卜芽的生产全过程，并根据实际操作总结经验和管理措施。

2. 实地调查，了解当地芽苗菜的市场行情及发展现状，为当地芽苗菜的发展提出合理化建议。

项目四

山野特蔬菜生产技术

学习目标

了解当地山野特蔬菜种类及其生长特点，掌握主要山野特菜栽培技术要点；能根据当地地理区位及环境条件制定生产方案；会独立操作其关键技术环节；培养吃苦耐劳、独立创业的精神。

山野特蔬菜是指本地野生或特色明显、栽培稀少、市场上鲜见的一类蔬菜产品，其营养价值一般不同于大宗蔬菜，大多具有养生保健价值。它的风味、食用价值和食用方法也独具特色且多种多样。随着人们生活水平的不断提高，对山野特蔬菜需求量不断增加，有些特菜还是出口创汇的重要产品。因此，大力发展山野特蔬菜对于促进山区农民致富有着重要作用。

任务一　香椿生产技术

香椿原产于我国中部，为楝科香椿属多年生落叶乔木，食用的香椿又名香椿头、香椿芽。以嫩芽为食用部分，味道醇香，清新可口，是我国特有的一种木本野生蔬菜，含有丰富的蛋白质、人体必需的氨基酸和钾、钙、镁、钠、铁、锌等中、微量元素，被称为群蔬之冠。香椿芽可鲜食，也可干制、腌制、糖渍等，还具有食疗作用，主治外感风寒、胃痛、痢疾等，是药食兼用的蔬菜。随着人们健康意识的增强，香椿的保健作用逐渐被人们接受和认可，国内外市场需求大。

★知识准备

一、生物学特性

（一）形态特征

1. 根

实生播种繁殖的香椿主根发达、粗壮，向地下垂直生长深达数米，在山区天然林中，香椿根系可形成根幅达 10 m 以上的强大根群。而一年生苗木的侧根粗大，主要水平分布在 25 cm 以上的耕层内。

2. 茎

植株直立，顶端优势强，树干高 15～18 m，最高达 30 m，树皮暗褐色，条线状剥落，小枝粗壮，叶痕大，扁圆形，内有 5 维管束痕。

3. 叶

偶数或稀有奇数羽状复叶，10～20 对小叶，小叶披针或长圆形，长 8～15 cm，幼嫩叶绛红色，成长叶绿色，先端渐尖，基部不对称，全缘或具不明显的钝齿，叶柄红色，有浅沟，基部肥大。

4. 花

花序为复总状花序，长 30 cm 左右，花白色，花瓣 5 枚，椭圆形，基部黄色，有香味，花萼较短小，有退化的和正常的雄蕊各 5 枚，子房 5 室，卵形，每室胚珠 2 枚，子房花盘无毛，花期 5—6 月份。

5. 果实

蒴果，长椭圆形，木质扁平，长 1.5～2.5 cm，5 瓣裂，果期 9—10 月份。

6. 种子

种子椭圆形，扁平，一端有膜质长翅，红褐色，种子千粒重 10～12 g。自然贮藏条件下，发芽力可保持半年左右。

（二）生长发育周期

香椿在栽植的第二年，便可采收椿芽，3 年以后可形成一定的产量，一般每年每株可产鲜椿芽 3 kg 左右。5～6 年为营养生长期，7～10 年可开花结实。菜用香椿因连年多次采收嫩梢，摘除顶芽，树势弱，一般不开花。保留顶芽的香椿树，5 月下旬至 6 月中旬开花，10 月中下旬种子成熟。

露地种植的香椿树每年的 3 月份春芽萌动，4 月份采摘椿芽，6—8 月份为苗木的迅速生长期，10 月下旬落叶后进入休眠期，休眠期为 4～5 个月。棚室种植的，在露地培育苗木，待休眠后温室假植，1—3 月份采摘椿芽。

（三）对环境条件的要求

1. 温度

香椿对温度的适应范围较广，在年均温度 8～20 ℃的地区均可栽培，生长适温为 20～25 ℃，35 ℃以上停止生长。香椿在适宜温度条件下顶芽先萌发，顶芽达到 5 cm 后侧芽萌动，且生长较慢。当日均温高于 10 ℃时，香椿即开始萌动展叶，椿芽初绽时为紫红色，而后紫色逐渐变浅，绿色加深。在 3—4 月份 20 ℃条件下生长最快，10 月下旬开始落叶（不完全落叶），逐步停止生长，在南方冬季可继续生长。香椿能耐低温，成龄大树能耐－20 ℃的寒冻，但 1 年生苗木耐寒性较差，一般在－10 ℃主干即冻死，而根蘖苗的耐寒性几乎与大树相仿。

香椿需要适宜的昼夜温差，早春气温回升快，昼夜温差大，香椿萌发早，生长快，香气浓，汁多甜脆，品质优良；若早春气温低，空气湿度大，光照不足，发芽晚，香气淡。所以我国北方香椿的产量和质量明显优于南方。

2. 光照

香椿为阳性树种，喜光，不耐阴，充足的光照可增加干物质积累量，获得较高的产量，椿芽色泽鲜艳，香味浓而甜。冬季塑料大棚保护栽培的香椿芽，如能增加光照，产量和品质都会大大提高。但香椿树干受强光长时间照射，易出现偏树干现象和日灼伤害。

3. 水分

香椿喜湿耐旱怕涝，适宜土壤含水量为70%左右，干旱影响其侧芽的萌发，水分过多易引起根茎部腐烂而死苗，因此，栽培地地下水位不能过高，以 1.5 m 以下为宜。

4. 土壤及营养

香椿根系发达，适应性较强，在酸性土、微酸性土、中性土、钙质土、含盐量 0.2% 以下的土壤都能生长，但以土层深厚、疏松、肥沃、有机质含量达 1%以上、含磷量达 40 mg/kg，并富含钙质的沙壤土栽培最好。土壤结构不良的黏土及贫瘠的沙土，虽可生长，但树势弱，主干弯曲多节，树皮厚，木材颜色深，弹性差，板材易裂，椿芽生长慢，品质差。

二、栽培类型与品种

我国香椿根据初出芽包和幼叶的颜色不同，可分为红香椿和绿香椿两种。

1. 红香椿

树冠开阔，红香椿树皮灰褐色，初出芽呈紫色，幼芽绛红色，有光泽，香味浓郁，纤维少，含脂肪多，品质佳。主要品种有红油椿和黑油椿等。

2. 绿香椿

树冠挺直，树皮绿褐色，椿芽嫩绿色，香味淡，含油质较少，品质稍差。主要品种有青油椿和薹椿等。

三、栽培季节

香椿可露地栽培，也可设施反季节栽培，于冬、春季节供应香椿芽。露地栽培需培育 1～2 年实生苗木，于秋季落叶后或春季萌芽前移栽到大田。设施栽培则需在苗圃内培育健壮香椿苗木，于秋季移栽到棚室内进行长年栽培或高密度假植栽培。

四、香椿的繁殖技术

香椿的繁殖分播种育苗和根蘖繁殖两种。

1. 播种育苗

(1)选择优质种子　选当年的新种子，种子要饱满，颜色新鲜，呈红黄色，种仁黄白色，净度 98%以上，发芽率在 40%以上。

(2)保温催芽　为了出苗整齐，需进行催芽处理。催芽方法是：用 40 ℃的温水，浸种 5 min 左右，不停地搅动，然后放在 20～30 ℃的水中浸泡 24 h，种子吸足水后，捞出种子，控去多余水分，放到干净的苇席上，摊 3 cm 厚，再覆盖干净布，放在 20～25 ℃环境下保湿催芽。催芽期间，每天翻动种子 1～2 次，并用 25 ℃左右的清水淘洗 2～3 遍，控去多余的水分。有 30%的种子萌芽时，即可播种。

(3)适时播种　播种期宜在春季 3—4 月份。选地势平坦，光照充足，排水良好、肥沃的沙性土壤育苗，结合整地施肥，撒匀，翻透。在 1 m 宽畦内按 30 cm 行距开沟，沟宽 5～6 cm，沟深 5 cm，将催好芽的种子均匀地播下，覆盖 2 cm 厚的土。

(4)幼苗管理　播后 7 d 左右出苗，未出苗前严格控制浇水，以防土壤板结影响出苗。当小苗出土长出 4～6 片真叶时，应进行间苗和定苗。定苗前先浇水，以株距 20 cm 定苗，株高 50～60 cm 时进行苗木的矮化处理，用 15%多效唑 200～400 倍液，每 10～15 d 喷 1 次，连喷 2～3 次，即可控制徒长，促苗矮化，增加物质积累。在进行多效唑处理的同时结合摘心，可以增加分枝数。摘心的方法是，当年播种的苗干 40～50 cm 高时摘去顶心，促进侧枝生长；摘心长度 15～20 cm，以促使形成 2～3 个分枝，将来形成饱满的顶芽。摘心时期宜在 7 月上旬至 7 月下旬。

2. 根蘖繁殖

棚室香椿，4 月初最后一次采芽后的根株（及 2 年生以上的实生苗），可平茬培养成下一年用的苗木。方法是：4 月上旬将苗木留 5 cm 高剪掉，并刨起根茬，剪去老根的 1/3～1/2，然后用 10 mg/L 的生根粉浸泡 1～2 h，促发新根。以株距 30 cm，行距 40 cm 的密度移栽到棚外培养苗木。待根茎处萌生新芽后，选留 3～5 个，长至 10～15 cm 高时摘心矮化或喷洒生长抑制剂矮化苗木。其他管理类似实生苗木培养。

香椿苗育成后，都在早春发芽前定植。大片营造香椿林的，行株距 7 m× 5 m；植于河渠、宅后的都为单行，株距 5 m 左右。定植后要浇水 2～3 次，以提高成活率。

五、香椿的栽培模式

香椿的主要栽培模式有 4 种：第一种是日光温室香椿高产栽培模式，主要选择矮化优质高产的品种，进行大棚栽培；第二种是香椿与粮食作物间套作模式，可与多种作物间套作，获得多重收益；第三种是退耕还林香椿栽培模式，可以将种植香椿芽和培育用材林相结合；第四种是庭院经济香椿生产模式，适合家庭种植。

★任务实施

一、学习掌握香椿露地生产技术

1. 整地施肥

(1)选地整地　选择地势平坦、水源充足、排灌方便、耕层深厚、土壤结构适宜、理化性状良好、肥力适中的壤土或沙壤土种植。可选与粮食作物间套作地块，也可选退耕还林地块。选好地块后，清除杂草、碎石，深耕晒土，栽植前耕翻耙平，施足底肥，做到地块疏松、肥沃、平整。

(2)施足底肥　栽培香椿一定要施足底肥，每 667 m^2 施优质农家肥不少于 5 000 kg，过磷酸钙 100 kg，尿素 25 kg，撒匀深翻。然后作畦宽 80～100 cm。

2. 定植

(1)定植时间　香椿定植的最佳时间一般在早春萌芽前或者秋天落叶后，这两个时间段香椿体内的生长因子比较活跃，定植后成活率很高。

(2)定植密度　菜用香椿采用矮化密植栽培，以便采摘和提高产量。露天栽培行株距一般(60～70) cm×(15～20) cm，每 667 m^2 栽植 6 000～8 000 株。

(3)定植方法　定植时先修剪根系，把椿苗的大根、主根均剪完，这样比较平整，便于紧密排放。定植时按行株距边排苗边埋土，埋土厚度比根茎部原入土稍厚即可，土踩实后及时浇足定根水，以利于缓苗并防止顶芽抽干。

3. 田间管理

菜用香椿采用单株定植，根据实际条件培养株形，促使发枝和生长，增加芽菜产量。定植后，要中耕松土、施肥、浇水和除草，特别是退耕还林地块栽植香椿树，要结合松土施入有机肥和适量氮肥。

香椿在速生期易出现死亡现象，称为“胀死”，每年进入夏季对长势较强的香椿树都要进行“放水”，具体做法是在树干用刀砍 2～3 次，或用刀纵刻树干茎部 2～3 处，刻伤到木质部，削弱其长势。

4. 病虫害防治

香椿树生长周期长，易遭受病虫危害。一般按照“预防为主，综合防治”的植保方针，实施以农业防治为基础，优先使用生物防治和物理防治，合理使用化学防治的措施。如对香椿树白粉病和锈病，可用 15%粉锈灵 600 倍液防治；冬季采用石硫合剂涂杀树干杀灭虫卵；对云斑天牛、椿象、甲虫之类的蛀干型害虫，通常采用人力捕杀，或用 90%敌敌畏乳剂防治；斑衣蜡蝉之类的蛀食性害虫，可采用人力摘除卵块并烧毁，或用 40%马拉硫磷 1 000 倍液喷雾防治；对地下害虫地老虎、蝼蛄可用毒饵诱杀。

5. 适时采收

香椿芽生长期短，应吃早、吃鲜、吃嫩。采收标准以芽色紫红、芽长 10～15 cm 为宜。采收时应先采顶芽后采侧芽，若顶芽不采收，则下部侧芽难以生长或生长不良。采芽时应用手齐叶柄基部轻轻摘下，捆成 100～200 g 的小捆，用塑料袋装好封口，防止失水萎蔫，提高上市质量。一般每年可采收 3～4 次，每 667 m^2 产量 400～500 kg。

二、学习掌握大棚香椿矮化密植生产技术

1. 品种选择

大棚矮化密植选择株型紧凑、适宜矮化栽培的优良品种，如褐香椿、黑油椿、红

油椿和青油椿等。

2. 培育壮苗

培育壮苗的育苗方式见香椿繁殖技术。

3. 整地作畦

大棚栽培香椿一定要施足底肥，每 667 m^2 施优质农家肥不少于 5 000 kg，过磷酸钙 100 kg，尿素 25 kg，撒匀深翻，耙平搂细，然后作畦宽 80～100 cm。

4. 定植

（1）定植时间　香椿不耐霜冻，受冻后会造成顶芽枯干，皮层冻坏，严重影响产量。当大田壮苗叶片脱落后，应及时起苗，一般在 10 月底至 11 月初进行，起苗时尽量多保持根系。香椿苗会进行冬季休眠，栽入棚室的苗木必须事前人工强制其解除休眠，即将起土的香椿苗抖净土，放到背阴处，根部覆土浇水，严防受冻抽干，大约经受 15 d 的自然低温，即可促使叶部的养分回流，自然度过休眠期。

（2）定植密度　定植密度以每 667 m^2 栽 3 万株左右为宜，株行距为 15 cm×15 cm。

（3）定植方法　按行株距南北向开沟，沟宽 20 cm，沟深 30 cm，边栽苗边埋土，栽苗时苗木根系要保持舒展，但可交叉重叠，栽完一行后，取下一行开沟挖出来的土进行培土，然后浇透水，依次栽第二行、第三行等。尽量小苗栽两侧，大苗栽中间，以利于生长和受光。定植后覆盖塑料薄膜，密闭不通风。

5. 田间管理

（1）温度管理　栽植扣膜后开始几天可不加温，使温度保持在 1～5 ℃ 以利于缓苗。定植后 8～10 d 后在大棚上加盖草苫，白天揭开，晚上盖好。使棚内温度白天控制在 18～24 ℃、夜晚 12～14 ℃，促进萌芽和椿芽生长。一般经 40～50 d 即可长出香椿芽。

（2）湿度调节　初栽到棚室里的香椿苗要保持较高的湿度，定植后浇透水，以后视情况浇小水，空气相对湿度要保持在 85%左右。萌发后生长期间，相对湿度以 70%左右为好。

（3）光照调节　棚室香椿生产，要有较好的光照才能促进生长，采用无滴膜，并保持棚膜清洁。白天及时揭开草苫，经常清扫膜上杂物，以增加光照。立春后光照过强，可适当遮阴。

（4）水肥管理　萌芽期向枝干喷水补充水分，喷水宜在中午进行。第一次采收后，随浇水追施尿素 20～30 kg/667 m^2，若采收期长，还可再追肥一两次。

6. 适时采收

在正常管理下，从栽植至萌芽约需 40 d，从萌芽至采收需 7～12 d。但香椿苗木萌芽早晚相差可达 20～30 d。因此，为春节上市时达产量高峰，应保证扣膜有 60～70 d 的生长期。

一般芽长 15～20 cm 时采收。采收用剪刀剪芽，不宜用手掰芽，以免损伤树体，破坏隐芽的再生能力。顶芽整芽采收，侧芽留一两片羽状复叶，使其萌发后形成辅养枝，以利于恢复树势。一般 7～10 d 采收 1 次，至清明节停止采芽，共采收 4～5 次。

7. 平茬移栽

经过冬、春两季采摘，树体内养分基本耗尽，要挖出苗木栽到露地，进行恢复培养。采摘结束后应逐步揭去棚膜，适当通风降温，使衰弱的苗木慢慢适应外界气候。起苗时要尽量少伤新生根系，除去腐败老根，促使新根萌生，每 667 m^2 移栽 6 000～8 000 株。6 月中下旬进行平茬，2～3 年生苗留茬 15～25 cm。同时加强肥水管理，发芽后选留一个健壮枝作为主干培养，除去其余侧芽。也可以在夏季枝条长到一定高度时摘心，培养成有 2～3 个短枝的多头苗木。经过夏、秋两季的恢复培养，秋末冬初再将苗木移入棚室，进行第二年冬茬生产。

★能力转化

1. 参与露地香椿种植全过程，写出技术报告，并根据操作体验，总结出经验和创新的技术。

2. 进行大棚香椿矮化密植生产全过程，记录种植日期、生长情况、管理要点、采收期，并进行分析总结。

任务二　花椒生产技术

花椒是芸香科花椒属落叶小乔木或灌木，也叫秦椒、蜀椒，其果实常用于调味料，是消费者最青睐的产品之一。花椒果皮还是一味重要中药，具有杀菌灭虫、消食解胀、化痰止咳等功效；花椒水还能用于防治植物害虫，其花含花蜜较多，是一种很好的蜜源植物。花椒原产于中国，有野生种和栽培种两种，四川、贵州、陕西、山东等省广泛栽培，两湖、两广、江西等省区次之；因其定植后 2～3 年开始挂果，5 年后就步入盛果期，经济效益较高，近年来市场需求较大，是山区农民群众脱贫致富的重要途径。

★知识准备

一、生物学特性

（一）形态特征

1. 根

根圆柱形，略弯曲，长短不一，直径 0.5～3.0 cm。表面深黄色，具深纵沟及灰色斑痕。质坚硬，横断面栓皮易碎，深黄色，较粗的根可见环纹，皮部深棕色，木部鲜黄色，味极苦，稍麻舌。

2. 茎

花椒树高 3～7 m，茎干上的树皮深灰色、粗糙、有皮刺；老树干上常有木栓质的痂状突起；小枝灰色或褐灰色，生有稀疏的细毛或无毛。

3. 叶

奇数羽状复叶，每一复叶有小叶 5～13 片，叶轴边缘常有狭窄的叶翼；小叶对生，无柄，卵形，椭圆形，稀披针形，位于叶轴顶部的较大，近基部的有时圆形，长 2～7 cm，宽 1.0～3.5 cm，叶缘有细裂齿，齿缝有油点。叶背基部中脉两侧有丛毛或小叶两面均被柔毛，中脉在叶面微凹陷，叶背干后常有红褐色斑纹。

4. 花

聚伞圆锥花序顶生或生于侧枝之顶，花序轴及花梗密被短柔毛或无毛；花被片 6～8 个，黄绿色，形状及大小大致相同；雄花的雄蕊 5 枚或多至 8 枚；退化雌蕊顶端叉状浅裂；雌花很少有发育雄蕊，有心皮 3 或 2 个，间有 4 个，花柱斜向背弯。

5. 果实

花谢后所结果实为蓇葖果，果实球形，通常 2～3 个集中着生在一起，果柄极短，成熟时褐红色或紫红色，密生疣状凸起的油点。

6. 种子

种子圆珠状，多为 1 粒，有光泽，直径 3.5～4.5 mm。

(二)生长发育周期

花椒生长快，结果早，栽后 4～5 年大量结果，具有较强的萌芽力，能耐强度修剪。雌雄同株或异株，异花授粉，花期 4—5 月份，果期 7—10 月份。按其生长发育规律，可分为以下 4 个时期：

1. 幼龄期

从种子萌发或苗木定植成活到开花结果前的时期，也叫营养生长期，一般为 2～3 年。

2. 结果初期

从开花结果到大量结果前的时期，也叫生长结果期。此期树体生长仍很旺盛，树冠继续扩大，花芽量增加，结果量逐渐递增，一般为 4～5 年。

3. 盛果期

花椒开始大量结果到衰老以前树势开张，果实的产量显著增高，单株产鲜椒 5～10 kg。一般自第 8 年以后即进入大量结果期，受环境条件、栽培技术和管理水平的影响，此期可维持 20～50 年。

4. 衰老期

树体开始衰老到死亡的时期，此期树冠缩小，树枝逐年枯腐直至死亡。

（三）对环境条件的要求

1. 温度

花椒属温带树种，喜温和气候环境，适应范围较广，在年平均气温 8～16 ℃的地方都能栽培。在顺利通过冬季休眠期后，当春季平均气温稳定在 6 ℃以上时，芽开始萌动，10 ℃左右时发芽生长。花期适宜温度为 16～18 ℃，果实生长发育的适宜温度为 20～25 ℃。春季气温对花椒当年的产量影响较大，春季低温特别是“倒春寒”常会导致花椒减产。花椒抗寒能力较强，据有关资料显示，幼树能够耐－20～－18 ℃的低温，10 年以上大树可耐－23～－20 ℃的低温。

2. 水分

花椒根系耐水性差，土壤过分湿润，不利于花椒树的生长。短期积水或冲淤，造成土壤板结，可致花椒树死亡，低洼易涝地不宜种植。如遇严重干旱，花椒的叶便会发生萎蔫。因此，在 7—8 月份雨量较集中、光照不足时要注意排涝，冬、春干旱季节要抗旱保暖；4—5 月份花椒树由营养生长转为生殖生长，对水分要求较为敏感，需水量较多，降雨量在 80～150 mm 范围内适于花椒开花至结果关键期的需水要求。

3. 光照

花椒喜光照，一般要求年日照时数应在 1 800～2 000 h 及以上，特别是 7—8 月份，花椒进入着色成熟期，是提高产量和品质的关键时期，充足的光照，同化作用强，有利于光合产物积累，促使果皮增厚，产量增加，着色良好，品质提高；光照不足，往往表现树枝不开张，分枝少，枝条细弱，果穗和果粒小，产量低，色泽暗淡，品质下降，甚至霉变。因此，规模种植需进行合理密植。

4. 土壤及营养

花椒为浅根性树种，耐贫瘠，对土壤要求不严，但以质地疏松、保水保肥性和透气性强的壤土和沙壤土为宜。一般 pH 6.5～8.0 范围内都能种植，但以 pH 7.0～7.5 范围内生长最好。花椒喜肥，只有在各种养分比较满足的情况下才能保证花椒的生长和结果，实现连年丰产，因而可通过压绿肥、增施有机肥和无机肥料不断提高土壤肥力。

二、品种类型

花椒是一种栽培历史悠久的香料植物，在人工栽培中，逐渐选育出不同产区的种质资源，形成丰富的栽培品种。据不完全统计，全国经过审（认）定的花椒品种有 33 个，主要分为 3 大类：红花椒、青花椒、无刺花椒。

1. 红花椒

据不完全统计，全国的红花椒品种有 17 个，四川省、陕西省和甘肃省分别有 5 个红花椒品种，山西省有 1 个，河南省有 1 个。四川的几个主栽品种在全国来说都具有一定的名气，特别是汉源花椒、茂县花椒等更是名扬海外。

（1）大红袍　大红袍别称大红椒、疙瘩椒、秦椒凤椒等，是我国分布范围较广、栽培面积最大的花椒优良品种，尤以韩城大红袍花椒为最佳，现在甘肃陇南武都区等地栽培集中并已形成规模。该品种树势强健，生长迅速，树形紧凑，树姿半开张，分枝角度小，树冠半圆形，盛果期树高 3～5 m。当年生新梢红色，一年生枝紫褐色，多年生枝灰褐色。皮刺大而稀，基部宽厚，先端渐尖。羽状复叶有小叶 5～11 片。小叶片广卵圆形，叶色浓绿，叶片肥厚而富有光泽，表面光滑。成熟的果实艳红色，表面疣状腺点突起明显。果穗紧凑，果柄短，果实颗粒大，直径 5.0～6.5 mm，鲜果千粒重 85 g 左右。果实成熟期 8 月中旬至 9 月上旬。成熟的果实果皮易开裂，采收期集中，晒干后的果皮呈浓红色，麻味浓，品质优。一般 4.0～5.0 kg 鲜果可晒制 1 kg 干椒皮。大红袍花椒丰产性强，喜肥抗旱，不耐水湿不耐寒。适宜在海拔 300～1 800 m、向阳湿润、深厚肥沃的沙质壤土上栽培。

(2)狮子头　由陕西省林业技术推广总站与韩城市花椒研究所于 2005 年从大红袍种群中选育的。树势强健、紧凑，新生枝条粗壮，节间梢短，1 年生枝紫绿色，多年生灰褐色。奇数羽状复叶，小叶 7～13 片，叶片肥厚，纯尖圆形，叶缘上翘，老叶呈凹形。果梗粗短，果穗紧凑，平均每穗结实 50～80 粒。果实直径 6.0～6.5 mm，鲜果黄红色，干制后大红色，平均千粒重 90 g 左右，干制比(3.6～3.8)∶1。物候期明显滞后，发芽、展叶、显蕾、初花、盛花、果实着色均较一般大红袍推迟 10 d 左右，而成熟期较大红袍晚 20～30 d。在同等立地条件下，较一般大红袍增产 27.5%左右。品质优，可达国家特级花椒等级标准。

(3)大红椒　大红椒又称油椒、二红袍、二性子等。该品种树势中强，树姿开张，分枝角度大，树冠圆头形。盛果期树高 2.5～5.0 m。当年生新梢绿色，一年生枝褐绿色，多年生枝灰褐色。皮刺基部扁宽，尖端短钝，并随枝龄增加，常从基部脱落。小叶片较宽大，卵状矩圆形，叶色较大红袍浅，表面光滑。果实 9 月中旬前后成熟。果实成熟时表面鲜红色，并具明亮光泽，表面疣状腺点明显。果穗松散，果柄较长，果实颗粒中等、大小均匀，直径 4.5～5.0 mm，鲜果千粒重 70 g 左右。晒干后的果皮呈酱红色，果皮较厚，具浓郁的麻香味，品质优。一般 3.5～4.0 kg 鲜果可晒制 1 kg 干椒皮。大红椒属中熟种，丰产、稳产性强，喜肥耐湿，抗逆性强，适宜海拔 1 300～1 700 m，房前屋后地埂路旁栽植。在西北、华北各地都有栽培，但以四川的汉源、泸定、西昌等地栽培最为集中。

2. 青花椒

青花椒具有长势更快，产量更高等优点，由于其独有的芳香和浓郁鲜明的味道，很快被市场所接受，近几年更是得到了大面积的推广。但实际上，经过审(认)定的青花椒品种并不是很多，全国只有 11 个，且主要集中在四川金阳、重庆酉阳、云南等省市。在实际生产中推广应用面积最大的是江津的九叶青花椒、四川的藤椒、金阳青花椒等。

(1)九叶青花椒　九叶青花椒是由原江津花椒品种和引进品种经多年筛选培

育，选出品质好、产量高的植株进行繁殖，经多次反复的株选、穗选、提纯复壮和逐年筛选等一系列过程培育而成。九叶青花椒是最有竞争力的早熟品种，树势生长旺盛，适应性强，品质好，经济价值高。幼苗壮枝九叶最多，叶长浓绿，表面光滑，叶背主脉有小刺。果实成熟时为酱绿色，光泽较亮，颗粒较大，表面疣点明显，晒干后为青绿色，平均千粒重 90.19～96.16 g。具有果实清香、麻味纯正的特点，耐干旱，可在山地、丘陵、河滩、房前屋后种植。

(2)藤椒　藤椒因叶片狭长，形似竹叶，又叫竹叶花椒。藤椒的颗粒较大，千粒重为 140 g，味道芳香浓郁而麻味略淡，可作为调味品也可用来榨油。以四川清泉藤椒、洪雅藤椒、峨眉山藤椒较为出名。

3. 无刺花椒

所谓的无刺花椒基本上是通过嫁接等无性繁殖方式实现的，这种无刺性状不能通过种子繁殖来遗传，而这里所说的无刺花椒属于真正意义上的无刺，主要是从日本引进的几个花椒品种，如花山椒、葡萄青花椒等。

三、苗木培育

(一)实生苗培育

1. 采种

选择丰产、稳产、抗性强的良种母树采种。当果实充分成熟时，即外果皮呈现出本品种特有的红色或浓红色，种子呈黑色有光泽，2%～5%的果皮开裂时采种。采回的果实及时阴干，每天翻动 3～5 次，待果皮开裂后，轻轻地用木棍敲击，收取种子。收取的种子要继续阴干，不要堆积在一起，以免霉烂。

2. 种子的贮藏

(1) 沙藏　把种子和湿沙按照 1∶2 比例混合拌匀，沙的湿度以手握成团、但不出水为度。选择地势高燥、排水良好、避风背阴处挖贮藏坑，坑深 30 cm、宽 25 cm，坑长以种子的多少而定，坑底先铺 10 cm 深的湿沙，然后把混沙的种子放入，离地面 10～20 cm 时再盖上一层湿沙与地面相平，种子放好后，在地面以上培一土堆，种子较多时，可在坑的中央竖一个草把通气。

(2)干藏　将收取的新鲜种子，漂去空秕粒，摊在阴凉通风处充分阴干，避免阳光曝晒。然后将干燥的种子装入开口的容器或装入袋中，不可密闭，放在通风、阴凉干燥、光线不能直射的房间内。不能在缸、罐及塑料袋中贮放，以免妨碍种子呼吸，降低种子生活力。贮藏期间应经常检查，避免鼠害、霉烂和发热。

(3)草木灰贮藏　即秋天用 3～5 倍于种子的草木灰加水搅拌均匀，进行贮藏，并经常保持湿润。

3. 种子处理

花椒种壳坚硬，油质多，不易吸水，发芽比较困难，必须进行脱脂处理。如为秋播，可将种子放入碱水中(1 kg 种子用碱面 25 g，加水淹没种子为度)，浸泡 2 d，搓洗种皮油脂，捞出后即可播种。如为春播，需妥善贮藏，以防经过冬季油分挥发，降低发芽力。

4. 播种时间

（1）秋播 秋播在种子采收后到土壤结冻前进行，这时播种，种子不需要进行处理，且翌年春季出苗早，生长健壮。

（2）春播 春播一般在早春土壤解冻后进行，经过沙藏处理的种子，一般在3月中旬至4月上旬播种，当地表以下10 cm处地温达到8～10 ℃时为适宜播种期，这时发芽快，出苗整齐，但需随时检查沙藏种子的发芽情况，发现30%以上种子的尖端露白时，要及时播种。

5. 整地作畦

苗圃地最好选择有灌溉条件的沙壤土地，在这样的土地上育苗，管理方便，苗本根系发达，地上部发育充实。苗圃地需要注意轮作，已育过花椒苗的土地最好间隔2～3年，否则会使苗木发育不良。苗圃地要先行耕翻，深度30～40 cm，结合耕翻每667 m^2 施入土粪或厩肥5 000～6 000 kg。然后整平作畦，一般畦宽1.0～1.2 m，每畦3～4行。

6. 播种

若天气比较干旱，应在播种前充分灌水，播种时先在畦内开沟，沟深5 cm，将种子均匀地撒在沟内，然后覆土耙平，轻轻镇压，播种后在畦面上覆盖一层秸秆，以利于保墒和防止鸟害，在较干旱的情况下，为了有利于保墒，也可以在播种沟加厚覆上2～3 cm土，使其呈屋脊形，待幼苗将近出土时再扒平，以利于幼苗出土。播种量应根据种子的质量确定，花椒种子一般空秕粒较多，播种量应适当大一些，经过漂洗的种子，每亩播种量5～6 kg。

7. 苗期管理

（1）间苗移苗 幼苗长到3 cm左右时进行第一次间苗，苗木长到10 cm左右时进行定苗，一般每667 m^2 定苗2万株左右，间出的幼苗，可连土移到缺苗的地方，也可移到别的苗床上培育。

（2）中耕除草 当幼苗长到10～15 cm时，要适时拔除杂草，以免与苗木争肥、争水、争光。以后应根据苗圃地杂草生长情况和土壤板结情况，随时进行中耕除草，一般在苗木生长期内应中耕锄草3～4次，使苗圃地保持土壤疏松、无杂草。

（3）施肥 花椒苗出土后，5月中下旬开始迅速生长，6月中下旬进入生长最盛时期，也是需肥水最多的时期。这段时间，要追肥1～2次，每亩施硫酸铵20～25 kg或腐熟人粪尿1 000 kg左右。对生长偏弱的，可于7月上中旬再追一次速效氮肥，追施氮肥不可过晚，否则苗木不能按时落叶，木质化程度差，不利于苗木越冬。

（4）灌水 幼苗出土前不宜灌水，否则土壤容易板结，幼苗出土困难。出苗后，根据天气情况和土壤含水量决定是否灌水，一般施肥后最好随即灌1次水，使其尽快发挥肥效，雨水过多的地方，要注意及时排水防涝，避免积水。

（二）嫁接苗培育

嫁接繁殖，可以保持母树的优良性状，早结果，早丰产，还可以充分利用野生资源，提高品质，延长树体寿命。

1. 砧木苗的培育

嫁接用的砧木，一般采用花椒实生苗，砧苗的培育同前所述，为使苗木尽快达到嫁接要求的粗度，同时便于嫁接时操作，株行距离应适当大些，一般行距 50 cm、株距 10 cm，每 667 m^2 留苗 1.3 万～1.4 万株。

2. 接穗的采集

(1)枝接接穗的采集　枝接接穗应在发芽前 20～30 d 采集，供采穗的母树，应品种纯正、生长健壮，树龄在 5～10 年生，选择树冠外围发育充实，粗度在 0.8～1.2 cm 的发育枝，采回以后，将上部不充实的部分剪去，只留发育充实、髓心小的枝段，同时将皮刺剪去，按品种捆好，在冷凉的地方，挖 1 m 见方的储藏坑，分层用湿沙埋藏，以免发芽或枝条失水，如需长途运输时，可采用新鲜的湿木屑保湿，用塑料薄膜包裹，以防运输途中失水。

(2)芽接接穗的采集　芽接接穗也应在品种优良、生长健壮、无病虫害的盛果期树上选取发育充实、芽子饱满的新梢。接穗采下后，留 1 cm 左右的叶柄，将复叶剪除，以减少水分的蒸发，并保存于湿毛巾或盛有少量清水的桶内，随用随拿。嫁接时，将芽两侧的皮刺轻轻掰除，使用中部充实饱满的芽子，上部的芽不充实，基部的芽瘦小，均不宜采用。

3. 嫁接的时期和方法

花椒嫁接时期，我国中部地区枝接在 3 月中下旬，枝接的方法包括劈接、切接、腹接等；芽接在 8 月上旬至 9 月上旬，芽接的方法包括“T”字形芽接、“工”字形芽接等。

4. 嫁接后的管理

嫁接后 25～30 d，接芽即可萌发，此时用嫁接刀挑破薄膜露出接芽，让其自然生长，然后再距接芽上方 1 cm 处，分 2～3 次剪砧。其他的管理还包括除萌、除草、施肥、防治病虫等工作。当年秋季即可出圃定植。

★任务实施

学习掌握花椒高产优质生产技术

1. 选地整地

一般种植花椒应该选在地势平坦、温暖向阳、排灌系统好的地方，选好地块后要精耕细作，深翻 30～50 cm，深翻时每 667 m^2 施农家肥 2 500～5 000 kg、饼肥 100 kg，并配以钾肥 30 kg，为了灭菌防虫，需要向土壤喷洒 1%～3%的硫酸亚铁水

溶液,可以起到灭菌作用。整地方法如下:

(1)带状整地 在规划的栽植行挖宽 1.0～1.2 m,深 60～80 cm,生土和熟土分开堆放,然后施入农家肥或禾秆、杂草、油渣等,将沟填平。

(2)穴状整地 即在栽植点确定后,挖 1 m^3 见方的大坑,填入农家肥等,将坑填平,栽植时再挖坑栽植。在平缓的山坡地建立丰产园时,按水平等高线的原则,修筑水平梯田或内低外高的反坡梯田。在地埂、地边、埝边栽植花椒时,挖 60～80 cm 的大坑,施入 25～50 kg 农家肥,然后回填,栽植时再挖栽植坑。

2. 栽植

(1)栽植时间 花椒苗的栽植期,应根据各地气候特点和苗木生长情况而定。一般来说,可分为春、秋两个栽植季节。在春季气候干燥、土壤水分少的高寒地区,以秋季栽植为好。在这个时候,如椒苗长的较老,即可在 8—9 月份栽植,如椒苗顶梢较嫩,可推迟到 9—10 月份栽植。秋季栽植椒苗,要把嫩梢、嫩叶剪去一部分,以减少水分蒸发,提高成活率。春季雨水较多的丘陵中山地区,以早春花椒苗发芽栽植为好,“春分”前 10 d 和后 10 d 为最佳期。

(2)挖穴栽植 为了使花椒定植后,生长发育良好,栽植时应挖大窝,施足底肥。一般定植窝穴 50～60 cm 见方,每株施农家肥 3～5 kg,过磷酸钙 50 g,肥料要与土壤拌匀,并加入 100 g 鲜石灰粉,以防根腐病。栽植填土,灌水后,要用土再盖窝,防止窝内土壤水分蒸发。碎石多的地方,采用碎石盖窝的方法效果更好。

(3)定植株行距 根据地形、土壤肥瘦、花椒品种和今后采取的生长管理技术措施等来决定。成片纯花椒林一般采用 1.5 m×2.5 m 的株行距。若农、林间的花椒园,则一般用 4 m×5 m 的行距。其原则是:坡度大的,株行距小,坡度小的,株行距大。土壤肥厚的,株行距大;土壤瘠薄的,株行距小。株形大的,株行距大;株行小的,株行距小。如平地椒园因需实行机耕,可用条栽或宽窄定植行距。既要充分利用地力与光能,又要适应花椒生长发育,达到花椒丰产、稳产、质优、长寿的目的。

3. 栽植后的管理

(1)土壤管理

①深翻熟化土壤 深翻土壤,扩大树窝,才能达到熟化土壤的目的。花椒是一种浅根性树种,侧根发达,根系旺盛生长,需要有通气良好和富含有机质的土壤条件。具体作法是:花椒树冠下面浅挖,树冠外面深翻,以免伤根。行间一般深挖 33～66 cm,在深翻坑土时,结合施以有机肥料作基肥,增加土壤有机质。若是黏重土,深翻时应掺沙,以改良土壤结构。深翻以后,土壤中的空气、水分装况得到改善,有利于土壤有机质和矿质肥料的分解和转化,这就提高了土壤的肥力,同时深翻坑土,增施有机肥料,能促进土壤熟化,改头号土壤结构,有利于花椒根系的生长发育。

②培土(换土) 目前绝大部分花椒树栽培于山坡地及地埂上,水土易于流失,所以必须注意在花椒根系周围进行培土,特别是在瘠薄的山坡地上栽植花椒,培土

尤为重要。高寒山区培土，可以增加土温减少霜冻。在冬春干旱的地方，培土可以减少土壤水分蒸发。一般在晚秋时节进行。坡度较大，土层较薄的椒园，可以年年培土。

③中耕锄草　雨后椒园进行中耕除草，可切断土壤毛细管，减少土壤水分蒸发。并铲除了与花椒争夺水肥的杂草，以利于花椒生长发育。

(2)追肥

①追肥方法　酸性土壤宜多施碱性肥料；碱性土壤宜多施酸性肥料。沙土保肥性差，宜勤施；黏土保肥力好，可以适当重施。花椒园的施肥方式，有穴施、环状沟施、放射沟施、短条沟施等，平地椒园多用环状或放射状沟施；山地、坡地椒园，宜采用穴施或短条沟施，无论哪种施肥方式，施肥的沟穴都应该挖在树冠外缘下。因为在这个区域内花椒的须根分布很多，有利于吸收。将肥料施于根颈部或树冠以外，都会造成肥料的浪费。施肥后，必须立即覆土，防止养分挥发。此外，还可以利用枝、叶、果实有不同程度吸收营养元素的能力，在树冠上进行根外追肥(叶面施肥)。以满足花椒树某种肥料的需要。在花椒谢花后到收获前15～20 d，用磷酸二氢钾复合肥料进行根外追肥，可增产8.5%。

②追肥时间和用量　追肥以腐熟人、畜粪或氮素无机肥料为主，配合施以钾肥。花椒追肥，在一个生长年周期内，最少不得低于两次。第一次追肥在4月下旬至5月初追施一次人、畜粪。促进新梢健壮生长，增加叶片厚度，提高光合作用能力。并对提高坐果和幼果发育均有很大的作用。第二次追肥，在6月下旬至7月初追施一次速效性氮肥，以促进花芽和果实膨大。这次追肥，如能及时施下，不仅能促进当年增产，提高花椒品质，而且，还为下年继续增产打下基础。追肥施用量，6～7年生花椒，第一次追肥，每株施人、畜粪5～10 kg，第二次施速效性氮肥50～100 g。若追施其他肥料，可适当增减，灵活掌握。

4. 冬季管理

(1)涂白　用石灰粉加水搅拌成糊浆，刷在椒树干上，可防冷空气袭击。

(2)裹草　在入冬前，要用麦草或草袋裹在花椒树干上，用绳子捆扎，免遭冻害。

(3)施暖肥　在进一九前，将热性的牛、马、羊粪和油渣，池泥等肥料施在椒树根部。施肥时可刨开树干周围15～25 cm的表土，按树大小和肥料种类每株施肥5～10 kg，然后用土埋住。

(4)浇水　在施上保暖肥后，接着给椒树浇1次过冬水，浇后随时铺上一层沙或碎石。只能采用单株浇水的方法，决不能漫灌，严防水分过多，地温下降，使椒树受冻。

(5)喷草木灰液　在入冬前，给椒树喷洒1～2次高浓度的草木灰液，也能防止树受冻，并能杀菌灭虫，一举两得。

5. 整形修剪

整形修剪是花椒生产上的一项重要技术措施。通过整形修剪，使花椒得到合理的树体结构，充分利用空间、光照及营养条件，以达到丰产、稳产、长寿的目的。

（1）修剪时期　一般来说，从落叶到发芽前的整个休眠期都可以进行修剪。但是，在有冻害的地区，解冻后到发芽前的早春进行修剪为最好。这样能避免剪口遭受冻害。除冬季修剪外，尚可根据各地的不同情况，进行夏季修剪。如一些徒长枝进行摘心或短剪，对树冠内外密生纤细枝，及时疏除，以利于通风透光和减少养分的消耗。夏季修剪比冬季修剪对花椒的削弱作用较大，因此，此法多用于幼壮树时期。目前花椒生产上主要是应用冬季修剪。

（2）修剪方法　栽后于 40～50 cm 处定干，冬剪时疏去主干下部枝条，保留上部 3～6 个枝条做主枝，1 年选不齐可分两年完成，将中央直立枝疏除开心。对选定的主枝短截 1/3，剪口留壮芽。在离中干 50 cm 处选留第一侧枝，以后每隔 30～40 cm 分别选留第二、第三侧枝，左右排开。对过密结果枝去弱留壮，做到树冠内外枝不压枝，分布均匀，处处能伸进拳头，光照好，又便于采收。疏除过多大枝和过密细弱枝条。回缩结果枝组至后部的壮枝壮芽处，促发壮枝，更新复壮，通过这样集中营养，复壮树势的修剪方法，对壮树增产有明显的效果。夏季修剪，一般全年进行 2～3 次，其主要作用是将过多而无保留利用价值的背上旺梢，徒长枝和背下细弱枝及时抹除或疏除，并疏去树下萌蘖枝，以改善光照，集中营养，提高产量。

盛果期树的修剪程度，应以树而定。一般生长健壮的树，修剪宜轻；生长衰弱、结果过多的，修剪宜重。有大小年现象的椒园，大年应重剪结果枝，多留发育枝或促生发育枝；小年应多留结果枝，适当疏除一些发育枝，凡是大小年现象严重的椒园，如果运用上述修剪方法的同时，再加上其他的农业技术措施，在 3～5 年内定能解决大小年现象。

花椒树潜伏芽的寿命较长，剪口亦较容易愈合。因此，对于衰老的树，在加强肥水管理的同时，可以进行骨干枝轮换回缩更新。花椒整株衰老后，要及时进行全株更新。

6. 采收

花椒一般多于中秋节后采者为佳，当果实完全变为鲜红色，并有光泽时采收。过早采收者香气较小，过迟则果实脱落。采收后放在强烈阳光下暴晒 2～3 h，当椒果全部开裂，用细竹竿轻敲果实，使种子与果皮分离，再用筛子将种子和果皮分开即可。

★能力转化

1. 参与花椒标准园建园栽植全过程，并根据操作体验，总结出经验和创新的技术。

2. 调查当地栽培的花椒品种类型及主要栽培模式，思考提高花椒经济效益的措施有哪些。

模块六　蔬菜生产新技术、新模式

蔬菜产业是农村经济发展的支柱产业，也是关系百姓餐桌食品安全的民生产业。如何产出高效、产品安全、资源节约、环境友好是蔬菜产业可持续发展的必由之路。通过学习本模块蔬菜化肥减施增效技术、病虫害绿色防控技术、蔬菜无土栽培技术及创意蔬菜，能够根据蔬菜营养特性与施肥技术特点合理施用有机肥，适当减施化肥，培养热爱自然、尊重自然及环境保护意识；通过绿色防控的思考和实践，强化食品安全意识和绿色发展理念；通过学习无土栽培，使学生了解现代农业，认识到我国农业发展的现状，培养认真严谨的科学态度及科技创新精神；通过创意蔬菜知识的学习，初步具备蔬菜创意开发的能力并能不断创新，培养具有灵活应变的职业能力及德智体美劳技能全面发展的综合型创新人才。

党的二十大报告指出：人与自然是生命共同体，无止境地向自然索取甚至破坏自然必然会遭到大自然的报复。我们坚持可持续发展，坚持节约优先、保护优先、自然恢复为主的方针，像保护眼睛一样保护自然和生态环境，坚定不移走生产发展、生活富裕、生态良好的文明发展道路，实现中华民族永续发展。

项目一

蔬菜化肥减施增效技术

学习目标

通过了解蔬菜生产中肥料使用的突出问题及土壤质量突出问题，掌握蔬菜化肥减施增效途径及技术；能够根据蔬菜营养特性与施肥技术特点合理施用有机肥，适当减施化肥；培养热爱自然、尊重自然及环境保护意识。

★知识准备

据统计，全世界作物产量增加的一半来自化肥的贡献，联合国粮农组织肥料试验网公布施用化肥可提高作物单产56%，全国化肥试验网数据显示化肥在作物上的增产作用占53%以上。由此可见，化肥在改善品质、增加农民收益、提高土壤肥力和生产力及保护和改善生态环境中起重要作用。但是，连续多年施用或过量施用化肥对蔬菜生长、土壤及其产品带来诸多不良影响。而通过施用有机肥减施化肥或平衡精准配方施肥等途径可改善土壤物理状况，提高产品品质。

一、蔬菜肥料使用突出问题

1. 蔬菜施肥量过大，磷施用比例远超需求

施用磷肥过量，会使作物从土壤中吸收过多的磷素营养，过多的磷素营养会促使作物呼吸作用过于旺盛，消耗的干物质大于积累的干物质，造成繁殖器官提前发育，引起作物过早成熟，籽粒小，产量低。其次，还会诱发土壤缺锌、硅、钼及造成土壤中有害元素积累，进而造成土壤理化性质恶化，对蔬菜生长造成严重危害。

据中科院土壤肥料研究所提供的数据，设施蔬菜每667 m^2 化肥养分用量是全国农作物亩均化肥养分用量(21.9 kg/667 m^2)的4.2倍，N、P_2O_5 和 K_2O 每667 m^2 均施用总量分别为56.7、48.4和52.9 kg，分别超出推荐量的1.2、5.3和0.9倍；有机肥用量不合理，每667 m^2 均有机肥养分($N+P_2O_5+K_2O$)，用量65.9 kg，区域间有机肥用量不均衡现象突出。露地蔬菜每667 m^2 化肥养分用量是全国农作物每667 m^2 化肥养分用量(21.9 kg/667 m^2)的2.6倍，N、P_2O_5 和 K_2O 每667 m^2 施用总量分别为39.2、21.7和20.4 kg，分别超出推荐量的1.9、5.7和0.8倍；有机肥用

量偏低，每 667 m^2 有机肥养分用量 25.2 kg，占肥料养分总用量的比例不足 1/3。化肥养分减施潜力均为 40%以上。

2. 施用有机肥料的质量难以保证

一是有机肥料中重金属严重超标；二是长期过量施用未腐熟有机肥，对农业的可持续发展造成威胁。畜禽粪肥未充分腐熟，过量的养分容易流失，造成环境污染；对蔬菜生长不利，可能出现烧根、烧苗等现象；带入的重金属、抗生素等造成食品安全隐患；带入的寄生虫卵大量繁殖及病毒和病菌造成病害。应推广高温堆肥或使用生物有机肥，高温杀灭寄生虫卵和病原菌，杀死各种危害作物的病虫害，同时也杀死杂草种子，使有机养分转化成无机养分，利于作物吸收。

3. 缺乏适合蔬菜养分需求的专用肥

蔬菜要求钾多磷少，N：P_2O_5：K_2O 吸收比例为 1：(0.3～0.5)：(1.0～1.5)，而蔬菜施用化肥中高磷化肥品种占较大比例，专门针对蔬菜研发的肥料品种较少，仅占调查肥料品种总数的 9.7%。比较适合蔬菜养分需求的专用肥品种数量不足专门针对蔬菜研发的肥料品种总数的 20%。

4. 施肥方法不当

大水大肥现象普遍，造成大量的肥料和水分损失，地下水硝酸盐污染，对蔬菜的生长和品质造成了不良影响。

5. 中、微量元素肥料的施用未引起足够的重视

生产中重视大量元素肥料，对中微量元素肥料的作用认识不足或不重视，造成养分不平衡加剧，蔬菜生理病害增多。如大白菜缺钙会引起干烧心病，甘蓝缺钼叶片呈杯状，番茄缺镁脉间失绿，叶脉仍绿。

二、蔬菜土壤质量问题突出

肥料施用过量或不合理，除对蔬菜本身造成不良影响外，还会使土壤质量发生一系列变化，进而影响蔬菜的生长发育。

(1)全国设施菜田土壤次生盐化比例较大(43%)，但盐化程度总体上较轻　连续种植 5～6 年为设施土壤盐分及主要盐分离子积累的高峰期，连续超量施肥是造成土壤次生盐渍化的主要因素。轻度盐化总盐 2～5 g/kg，中度盐化以上总盐＞5 g/kg。据有关调查显示，温室含盐量约为 2.18 g，大棚约为 2.12 g，露地约为 1.27 g。

(2)北方设施菜田土壤酸碱度中性化明显，但设施管理措施致土壤向酸化趋势发展　据有关调查显示，北方温室、大棚和露地生产的蔬菜土壤 pH 分别为 7.2、7.3 和 7.7，由于化肥的过量施用和管理不当使得实际生产上设施土壤酸碱性偏向酸性居多。

(3)主要菜区设施、露地土壤有机质含量普遍处于中低水平　据有关调查显示，我国蔬菜生产施用的有机肥以鸡粪、猪粪为主，含纤维素较少，对土壤腐殖质形成贡

献有限。其中低于临界值(20 g/kg)的占34.0%～40.0%,高含量水平(≥40 g/kg)的仅为7.4%～13.8%。

(4)全国设施菜田土壤速效氮、磷和钾大量积累,硝态氮和速效磷高量积累对生态环境构成严重威胁　硝态氮肥是指氮素以硝酸盐形态存在的氮肥,如硝酸钠、硝酸钙等,其特点是临界吸湿点相对湿度低,易吸湿结块,且硝酸根离子不被土壤胶体吸附,易随土壤中的水移动,硝酸根还可经反硝化作用转化为氮气和氧化氮气体消失。

(5)全国主要菜区露地土壤速效Zn含量缺乏程度较高,而土壤速效Cu、Fe和Mn含量普遍处于中高含量水平　据有关调查研究显示,种植蔬菜的温室土壤中Zn含量为7.8 mg/kg,大棚土壤中Zn含量为7.5 mg/kg,露地土壤中Zn含量仅为3.7 mg/kg。而土壤中速效微量元素Cu、Fe和Mn含量普遍处于中高含量水平。

(6)全国主要菜区设施、露地土壤健康质量下降　随着种菜年限的增加,菜田土壤Cu、Zn和Cd总量均显著增加。据有关研究显示,设施土壤Cu、Zn和Cd总量均高于露地土壤,与露地土壤比较分别高出12.2%、21.7%和30.4%;而设施和露地土壤中的Pb、Cr、As、Hg差异均不明显。

三、蔬菜营养特性与施肥技术特点

1. 蔬菜营养基本特性

尽管蔬菜种类很多,各类蔬菜的生物学特性和食用器官也不尽相同,但其营养特性与施肥技术都有许多相似之处。

(1)蔬菜需肥量大　一般每667 m^2产3 000～5 000 kg蔬菜,其吸收的养分量,要比粮食作物每667 m^2产400 kg时,高出50%至1倍。

(2)蔬菜要求钾多磷少　蔬菜是一种喜钾作物,氮:钾吸收比一般为1∶(1.0～1.5),而氮、磷吸收比仅为1∶(0.3～0.5)。

(3)蔬菜偏爱硝态氮肥　硝态氮肥易溶于水,易被蔬菜吸收。

(4)蔬菜是喜钙作物　据测定,番茄的含钙量比水稻高10倍以上,萝卜、甘蓝的含钙量分别比小麦高10倍和15倍。如番茄、辣椒的脐腐病,甘蓝、大白菜的干烧心病均是常见的缺钙生理性病害。

(5)蔬菜对缺硼敏感　缺硼易引起落花、落果,严重时植株生长畸形。

(6)不同类型蔬菜营养特性差异较大　叶菜类蔬菜生长期短,前期生长速度慢,养分吸收前期少、中期大、后期少。瓜果类蔬菜具有营养生长与生殖生长并进的生育特点,对养分吸收持续时间较长,直到生育后期吸收量仍较大。

(7)根系呼吸需氧量高　要求土壤有机质含量高,疏松透气。

2. 设施蔬菜施肥技术的特点

设施蔬菜在有限的容积内,以高度密植和延长采收时间来取得高产,一般设施黄瓜、番茄、辣椒每亩的产量都在10 000 kg以上,因此,比露地栽培要求更高营养条件。设施蔬菜施肥有如下特点：

(1)肥料投入量大　高产设施蔬菜，在施用优质有机肥基础上，需配合施用氮、磷、钾化肥，每亩养分量为 60～75 kg(N-P_2O_5-K_2O＝30-10-35 kg/667 m^2)，相当于高浓度复合肥 150～200 kg，要比露地蔬菜高 1～2 倍。

(2)生长期长，要求多次施肥　除底肥外，追肥一般要求 5～8 及次以上，大致在每次采收后，就应立即施肥浇水。

(3)要求肥料质量高　有机肥必须充分腐熟，施用未腐熟的有机肥，尤其是未腐熟的饼肥、鸡粪、人粪尿等，往往会在设施的高温条件下分解出大量氨气而使蔬菜受害。

(4)要求施用的化肥溶解度高　设施蔬菜高度密植，追肥撒施困难，如施用不当，反而会烧伤茎叶，一般采用滴(喷)灌施肥，因此，肥料必须易溶于水且溶解度要高。

(5)增施二氧化碳肥，以促进光合作用　具体做法是每 20 m^2 放置 1 个容器，内衬塑料薄膜，放入稀释 4 倍的硫酸 1～2 kg，晴天 8:00 左右，向稀释的硫酸中投入 0.5～1.0 kg 碳酸氢铵即可，每天 2～3 h。也可使用市售的二氧化碳颗粒肥或二氧化碳释放剂。

(6)尽量施用硫酸钾或硫酸钾型复合肥　设施蔬菜施肥量高，少用或不用氯化钾，以免加速土壤盐化和酸化。

四、蔬菜化肥减施增效途径

1. 通过化肥减量增效，协调养分比例，实现精准平衡施肥

一是通过优化化肥减量与大中微量元素平衡调控技术，使养分的投入与产出平衡；重视 Ca、B、Zn、Fe 等施用，平衡各种养分的比例。二是筛选、优化土壤改良剂、肥料增效剂等应用技术，探明化肥减量与土壤肥力水平关系、连续几年减施化肥对产量、土壤肥力的影响，确定不同生态区域和主要蔬菜最佳养分用量指标。

2. 有机肥或有机物料部分替代化肥，培肥土壤，减施化肥

通过用有机肥或有机物料如商品有机肥、畜禽粪便、作物秸秆、绿肥作物、有机栽培基质、蔬菜废弃物、沼渣沼液、菌渣等部分代替化肥，施肥与培肥地力结合，不同碳源有机肥与化肥优化配施，协调土壤养分与能量间的平衡，提升土壤有机质。

3. 施用专用新型化肥，优化配比和功能，减施传统化肥

蔬菜专用肥或水溶性肥料养分配比更趋合理，促进土壤养分均衡供应；缓控释肥料可调控养分供应的强度和数量，减少追肥次数或不追肥；使用增效复混肥，可提高肥效，改善土壤结构，保持土壤健康，增产改质。

4. 推广水肥一体化技术，节水节肥，克服土壤盐化

水肥一体化技术能按蔬菜生长各阶段对水分、养分的需求和土壤水分、养分的供给状况，将融为一体的水肥适时、定量、均匀、准确地输送到蔬菜根部土壤。

除此之外，还可针对不同养分状况菜田制定不同施肥策略。如对土壤缺乏肥料的，以增产和培肥地力双重目标，适当增施肥料；对土壤肥力适宜的，补充收获部分带走的养分，维持性施肥；对土壤养分富集的，充分利用土壤养分，适当减少施肥。

总之，要协调好养分间、养分与能量间、养分与环境间的相互平衡，逐渐实现土壤中各种营养元素的均衡合理，培育健康、肥沃、耕层深厚的菜田土壤。

五、蔬菜化肥减施增效技术

1. 蔬菜精准平衡施肥技术(解决正确施肥总量问题)

明确主要蔬菜氮、磷、钾最佳用量指标，针对蔬菜缺 Ca、B、Zn、Fe 等生理性病害增多的问题开展蔬菜中微量元素施用技术试验示范，拟推荐施肥(肥水管理)、施肥＋喷施氨基酸 Ca/糖醇 Ca、施肥＋喷施有机硼、施肥＋喷施 EDTA-铁、施肥＋喷施 EDTA-锌等处理，在蔬菜需肥关键期(如初花期、结果初期、盛果中期)喷施 3 次左右，可明显起到化肥减施增效作用。

2. 蔬菜养分供应与吸收同步调控技术(解决正确施肥时间问题)

根据蔬菜生长期间不同生育阶段对养分需求的规律，合理的供应肥料，使养分供应浓度与需求量相平衡。

3. 蔬菜有机无机肥料优化配施技术(解决正确施肥模式问题)

有机肥可培肥地力，肥效稳而长，但养分含量低；化肥养分含量高，释放快但缺乏后劲；所以既不能全靠有机肥，也不能全靠化肥，有机无机肥料配合施用可弥补各自缺点。因此，蔬菜定植前科学施用有机肥可提高土壤 C/N 比，使供肥平稳、抗逆性强，使高产优质的基础。可综合考虑有机肥或秸秆替代化肥模式对提高蔬菜产量、培肥土壤、改善土壤微生物特性以及降低土壤氮磷积累、氮素损失、抗生素和重金属残留等的作用。据有关实践证明，化肥-有机肥-秸秆模式是设施或露地蔬菜持续高产安全低氮损失施肥的最佳模式。

4. 蔬菜完全水溶性专用肥技术(解决正确肥料产品问题)

为解决正确肥料产品问题，已专门研究生产出各种专用肥料，如供叶菜或果菜定植至开花期间使用的高氮型滴灌专用肥和果菜开花后至拉秧期间使用的高钾型滴灌专用肥。同时，中国农科院研究员依据果菜类(茄果类、瓜类)及叶菜类蔬菜养分需求规律及设施菜田土壤养分丰缺状况与主要限制因子，探索出果菜类蔬菜滴灌专用肥配方：定植至开花 $N-P_2O_5-K_2O=22-12-16+TE+BS$，开花后 $N-P_2O_5-K_2O=19-6-25+TE+BS$；叶菜类蔬菜专用滴灌肥配方：$N-P_2O_5-K_2O=13-5-12+TE+BS$ 或 $N-P_2O_5-K_2O=22-8-20+TE+BS$。

5. 基于生育阶段和温光条件的蔬菜水肥一体化技术(解决正确施肥位置问题)

水肥一体化技术将灌溉与施肥融为一体，借助压力系统将可溶性固体或液体肥料，在适宜的温光条件下，按土壤养分含量和不同蔬菜种类不同生育阶段的需肥规律和特点，配兑成的配液与灌溉水一起，通过管道系统供水供肥，均匀准确地输送至蔬菜根部区域，定时、定量浸润蔬菜根系。

★任务实施

学习设施茄果类蔬菜化肥减量增效技术模式案例

在设施蔬菜基肥中施用碳基生物有机肥，通过其所含有机态养分的矿化作用、所含生物碳对土壤养分的固持作用及功能微生物的解磷解钾作用，改善土壤的物理、化学和微生物学性状，减少养分损失，提高有效养分供应量，在化肥减施下达到增产提质效果。

1. 施肥时间

蔬菜移栽前 5～7 d。

2. 施肥方式

撒施或行施。

3. 施用量

辣椒栽培中撒施时每 667 m^2 用量为 400～500 kg，行施时每 667 m^2 用量为 200～300 kg；番茄栽培中撒施时每 667 m^2 用量为 700～1 000 kg，行施时每 667 m^2 用量为 400～500 kg。

4. 配施化肥

基肥每 667 m^2 施用 30～35 kg 复合肥(15-15-15)，追肥前期(开花期-结果期)追施高氮水溶肥，追肥后期(盛果期)追施高钾水溶肥。

5. 解决的主要问题

近年来，设施蔬菜栽培面积迅速扩大，特别是番茄、辣椒和黄瓜，然而设施蔬菜施肥存在过量施肥、不合理施肥等问题，导致土壤质量退化、蔬菜品质降低、养分利用率低。本技术可通过碳基生物有机肥的施用减少土壤有效养分损失并提高其供应量，有效替代部分化肥，从而解决设施蔬菜栽培中化肥施用过量及土壤质量降低的问题。

★能力转化

调查收集当地化肥减施增效技术案例，并比较其异同点。

项目二

蔬菜病虫害绿色防控技术

学习目标

了解蔬菜病虫害绿色防控概念，掌握蔬菜病虫害绿色防控的具体措施即植物检疫、农业防治法、生物防治法、物理防治法、化学防治法，重点掌握生态调控技术、生物防治技术、化学防治技术。通过绿色防控的思考，培养学生分析问题能力。通过综合防治思路的探索，激发学习兴趣，培养学生分析问题和认识复杂事物的能力，培养学生热爱自然、尊重科学的意识。

★知识准备

蔬菜病虫害绿色防控技术是近十年来在农作物病虫综合治理的基础上提出的新名词。为贯彻落实国务院食品安全工作会议的有关精神，根据农业部 2011 年农产品质量安全整治工作统一部署，强化"公共植保、绿色植保"理念，转变植保防灾方式，大力推进农作物病虫害绿色防控，从根本上保障农业生产安全、农产品质量安全以及生态环境安全。

一、蔬菜病虫害绿色防控的概念

绿色防控是指利用对环境友好、生态和谐和有利于食品安全等措施来防控农作物病虫害的一种可持续的病虫害治理方法，是保障当前国内外普遍关心的粮食安全和环境安全的重要保障措施之一。具体地说，绿色防控是指在"预防为主，综合防治"的植保方针指导下，坚持"以植物为对象，健身栽培为基础，优先采用农业防治、物理防治和生物防治措施，科学使用化学农药，严禁在蔬菜上使用高毒、高残留农药，协调各项防治技术，发挥综合效益，把病虫害损失控制在经济允许水平以下"的病虫害综合防治技术体系。

二、蔬菜病虫害绿色防控的必要性和重要性

绿色防控既是农业可持续发展与农产品安全生产的保障，又符合保护生物多样性、保护生态安全的需求。特别是进入 21 世纪以来，随着全球对环境保护和农产品

安全的日益关注，该学科在国际上又赢得了新的关注与新的发展机遇，在植物保护学学科中的地位与作用也愈加凸显，具有广阔的发展前景。

1. 绿色防控是持续控制病虫灾害，保障农业生产安全的重要手段

目前，我国蔬菜病虫害的防治主要依赖化学防治措施。我国是世界第一农药生产和使用大国，单位面积化学农药的平均用量比世界平均用量高 2.5～5 倍，造成大量资源浪费和残留农药污染。由此带来的是在控制病虫危害损失的同时，病虫抗药性上升、天敌大量死亡和病虫暴发概率增加等问题。

2. 绿色防控是促进标准化生产，提升农产品质量安全水平的必然要求

传统的农作物病虫害防治措施是造成农药残留超标、影响农产品质量安全和国际竞争力，进而影响我国农产品出口的直接原因。农业发达国家常常通过农残设置绿色壁垒，限制我国农产品出口。与关税壁垒、技术壁垒相比，绿色壁垒成为我国农产品出口的新障碍。

3. 绿色防控是降低农药使用风险，保护生态环境的有效途径

农药滥用容易导致人、畜中毒，造成环境和生态破坏。病虫害绿色防控技术属于资源节约型和环境友好型技术，推广应用生物防治、物理防治等绿色防控技术，不仅能有效替代高毒、高残留农药的使用，还能降低生产过程中的病虫害防控作业风险，避免人、畜中毒事故。同时，还显著减少农药及其废弃物造成的面源污染，有助于保护农业生态环境。

三、蔬菜病虫害绿色防控的具体措施

坚持“预防为主，综合防治”的原则，以病虫预测预报为基础，优化农业生态环境为中心，有效控制病虫危害和降低农药使用量为目标，综合运用生态、农业、生物、物理防治，与科学应用化学防治协调控害的防控策略，构建蔬菜病虫害五道防御体系。

1. 植物检疫

植物检疫是根据国家颁布的法令，设立专门机构，对国外输入和国内输出以及国内地区之间调运的种子、苗木以及农产品等进行检疫，禁止或者限制危险性病虫、杂草的传入和输出，或者传入后限制其传播，消灭其危害，防止进一步扩展所采取的植物保护措施。它是综合防治的前提。

近年来，随着种子、果蔬等在国内外市场的流通及频繁调运，危险性有害生物在生产上传播的概率越来越大，美洲斑潜蝇等危险性有害生物已传入我国并造成生产上严重为害，加强植物检疫也显得越来越重要。

2. 农业防治

农业防治是利用农业生产中的耕作栽培技术，消灭、避免或减轻病虫为害的方法，它是综合防治的基础。农业防治具有很多优点，不伤害天敌，能控制多种病虫，作用时间长，是最经济、最基本的防治方法。农业防治主要有以下几个方面：

(1)选育、推广抗病虫品种　栽培抗病虫的蔬菜品种是一项最为经济有效的病

虫防治措施。特别是对于病害，选用抗病虫品种往往是防治措施中最根本的途径。侵染性病害的流行必须有大量的感病寄主植物、有强致病性病原和适宜病害的环境条件，三者缺一不可，否则病害就不可能流行。大面积种植同一感病品种，易造成病害流行。即使是抗病品种，若长期单一大面积种植，也会因病原物小种的变异而造成病害流行。

(2)合理安排种植布局　实施轮作，尽量避免小范围内十字花科蔬菜、茄科蔬菜等周年连作或单一品种的大面积种植。农田长期种植一种作物，会为病虫提供稳定的环境和丰富的食料，容易引起病虫的猖獗发生。合理的轮作换茬，不仅使作物健壮生长，抗性提高，而且可以恶化某些病虫的生活环境和食物条件，达到抑制病虫的目的。

(3)培育无病虫苗　生产和使用无病虫的种子，执行无病虫种子繁育制度，培育无病虫壮苗是冬季保护地栽培的关键措施之一，有条件的地方可以考虑工厂化组织培养脱毒苗。采取严格的防病和检疫措施，可以有效防止病虫害传播和压低病虫源基数。

(4)加强田间管理　主要是加强栽培管理和合理浇水、施肥。采用的主要措施有定植前喷药，带药移栽，防止苗期将病虫带入大田；移栽前深耕，减少病虫源；定植后至生长前期适当控制浇水，及时追肥，小水勤浇，防止大水漫灌；及时摘除病叶、老叶、病虫果，收获后彻底清除病虫残体，防止其传播蔓延；覆盖地膜，阻止病虫侵入和扩散等。保护地盖有地膜的应膜下浇水，以避免棚内湿度过大而有利于发病；发病田深耕土壤后浇水，在密闭棚室提升温度，促使病原菌在土壤等环境中死亡。

3. 生物防治

利用有益生物或其代谢产物来防治病虫害，称为生物防治方法。其优点是对人、畜安全，不污染环境，控制病虫作用比较持久，一般情况下，病虫不会产生抗性和再猖獗，对一些病虫有长期的控制作用。从大力发展绿色、有机农业，生产安全、健康的农产品的发展趋势看，生物防治是病虫防治的发展方向。

(1)利用天敌昆虫防治害虫　天敌昆虫主要有捕食性和寄生性两大类。捕食性天敌昆虫常见的有螳螂、草蛉、虎甲、瓢虫等；寄生性昆虫常见的有寄生蜂和寄生蝇类。目前，我国在试验应用赤眼蜂、金小蜂、肉食性瓢虫、草蛉等防治松毛虫、玉米螟、棉红铃虫、棉蚜等害虫，已取得一定的成效。利用天敌昆虫防治害虫，一是保护利用本地自然天敌昆虫；二是通过人工室内饲养培育和释放天敌昆虫；三是从国外和外地引进天敌昆虫。

(2)利用有益微生物防治病虫害　利用有益微生物防治病虫害即利用微生物或其代谢产物控制害虫总量。在防治中利用较多的有细菌杀虫剂、真菌杀虫剂和病毒杀虫剂。细菌杀虫剂主要有苏云金杆菌类的杀螟杆菌、青虫菌、红铃虫杆菌等，用于防治鳞翅目害虫和金龟甲幼虫，例如利用微生物杀虫剂 Bt 乳剂、青虫菌、HD-1 号和

7216 等防治菜青虫、小菜蛾等鳞翅目害虫。真菌杀虫剂主要有白僵菌和绿僵菌，用于防治玉米螟和地老虎等。病毒杀虫剂主要有核多角体病毒(NPV)、质型颗粒病毒(CPV)等，用于防治棉铃虫、菜青虫等。

(3)以菌治病　通过微生物的作用减少病原物的数量，促进作物生长发育，达到减轻病害、提高作物产量和质量的目的。微生物分泌的某种能抑制、融化或者杀伤其他微生物的特殊物质称为抗生素，能产生抗生素类的菌类称为抗生菌。抗生菌主要是放线菌和真菌中的一些种类。目前，推广应用的抗生素有井冈霉素、春雷霉素、多抗霉素、抗霉菌素 120、农用链霉素和新植霉素。一些抗生素，如齐螨素、浏阳霉素，还具有杀虫、杀螨作用。

(4)其他有益生物　主要包括螨类、蜘蛛、鸟类、家禽、青蛙等，它们都可以捕食害虫。充分利用田间原有的天敌控制病虫害的发生，建立稳定的天敌种群，包括鸟类、青蛙、蜘蛛等，创造有利于田间天敌发生的栖息环境，恶化病虫发生条件。

4. 物理机械防治法

物理机械防治法是指利用各种物理因素和机械设备防治病虫害，是一项重要的防治措施，在病虫害防治上有着广阔的前景。物理机械防治法主要包括捕杀法、诱杀法、阻隔法及其他一些新技术运用，例如利用黑光灯诱杀一些具有趋光性害虫；利用蚜虫、温室白粉虱喜黄色，蚜虫忌避银灰色的特性，田间铺银灰色膜条避蚜，采用黄板或黄皿诱杀蚜虫和温室白粉虱；利用防虫网、遮阳网等防护措施既防虫，又有利于作物生长，还可以减轻蚜虫等介体昆虫传播的病毒病的发生；人为地调控保护地小生态环境的温度、湿度，抑制某些病菌的生长。

(1)捕杀法　捕杀法是指人工直接捕杀或利用器材消灭害虫的方法。人工捕杀适合于有假死性、群集性或其他目标明显易于捕捉的害虫。例如，人工捕杀小地老虎幼虫，挖蝼蛄的卵，人工摘除马铃薯瓢虫卵块等措施可以降低田间害虫虫口密度。

(2)诱杀法　利用害虫的趋光性和趋化性等趋性，人为地设置器械或诱饵诱杀害虫的方法。如常用的有灯光诱杀、食饵诱杀、色板诱杀、银膜趋避等。

①灯光诱杀　利用害虫的趋光性，通过各种光源，可诱杀多种害虫，特别是黑光灯是多种害虫喜欢趋向的光源，能诱集 300 多种害虫，例如蛾类、蝼蛄、金龟子、叶蝉、飞虱等，是当前预测害虫和诱杀害虫的主要工具。灯光诱虫效果受天气影响较大，以无月光、无风、天气闷热时诱虫效果最好。为了减少伤害天敌，应在害虫成虫盛发期开灯诱杀。如遇雨天、大风或月光明朗的夜晚或重要天敌盛发期，则应停止开灯。

②色板诱杀　害虫有趋光性，可以用色板诱杀害虫。不同害虫对不同波长的光趋性不同，生产实践中可以选用不同颜色的色板，例如黄板、蓝板、青板、白板等。有翅蚜、烟粉虱对黄色有较强的趋性，利用黄板诱杀蚜虫的效果较好。在有翅蚜开始迁飞时，放置黄板，每亩放置 8～10 块，防止高度不超过 1 m，迎风放置为宜。蓟马、

种蝇对蓝色趋性较强，可选用蓝板诱杀。

③食饵诱杀　害虫的趋化性，在害虫喜食的食饵中加入胃毒剂，即可诱杀许多害虫。例如，用糖醋酒液诱杀小地老虎、甘蓝夜蛾成虫，田间堆集青草饵料诱杀小地老虎等。

④银膜避蚜　银灰色对有翅蚜有驱避作用。用银灰色塑料薄膜在蔬菜育苗时覆盖，避蚜效果良好，可有效地减少蚜虫在苗期传播植物病毒病的作用，增产效果显著。

(3)汰选法　健康种子和被害种子在形态、大小和质量上的差异进行分离，常用的有风选、筛选和泥水、盐水浮选等方法，淘汰除去病虫种子、菌核、虫瘿等。

(4)温度处理　利用作物与病虫对温度的耐受性的差异杀灭病虫。夏季利用室外日光晒种，能杀死潜伏其中的害虫，烘干机也可以取得同样效果。利用蔬菜种子耐热力略高于病原物致死高温的特点进行温汤浸种，以消灭潜伏在种子内外的病原物。在北方地区，可在冬季对种子进行低温冷冻，消灭其中的害虫。

此外，还有利用窒息法、阻隔法，以及高频电流、超声波激光、原子能辐射等高新技术防治害虫的措施，也取得了很好的效果。

5. 化学防治法

利用化学农药直接杀灭农业病虫害的方法，称为化学防治法。化学防治在综合防治中占有非常重要的位置，在保证农业增收上一直起着重要作用。生产中要充分发挥化学防治的优点，克服其缺点，选用选择性强、高效、无毒或低毒、低残留的农药，改变施药方式和控制施药次数，同时与其他防治措施相结合，扬长避短，充分发挥化学防治的优越性，减少其毒副作用。

★任务实施

一、学习掌握蔬菜生产中菜蚜的绿色防控技术

菜蚜属于同翅目长管蚜科，又名菜缢管蚜、萝卜蚜。寄主植物有白菜、油菜、萝卜、芥菜、菜薹等十字花科蔬菜，偏好白菜、芥菜型油菜。在蔬菜叶背或留种株的嫩梢嫩叶上刺吸汁液为害，由于虫口密度大，为害时并分泌毒素造成植株节间缩短、弯曲，幼叶向下畸形卷缩。同时传播病毒病，造成的危害远大于蚜害本身。

1. 发生规律

在北方地区每年发生十余代，南方地区每年发生数十代。在温室内，以无翅胎生雌蚜繁殖，终年为害。长江以北地区在蔬菜上产卵越冬，来年 3—4 月份羽化为干母，在越冬寄主上繁殖几代后产生有翅蚜，向其他蔬菜上转移，扩大为害，无转寄主习性。到晚秋产生性蚜，交配产卵越冬。菜蚜的发育的适宜温度为 24 ℃，繁殖适宜温度为 15～26 ℃，适宜湿度为 75.8%，对有毛的十字花科蔬菜有趋性。

2. 防治技术

(1)黄板诱蚜　间挂黄板涂黏虫胶诱集有翅蚜，或距地面 20 cm 架黄色盆，内装

0.1%肥皂水或洗衣粉水诱杀有翅蚜虫。

(2)银灰色驱蚜　地内隔铺银灰色膜或挂拉银灰色膜条驱避蚜虫。

(3)保护和利用天敌　害虫的天敌很多,如瓢虫、食蚜蝇等。

(4)适时药剂保护　要求是细致周到,尽可能兼备触杀、内吸、熏蒸三重作用的药剂。可选用10%吡虫啉乳油2 000倍液;50%抗蚜威(避蚜雾)可湿性粉剂2 000~3 000倍液;3.2%烟碱川楝素水剂200~300倍液;10%多来宝悬浮剂1 500~2 000倍液;2.5%保得乳油2 000~3 000倍液;10%氯氰菊酯乳油2 500~3 000倍液。

二、学习掌握蔬菜生产中菜粉蝶的绿色防控技术

菜粉蝶属鳞翅目粉蝶科。菜粉蝶别名菜白蝶,幼虫又称菜青虫。为害植物有十字花科、菊科、旋花科、百合科、茄科等9科35种植物,主要为害十字花科蔬菜,尤以芥蓝、甘蓝、花椰菜等受害比较严重。

1. 形态特征

(1)成虫　12~20 mm,翅展45~55 mm,体灰黑色,翅白色,顶角灰黑色,雌蝶前翅有2个显著的黑色圆斑,雄蝶前翅仅有1个显著的黑斑。

(2)幼虫　绿色,腹面绿白色,各体节有4~5条横皱,背部有一条不明显的断续黄色纵线,气门线黄色,每节的线上有两个黄斑,体表密布细小黑色毛瘤。

2. 防治技术

(1)清洁田园　后及时清除田间残株败叶,集中处理,以减少越冬虫口密度。

(2)人工捕捉　捕捉幼虫和蛹,成虫可用网捕效果好。

(3)保护和利用天敌昆虫　防虫又保护环境,减少农药的污染。

(4)生物农药防治　100亿活芽孢/g苏云金杆菌可湿性粉剂;100亿活芽孢/g青虫菌粉剂1 000倍液;100亿活芽孢/g杀螟杆菌可湿性粉剂1 000~1 500倍液。以上任何一种于害虫初现时喷雾,7~10 d喷1次,连续2~3次。

(5)化学防治　在2龄之前用药,可选用2.5%敌杀死乳油3 000倍液、2.5%保得乳油2 000倍液、5.7%天王百树乳油1 000~1 500倍液。

三、学习掌握黄瓜霜霉病的绿色防控技术

1. 症状

幼苗期发病,子叶正面呈现不均匀的退绿、黄化,逐渐产生不规则的枯黄斑,潮湿时病斑背面产生灰褐色霉状物,并很快变黄干枯。

成株期发病多在植物开花、结瓜之后,初期叶上出现水渍状、淡绿色小斑点,正面不显,后病斑逐渐扩大,正面显露,病斑变黄褐色,受叶脉限制,病斑呈多角形。在潮湿条件下,病斑背面出现紫褐色或灰褐色稀疏霉层。严重时,病斑连成一片,叶片干枯。

2. 病原

病原为古巴假霜霉菌属鞭毛菌亚门霜霉目假霜霉属。病菌的孢子囊梗,单生或

2～5 根束生，无色，从气孔伸出，上部呈 3～5 次锐角分枝，分枝末端着生一个孢子囊；孢子囊卵形或柠檬形，顶端具乳状突起，单胞，淡褐色。孢子囊可萌发长出芽管，或孢子囊释放出游动孢子，变为圆形休止孢子，萌发芽管，侵入寄主。卵孢子球形，黄色，表面有瘤状突起。

3. 发病规律

黄瓜霜霉病是由鞭毛菌亚门假霜霉属真菌侵染引起，该病菌的孢子囊靠气流和雨水传播。在温室中，人们的生产活动是霜霉病的主要传染源。黄瓜霜霉病最适宜发病温度为 16～24 ℃，低于 10 ℃或高于 28 ℃，较难发病，低于 5 ℃或高于 30 ℃，基本不发病。适宜的发病湿度为 85%以上，特别在叶片有水膜时，最易受侵染发病。湿度低于 70%，病菌孢子难以发芽侵染，低于 60%，病菌孢子不能产生。

黄瓜霜霉病的发生和流行与多雨、高湿、昼夜温差大等条件密切相关，还与寄主品种抗病性以及栽培管理条件有关。

4. 防治技术

(1)选用抗病品种　黄瓜品种对霜霉病的抗性差异大，要选较抗病的品种。

(2)加强栽培管理　要选择地势较高，排水良好的地块种植。施足基肥，生长期不要过多地追施氮肥。植株发病常与其体内“碳氮比”失调有关，碳元素含量相对较低时易发病。根据这一原理，通过叶面喷肥，提高碳元素比例，可提高黄瓜的抗病力。

(3)生态防治　可采用无滴膜覆膜技术和高温闷棚技术。高温闷棚一般在中午密闭大棚两小时，使植株上部温度达到 44～45 ℃，不要超过 48 ℃，可杀死棚内的霜霉菌，每隔 7 d 进行 1 次，2～3 次后，可基本控制病情的发展。

(4)药剂防治　发现中心病株时要及时用药防治，保护地优先采用粉尘法和烟熏法，在干燥晴朗的天气也可喷雾防治，注意轮换用药，合理混用。

①烟熏法　用 45%百菌清烟雾剂，每 667 m^2 棚室用 110～180 g，分放 5～6 处，夜间点燃，闭棚过夜，7 d 熏 1 次，连熏 2 次。

②喷雾法　发现中心病株时要及时用药防治，7～10 d 进行 1 次。可选用 25%嘧菌酯(阿米西达)悬浮剂 1 000～1 500 倍液、72.2%霜霉威盐酸水剂 800 倍液、72%锰锌。霜脲可湿性粉剂 600～700 倍液、69%锰锌．烯酰可湿性粉剂 600～700 倍液、60%氟吗·锰锌可湿性粉剂 700 倍液、10%氰霜唑悬浮剂(科佳)2 000 倍液、25%嘧菌酯(阿米西达)悬浮剂 1 000～1 500 倍液等。

★能力转化

参与常见蔬菜病虫害防治技术，总结其操作技术要点并分析存在的问题及应对办法。

项目三

蔬菜无土栽培技术

学习目标

主要学习蔬菜无土栽培的形式、无土栽培基质、营养液配制与使用以及蔬菜有机生态型无土栽培等知识；本章学习重点为无土栽培基质的选择与混合、营养液配制与使用以及有机生态型无土栽培技术。

★知识准备

无土栽培是指不用天然土壤，而用基质或营养液栽培作物的农业技术。无土栽培和生物技术一样，是当今世界上发展很快的一门高技术学科，美国把无土栽培列为现代十大技术成就之一，它为实现农业的工业化生产，发展科技密集型的高品质的21世纪农业展示了广阔的前景。

无土栽培一般在温室、大棚等较封闭的设施内进行，因此受病虫害感染的机会很小，并且很少施用农药，可种植出无污染、无公害的绿色产品。无土栽培已经成为一种省时、省工、克服连作障碍的新型实用技术和实现高效现代农业的一种理想栽培模式，具有很强的推广性。

一、无土栽培概述

（一）无土栽培优缺点

1. 无土栽培优点

（1）避免连作障碍，减少病害发生　设施栽培由于是密闭栽培，没有雨水的淋溶，土壤盐分容易积聚，并且多年栽培相同作物，容易发生土壤连作障碍，这些一直是难以解决的问题。采用无土栽培，避免了土壤栽培中因多年盐分积累和连作导致的土壤盐渍化、重茬以及病害造成的减产，有利于无公害蔬菜产品的生产。

（2）不受土地限制，充分利用空间　在家庭、办公室、餐厅、宾馆可利用阳台、窗台、屋顶、大厅、走廊及其他空闲地栽种植物，不仅可以创造经济效益，还可以净化空气、节约用水，清洁卫生，既不污染环境，也不为环境所污染。无土栽培改变了“万物生长靠土壤"的依赖土地生存的传统观念和土壤耕种方式，在不宜耕种的地方如荒漠不毛之地，甚至太空宇宙飞船上都可以栽培作物。

(3)节省水分养分，产量高品质好　土壤栽培时灌溉的水分、养分因蒸发、渗漏等造成很严重的浪费；无土栽培可以避免养分水分的流失和渗漏，被作物充分吸收和利用。一般统计认为土壤栽培养分损失比例 50%左右，而无土栽培中，将作物所需要的各种营养元素配制成营养液，根据作物种类以及不同生育阶段的需求，科学地供应养分，不仅使作物的增产潜力充分发挥出来，而且节约了水和肥料。与土壤栽培相比，无土栽培能充分发挥作物的生产潜力，产量增加十分显著。无土栽培可防止土传病菌的危害，减少农药使用，品质优良。如无土栽培的番茄形状端正、颜色鲜艳、着色均匀、味道较好、营养价值(维生素 C、糖等)比土壤栽培均有改善。

(4)利于省力化栽培，实现农业现代化　无土栽培无须像土耕那样耗费大量劳力去翻耕土地、整地作畦、中耕除草、堆制有机肥料、施肥、喷农药等，而且便于自动化管理，大大减轻了劳动强度，并节省至少 2/3 的用工量。特别是现代工业技术的飞速发展，使无土栽培的设备、环境调控、营养液的配制和管理等技术得到了电脑等先进工业技术的装备，实现了自动调控，为农业现代化展示了广阔的前景。无土栽培使农业生产不受自然环境的制约，在人工控制的环境下生长，所以是一种现代化的可控环境的生产方式，有利于实现机械化、自动化，并逐步走向工业化、集约化。目前在荷兰、日本、俄罗斯、美国、奥地利等都有水培"工厂"，是现代化农业的标志。我国近十年来引进和兴建的现代化温室及配套的无土栽培技术，有力地推动了我国农业现代化的进程。

2. 无土栽培缺点

(1)一次性投资高　无土栽培用电多，肥料费用高。多使用专用设施、设备，如成型的各种栽培槽、商品化基质、营养液的自动监控及管理系统等都需较高的费用。

(2)技术水平要求高　营养液的配制、管理等都需要专门的人才才能管理好。技术要求高，不像土壤耕作由于有缓冲作用，肥料多施少施无所谓，无土栽培则要求严格。不同作物、不同生育期对肥料成分组成、浓度、pH 等要求较土壤严格，水培对营养液反应快，由于肥料浓度的提高或降低，将会造成生理障碍。

(3)病菌不能绝对避免　在土壤栽培条件下，土壤虽有病菌，但能受其他杂菌所抑制，而营养液栽培病菌一旦侵入培养液，由于条件优越，短时期迅速繁殖，从根部和植株基部侵入发病，直至死亡，如果再将营养液循环，则更会加速病菌传播。因此，经营无土栽培，要有一定的基础知识和技术培训。

(二)无土栽培的分类

无土栽培的类型和方法很多，最通常的分类介绍如下：

(1)有固体基质类型　沙培、砾培、泥炭培、锯末培、珍珠岩培、蛭石培和岩棉培等。

(2)无固体基质类型(水培)　营养液膜技术(NFT)、深液流技术(DFT)、雾培。

1. 水培

水培指定植后营养液直接和根系接触,我国常用的水培有营养液膜法、深液流法、浮板毛管法等。一般栽培介质为水,在生长过程中有些作物并不需加营养液,如具有膨大鳞茎的植物和一些水生植物。

2. 雾培

雾培简称气培。它是将营养液用喷雾的方法,直接喷到植物根系上。根系悬挂在容器中的内部空间,通常是用聚丙烯泡沫塑料板,在其上按一定的距离钻孔,将植株根系插入孔内。根系下方安装自动定时喷雾装置,每隔 3 min 喷 30 s。营养液循环利用,这种方法可同时解决根系吸氧和营养元素的吸收问题。但因设备投资大,生产上很少应用,一般都是作为观赏用。

(三)无土栽培基质

蔬菜无土栽培用的固体基质有许多种,包括岩棉、蛭石、珍珠岩、沙、砾石、草炭、稻壳、炉渣、锯末、菌渣等,这些基质加入营养液后,能像土壤一样给植物提供 O_2、H_2O 养分和固定支持。一般要求容重为 0.5 g/cm^3,总孔隙度为 60%,大小孔隙比为 1∶2,化学稳定性强,pH 接近中性及无毒。

1. 基质的种类

分为有机基质和无机基质两大类。

(1)有机基质　主要包括草炭、锯末、树皮、炭化稻壳、食用菌生产的废料、甘蔗渣和椰子壳纤维等,有机基质必须经过发酵后才可安全使用。

①草炭　富含有机质,保水力强,但透气性差,偏酸性一般不单独使用,常与木屑、蛭石等混合使用。

②刨花、锯末　具高碳氮比,刨花使用时;在基质中占 50%为宜,锯末可连续使用 2～6 茬,使用后应加以消毒。

③棉籽壳(菇渣)　种菇后的废料,消毒后可用。

④炭化稻壳　稻壳炭化后,用水或酸调节 pH 至中性,体积比例不超过 25%。

(2)无机基质

主要包括岩棉、炉渣、珍珠岩、蛭石、陶粒等。

岩棉　化学性质稳定,物理性状优良,pH 稳定及经高温消毒不带病菌等优点。岩棉在栽培的初期呈微碱性反应,可在使用前经渍水或少量酸处理。

珍珠岩　容重小且无缓冲作用,孔隙度可达 97%。珍珠岩较易破碎,使用中粉尘污染较大,应先用水喷湿。

蛭石　透气性、保水性、缓冲性均好。

沙　来源广,易排水,通气性好,但保持水分和养分能力较差,一般选用 0.5～3.0 mm 粒径的沙粒,不能选用石灰质的沙粒。

炉渣　炉渣颗粒大小差异较大，且偏碱性，使用前要过筛，水洗，用直径 0.5～3.0 mm，的炉渣进行栽培。

2. 基质的混合与消毒

(1)基质混合　基质混合可以使各种基质间优缺点互补，为作物提供营养充足、水分适中、空气持有量大的生态环境。基质混合以 2～3 种混合为宜，常用的基质混合配方和比例参考表 6-1。

表 6-1　常用基质混合配方

序号	配方及比例	序号	配方及比例
1	蛭石：珍珠岩＝2：1	6	蛭石：锯末：炉渣＝1：1：1
2	蛭石：沙＝1：1	7	蛭石：草炭：炉渣＝1：1：1
3	草炭：沙＝3：1	8	草炭：蛭石：珍珠岩＝2：1：1
4	刨花：炉渣＝1：1	9	草炭：珍珠岩：树皮＝1：1：1
5	草炭：树皮＝1：1	10	草炭：珍珠岩＝7：3

干草炭一般不易弄湿，可加入非离子湿润剂，每 40 L 水中加 50 g 次氯酸钠，能湿润 1 m^3 的混合基质。

(2)基质消毒　为降低生产成本，基质一般可以连续费用，但必须在前茬作物拉秧后进行消毒。消毒方法主要有蒸汽消毒、药剂消毒和太阳能消毒 3 种。

①蒸汽消毒　将基质装入消毒柜或大箱内，通入蒸汽，密封后在 70～90 ℃条件下消毒 0.5～1 h。

②药剂消毒　将 40％甲醛原液稀释 50 倍，用喷壶将基质均匀喷湿，然后用无破损薄膜盖严，经 24～26 h 后揭膜，再风干后使用。

③太阳能消毒　夏季高温季节，在温室或大棚中把基质堆成 20～25 m 高，长、宽根据具体情况而定。培堆时喷湿基质，使其含水量超过 80％，再用透光较好的塑料薄膜盖堆。暴晒 10～15 d 消毒效果良好。

二、营养液的配制、使用与管理

1. 营养液配制

营养液一般配制成浓缩贮备液（也叫母液）和工作营养液（栽培营养液）两种。在一定体积的营养液中，规定含有各种营养元素或盐类的数量称为营养液配方。目前，应用较为普遍的是日本园艺试验场提出的园试通用营养液配方（表 6-2）和日本山崎营养液配方（表 6-3）。日本园试通用营养液配方适用于多种蔬菜，日本山崎营养液配方主要适用于无基质的水培。

2. 营养液配制

(1)母液种类　为防止在配制母液时产生沉淀，应将配方中的各种化合物进行分类，把相互之间不会产生沉淀的化合物放在一起溶解。按照此要求，一般将配方中的各种化合物分为 3 类，配制成的浓缩液分别称为 A 母液、B 母液、C 母液。

表 6-2　日本园试通用营养液配方

化合物名称		分子式	用量/(mg/L)	元素含量/(mg/L)	
大量元素	硝酸钙	$Ca(NO_3)_2 \cdot 4H_2O$	945	N-112	Ca-160
	硝酸钾	KNO_3	809	N-112	K-312
	磷酸二氢铵	$NH_4H_2PO_4$	153	N-18.7	P-41
	硫酸镁	$MgSO_4 \cdot 7H_2O$	493	Mg-48	S-64
微量元素	螯合铁	Na_2Fe-EDTA	20.00	Fe-2.8	
	硫酸锰	$MnSO_4 \cdot 4H_2O$	2.13	Mn-0.5	
	硼酸	H_3BO_3	2.86	B-0.5	
	硫酸锌	$ZnSO_4 \cdot 7H_2O$	0.22	Zn-0.05	
	硫酸铜	$CuSO_4 \cdot 5H_2O$	0.05	Cu-0.02	
	钼酸铵	$(NH_4)_6MO_7O_{12}$	0.02	Mo-0.01	

表 6-3　日本山崎营养液配方

无机盐类	分子式	用量/(mg/L)						
		甜瓜	黄瓜	番茄	甜椒	茄子	草莓	莴苣
硝酸钙	$Ca(NO_3)_2 \cdot 4H_2O$	826	826	354	354	354	236	236
硝酸钾	KNO_3	606	606	404	606	707	303	404
磷酸二氢铵	$NH_4H_2PO_4$	152	152	76	95	114	57	57
硫酸镁	$MgSO_4 \cdot 7H_2O$	369	492	246	185	246	123	123
螯合铁	Na_2Fe-EDTA	16	16	16	16	16	16	16
硼酸	H_3BO_3	1.2	1.2	1.2	1.2	1.2	1.2	1.2
氯化锰	$MnCl_2 \cdot 4H_2O$	0.72	0.72	0.72	0.72	0.72	0.72	0.72
硫酸锌	$ZnSO_4 \cdot 7H_2O$	0.09	0.09	0.09	0.09	0.09	0.09	0.09
硫酸铜	$CuSO_4 \cdot 5H_2O$	0.04	0.04	0.04	0.04	0.04	0.04	0.04
钼酸铵	$(NH_4)_6MO_7O_{12}$	0.01	0.01	0.01	0.01	0.01	0.01	0.01

A 母液　以钙盐为中。凡不与钙作用而产生沉淀的化合物均可放置在一起溶解，一般包括 $Ca(NO_3)_2$、KNO_3，浓缩 200 倍。

B 母液　以磷酸盐为中心。凡不与磷酸根产生沉淀的化合物都可溶在一起，一般包括 $NH_4H_2PO_4$、$MgSO_4$，浓缩 200 倍。

C 母液　由铁和微量元素合在一起配制而成，可配制成 1 000 倍液。

(2)配制 A 母液和 B 母液的步骤　按照要配制的浓缩母液的体积和浓缩倍数计算出配方中各种化合物的用量；依次正确称取 A 母液或 B 母液中的各种化合物，分别放在不同容器中；量取所需配制母液体积 80%的清水，然后将称量好的肥料逐一加入，并充分搅拌，且要等前一种肥料充分溶解后再加入第二种肥料；待肥料全部溶解后加水至所需配制的体积，搅拌均匀即可。

(3)母液C配制步骤　先量取所需配制体积2/3的清水，分为两份，分别放入两个塑料容器中；称取 $FeSO_4 \cdot 7H_2O$ 和 EDTA-2Na 分别加入这两个容器中，搅拌溶解后，将溶有 $FeSO_4 \cdot 7H_2O$ 的溶液缓慢倒入 EDTA-2Na 溶液中，边加边搅拌；称取C母液所需的其他微量元素化合物，分别放在小的容器中溶解，再分别缓慢地倒入已溶解了 $FeSO_4 \cdot 7H_2O$ 和 EDTA-2Na 的溶液中，边加边搅拌，最后加清水至所需配制的体积，搅拌均匀即可。

(4)工作营养液的配制

①利用母液稀释为工作营养液的配制步骤　在贮液池中放入需要配制体积的1/2～2/3的清水；量取所需A母液的用量倒入，开启水泵循环流动或搅拌器使其扩散均匀；量取B母液的用量缓慢地将其倒入贮液池中的清水入口处，让水源冲稀B母液后带入贮液池中，开启水泵将其循环或搅拌均匀，所加的水量以达到总液量的80%为度；量取C母液，按照B母液的加入方法加入贮液池中，经水泵循环流动或搅拌均匀即完成营养液的配制。

②直接称量配制工作营养液法　微量营养元素可采用先配制成C母液再稀释为工作营养液的方法，A、B母液采用直接称量法配制。配制步骤：在种植系统的贮液池中放入所要配制营养液总体积1/2～2/3的清水；称取A母液的各种化合物，放在容器中溶解后倒入贮液池中，开启水泵循环流动；称取B母液的各种化合物，放入容器中分别溶解后，用大量清水稀释后缓慢地加入贮液池的水源入口处，开动水泵循环流动；量取C母液，用大量清水稀释，在贮液池的水源入口处缓慢倒入，并启水泵循环流动至营养液均匀为止。

3. 配制营养液应注意事项

为防止母液产生沉淀，在长时间贮存时，一般可加硝酸或硫酸将其酸化至pH 3～4，同时将配制好的浓缩母液置于阴凉避光处保存，C母液最好用深色容器贮存；在直接称量营养元素化合物配制工作营养液时，在贮液池中加入钙盐及不与钙盐产生沉淀的盐类之后，不要立即加入磷酸盐及不与磷酸盐产生沉淀的其他化合物，而应在水泵循环大约30 min或更长时间之后再加入。加入微量元素化合物时也要注意，不应在加入大量营养元素之后立即加入；在配制工作营养液时，若发现有少量的沉淀产生，应延长水泵循环流动的时间以使产生的沉淀溶解。若发现由于配制过程中加入化合物的速度过快，产生局部浓度过高而出现大量沉淀，并通过较长时间开启水泵循环之后仍不能使这些沉淀溶解、应重新配制营养液。

4. 营养液的使用与管理

刚定植蔬菜的营养液浓度宜低，用来控制蔬菜的长势，使株型小一些。盛果期的供液浓度要高，防止营养不足，引起早衰。以番茄为例，高温期从定植到第三花序开放前的供液浓度为标准配方浓度的0.5倍(即半个剂量)，其后到摘心前为0.7倍浓度，再后为 0.8 倍浓度。低温期根系的吸收能力弱，应提高浓度，一般为高温期的 1～2 倍。

(1)营养液浓度的调整和管理　营养液在使用过程中，应随着浓度的升高或降低，及时补充水分或无机盐。方法如下：

①根据硝态氮的浓度变化进行调整　测定营养液中硝态氮的含量，并根据其减少量，按配方比例推算出其他元素的减少量，然后计算出补充肥料用量，保持营养液应有的浓度和营养水平(表 6-4)。

表 6-4　营养液中可接受的营养元素的浓度

元素	浓度/(mg/L)		元素	浓度/(mg/L)	
	范围	平均		范围	平均
氮(N)	150～1 000	300	铁(Fe)	2～10	5
钙(Ca)	300～600	400	锰(Mn)	0.5～5.0	1
钾(K)	100～400	250	硼(B)	0.5～5.0	1
硫(S)	200～1 000	400	锌(Zn)	0.5～1.0	0.5
镁(Mg)	50～100	75	铜(Cu)	0.1～0.5	0.5
磷(P)	50～100	80	钼(Mo)	0.001～0.002	0.001

②根据营养液的水分消耗量进行调整　根据作物水分消耗量和养分吸收量之间的关系，以水分消耗量推算出养分补充量，对营养液进行调整。

③根据营养液的电导率变化进行调整　测定标准营养液和一系列不同浓度营养液的电导率(EC 值)，并根据不同浓度值计算达到标准浓度时需追加的母液量，画出电导率值、营养液浓度和母液追加量三者关系曲线，再由每次测定使用营养液的电导率值，查出相对应的母液追加量，对营养液进行调整。

生产上也可采用较简单的方法来管理营养液。具体做法是：第一周使用新配制的营养液，第一周末添加原始配方营养液的一半，第二周末把营养液罐中所剩余的营养液全部倒入，从第三周开始重新配制营养液，并重复以上过程。

(2)营养液的 pH 调整　营养液 pH 的适宜范围为 5.5～6.5。每吨营养液从 pH 7.0 调到 6.0 所需酸量为 98%硫酸(H_2SO_4)100 mL，63%硝酸(HNO_3)250 mL，85%磷酸(H_3PO_4)300 mL，63%硝酸(HNO_3)与 85%磷酸(H_3PO_4)体积比为中 1∶1 的混合酸 245 mL。

(3)营养液温度管理　夏季营养液温度应不超过 28 ℃，冬季不低于 15 ℃，冬季温度过低时可用电热器或电热线配上控温仪对营养液进行加温。

(4)营养液含氧量调整　夏季由于温度高，营养液的含氧量往往不足，可通过搅拌、营养转循环流动、降低营养液浓度、化学试剂制氧等措施提高含氧量。

三、有机生态型无土栽培

有机生态型无土栽培技术是由中国农业科学院蔬菜花卉研究所研制成功，生产过程中使用的是有机固态肥料，灌溉时只灌清水不使用营养液，耗能低，灌溉排出液对环境无污染，因此称为“有机生态型无土栽培”。这种方法生产成本低，具有操作简单、节肥、节水、省力、省药、产品洁净卫生、高产优质等特点，产品质量符合绿色食品要求，是生产绿色蔬菜的重要途径。

有机生态型无土栽培技术用有机固态肥代替传统营养液，操作管理技术简单，能提高作物的产量与品质，减少农药用量，产品洁净卫生，节水节肥省工，可利用非耕地生产蔬菜等作物。

★任务实施

学习掌握茄子有机生态型无土栽培技术

1. 无土栽培槽

有机生态型无土栽培常采用基质槽培的形式，设施主要由栽培槽和供水系统组成。栽培槽用 3～5 块砖平地叠起，做成高 20 cm 左右，槽宽为 48～60 cm，可栽培 2 行，栽培槽间距 0.8～1.0 m；槽长应依保护地棚室建筑状况而定，一般为 5～30 m。槽底铺塑料薄膜，槽内装基质。

2. 栽培基质

有机生态型无土栽培基质可以采用玉米、水稻等秸秆或者农产品加工后的废弃物如椰壳、蔗渣、酒糟等，或者木材加工的副产品如锯末、树皮、刨花等都可按一定比例混合后使用，每立方米混入 10 kg 腐熟的消毒鸡粪，还可加入蛭石、珍珠岩、炉渣、沙等无机物质。但必须注意的是凡是有机基质，都必须先堆放发酵后才能使用，以降低它的碳氮比。

常用的混合基质有以下几种：4 份草炭∶6 份炉渣；5 份沙∶5 份椰子壳；5 份葵花秆∶2 份炉渣∶3 份锯末。为了满足作物对营养的需求，在基质中还需掺入一定量的肥料；每立方米中施入 10 kg 消毒鸡粪、1 kg 磷酸二铵、1～5 kg 硫酸铵和 1.5 kg 硫酸钾作基肥。一般栽培基质更新的年代为 3～5 年。由于有机秸秆等基质在栽培过程中会分解损耗，所以在结束每茬作物种植后，均应补充新的混合基质，以弥补基质量的不足。

为防止基质携带病菌，需要进行消毒，特别是使用过一次后的基质更应注意消毒。常用的消毒方法有太阳能消毒，时间最好选在夏季 7—8 月份，消毒场所可在塑料大棚或温室内，方法是将有机基质堆成高、宽各 1 m 左右，长度视用量而定，码堆时应先喷湿基质，使含水量达到 75%～85%。堆好基质后，用薄膜封严，在阳光下充分暴晒 15～25 d，通过温室效应和发酵高温进行消毒。对于秸秆、葵花秆、锯末、树皮、树叶以及中药渣等，含纤维多，碳氮比高，腐熟较难，应调节碳氮比，促进发酵分解。

供水系统一般单个棚室独立建造，每个栽培槽内铺设 1～2 根滴灌带。根据栽培作物种类和基质的含水状况确定灌溉量。

3. 培育壮苗

茄子的壮苗培育同前面大宗蔬菜生产技术茄子育苗。

4. 定植

定植15 d设施进行消毒。槽培定植前基质浇透水，每个栽培槽栽两行。株距因品种而异，一般50 cm左右，每亩栽1 500～2 000株，也可采用双行错位定植法，定植深度与栽培槽基质畦面相平即可。

5. 田间管理

(1)温度管理　幼苗期适温为白天25～30 ℃，夜间16～20 ℃，开花结果期为白天25～30 ℃，夜间15～20 ℃，在深冬季节注意增加设施的保温措施，最低温度不低于13 ℃，遇到极端低温，要进行多层覆盖等措施提高温度。

(2)光照　茄子喜光，栽培中应保持充足的光照。除选择透光率较高的薄膜外，还应经常清洁薄膜，并在后墙张挂反光幕，增加光照。天气回暖后，尽量早揭晚盖草苫，延长光照时间。在结果期，可使用补光系统，以促进产量的提高。

(3)水分管理　定植后根据栽培基质的干湿程度、天气变化、季节以及植株大小决定灌水量。基质湿度在门茄坐住前保持在65%～70%为宜，门茄坐住后，应当提高基质的湿度，含水量保持在75%～80%为宜。一般冬季每3～4 d滴灌1次，每次15 min，坐果前时间短些，坐果后时间长些，以保证果实膨大需要；2月份气温回升后，每天灌水1次，入夏后气温较高，浇水次数应增加，每天浇2次，分别在上午9:30左右及下午17:00左右，并延长灌溉时间，每次为15～20 min。注意每3 d检查1次基质水分状况，防止基质水分过多，引起沤根。

(4)施肥　定植20 d后，根据植株长势，一般在门茄"瞪眼"及结果盛期追施有机生态无土栽培专用肥，每株每次20 g，将肥料施在距植株根部5 cm以外的范围，并及时浇水。也可用充分发酵腐熟的牛粪和鸡粪配合追肥，以降低肥料成本，也可以追施沼液。拉秧前1个月停止追肥。

(5)植株调整　采用双干整枝。门茄坐果后，适当摘除基部1～2片老叶、黄叶。门茄膨大时，将门茄下叶片全部打掉，后期在每个茄子果实下只留2片叶，其余老叶和多余的侧枝全部去掉。

(6)保花保果　开花前后2 d内，用坐果灵蘸花促进坐果，以提高产量。深冬季节还可在蘸花液中加入少量赤霉素，防止僵、裂果的出现。

6. 采收

门茄应及时采收，防止坠秧。之后依据果实发育时间、季节、市场等适时采收。

★能力转化

调查当地无土栽培主要类型及模式，提出如何改进和优化的措施。

项目四

创意蔬菜

学习目标

了解创意农业在蔬菜产业发展中的应用及其意义；掌握创意蔬菜在休闲农业中的应用模式；初步具备蔬菜创意开发的能力。

★知识准备

随着创意农业的快速发展，蔬菜创意活动、创意产品纷纷走入寻常百姓家。创意蔬菜拓展了蔬菜产业范围、功能，增加了蔬菜的附加值，提高了农民收入，在休闲农业中应用广泛，成为新型农业经济发展的增长点。

一、创意农业的内涵

创意，独创性或是突破性的点子。创业者创建企业的起点，是其所能提供的基本产品和服务，而基本产品和服务的选择，则需要具有市场前景的创意。创意常常来源于顾客、现有的企业、企业的分销渠道、政府机构，以及企业的研究与开发活动。但产品创意所针对的市场应足够大，要大到足以支持一个新的风险企业。

创意激发，产生创意的方法，包括聚点小组方法、头脑风暴法和问题编目分析。聚点小组方法即由一群人就某一个问题进行讨论，并由主持人以直接或间接方式加以集中；头脑风暴法指一群人聚在一起进行没有明确限制主题，但有一个大致的、相对较宽的领域的讨论；问题编目分析按产品类型为顾客提供一系列问题，要求顾客对这类产品进行讨论。

创意经济，以创意为基本动力、以创意产业为载体的经济形态，是创意活动与经济发展的结合。创意经济的发展动力是创新驱动和知识驱动。20 世纪 90 年代以来创意产业在世界各国的迅速崛起，反映出经济活动中竞争优势的来源和竞争方式正在发生重要转变，也标志着创意经济时代的到来。

创意农业是农业领域的创意活动，以市场为导向，以农村的生产、生活、生态为资源，将农产品和文化、艺术创意结合，使其产生更高的附加值，以实现资源优化配置的一种新型的农业经营方式，包括农产品种植、加工、营销，农业旅游开发等。创意农业体现为农业功能转型、农业产业结构升级，促进一二三产业融合发展的特点。

创意农业学认为，创意农业是通过“四生”即生产、生态、生活、生命，“七美”即美色、美形、美味、美质、美感、美景、美心，以实现农业农村“三增”即增优、增名、增汇的目的。

二、创意蔬菜

蔬菜在我国栽培历史悠久，种类繁多，有“蔬植三百六十”之说，蔬菜作物（含食用菌和西瓜、甜瓜）按植物分类至少有 298 种（种、亚种），分属于 50 个种，构成创意农业中的重要资源。

蔬菜具备观赏、食用和保健的多重应用价值，既能创意产品又能拓展休闲功能，既满足城乡居民的消费需求，又能促进农业提质增效、农民就业增收以及农村经济发展。对农业功能转型、农业产业结构升级，促进 一二三产业融合发展具有重要意义。

创意使蔬菜的内涵更加丰富，激发新兴业态，延长蔬菜产业链，丰富蔬菜产业体系，更大程度提升经济价值。促进乡村旅游和美学经济融合发展，拉近城乡距离，有利于蔬菜资源优势转化为产业资本优势，促进蔬菜产业链构建和可持续发展。据统计，2020 年，全国蔬菜种植面积约 3.2 亿亩；产量约为 7.22 亿 t，较 2019 年增长 0.14%，其中，商品产量 5.50 亿 t，较 2019 年增长 0.3%。创办于 2000 年的中国（寿光）国际蔬菜科技博览会已成功举办 22 届，在国内外蔬菜及休闲观光领域产生了巨大影响；第 5 届北京农业嘉年华蔬香味道馆通过 200 多种新奇特蔬菜的种植展示、创意景观、体验活动，给游客带来了深刻印象。

三、蔬菜创意应用

1. 观赏

蔬菜观赏价值体现在丰富的季相变化、色彩变化以及形态变化等，叶、花、果、根、茎均可观赏。利用蔬菜的观赏性可开发盆栽蔬菜或营造景观。将蔬菜与园林植物搭配，应用于休闲农业园区的花坛景观、道路绿化、生产绿地景观、垂直绿化等处，打造可食地景、垂直绿化、创意景观绿植小品，体现农业景观的季节更替和空间层次变化，还可利用蔬菜的文化寓意打造创意景观。以俞孔坚为代表的景观设计师对农耕景观、可食地景的应用展开了众多尝试，并取得了较好的景观和生态效果。

2. 体验

结合视觉、听觉、触觉、嗅觉、味觉五感，打造蔬菜创意体验、科普项目，如蔬菜主题集市、蔬菜主题餐厅、蔬菜主题住宿、蔬菜主题音乐会等。创建以蔬菜为主题的休闲农业园，满足城市居民对食用安全新鲜蔬菜的需求，同时为游客提供观光、品尝、休闲、体验、认知的活动场所。如“市民菜园”、瓜果采摘、蔬菜艺术品手工、蔬菜加工、农事活动等，寓教于乐。

3. 品鉴

樱桃番茄、手指黄瓜、弹丸茄子、小米椒等袖珍蔬菜，不仅外观吸引人，而且鲜嫩可口；迷你番薯、小西瓜、无籽茄子、橘红色花菜等特色蔬菜，给消费者的餐桌带来了新变化。休闲农业园除了提供新鲜零污染的菜品外，也可不断创新菜肴形式，结合蔬菜的文化内涵创意寓意吉祥的菜名、结合芳香类蔬菜创制独特的菜品或酱料、结合季节开发时令主题蔬菜宴，打造“舌尖上的休闲农业”。上海奉贤创意农园专门开发出水果西红柿、水果南瓜、水果黄瓜、水果地瓜、水果玉米、水果洋葱等，推出 7 大系列的创意菜单，如南瓜冰淇淋、紫地瓜蛋糕、甜瓜鸡尾酒等，食客如云。河北玉田的“金玉百财”全白菜宴、中国台湾宜兰的青葱主题餐饮，均给食客带来色、香、味一体的创意品鉴。

4. 文创

创意农业不只是一种经济活动，也是一种高度的农业文明展示。远古先民以采集和渔猎为生，蔬菜文化底蕴浓厚。新石器时代的余姚河姆渡遗址中就出土过瓠、菱角等蔬菜作物。《诗经》“采采卷耳，不盈顷筐”“参差荇菜，左右流之”，以卷耳、荇菜这两种田间地头常见的野菜入诗。民间常以红豆表达相思、花生象征长寿多子、白菜象征财源滚滚、葫芦寓意长寿吉祥。

将传统文化融入蔬菜创意，如在瓜果上形成“福禄寿喜”等吉祥如意的文字，将微型冬瓜和紫叶生菜组盆为“紫气东来”，玉米、毛豆和花生组合栽培的“五谷丰登”，紫色、黄色、绿色长辣椒组合栽培成“三星贺喜”，紫色、红色、粉色、五彩樱桃番茄组合栽培为“四世同堂”等。北京农业嘉年华引入“诗词大会”，将诗词文化和蔬菜文化相结合。丰富的文化内涵与创意，使消费者从中感受美妙与快乐。

5. 康养

蔬菜提供人体所需的多种维生素和矿物质，如胡萝卜素、维生素 B_2，钙、铁等，是人体叶酸的主要来源。食药同源在我国有着悠久的历史，《本草纲目》《千金要方》中均有药食兼备的蔬菜记载。随着全球老龄化的出现及健康理念在大众中普及，蔬菜的功能性备受关注。围绕蔬菜的食药用功能，打造康养主题的休闲农业园，满足人们修心养生的需求，发展农业康养产业。北京农业嘉年华蔬香味道馆展示四季多样的时令蔬菜及蔬菜小常识，向参观者传递我国传统文化中“当令时节，顺其自然”的健康营养观；广西巴马瑶族自治县集中建设一批蔬菜养生新农村示范点，融入巴马长寿养生文化元素，打造蔬菜养生旅游名镇名村，发展候鸟式蔬菜体验农家乐，每年到巴马养生度假旅游的“候鸟人”达 10 万余人次。

四、休闲农业中的蔬菜创意

（一）融合造景艺术，打造创意蔬菜景观

1. 蔬菜展示区

（1）食用常规蔬菜　展示蔬菜不同生产阶段的生长过程，满足游客对蔬菜的形

态、生产、栽培模式的认知需求。

(2)新奇特品种　展示形状奇特、颜色艳丽的新奇特蔬菜品种，如番茄树、树形茄子、巨型南瓜、黑宝石紫色番茄等，提升景观效果，抓人眼球。

(3)特殊气味蔬菜品种　香草作物如藿香、迷迭香、紫苏，也可展示有刺激性气味的，诸如香菜、鱼腥草等。

2. 多元化可食地景

可食地景具备生产性、观赏性、参与性、科普性等功能，建设与维护成本较低，是目前比较流行的设计手法。

(1)品种选择原则　不同生长周期、季相变化搭配，延长观赏时间；避免竞争，保证作物间协调共生；选择株形优美，色彩丰富，集食用、观赏、生态于一体的蔬菜作物，保证观赏效果；搭配不同色彩、肌理的蔬菜品种以丰富景观效果，如南瓜的叶片粗犷原始、羽衣甘蓝的叶片田园浪漫。

(2)可食地景的搭配形式　常采用自然式和规整式。自然式，通过蔬菜作物搭配营造生机勃勃的自然风貌，常选择条状彩虹式、梯田式图案；规整式，以几何形式构图达到平衡稳定的空间效果。加利福尼亚德斯康索花园中因为有可食地景被誉为世上最迷人的十大花园之一，通过种植常见蔬菜，展现其丰富的色彩、多样的形态，营造出温馨的农耕氛围。

3. 创意化造型景观

以蔬菜代替园艺植物打造绿植景观。选择观赏价值较高的品种，融入地方文化特色，打造生动的造型景观。借助园林造景中的框景、障景、借景、漏景、对景、夹景等手法，呈现出更加丰富多变的空间效果。第 7 届北京农业嘉年华展示的蔬菜造型景观结合蔬菜卡通小品和作物种子排列陈设，惟妙惟肖，如瓜瓜乐园中用南瓜子拼制壁画向游客展示了瓜的世界分布；西瓜主题园用创意卡通雕塑作为对景，提升游客参与度。休闲农业园中的生活生产垃圾也可以进行废物利用，将废弃饮料瓶做成种植墙、将废旧轮胎做成种植池，普及环保知识的同时寓教于乐。

(二)运用高新技术，发展绿色种植模式

1. 智能化栽培

智慧农业运用传感器数据采集，云计算、电脑专家系统、物联网等综合技术，实现农业智能生产，可以不受季节限制，产量高、品质优，代表农业科技发展水平。中国台湾桃园源鲜智慧农场打造 14 层植物工厂，栽培各类蔬菜种苗，为顾客提供放心蔬菜。陕西杨凌智慧农业示范园深液流生菜栽培实现育苗、定植、收获全程智能化。

2. 创新栽培模式

采用无土栽培、植物工厂等新技术、新模式，提高资源利用率和生产效率。

植物工厂是一种科技密集程度高、不受或者较少受外界条件制约的全新栽培模式。目前，植物工厂不断融入休闲体验功能。2017 年举办的第 5 届北京农业嘉年

华，利用废弃的集装箱打造植物工厂，融生产、健身、娱乐于一体，展现出农业助力健康生活的无限可能；在绿色餐厅中构建植物工厂，倡导顾客在就餐时自助选择新鲜蔬菜，提升餐饮趣味性。

盆栽蔬菜使用无土栽培，杜绝了土传病害，完全达到无公害标准，广泛应用于特色生态套餐、休闲采摘观赏、大厅摆放装饰、餐桌鲜活蔬菜甜点、阳台摆放食用、中高档礼品等。

（三）挖掘特色文化，提升创意内涵

1. 拓展蔬菜创意体验

深入挖掘区域特色、历史文化，营造本土化发展特色，避免同质化现象，提高市场影响力。结合生动有趣的科普展示和耕读教育，把蔬菜生产与科技应用、艺术文创、游客参与融为一体。江苏省连云港市白塔埠现代农业产业园以樱桃番茄为主导产业，植入生活休闲、亲子童趣、科普展示、艺术体验、文创社交等主题，打造春观花、夏纳凉、秋采摘、冬农趣的樱桃番茄创意休闲体验园，丰富人们的休闲体验。

四川省彭州市隆丰镇是著名的“中国大蒜基地”。2010 年 4 月 20 日，一种全新的运动“打蒜薹比赛”在此进行，“雄起”的喊声在阵阵蒜香中不绝于耳。农田是赛场，农民是运动员，平时打蒜薹的钩子成了比赛道具，在规定时间内，采收蒜薹数量最多、质量最好的队伍就获胜。吸引普通市民参赛，走进田园享受健康快乐。

2. 打造蔬菜创意节庆

农事创意节庆可将体验和消费相结合，促进休闲旅游发展。

国际上发展成熟的蔬菜创意节庆有西班牙番茄节、爱尔兰南瓜灯节、墨西哥红萝卜节等，国内有新疆塔城蔬菜节、广西侗族南瓜节等。四川省泸州市江之阳第 2 届蔬菜品赏会通过开展 5 km 蔬菜马拉松、万人 DIY·蔬绘江阳活动、蔬菜音乐节等，打造多姿多彩的蔬菜文化节；北京番茄文化艺术节以番茄体验为主，创新“番茄＋”模式，推出保卫番茄大战、番茄趣味闯关、番茄泡泡水球大战等适合全民参与、全民娱乐的精彩活动。陕西汉中，11 个县区节庆活动依据时令形成序列，“每月有节庆，每季有高潮，各县有主题”，让来自省内外的万余名游客流连忘返。2009 年以来，上海郊区已举办过各种各样的“节”，比如南汇桃花节、奉贤菜花节、松江梨文化节等。这些远郊小镇借助节庆品牌来集聚人气、盘活资源，拉动小镇旅游、文化、农业产业等各领域的发展，涉农旅游的总体年收入已超 10 亿元，沪郊精品农产品几乎都有了“自己的节日”。

3. 植入蔬菜创意 IP

在休闲农业中，植入蔬菜创意 IP，可从当地资源出发，打造有性格、拟人化、有品牌的农产品。浙江省玉环市龙溪乡的菜园动漫花谷把动漫元素渗透到蔬菜生产中，将传统蔬菜文化与城市时尚文化相结合，吸引众多市民欣赏蔬菜艺术，带动蔬菜经济发展。江苏省溧阳市牛马塘村以甘薯种植为特色，以中华薯文化文创农业为基础打造地瓜村，通过创意地瓜形象的植入提升乡村活力。

4. 开发创意衍生产品

蔬菜创意衍生产品包括主题玩具、文化用品、日用品等，打造此类产品，可从休闲农业园区主题 IP 形象策划、蔬菜产品包装工艺等方面予以创新。中国台湾宜兰县三星乡为青葱主产地，当地研发创意性青葱系列产品，如葱蛋卷、青葱牛轧糖、青葱冰淇淋，以创意挖掘青葱商机，提升附加值。

五、创意蔬菜典型案例

1."开花结果"的书

瓜果书最早起源于日本，设计和制作源于无土栽培技术的发展。由日本农产省和日本有机农业研究会的共同推进下诞生。瓜果书，就是一种"能长出花草瓜果的有机书"。日本各地商场和书店均有出售，"番茄书""黄瓜书""茄子书"等应有尽有。

瓜果书，是工业设计的先进理念和园艺栽培技术的创新结合。里边含有膨化剂，高效营养介质以及迷你种子。书本表面包装有防水纸，内填充石绒、人造肥和种子等。按照书内的种植说明，每天浇水，便能长出手指粗细的黄瓜、弹丸似的番茄、拳头大的黄瓜等。一般情况下，一本"番茄书"可长出 150～200 个迷你果，一本"黄瓜书"可结出 50～70 条袖珍黄瓜。

瓜果书在欧美发展日渐成熟。美国的瓜果书注重于无土栽培技术，同时将书本的外观设计加以多样化。科学家们正致力于改造书的内在结构和书本材料的有机化。

2. 创意蔬菜游

在体验经济时代，观乡村美景，品蔬菜美食，花田果树、农耕体验、乡间漫步、蔬菜写生，乡音乡情慢生活成为吸引国 内外旅游者的新时尚。成都的四季花海、蔬菜彩田艺术、灵芝盆栽等一批具有丰富文化内涵的蔬菜创意农产品备受游客青睐。

彭州市种都蔬菜主题公园，占地 200 hm^2，数千种新优奇特的蔬菜品种、百余种先进的栽培模式和各类极具创意的园艺景观，标准化蔬菜种植基地、8 000 m^2 的蔬菜生态创意馆、5 000 m^2 的蔬菜工厂化育苗温室展现了创意农业的科技水平。彭州举办的辣椒节、莴笋节、番茄节、魅力彭州摄影大赛、田园集体婚礼、彭州农业观光一日游等大型活动，特别是融观赏、娱乐、体验、休闲为一体的合江镇冬草莓采摘之旅，彭镇 8 月有机葡萄采摘月等，充分体现了"巴蜀特色、成都元素"，展示了创意农业蔬菜艺术的生产、生活和生态功能。青白江区福洪乡立足于国家 3A 景区客家杏花村蔬菜和水果资源，重点发展乡村蔬菜休闲度假、健康养身旅游、生态观光农业和农艺创意产业，打造全国首个"国际农艺创意之乡"，实现产业结构升级和经济发展方式转型，一二三产业的联动发展，走出一条福洪特色的新农村发展道路。蒲江县"与蔬为友"，举办蔬菜艺术节、文化旅游节、乡村美食节等活动，从蔬菜创意会展到蔬菜创意旅游，从蔬菜创意产品到蔬菜创意旅游商品，把创意搬到田间地头，促进了蔬菜艺术和蔬菜旅游有机结合，赢得"全国休闲农业和乡村旅游示范县"的美名。

★任务实施

学习掌握盆栽蔬菜的技术和方法

一、盆栽蔬菜条件

栽植盆蔬菜应在温室、塑料大棚等保护地内进行，并且风口和门口要用防虫网封严，要具备微喷或自来水浇水设施。

二、盆栽品种选择

观赏蔬菜主要有以下 4 大类：

1. 根茎类

如茎用茴香、樱桃萝卜、水果苤蓝、芜菁、根芹菜、根甜菜、微型萝卜与胡萝卜等。

2. 观叶类

这类蔬菜的叶色五彩缤纷，鲜艳夺目。如有“叶牡丹”之称的花叶甘蓝，心叶有红、黄、白、紫、蓝等颜色，艳丽异常。其他如叶甜菜、各种生菜、紫背天葵、紫苏、紫落葵和抱子甘蓝等。

有的还具有一定的保健功能，如生菜、香芹、藤三七、地肤、京水菜、珍珠菜、罗勒、叶用枸杞、韭菜及菜用黄麻等。

3. 观花类

这类蔬菜具有美丽的花朵，如黄花菜、西兰花、彩色花椰菜、食用菊花、菊花脑等。

4. 观果类

这类蔬菜的果实，千姿百态，如绚丽的彩椒、一半黑一半黄的鸳鸯梨南瓜、酷似天外来客的飞碟瓜等，令人喜爱。其他有彩色甜椒、小型辣椒、矮生番茄、观赏茄子、袖珍西瓜及各种黄瓜、南瓜、甜瓜、西葫芦、瓠瓜（葫芦）、丝瓜、苦瓜、长栝楼（蛇瓜）、冬瓜、黄秋葵和香艳茄等。樱桃番茄等还可以当水果吃。

其他如灵芝、蘑菇、木耳、香菇、金针菇、平菇等菌类也可移植到花盆中，制作造型各异“食用菌盆景”，集观赏、食用于一体。

三、基质、肥料和农药选用

一般选用草炭、蛭石、珍珠岩、蘑菇废料和洁净的河沙做基质，要求清洁、营养全面；尽量不用化学肥料，较多地使用如麻渣、花生饼等有机肥，也可用牛羊粪为主要原料发酵堆制有机肥，适当使用微生物菌肥，添加具有固氮、解磷作用的根瘤菌、光合细菌和溶磷菌，通过益生菌的活动促进蔬菜对养分的充分利用；禁用化学农药，采用植物性、矿物性的药物防治病虫害。

四、盆栽蔬菜的定植

1. 基质

采用草炭、蛭石和珍珠岩按 1∶1∶1 的比例进行配制；或者以园土、有机肥按 6∶4 比例配置。

2. 花盆的准备

可选择塑料盆、泥瓦盆或木盆，名贵品种可选用紫砂盆和彩釉陶瓷盆，但泥瓦盆在展示或出售时要套上一个塑料盆，以保证美观；花盆大小适宜。

3. 定植的时间和方法

定植的前天对蔬菜苗进行浇水，最好选在晴天上午定植，将蔬菜苗从营养钵中整体取出，放置到铺有 2/5 左右基质的花盆中，用基质及时填满搂平，并及时浇足定植水。

4. 定植后管理

依生长习性注意保温缓苗和通风调节温度；加强肥水管理，及时补水或调节湿度，适时施肥；采取综合措施防治病虫害，以保证健康生长。结合观赏效果合理调整植株。

五、观赏上市时期

在盆栽蔬菜达到观赏效果时，可展示或供应市场。

★能力转化

调查当地蔬菜创意活动的主要形式，并提出意见和建议。

参考文献

[1]张振贤．蔬菜栽培学[M]．北京：中国农业大学出版社，2008.

[2]陈杏禹．蔬菜栽培[M]．北京：高等教育出版社，2010.

[3]刘艳华．蔬菜生产技术[M]．北京：机械工业出版社，2013.

[4]孙慧生，仪美芹．马铃薯生产技术百问百答[M]．2版．北京：中国农业出版社，2010.

[5]柳俊，谢从华．马铃薯退化及其防治技术进展[A]．中国作物学会马铃薯专业委员会2000年年会论文征集[C]．2000：124-131.

[6]李建设．设施蔬菜优新栽培技术[M]．北京：中国农业出版社，2018.

[7]黄甫华，彭金波，张明海．魔芋种植新技术[M]．武汉：湖北科学技术出版社，2011.

[8]刘佩瑛．魔芋学[M]．北京：中国农业出版社，2004.

[9]李恒，龙春林．中国魔芋属的分类问题[J]．云南植物研究，1998，20（2）：167-170.

[10]刘峻蓉．蔬菜生产技术（南方本）[M]．北京：中国农业大学出版社，2017.

[11]黄绍文．化肥减施增效途径与技术．武汉：现代蔬菜生产新技术培训，2017.

[12]李莉．我国蔬菜产业现状及发展方向．武汉：现代蔬菜生产新技术培训，2017.

[13]章继刚．创意农业学[M]．成都：四川科技出版社，2011.

[14]章继刚．中国创意农业发展报告[M]．北京：中国科学文化音像出版社，2010.

[15]梅雪莹，等．蔬菜在休闲农业中的创意应用[J]．江苏农业科学，2019，47（21）：5-10.

[16]李秀丽，王小爽，曹福存．创意农业发展趋势分析[J]．现代园艺·综合版，2016(21).

[17]厉无畏，王慧敏．创意农业的发展理念与模式研究[J]．农业经济问题；2009（2）：11-14.

[18]刘丽影，张明，路剑．国外创意农业模式对中国文化创意农业发展的启示[J]．世界农业，2014（3）：181-184.

[18]汪李平，杨静等．设施农业概论[M]．北京：化学工业出版社，2017.

[19]张庆霞．设施园艺[M]．北京：化学工业出版社，2014.

[20]韩世栋．蔬菜生产技术[M]．北京：中国农业出版社，2009.

[21]毛钟警．蔬菜生产技术[M]．北京：中国农业大学出版社，2014.

[22]胡繁荣．蔬菜生产技术（南方本）[M]．北京：中国农业出版社，2019.

[23]杨艳芳．果树蔬菜生产技术[M]．北京：华中师范大学出版社，2011.
[24]唐彧武，练华山．成都地区早春大白菜栽培技术[J]．四川农业科技，2019(1).
[25]陈家彪，田守波，瞿洁．上海地区露地结球甘蓝优质轻简高效生产技术[J]．长江蔬菜，2021(11).
[26]张德军，张洁，蔡霞，等．春季花椰菜露地栽培技术[J]．农技服务，2021(8).
[27]徐海平．大棚芹菜高产栽培技术的有效探讨[J]．园艺种业，2019(6).
[28]宁宇，刘静，刘之洋．长江中下游地区夏季芹菜轻简化高效栽培技术[J]．蔬菜，2020(9).
[29]汪李平，裴洁．长江流域塑料大棚大蒜栽培技术[J]．长江蔬菜，2020(12).
[30]胡超等．塑料大棚韭菜栽培技术及病虫害防治[J]．农业科技通讯，2020(3).
[31]柯卫东，刘义满，黄新芳．水生蔬菜安全生产技术指南[M]．北京：中国农业出版社，2014.
[32]赵帮宏，宗义湘，吴曼，等．中国水生蔬菜产业发展研究报告[M]．北京：经济管理出版社，2017.
[33]杨鹏鸣，姜立娜．稀特蔬菜生产实用技术[M]．北京：金盾出版社，2015.
[34]谢寿安，吕淑杰．花椒丰产栽培及病虫害实用技术[M]．杨凌：西北农林科技大学，2017.
[35]孙磊，杨亚刚．花椒高效栽培技术与病虫害防治图谱[M]．北京：中国农业科学技术出版社，2019.
[36]吴曼，赵帮宏，宗义湘．世界生姜生产布局与贸易格局分析[J]．北方园艺，2019(10)：141-150.
[37]刘奕清，陈泽雄，吴中军．生姜脱毒种苗移栽基质筛选及肥水调控研究[J]．北方园艺，2010(2)：36-37.
[38]张玲玲，周洁，秦曼丽，等．生姜青枯病病原菌的鉴定与 PCR 检测方法的建立[J]．西南大学学报(自然科学版)，2021，43(9)：10-20.
[39]刘燃，杨静，贾切，等．网隔栽培法对生姜姜瘟病防治及产量的影响[J]．植物医生，2021，34(1)：48-51.
[40]包佳媛，张杨涛，郑果，等．生姜常见病虫害及其防治策略[J]．南方农业，2021，15(25)：52-57.
[41]汪李平．长江流域塑料大棚生姜栽培技术[J]．长江蔬菜，2021(22)：17-23.
[42]李树君．蔬菜的商品化处理与配送[M]．北京：中国劳动社会保障出版社，2012.
[43]王彩霞．果蔬贮藏与加工技术[M]．北京：中国商业出版社，2017.
[44]王鹏等．蔬菜采后商品化处理新技术[M]．北京：中国农业科学技术出版社，2020.

[45]李学贵．酱腌菜存在质量问题的解决措施[J]．中国酿造，2006(1)：54-55.
[46]梁文珍，丁立群，富新华，等．蔬菜汁生产中的质量问题及解决方法[J]．饮料工业，2000(5)：3-5.
[47]周巨亮．蔬菜贮藏保鲜与加工[J]．新农村，2017(5)：35-36.
[48]邱正明，朱凤娟，聂启军，等．湖北省高山蔬菜主要栽培种类和品种[J]．中国蔬菜，2011(5)：30-32.
[49]张真和．我国发展现代蔬菜产业面临的突出问题与对策[J]．中国蔬菜，2014(8)：1-6.
[50]朱凤娟，邱正明，矫振彪，等．湖北高山蔬菜产业发展现状及建议[J]．中国蔬菜，2020(3)：5-11.
[51]韩群营．不同色板诱虫试验初报[J]．湖北植保，2006(6)：35-36.
[52]张炳坤．植物保护技术[M]．北京：中国农业大学出版社，2008.
[53]郭世俭．苏云金杆菌在我国蔬菜害虫防治中的应用概述[J]．植物保护，1995(2)：37-38.
[54]洪海林，等．苏云金杆菌环保剂型防治蔬菜鳞翅目害虫试验[J]．湖北植保，2014(5)：13-14.
[55]陈啸寅．植物保护[M]．北京：中国农业出版社，2008.
[56]马成云．植物保护[M]．北京：中国农业大学出版社，2011.